浪漫机器

拿破仑之后的乌托邦科学与技术

[美] 约翰·特雷希 著

刘慧宁 石稷馨 译

中国科学技术出版社
·北京·

图书在版编目（CIP）数据

浪漫机器：拿破仑之后的乌托邦科学与技术 /（美）约翰·特雷希著；
刘慧宁，石稷馨译 . -- 北京：中国科学技术出版社，2022.11

ISBN 978-7-5046-9665-6

Ⅰ. ①浪… Ⅱ. ①约… ②刘… ③石… Ⅲ. ①技术史 – 世界 –19 世纪

Ⅳ. ① N091

中国版本图书馆 CIP 数据核字（2022）第 165173 号

Licensed by The University of Chicago Press,Chicago,Illinois,U.S.A.

© 2012 by The University of Chicago. All rights reserved.

著作权合同登记号：01-2022-6552

总 策 划	秦德继	
策划编辑	高立波　赵　佳	
责任编辑	赵　佳　王寅生　剧艳婕	
封面设计	智慧柳	
正文设计	中文天地	
责任校对	邓雪梅	
责任印制	李晓霖	

出　　版	中国科学技术出版社	
发　　行	中国科学技术出版社有限公司发行部	
地　　址	北京市海淀区中关村南大街 16 号	
邮　　编	100081	
发行电话	010-62173865	
传　　真	010-62173081	
网　　址	http://www.cspbooks.com.cn	

开　　本	787mm×1092mm　1/16	
字　　数	360 千字	
印　　张	21.5	
版　　次	2022 年 11 月第 1 版	
印　　次	2022 年 11 月第 1 次印刷	
印　　刷	北京顶佳世纪印刷有限公司	
书　　号	ISBN 978-7-5046-9665-6 / N·296	
定　　价	128.00 元	

致中国读者

————————— • —————————

    这是一本关于过去的书，也是一本关于未来的书。它着眼于工业革命之初的一个时期，那时的新科学和新机械正在改变世界。在欧洲文化中，这也是一个新哲学和新艺术的时代，人们关注活的自然、感受和美学，这被称为浪漫主义。《浪漫机器》表明这两者是紧密相连的。许多思想家认为，当时的新技术不是冰冷、死气沉沉、与生命和人类对立的，而是地球不断发展的产物，拥有与生物一样的动态力量。同样，艺术家和改革者将新机械视为创造新型的美和更和谐的世界的途径。

    如今的世界在技术和机械的影响下面临着更多挑战。回顾 19 世纪初，从人文主义的角度思考和看待科学和技术，也许会有助于我们创想一个更宜居的未来。在今天的欧洲和美国——我相信中国也如此——人们高度重视科学和技术，认为这是未来社会最需要投资的领域。通常，人们对科学的印象是一种简化的世界观：它被视作我们从客观距离观察和操纵的无机物质和固定机制，一种与人类相对的外部事物。

    我认为这种只强调观察、理性和效用的做法是危险的。首先，它在美学和精神层面非常局限。它忽略了自然的本质，忽略了人类的本质。气候变化进一步证明了狭隘的技术官僚和科技倾向的世界观具有危险。将自然视为我们可以随心所欲对待的外部对象导致了如此严重的后果，以至于自然的变化超出了我们的掌控，正在威胁着人类和非人类物种。其次，另一个证据是由科学研究支持的军事技术已达到惊人规模。暂且不说在用于毁灭的技术上投入如此多精力是否存在伦理和政治问题，当知识变成武器时，会在不同社会之间以及人与自然之间形成危险的关系。

如果认为，我们应该回到一个科学技术不存在的时代，一个人与自然和谐相处的时代，那是无比荒谬的。这种回归黄金时代的怀旧想法，只是一种幻想，是天真的浪漫主义。与之相反，本书探讨了在工业现代化萌芽之初，人们是如何让科学技术与艺术、伦理和政治思想协同工作的。它们并非对立，而是以一种与人性和自然相关联的创造性的方式相伴相生。

我们如何才能使这两种处世之道——机械主义的与浪漫主义的——共同存在？我们能想象出怎样的未来，以使研究和发明能够在理解何为人类和自然的问题上达成整体性共识？19世纪30年代和40年代的乌托邦思想与驱使我写这本书的乌托邦想法交相呼应。书的第一部分讲述了将浪漫主义应用于物理现实研究的科学家的故事；中间部分围绕着浪漫主义机械的公共景观和表演展开；最后一章展示了关于机械的全新思维方式：生长于大自然、与人类感官相连且自身具有创造性潜力的机械，如何引发了新的理解人类社会的方式、新的社会组织体系和集体行动，从而引发1848年的"工人革命"。

我们在这其中看到的一些乌托邦想法过于天真，甚至还有一些误导性；他们中的一些人坚信可不断改进，但事实证明这样的信念是草率的；他们的想法有时很怪诞，有时则很有趣。驱使他们付诸行动的整体愿景和雄心是将机械科学和技术与人类想象和感受视为同源，并设法将它们相结合，创造一个更美好的世界。而这一想法在21世纪同样具有重要意义。

感谢智慧柳团队以及中国科学技术出版社编辑的耕耘，令这本书能与中国读者见面。我希望你们会喜欢19世纪初的巴黎之旅，那是一段与今天有诸多共同点的神奇的过去。

约翰·特雷希

2022 年 8 月于伦敦

前言：绝对与居间

————————— ◆ —————————

　　我们使用的机械种类，与我们对自然的认知及认知方法紧密相连。当机械和我们对机械的理解改变了，自然也会改变，同样，我们的知识观也会改变。现代科学的主流形象有赖于几种典型的"古典主义机械"（classical machines）：天平、杠杆和时钟。这些机械暗含着的自然是稳定的、固定的，由离散的物质点组成，受制于数量有限的力而处于平衡状态的性质；它们同时也暗含着一种知识观，那是一种超然的、非个人化的、无情感的客观性。这一形象在 17 世纪得到巩固，直至今日依然保有强劲的影响力，影响着我们思考科学是什么、科学应该是什么的方式。

　　在本书所考察的时期中，一种不同的科学形象（既是一种自然理论，也是一种认识理论）出现了，同时进入视野的还有一系列新型机械：蒸汽机、电池、高灵敏度的电气和大气仪器、改良版的印刷机和摄影机械，它们是"浪漫主义机械"（romantic machines）。与"古典主义机械"不同的是，人们认为它们是由灵活、主动的相互勾连而交织成的生命和非生命元素回路。这些新的装置伴随着一种对自然的新理解——自然是在生长的，其各部分以复杂的方式相互依存，且可以修改；同时伴随的还有一种对知识的新理解——知识是一种主动的、变革性的干预，人类的思想、感受和意图在其中，即人类的意识不可避免地在确立真理的过程中发挥着作用。

19世纪20年代至40年代，这种另类的科学传统在早期工业化的剧变中崛起。我关注的重点是其在巴黎的表现，许多人观望着巴黎来找寻新事物的迹象。1850年之后，古典主义的科学形象再次占了上风；即便到今日，我们仍在很大程度上理所应当地认为，只有主体和客体之间有着根本的分割，自然被化约为离散、可预测的机制时，才有可能得到真正的知识。不过，被我称为机器浪漫主义（mechanical romanticism）的另一种观点，对物理学、演化论、社会科学、大众娱乐、现代交通和通信做出了重大贡献，并催生了1848年革命。本书重建了这一被忽视的自然和知识理论，或许可启发试图重拟机械、知识和地球之间关系的人。

　　没有人比奥诺雷·德·巴尔扎克（Honoré de Balzac）更好地捕捉到这种新思维方式的戏剧性和高风险，他将《人间喜剧》（*The Human Comedy*）——他那一系列环环相扣的小说称为"社会的自然史"。他在1834年的小说《绝对之探求》（*The Quest of the Absolute*）中塑造了一个人物巴尔塔扎尔·克拉斯（Balthazar Claës）。克拉斯在巴黎跟随化学家拉瓦锡（Lavoisier）受训；在回归杜埃的舒适家庭生活后，他接待了一位神秘的波兰访客——以现实中的数学家、发明家和神秘主义者霍恩-弗朗斯基伯爵（Count Hoëne-Wronski）为原型——伯爵向他揭示了"绝对"的存在。这是物质和生命的始基："第一因，是自然界一切现象的关键……宇宙万物的最后一词。"[1]

　　克拉斯入了迷。他即刻将精力和财富投入有关这一始基的分离和对照实验。[2]他每日每夜都在阁楼实验室里度过，身边围绕着看起来有些吓人的金属和玻璃机械，使用从巴黎运来的稀有物质做奇怪的实验，用伏打电池组和太阳的光热来驱动。他的妻子向他追问巨额钱财为何不翼而飞，他向妻子保证，一旦获取了"绝对"，财富都将不再重要，因为对物质和生命的掌控权将属于他。

　　"绝对"与古代炼金术士的原初质料差不多，能使物质结合，为动物生命提供动力，催生了人类思想。克拉斯解释道，人是大自然创造的可以运用这一力量的最完美装置：

　　　　每当自然界完善了一台装置——它为了一个不为人知的目的，在有机体本性的系统中加入了三种不同的层级，即情感、直观和智力——这三者就会熊熊燃烧，火力大小与结果成正比。人代表智力的最高水平，作为装置，他却展示出近乎为创造力的东西——思想能力！与此同时，在自然界的动物当中，人是燃烧程度最强的，燃烧的效果通过人体中的磷酸盐、硫酸盐和碳酸盐显露，这些物质是可测量和分析的。这些物质不就是电流的活动、创生始基在人身上留下的痕迹吗？相比其他任何动物，电难道不是在人身上以更为变化多端的化合来显露的吗？人因吸纳了更多的绝对始基而具有更大的能力，这难道不是可以预期的吗？人吸纳始基难道不正是为了用其力量和思想创造一台更完善的机械吗？我对此确信无疑。[3]

克拉斯的实验旨在模仿和改进人这一装置的电化学、新陈代谢和智能过程。他把人的生命定义为一种机械，一种可以通过技术手段复制和控制的物质过程，这让他虔诚的妻子感到震惊："该死的科学！该死的恶魔！克拉斯，你忘了吗？这就是让撒旦堕落的骄傲之罪！你在冒犯上帝！"然而，对克拉斯来说，妻子的眼泪不过是一种化合物。[4]

在别的故事里，巴尔扎克表述了一些类似的理论，都是将电、热、光、磁力与生命、思想联系起来；他声称，意志可以重新配置、放大、导引这些"不可度量的"流体。[5]巴尔扎克的理论借由克拉斯等人物［包括天资早露的斯维登堡哲学家路易·兰贝特（Louis Lambert）和不幸的作曲家冈巴拉（Gambara）］化身为故事，它们与当时的科学思想紧密相连，这是有充分理由的。巴尔扎克创作《绝对之探求》时，住在巴黎天文台旁边，经常与以下这些人共进晚餐：天文台台长弗朗索瓦·阿拉戈（François Arago）、他的弟弟艾蒂安·阿拉戈（Etienne Arago，剧作家和政治家）、物理学家和天文学家费利克斯·萨瓦里（Félix Savary，阅读并纠正巴尔扎克的手稿），以及给巴尔扎克打造了一副"神圣的观剧眼镜"的光学技师。[6]克拉斯被视为混合了弗朗索瓦·阿拉戈的性格、相貌和电磁学先驱安德烈-马里·安培（André-Marie Ampère）的一些特点（如神迷意夺、心不在焉）；安培的儿子是一位著名的文学批评家。

与这一时期的许多其他科学家一样，阿拉戈和安培对这些"仅能通过效果知晓的实体"（即电、磁、热和光）之间的关系非常感兴趣。它们的物理力量如何能被量化或投入使用呢？它们如何相互影响？它们是不同的流体，还是在某种底层介质或以太中的振动运动？如果是后者，那周围环境的本性是什么？它如何与更易掌握的物质互相作用？不只是物理学家和化学家被这些问题所吸引。在19世纪20年代至30年代，医生和解剖学家再次研究了动物磁流，即催眠术。一些人将导磁体对病人的影响归因于流体的传导，另一些人归因于以太的振动，还有一些人归因于大脑血管和液体组织的变化。对解剖学家来说，研究清楚微妙的流体非常重要，因为一个有机体的生命取决于构成其环境的气体、光、热、电和磁的平衡。拉马克（Lamarck）的追随者把这些现象理解为有机体产生和变形的关键；个体数量的变化，或其他营养来源的减少，会逼迫有机体习得新习惯以便生存。使用某些器官，同时减少使用其他器官，将改变一个物种的整体特征，在某些情况下甚至会催生新的器官；这些变化将被后代继承。

巴尔扎克称自己的作品为一部"社会的自然史"，由此读者会注意到他对构成人类环境的元素做了描述：场景、服装、激情、策略和塑造人类生活的各种作用力。例如，《绝对之探求》仔细分析了构成杜埃社会的社会关系和物质元素（郁金香、绘画、银器）之间的平衡，并表现出克拉斯的痴迷了打破这种平衡。巴尔扎克的巴黎小说是那个时代的珍贵文献，记录了当时的沙龙、会客室、办公室、音乐厅和工作坊，以及居住在这些地方的各类社会种群。他的环境概念超越了墙纸、织物、背景幕布和场面调度的范围，囊括了那些成为最被关注和迷恋的科学事物的化学和物理成分。在《高老头》（Le père Goriot）中，他写到产生"公寓气味"的气体的精确成分组合，通过嗅觉的方式证明了环境是如何影响公寓居民的生命历程的。[7]《人间喜剧》的前言中，他赞许地引用了拉马克的支持者若弗鲁瓦·圣伊莱尔（Geoffroy Saint-Hilaire）的理论，来描述流体在有机体内引发变化和进步的作用。

从更宽泛的角度说，巴尔扎克的前言提出了一个问题，即有机体如何攀升生命的层级，日臻完美。他笔下主人公对于自己人生的规划——为谋求社会地位、财富、爱情、艺术成就或启迪——表现出了一种普世愿望。用自然史的话说，巴尔扎克的核心问题涉及适应和控制。人通过什么方式掌控环境？人如何改变自己与环境的关系？对巴尔扎克来说，一切都取决于集中和引导意志的能力。巴尔扎克本人的言行也依从这一信念，他旺盛的创造力依赖于禁欲和高浓度咖啡，他认为生命力量、精神力量受身体变化的支配。他这些以巴黎为背景的小说表现了人物为了在政治和社会的尔虞我诈中占上风，如何精心编排自己的想法、姿态、言语和服饰。类似的，他在《冈巴拉》（Gambara）中描述了作曲家要实现超凡的音乐效果，需要怎样精确的实验装配，这既包含物质，也包含精神——定制的乐器、精确定量的酒精。

在《绝对之探求》中，克拉斯的科学仪器让他得以接触和操纵自然界的隐秘源泉，且让他心怀希望有天能将其完全掌控。不过，就如巴尔扎克笔下的许多阴谋家一样，克拉斯经历了悲剧性的反转，他的研究充满了讽刺。当他陷入狂躁时，他持续看见同样的幻象，有人不断地对他说：做"机械地"运动（move mechanically）——这个副词在书中没有再用于其他人物。[8]克拉斯用于祛魅世界的科学机械，却将他自己俘获和机械化了。他的女儿在他的实验室中撞见他"几乎是跪拜在机械前"，当时机械正同时连通着阳光和伏打电池的电力——这一幕被视作一种疯狂和偶像崇拜的机械化的圣餐变体①（mechanical transubstantiation）尝试。[9]在最后残酷的最终幕中，克拉斯灵感突降，他终于掌握了那个秘密，并为之献出生命。他感叹："我发现了（Eureka，希腊语）！我找到它了！"他还未能分享他的发现便死去了。他的命运堪比冈巴拉，冈巴拉宏伟崇高的歌剧演出，对他的听众来说不过只是刺耳的噪声。克拉斯也好似画家弗伦霍夫（Frenhofer），他耗费一生的"无名杰作"，在旁人眼中不过是一团高深莫测、晦涩乃至无意义的笔触。[10]

巴尔扎克担心自己会有相似的命运：他出于宏伟构思的作品，可能因意志过剩、走火入魔、方法不当而不被理解，收获沉默。巴尔扎克在1837年至1843年写就的大作《幻灭》（Lost Illusions），阐明了新闻界和印刷品所具有的矛盾力量。在一个层面上，该书通过对造纸历史和编辑部的详细描写，以及对作者分秒更新的新想法的叙述，将印刷作为一种技术来介绍；在另一个层面上，印刷品现身为一种变

---

① 圣餐变体论认为面包和葡萄酒可通过圣餐礼转化为基督的身体与血液。——译者注

革的力量，可以让女演员化身传奇，也让天真、优柔寡断的主人公吕西安·德·鲁本普雷（Lucien de Rubempré）飞黄腾达，又疾速坠落。巴尔扎克充满爱意地追踪这位从外省来的"伟人雏形"，他正试图利用所有可用的工具来征服首都——出众的天赋、纯真的魅力、纨绔子弟的伪装、不稳定的伙伴的帮助，最重要的是他的言论，印刷媒体正广泛传播他的言论，但他却发现自己被卷入了新闻业的诡辩沼泽中。宣传、炒作和批评的力量击打在吕西安身上，他将这些变为自己的工具，由此重获新生；但当这些工具再一次针对他时，他又身败名裂。巴尔扎克一次又一次地揭示了他笔下的人物为掌控环境而融合进自身的仪器、工具或"器官"——毒药、艺术工具、社会谋略或用法奇特的乐器和科学工具——是如何反作用于他们的使用者的。

重要的是，《幻灭》也以令人敬佩的、浮光掠影的笔触描绘了一些小人物，他们与巴尔扎克的自毁主角们有着同样的科学、哲学和艺术追求，但是他们的事业闪耀着理想主义的光辉。他们是"小团体"（cenacle）的成员，这是一个非正式俱乐部，定期在索邦大学附近聚会。成员们最初欢迎吕西安加入他们的高尚团体，尽管他们预见到他会堕入新闻业的地狱。其中两名成员显然是以巴尔扎克在19世纪20年代至30年代认识的人为原型。他们都曾是工业先驱圣西门（Saint-Simon）的追随者：一位像是巴尔扎克的朋友菲利普·比谢（Philippe Buchez），他是一位外科医生和共和主义者，创立了一门新的"历史科学"，这最终催生了天主教形式的社会主义；另一位似乎以皮埃尔·勒鲁（Pierre Leroux）为原型，他是一位印刷商和编辑，他将若弗鲁瓦·圣伊莱尔的自然史改编为一种新的"人类宗教"，将科学、技术和艺术汇编为一幅对民主的自组织社会的愿景。[11]

导致巴尔扎克的许多主人公走向悲剧结局的自私和狭隘，在这群理想主义者身上并没有出现。但他们也如那些主角及巴尔扎克本人一样，试图创造和控制能让他们在存在的层级上攀升的工具。对这些改革者来说，这种愿望意味着投入感受、动力和智力，致力于使人类的联系更紧密、竞争更少，以保证人类的可持续性和环境的繁荣。他们的工具包括物理学、生产工具和交往媒介。尽管"绝对"可能超越了直接经验的可能范围，但通过重组心灵与世界之间的空间——环境，即人类与自然之间的中介——人类有可能接近它。

＊　＊　＊

巴尔扎克活跃的时间——从复辟的最后几年至七月王朝的倾覆——与本书的时间段相吻合。他认识其中的许多中心人物，在巴黎的沙龙、办公室、印刷品和街道上，与他们交织在一起。他的探索和他描述的探索，与本书叙述的事业非常相似且相互交叉。他书中的主人公，即使在探索新机械和理性科学以了解环境并进行回应时，也在深深痴迷于浪漫主义的激情、神秘的幻想、不确定性和执着态度。这些个体试图将各种工具精心编排以重塑环境，这改变了社会和他们自己。他们以各种方式瞄准着"绝对"——无论是作为始基、包含万物的整体，还是心灵与世界的统一——即使不少人已注意到知识和行动的内在局限，以及人类不可能触及其身处的环境之外的点。正如巴尔扎克的朋友、早期的女权主义作家乔治·桑（George Sand）所写："屡次探求'绝对'的巴尔扎克，在他自己的作品中几乎就要找到这一此前未知问题的解决方法了：一部彻底的虚构作品呈现一切真理。"[12]巴尔扎克、桑和他们的同伴，致力于将现实总体编织为虚构，其中同时彰显着科学、艺术、技术和政治特征。为此，他们想象、建造并融入了浪漫主义机械。

目 录
CONTENTS ●────────────────────────

第三部分
人间天堂的工程师

（本书前言、第一章、第二章、第四章、第五章、第六章、致谢由刘慧宁翻译；第三章、第七章、第八章、第九章、第十章由石稷馨翻译）

第一章
引言：机械浪漫主义

————————— ◆ —————————

无望的浪漫派和无心的机械派

浪漫主义和机械主义都对近现代世界做过定义。一方面，创造者、梦想家和自然爱好者面对顽固的实在论者和理性化派，或是正面对抗或是小心躲避；另一方面，技术爱好者、官僚和科学原教旨主义者，严令禁止情感、个性和幻想出现在自然研究这项严肃的工作中。在这场不断以新形式上演的战斗中，也许你已经支持了呼吁更多创造力和自发性、反对机械化和标准化的声音；又或者，你已经赞同了优化数据和技术方案、更新设备、苛求理性、反对迷信和感性的提议。

又或者，你可能将此视作一个虚假的对立。若是如此，你可能会对本书的主角们一见如故。那是 1848 年前的巴黎：彼时彼地，浪漫主义的愿景塑造了机械科学和工业，新的发现和装置强化了人们对有机体和艺术的想象。在纷繁又重叠的事业中，情感和审美经验具有与技术和理性同等的重要性。个人和整个浪潮都以此为己任——借助新机械改造社会和自然界。[1]

我们对浪漫主义和机械主义之间的对立已相当熟悉，这部分归功于 20 世纪上半叶的观念史作品，如洛夫乔伊（Lovejoy）的《存在巨链》（*The Great Chain of Being*）和怀特海（Whitehead）的《科学与现代世界》（*Science and the*

Modern World），尤其是后者的关键章节"浪漫主义的反作用浪潮"（The Romantic Reaction）[2]。这些有影响力的作品称，浪漫主义带来了一种对自我的新构想和新经验，它强调情感、表达、审美和有目的的行动。浪漫主义认为，整个自然界由一种底层的生命力和多种原型形式统一起来。人类本身是大自然持续成长和发展的一部分，这体现在艺术和哲学天赋产生的创作。人类的想象力和觉知在塑造现象和创造"第二自然"里发挥了积极作用。艺术和哲学促使观众超越个人意识，参与到更广泛的整体中。政治本身成为一门艺术：国土、语言和血统融合为一体，为民族主义和充满活力的世界主义奠定了基础。[3]

浪漫主义纷繁且有时相互矛盾的多种倾向，时常以一词概况：有机体论（organicism）。浪漫派运用与生命过程相关的概念——生长和整体论、循环因果，及两极间具有生产性的斗争与和谐——来形容诗、人、国家和宇宙的特点。直白点说，有机体论这个词被定义为机械主义（mechanism）的对立面。[4]18 世纪末，聚集在耶拿的德国思想家提出了这一对立，此后它影响深远，主导了后两个世纪的大部分智识生活。由于浪漫主义拒绝启蒙运动的理性主义，反对冷漠、碎片化的科学和工业秩序，它被定义为"那一显然注定要失败、被我们这个时代抛弃的尝试，它试图识别主体与客体，调和人与自然、意识与无意识"。[5] "无可救药的浪漫"（hopelessly romantic），我们用这样的话形容那些希望生活像小说（英语为 novel，法语为 roman）一样的人，那些幼稚地沉迷于强烈激情、无法妥协于严酷现实和常识的人。如果说浪漫主义关注生物的心、精神和生命脉搏，那它便也是理性、物质和机械的敌人。

人们认为机械和机械主义的推动者相较于浪漫派的区别在于，他们致力于超然和理性地分析大自然的客观特性。他们反对推崇个人自由，坚持囊括一切的决定论；反对怀旧地逃回自然中去，不断地进行人为改造；反对有机整体论，进行分析和化约。许多阐释者称，这一切都是有益的。举个例子，科学史上有一个反复出现的假设，即衡量一个领域的进步，可以依据其现象被"机械地"处理的程度（这意味着摒弃目的论和形而上学），以及其程序通过机械算法或可重复实验来执行的程度。这种对科学进步的叙述，与通过机械的使用状况来衡量一个社会的文明程度的观点相重合。[6]

不过，虽然"没人性"使得机械成为进步的标准和国家治理的模型——理应整齐划一、效率至上、缺乏情感——但这也让机械成为众矢之的。一台机械没有感受，没有灵魂；它缺乏生命特有的生长、灵动和自由。[7]机械科学在分解和分析、拆分和区分中进行；它杀死它的研究对象。由此，一系列对立生成，那些哀伤于世界幻灭、彩虹消散的人，正面遭遇了另一群人，他们坦然接受由事实、规则和客体构成的真实的成人世界，浪漫主义与机械主义的区别见表1.1。

表1.1　浪漫主义与机械主义的区别

浪漫主义	机械主义
情感，意志，激情	理性
精神	物质
感觉，趣味，感受	质量，运动，数量
道德的、个人化的自然	不分道德的、非个人化的自然
自由	决定论
整体（综合）	部分（分析）
回溯的，怀旧的	进步的，向前看的
有机体	机械

在这一断层面发生了无数的文化和学科碰撞——从"感性的分离"（dissociation of sensibility）和"两种文化"，到"科学战争"。[8]然而，即便这一对立作为对特定智识争论和姿态的描述已足够准确，但它模糊了现代性（modernity）的智识和政治景观的重要特点，让我们既误解了浪漫主义，也误解了机械主义，以及两者交织的多种情况。

本书中探讨的诸多相似案例集中于一个关键背景：处于一位拿破仑倒台后和另一位拿破仑上台前的动荡过渡期的巴黎①。彼时，涉及技术影响的争论正处于文化和政治生活的中心。一些人对机械表现出谨慎态度甚至是敌意，而另一些人则欣然欢迎；其中不少人的态度和观念与浪漫主义相关。机械被用作外化自我和表达自

---

① 此处指拿破仑一世倒台后至拿破仑三世上台前，即 1815—1848 年。——译者注

我的辅助物，它引入了潜在的力量，实现了隐蔽力量之间的转换；它可以被用作创造新的整体及有机秩序，重塑人类与自然的关系，让自然本身焕发新面貌。浪漫主义主题指引着众多科学领域的研究，这从科学界对发展、转化和变形的持续兴趣可以看出；也可见于人们对现象作为心灵与外在对象之间的界面的反思，对知识的审美、情感和主观方面的新关注。与此同时，艺术作品和流行文化景观运用精巧的新技术，制造出强烈的情感和逼真的效果，它们常以科技的造物力量为中心主题。[9]很多时候，机械主义与浪漫主义的相遇，引发了对政府制度、劳动成果的分配以及人与地球的正确关系的彻底的重新想象。我称为机械浪漫派的个体，他们组成的松散联合体，并不将科技视为人类的敌人，而是视作创造"第二自然"不可或缺的成分——既是工具也是行动者。

这些不同项目的共同点是着迷于多变的、无重量的、不可见的流体，而这种"不可度量者"（imponderables）① 又与"环境"（milieu）的概念密切相关，即围绕有机体并构成其"生存条件"的物质的总和。在英语中，该术语主要指社会环境，但在本书论及的法语文本中，它也有着与生物学、空间位置和物理学相关的含义。18 世纪后期，创造了"生物学"（biology）一词的让 - 巴蒂斯特·拉马克（Jean-Baptiste Lamarck）在谈及环境时，指的是维持和促进生物转化的物质元素，包括光、热、电和磁。亚历山大·冯·洪堡（Alexander von Humboldt）的世界环境（environment）地图，巴尔扎克的"社会自然史"，以及沙龙、报社和剧院包厢的"生理学"（physiology）中，环境都是中心概念。[10]虽然环境一词是在生物学中发扬光大的——它是 20 世纪的"生态位"（ecological niche）和周围环境（umwelt）概念的前身——但乔治·康吉扬（Georges Canguilhem）将其起源追溯至经典力学，尤其是牛顿关于以太（ether）作为光的传播介质的概念。因此，环境具有双重的空间含义：它指个体周围的维持其生命的包裹圈（类似于它的近义词 atmosphere），也指（牛顿意义上的）线性辐射，是连接两个实体的空间——"mi-lieu"，即"之间的地方"。因此，它既是连接也是分离的术语。此外，因为它既用于物理学的流

---

① 中文中许多地方将 imponderable fluid 译作"无重量流体"，本书中译作"不可度量的流体"。——译者注

体和以太，也用于有机体的营养环境，所以它是各科学领域之间的一个连接点；这些领域因专业化而离散了。再有，环境越来越成为改革和转型事业所关注的层面。这种方法下，人们不直接作用于有机体、个人或社会以图改变，而是改变其周围环境。

拉马克还有个著名的论点：环境的变化会导致有机体养成新的习惯以满足自身需求。器官的使用或废弃会改变它们的大小和构造，甚至引发新器官的产生——若弗鲁瓦·圣伊莱尔在 19 世纪 20 年代至 30 年代阐述了这一观点，自然哲学家洛伦兹·奥肯（Lorenz Oken）的器官发生（organogenesis）概念也支持了这一观点。[11] 本书将表明，19 世纪上半叶自然构想的决定性转变扩展了这种自然生产和适应是持续过程的观点，加入了人类技术：机械和工具被视为改变人类与其环境的关系的新器官。在最广泛的层面上，我们或许可以称为技术拉马克主义的观点，认为人类工业是地球自身发展的一种自然表达。[12]

人们认为一种发展律在发挥作用，它不仅影响有机体，也影响地质构造、政府和思想；这种对自然和社会的历史性的——甚至是演化性的理解，其最广泛的框架由"星云假说"架起，该假说将太阳系的起源描述为一团星云气体的不断凝结。地球上，人类在多个层面参与这一发展：改造景观和改变自然的物质秩序；构建和排列现象和概念；以及感知、概念化和想象的活动。在这其中的每一个层面，自然的改造都得到了机械的支持，这削弱了自然与人工之间的二分法。新的工具和机械在理论中成为人类感官和意图的延伸，作为心灵和世界之间的流动中介，及社会的纽带；它们作为变革性的，甚至可以说是崇高的装置出现。这些装置并不是科学与艺术两极分化的基础；其实正相反，它们在艺术家、哲学家和科学家之间激发了强烈的共性甚至认同感。19 世纪 30 年代至 40 年代，浪漫派天才在巴黎风生水起——他们身边围绕着机械。[13]

因此，本书后面的章节将追溯一系列密切相连的变革。机械的形象发生了转变，从平衡的、非人的发条装置，转变为以蒸汽机等转化和变形技术为代表的"浪漫主义机械"。机械主义和有机体的概念以多种方式融合：机械过程被视作有机目的论的工具；人类技术创新体现了自然的发展；装置和机械与人类的行为、意图和知觉相融。在更广泛的意义上，一种新的自然概念出现了，它承认自然不仅有历史，而且会被人类技术改变。[14] 一种新的知识论也出现了：观察者的感觉器官和内在能力在现象构成中起着积极的作用，它们就好像观察和实验装置一样。如近期对科学理想的讨论所指出的，认识论有伦理维度：此处涉及的许多思想家提出一种又一种伦理学，旨在通过联结——与其他人、与自然的其余部分、与机械的联结——实现自由。[15] 最后一点，这些形而上的、认识的、伦理的转变，激发并引导了新的政治方向：在其中，一种激进的共和主义及现代社会主义诞生了。

简而言之，这些多样的事业中，一种新宇宙论出现了，它对自然领域、社会秩序和人类活动之间的关系产生了一种新的构想。在追溯这些多样转变的过程中，我的叙述重点不在虚幻的时代精神或认识，而在行动者向自己和同时代人展示宇宙秩序的确凿、具体的方式。他们创造了许多宇宙意符（cosmograms）——文字、图像、数字、歌曲、故事或纪念物集结而成的、用以表达整体宇宙秩序的物质组合。这些不同规模和流派的工艺品，以不同材料表现；有些旨在忠实地再现世界的本来面目，另一些则作为命题、路标、锚点，甚至是讽刺笑话，指示着世界应该是怎样的。我将讨论的例子包括安培的科学分类法、洪堡的自然观、格朗维尔（Grandville）的《另一个世界》（Un autre monde）、圣西门的神庙、勒鲁的人（L'humanité）和孔德的历书。尽管这一时期的宇宙意符反映了其创造者的独特生活经历和意图，尽管它们因学科通用要求而各异，但这些人都以自己的方式坚称自然是受人类改造的，且机械将在自然的发展中发挥核心的且积极的作用；每一个人都表现出一种依据具体历史情景下的、基于当前的观点：为了集中和组织人类活动、改造世界，宇宙的所有部分必须聚集在一起，在一个位置上得到表现。[16]

巴黎，转化之中心

要研究浪漫主义和工业化的交织，法国似乎是最不可能的地点。毕竟，就是在这里，启蒙运动最极端的倾向占据了上风，对信仰和传统的夸张反抗导致了血腥的革命暴行；法国的邻国常将其视为唯物主义和理性主义的中心。这种革命性的态度在拿破仑当政时更是得到强化；拿破仑是一名炮兵工程师，曾获选国家科学与艺术学院数学部院士。相比之下，德国通常被视为浪漫主义运动和重要科学技术发展的源头。英格兰也在工业革命中发挥了主导作用，其浪漫主义诗人塑造了我们对这场运动的看法。要探索这一时期的浪漫主义、技术、科学和社会改革的交叉点，在其他国家背景下也可以获益良多，例如，可关注约翰·里特（Johann Ritter）、洛伦兹·奥肯、诺瓦利斯（Novalis）、威廉·韦伯（Wilhelm Weber）和弗里德里希·谢林（Friedrich Schelling）、汉弗里·戴维（Humphry Davy）、塞缪尔·泰勒·柯勒律治（Samuel Taylor Coleridge）、迈克尔·法拉第（Michael Faraday）、托马斯·卡莱尔（Thomas Carlyle）和玛丽·雪莱（Mary Shelley）；又或者，约瑟夫·亨利（Joseph Henry）、拉尔夫·沃尔多·爱默生（Ralph Waldo Emerson）、塞缪尔·莫尔斯（Samuel Morse）和埃德加·爱伦·坡（Edgar Allan Poe）。[17]

然而，在巴黎出现的浪漫主义 – 机械主义融合既独树一帜，又具显著影响力。对于卡尔·马克思、瓦尔特·本雅明，及许多历史学家和历史中的行动者而言，巴黎的艺术、政治和智识生活都是现代性的模范和先锋。正是在这里，现代政治的关键范畴和概念建立起来——从个人主义和社会主义到"工人阶级"；也是在这里，先锋艺术的概念形成；还有文学、新闻和科学领域的新大众景观、商业消费形式和畅销出版物生根发芽；划时代的科学和技术诞生，这包括电磁学、摄影、定量实验的物理学和生物的演化论，以及具有里程碑意义的实证主义哲学。

在 1820 年的法国，与浪漫主义意识的觉醒正好同时进行的是，人们逐渐认识到工业化的政治重要性，及科学在工业化中所扮演的角色。滑铁卢战役表明，法国在数学和工程上的卓越表现并不能保证它能胜过英国海军的补给线和生产力。早在18 世纪末，英格兰就已在工业中广泛应用机械和蒸汽技术，但法国直到拿破仑倒台后才开始，而且在复辟和七月王朝之前，都没有真正全情投入。拿破仑的审查官们也在很大程度上阻止了外国著作的引进。因此，1815 年帝国崩溃之时，伊曼纽尔·康德之后的德国文学和哲学新著作才涌入法国。巴黎的知识界一哄而上，希冀在技术和智识上追赶上邻国，他们有意识地努力奋进，想在现代感性中留下属于他们的独特烙印。新的期刊出现，旨在提炼和评论全球时事，为国内外的消费群体重构时事。[18]

促使浪漫主义和机械主义在法国形成尤为广泛且具体的融合的还有两点。首先，法国的文化和政治生活都围绕着首都巴黎展开。这种特殊的集中化确保了各领域创新者之间可以进行频繁的面对面接触，催生了密集重叠的社交网络。在巴黎声色犬马的社交生活中，在杂志的纸页上，文学、政治、科学和工业圈子频繁接触和交流。在本书所涉及的时期，巴黎正在扩张，但以 19 世纪末的标准来看，仍然是个小城市，1820 年的人口约为 75 万，1851 年才刚好超过 100 万。[19] 这是在奥斯曼（Haussmann）之前的巴黎——这位第二帝国的规划者，设计了宽阔的林荫大道、闪亮的商店、餐馆和咖啡馆，这些如今成为这座城市标志性地貌的事物。传统的社会地理依然在这个城市有着强烈印记[20]：圣日耳曼郊区主要是富人住宅；拉丁区聚集着学生、科学家和小商店主；而卢浮宫周围地区，逐渐蔓延至交易所的是政治和金融的权力场所。在右岸，圣德尼郊区和圣安托万郊区挤满了通常没有名字的狭窄街道，街上的住宅没有编号，这里及在 19 世纪以来被吞并的城市外围小社群，是工人和穷人的家。皮革、木工和冶金业的小作坊，及少数国家资助的奢侈品生产商 [如戈贝兰的挂毯作坊（Gobelin's tapestry work）] 占据了这些区域；在这个时期，许多这样的行业开始引进新的化学工艺和重型机械。[21] 不过，巴黎仍然小巧紧凑，不同社会阶层的成员可以在沙龙、阅览室、舞会和街道上碰见。此外，在不满声高涨之时，变革传统仍然坚挺：大众集会可以直接影响政策，人们可以设置街垒阻挡政府军队。当时的文学、批评、政治和认识论由戏剧隐喻主导，而在许多人看来，巴黎的生活就像一出大型戏剧，街道、沙龙和杂志的流动舞台上，全体市民都参与表演。

其次，法国的此段历史，让其历史轨迹有了超越国界的意义。遵循大革命时期法国演说家的普遍化倾向，朱尔·米舍莱（Jules Michelet）的《人民》（*Le peuple*）等作品将法国历史描述为世界历史。[22] 这一时期的不稳定，已由大革命时期的震撼事件预示：巴士底狱的攻破，路易十六的处决，从国民公会到督政府到执政府和帝国的蹒跚过渡，以及 1815 年拿破仑在滑铁卢的战败。拿破仑在这一年短暂复辟（百日王朝）后被流放，路易十六的弟弟路易十八复辟，路易十八由英普联军扶持，联军在巴黎驻扎了几年。路易十八于 1824 年去世，波旁血脉中的一位弟弟，即极端保皇派查理十世登基。他拒绝屈服于宪法的约束，这引发了 1830 年革命（七月革命），这场革命大体上还算和平，在 7 月一共只进行了三天（荣耀的三天）。新王朝称路易·菲利普国王为王，他是波旁分支奥尔良家族的后裔。尽管新闻自由略有好转，但"七月王朝"对 19 世纪 30 年代的社会环境，尤其是工人阶级愈发严重的贫困、不稳定现状并不关心。这一时期不断发生罢工和暴乱，随之而来的是镇压行动：对抗在 1848 年革命（二月革命）达到顶峰，短暂且动荡的第二共和国因而建立。1849 年，路易–拿破仑·波拿巴（Louis–Napoleon Bonaparte，拿破仑一世的侄子）赢得普选，任新总统。1851 年，这位新一代的拿破仑发动政变称帝，放逐或监禁反对者，宣布建立第二帝国。

1815 年至 1851 年的社会和政治动荡让巴黎居民认识到，他们正生活在一个不寻常的时代。物理学在近期取得了巨大进展：在地球物理学领域，精确实验和数学的结合正在给热、光、电和磁的研究带来"第二次科学革命"。乔治·居维叶（Georges Cuvier）的动物王国分类法及比沙（Bichat）、布鲁赛（Broussais）和艾蒂安·塞尔（Etienne Serres）的医学进展，表明人们对生命的动力有了更深刻的理解。与此同时，人们首次承认蒸汽技术及其对经济和社会的影响在创造一场"工业革命"。[23] 政治现状也是前所未有的。革命的记忆依然在眼前，革命的历史意义仍有待商榷。这是一场需要从记忆中抹去的反常现象呢［"复辟"（Restoration）一词似乎就暗示这个意思］，还是预示着自由主义国家即将到来？或者，预示着一种介于君主制和自由主义之间的"中庸环境"（juste milieu）？18 世纪的政治、科学和艺术实验遗产中，哪些应该被保留，哪些应该被摒弃？共和主义作为一种地下力量兴起，时常在光天化日之下破土而出：激进的烧炭党人（Carbonari）策划了忠于自由、博爱和平等理想的新革命——不过这些术语被重新诠释了。平等是否意味着财产和财富的重新分配？业主追求自身利益的自由与工人的自由如何平衡？兄弟会能否克服新出现的阶级分化？

这些都是"世纪儿"在那个历史时期要日常关注的问题；世纪儿即出生于 1800 年前后的人，这群人逐渐把自己想象成一个"世代"。在《一个世纪儿的忏悔》

（*La confession d'un enfant du siècle*，1836）的开篇，阿尔弗雷德·德·缪塞（Alfred de Musset）哀叹道："我们出生在已毁灭的世界，我们的命无法献给荣耀或战争。绝望是我们唯一的信仰。"复辟是对革命造成破坏的一种错误的、偏颇的解决方案，是一种企图留住国王和教会逝去的特权的一种倒退。德·缪塞所描述的那一代人的反常现象，从社会学的角度来看，是缺乏容纳新一代人的机构造成的：由于复辟时期的机构调整是利于贵族和神职人员的，因此对于受过教育的商业或专业人员阶层的后代来说，他们的上升机会和赞助来源突然被阻断。[24] 这是一个自视不得不自力更生的世代。

然而，真正界定机械浪漫派为一个群体的标志，并不是他们相似的社会出身，也不是僵化的制度背景——事实上，在各种配置组合和不同地点下，他们只是偶有交集——而是他们几乎一致的愿景。他们都迫切地希望将知识、社会和自然等领域统一。社会尚未成形；新型的社会关系和机构仍需建立。诚然，一位在思想上信奉经典社会学的分析者会认为，人们的观念是社会区位的反映。但我想强调的是，在一个高度不稳定的社会秩序下，这些个体共享着一种改变社会游戏规则的远大意图；而且被忽视的是，这些"浪漫派"将科学和技术视为建立更加公正、自由和和谐的社会的手段。

机械浪漫派的大部分工作由那个时代下明显的道德真空和不团结激发，这进而引发了对社会纽带的性质和基础的反思。有一点也许有些矛盾，即影响这些改革者的人中包括极端保守思想家，他们主张回归天主教，将"世俗权力"置于"精神权力"之下，依循中世纪对这些范畴所建立的理论化成果。对一些人来说，这意味着恢复和重新诠释天主教传统，或再开发神秘主义的、光照主义的传统。[25] 但新天主教徒约瑟夫·德·博纳尔德（Joseph de Bonald）的关键思想——思想和制度之间存在着不可避免的统一性——却也被那些不认同梵蒂冈教条的人所接受。人类需要一种新的精神力量，但这种力量要能容纳此前两百年科学发现所带来的世界观的变化：宗教必须为科学腾出一块地方。保罗·贝尼丘（Paul Bénichou）在《作家的神圣性》（*Le Sacré de l'écrivain*）中，认为浪漫主义文学试图为社会团结寻找新的情感和智力基础。另外还有一种"学者的神圣性"（sacré du savant）：科学家为社会转型寻找指导方法和概念，他们在公开展示中传授大自然的奥秘，参与新兴的社会科学。在这一时期的宗教想象中，多种多样的机械被呈现为灵性统一和更新的圣礼。[26]

这些寻求转变的设想灵感来自德国新思想，如德·斯塔埃尔（de Staël）、库辛（Cousin）、洪堡、圣伯夫（Sainte-Beuve）等人。启蒙时代的思想在德国新瓶装旧酒，又重返法国。[27] 德国的浪漫主义也推动了一种情感化的新天主教和一种神秘狂热的发展，这在催眠术和"里昂神秘学派"（mystical school of Lyon）的复兴中都有体现。许多信徒奔赴巴黎。与此同时，人们也十分关注英格兰的社会思想。英格兰宪法被作为一个例子，以研究如何平衡中央权力、传统和大众意愿。英国的政治经济学更具影响力，如亚当·斯密（Adam Smith）、马尔萨斯（Malthus）或李嘉图（Ricardo）的理论，这些理论似乎很适合指导一个正在步入工业化的社会。

不过，如果把这本书仅仅看成德国浪漫主义或英格兰工业化对法国的影响史，那是大错特错了。巴黎的传统、社交风尚和历史问题，为康德、歌德、席勒、谢林等人的作品，以及瓦特的蒸汽机和马尔萨斯或巴贝奇（Babbage）的政治经济学提供了独特而有利的氛围。这一浪漫主义和机械主义的炼金式大乱炖依托于法国特有的成分：它的天主教历史、革命史及近期的复辟环境；拿破仑的技术官僚帝国；国家的极端中央集权；遍布于巴黎的沙龙、小团体和小集团（cliques）的、密集又以阶层划分的社交生活；戏剧的盛行，它作为一种组织比喻和范例经验，与德国和英格兰浪漫主义所强调的田园风光形成鲜明对比。[28] 这一时期的巴黎文化中，使其成为现代性的象征和中心——"19 世纪的首都"，此方面，便源自这一独特的多重环境的叠加。

浪漫主义机械

在我们熟悉的浪漫主义形象中，植物或动物时常扮演宇宙的象征，代表宇宙是一个不断生长的统一体。这种有机体论与 17 世纪机械主义哲学中占主导的"发条宇宙"（clockwork universe）概念形成对比。后一种哲学有其自身的宇宙符号：一种我们可以称为"古典主义机械"（classical machine）的机械理想模型。以时钟、杠杆或天平为例,古典主义机械被认定为具有质量、位置和速度这些主要性质;它被视为外力的被动传递者,是平衡和永恒秩序的象征。它意味着一种稳定的、决定论的自然,联系着一种关乎理性无情的超然的认识论。[29] 正是为了对抗这种古典主义机械,无生命、无变化的点与力的团块,浪漫主义增添了有机体的自发性和整体性。

不过,在 19 世纪初,机械(由外力驱动)和有机体(系统的动力在内部)之间的区别常常被打破。浪漫主义时代的典型机械,由蒸汽、电力和其他精细的力驱动,可以被视为有自身的原动力。它们的形式表现出界限暧昧的生命力。[30] 与这种融合体相关的是活力(forces vives)和"势能"(potential energy)的概念、物理学和生理学共通的流体,以及人们逐渐认识到的人类和工具之间的交融和性质交换。在复辟和七月王朝时期最常见、最受赞誉的装置——蒸汽机、电磁仪器、地球物理学仪器、达盖尔摄影机和工业印刷机——不同于钟表、杠杆和天平,它们代表着一种机械的新理想:"浪漫主义机械"。在 19 世纪初,机械并不完全意味着超然、理性和稳定,也指向转化、想象力的逃逸和奇幻的变形。它们唤起无形的力量,将其转化并付诸使用。浪漫主义机械与古典主义机械不同,它不是孤立存在的;它让观察者积极参与,表现出一种自发的、鲜活的、不断发展的自然;它产生审美效果和情感状态。[31] 从某种角度来看,浪漫主义机械仍然可被视为工具理性的体现,代表着现代生活那死气沉沉的被异化的日常。然而,从其他角度来看——如本书所探讨的——它又充满了有机体、生命体甚至是超越者的美学和情感。

由于机械和机械主义经常被视为理性甚至现代性的表达,因此浪漫主义机械引发的重点迁移也意味着批判理论的关键论点的迁移,这涉及马克思、韦伯和本雅明的理论。在 1848 年之后的著作中,卡尔·马克思和弗里德里希·恩格斯将他们的科学社会主义定义为与"乌托邦社会主义者"的幻想对立的。在《共产党宣言》中,他们嘲讽圣西门派和傅里叶派的计划是"幻想的"(fantastic),这个词在短短两页中使用了五次;他们称这些前辈没有达到严格的社会科学标准。同样,在《资本论》中,马克思试图揭穿"商品拜物"的"幻影似的"幻想:消费者将魔力赋予惰性物,只是因为生产这些物品的真实物质和社会关系被掩盖。[32] 不过,影响马克思思想的不只有德意志唯心论和英国政治经济学，还有19世纪40年代骚动的巴黎知识分子；他的许多论点，尤其是1844年的——论及人类的"类存在"（species being），它通过改造环境外化自身，通过多种创造活动实现自身的本质——与这里讨论的机械浪漫派的论点非常相似。此外，这一时期对新工业产品的崇拜，无论是对新商品的崇拜，还是对制造商品的机械的崇拜，都不一定意味着掩盖和遗忘了劳动。后文中将表明，19世纪30年代和40年代针对技术及其产品的崇拜，实际上也提高了劳动可见性：机械被赋予了魔力，甚至它们与地球、人类相连的交叉点也被突出和赞颂。机械、劳动和工人在创造财富、知识和崇高影响中的身影显而易见，而这也并没有遮掩其产品的光泽。人们在赞颂机械梦幻的同时，也在认可它们所表达和维持的具体社会关系。

此外，尽管在这一时期，"崇拜"经常被当作需要消除的错误，但它也成为一种有价值的社会力量而存在。奥古斯特·孔德在19世纪40年代的著作中刻意后退至拜物，阐述了惰性物具有道德和精神力量，使科学变得人性化、令社会统一。[33] 同样，巴泰雷米 – 普罗方坦·昂方坦（Barthélémy–Profantin Enfantin）认为，艺术和科学的起源在于，部分敏感的个体可与非人生命和惰性物质的感受和欲望共情。他将此总结为："我们必须追随想象的脚步；梦幻之中有我们须学习的。"赋予惰性物质以感觉和精神力量，与此相似的是浪漫主义对民俗故事和象征主义的热衷，它们将日常生活填满神秘色彩，凯西·盖尔（Cathy Gere）认为这样的倾向促成了她所说的"预言现代主义"（prophetic modernism），这是一种概括性的历史观，回顾历史以预测图景更为完整的人类未来。[34] 当然，这一时期也是通过科学和工业将一种发展中的信仰加以凝固的时刻。虽然对神秘过去的眷恋和对理性未来的信仰通常被当作相反的事物，但它们是同时代的文化产物，在浪漫主义机械的形象中交相穿插——这一物体是具体的、理性的，通常是实用的，但又充满了超自然力量和感召力。[35] 浪漫主义时代的自我概念，将想象力夸耀成一种可以改变世界的力量，这些有感召力的技术也是一样，被看作可以唤醒自然的不明之力，固定技术系统里的坐标，这些系统正在长成活生生的、动态的整体。[36] 引用韦伯的两个短语描述便是，这一时期见证了迷魅的常规化（routinization of enchantment）；而在对机械和机械程序之不可思议的迷恋中，又有一种将常规的造魅（enchantment of routine）作为它的补充。科技已发展至可将自然的隐藏之力运用自如，无须再当作秘密。[37]

因此，人们在这一时期对技术的回应一如往常地有着对立的两面：拜物与科学真理；魔法和机械化；克里斯玛 / 感召力和工具理性。瓦尔特·本雅明曾论及艺术作品的"灵晕"（aura），那是对这种双重性的一种解读。在《机械复制时代的艺术作品》（*The Work of Art in the Age of Mechanical Reproduction*）中，本雅明将灵晕形容为"一定距离之外但感觉如此贴近之物的独一无二的显现"[①]，他援引诺瓦利斯的一首诗解释这个概念——诺瓦利斯在诗中描述了一处像是在回望人类观者的风景。在本雅明看来，这样一种相遇便是灵晕的典型经验："将人类关系中共有的一种回应转换到无生命或自然物体与人类的关系中。"也就是说，"感知我们所观看的物体的灵晕，就是赋予它回看我们的能力"。[38] 本雅明辩证地解读这一经验，将其作为两种互相矛盾的运动的融合。一方面，19 世纪早期的技术加快了"灵晕的衰落"，比如你看着照相机，这样一个惰性物是无法回望观者的。同样，城市的新环境带来的剧烈的震动——噪声、人群、建设和速度——让感性死去，甚至将主体间的、由人类之间的目光创造的灵晕黯淡：工业生产越发机械化，这让人类变为机械，城市居住者也逐渐将同类仅仅视作物体。但另一方面，本雅明在《艺术作品》（*Work of Art*）一文中提出一种展望，机械在特定使用范围下，实际上会制造出灵晕的经验：尤其是在电影院中，人流的景象结合特写，观者感觉到自己是场景的一部分，被注视着同时也在注视着，在制造影像的同时并没有藏起诡计的工具。这里，他再次援引诺瓦利斯——他未完成的成长小说《奥夫特丁根的海因里希》（*Heinrich von Ofterdingen*）讲述了一个年轻男人的故事，他着迷于"蓝花"（blue flower），一个位置不明的采石场，它与人类初始阶段有关联，他希望回归至那里："我听说在远古时候，野兽、树、石头都与人类交谈。我注视它们时，它们似乎每一刻都在与我说话；我几乎可以根据它们的样子分辨出它们在说的话。"[39] 本雅明将电影院形容

---

① 本书中引文为"nearness in distance"，译文引自瓦尔特·本雅明《机械复制时代的艺术作品》，王才勇译，中国城市出版社，2002 年，第 13 页。——译者注

为"技术大地中的蓝花"；希冀与自然和谐一致的早期浪漫主义渴望，也许可以通过机械达成。[40]

相似的概念也在《拱廊计划》（*Arcades Project*）中出现，这是本雅明论 19 世纪巴黎的一部片段作品。[41] 本雅明关注人类价值观和经验如何被机械转变（经常是被麻痹），同时他也追溯了人们不那么熟悉的发展阶段，比如夏尔·傅里叶（Charles Fourier）的宇宙预言——大海变为柠檬汁，有助益的新物种出现，帮助人类，行星结合——在本雅明看来，这是扭曲的、梦幻的感知，刻画的是由科学主导的工业所释放的能量。这一幻梦在波德莱尔的《应和》（*Correspondances*）里有另一版本，自然是一座庙宇，它的柱子是活的，对着我们说话，一座符号的森林"以熟悉的目光"看着我们。热拉尔·德·奈瓦尔（Gérard de Nerval）那泛神论的《金色的虫子》（*Vers dorée*）中也有类似表述："爱的秘密在金属中栖息；'万物都有知觉！'而且万物都在影响你的灵魂。"[42] 对于本雅明而言，将惰性物质视作活的、有意识的，源自两种记忆，一种是个体在童年时的混杂的身份认同，另一种是全体人类的童年，在后者的情况下，"原始游群"在经验中将自己视为神圣的、活的自然的一部分。这样的记忆也可能连接着未来，助力改革欲望达成一种未来形态的整体；这些记忆被工业的新力量唤醒。即使工业化摧毁了灵晕，它也提供了新的机会，促使其归来。

本雅明对这一时期的解读，在这整本书中都会得到回响，不只是在本雅明发表了自己观点的主题上，比如格朗维尔的嵌合生物（chimeras）和巴尔扎克的"生理学"。不过，这其中还有个小麻烦。本雅明在诗人的怀旧和空想家那被忽视的胡言乱语中，发现了灵晕经验的中心元素——惰性物获得生命的感觉；大范围的再现需等到 20 世纪初及电影的出现才有可能。相较之下，本书的主要关注点是科学家、工程师和社会哲学家，及他们为理解和处理自然的复杂之处付出的努力。他们所做的不是边缘化的玄想、闲暇时的思考或那些埋在老旧拱廊下废弃商店里的独特幻梦，他们的计划处于主流社会关切的中心，直接并具体地参与到现代世界的科技建构之中。我们在这些作品中也发现一种不断重现的对活物质、似乎有生命的机械、"有创造力的自然"的创造力和泛神论的迷恋。本雅明察觉出这一活的自然的梦幻形象，它有着鲜活的变革力量，这在傅里叶等思维奔逸的思考者或格朗维尔等艺术家那里都得到承认，也在奇幻文学、视觉艺术和音乐作品中，甚至是——也必然是——在重要物理学家、天文学家、生物学家和工程师的写作中，得到承认。

那时巴黎正处于工业化前夕，艺术和科学界广泛流传的一个观念是，使用技术让人类亲密参与非人世界。与诺瓦利斯的"魔幻观念论"（magical idealism）相似的梦幻希冀在巴黎涌现：在与电力和蒸汽有关的研究动态能量和可转换能量的科学中，在实证主义哲学中，在催生出研究和工业的造物愿景中。外在世界似乎在魔法之下变为了室内空间，一座可供祭拜的神庙，一种心灵的反思。[43] 在这些写作中，机械自身——它并非在摧毁灵晕或加快对世界的祛魅——被授予一种难以解释的力量，它将生命赐予无生命者，解放和精神化"活力物质"（vibrant matter）。[44] 新技术的力量激发了一种对主体间性[①]的愿景，这种主体间性将会拥抱人类以外的事物；这种愿景应和这一观念——世间的所有元素都参与一个单一的、活的、有智力的、也许是神圣的实体（substance）。

进步还是衰落？

本书的案例研究表明，要使科学和工业发挥核心作用，通常被认为存在于机械主义与浪漫主义之间——心灵与本性之间，客体与主体之间，科学与人文之间——的严格分界线，并不是唯一一种可能的组织方式。近年来，许多学者也丰富了我们的认识，让我们看见浪漫主义中固有的矛盾和悖论。虽然浪漫主义诗人和艺术家经常将田园风光、峭崖峻岭、蜿蜒河流纳入作品，但他们也被当时的政治和科学发展裹挟着；他们的大多数事业是在城市中完成的，他们狂热赞颂的自然界早已被人类长期占据和改变。[45] 此外，科学史学家们也注意到，浪漫主义的主题、方法和态度促进了生命科学的生成，催生了浪漫主义与目的论、机械主义的自然观之间是否可能和谐统一的争论。对统一的浪漫追求，与 19 世纪对工作、转换和能量的诘问，这两者之间的联系是物理学史上不断回溯的主题。来自工业经济学的概念已经被视

---

① intersubjectivity，也译作交互主体性，是哲学、心理学中的一个概念，由胡塞尔提出，主要指涉自我与他我、他者的关系。——译者注

作有机体整体思维的基础，如米尔恩 – 爱德华兹（Milne-Edwards）的 "有机劳动
分工"（division of organic labor）。[46]

本书以这些作品为基础，扩展至曾被忽视的领域。由此，这也直面了 "浪漫主
义科学" 研究的一个障碍。由于科学及文明的进步普遍由机械化来衡量，那些带有
浪漫主义美学、情感和认识论色彩的（被认为是反机械的）科学项目大多被视为死
胡同。生命科学是一个例外，在生命科学中，有关有机体和环境的浪漫主义概念越
来越被认为是演化理论的关键。然而，关于力的可转化性的浪漫主义观点，及 "能
量" 的内在实体，在 19 世纪物理学发展中所发挥的核心作用仍然没有得到重视，
这在当时的法国科学研究中尤为突出。这些浪漫主义概念与启蒙运动中对不可度量
的流体和环境的思考、关于动物磁性的争论之间的联系，也同样被忽视。[47]本书的
目的便是填补这些空缺。本书还追溯了浪漫主义哲学对认识论的影响，尤其是人
们逐渐认识到人类感官和活动在制造现象中起的作用，并扩展 "浪漫主义科学" 的
概念，将技术纳入。[48]本书表明在法国，浪漫主义主题不是对抗科学和工业进步的
倒退浪潮。其实正相反，浪漫主义思想提供了集体的目标、概念资源和一种情感强
度，这些被证实对法国的技术基建具有决定性意义。浪漫主义以具体而重要的方式
构建、启发和指引了机械科学和工业的发展。

这些观点与普遍观点背道而驰，分歧不仅在于浪漫主义对科学的影响，也在于
如何看待这一时期法国的科学进展。根据社会学家约瑟夫·本 – 大卫（Joseph Ben-
David）的一篇重要论文，在拿破仑的第一帝国时期，法国科学出现了一个高潮；其
数学和工程素养令欧洲艳羡，也巩固了军事上的优势。之后，在复辟和七月王朝期
间，法国科学逐渐衰落，因为科学家的注意力被引到政治上；弗朗索瓦·阿拉戈时
常被引作例证，他以天文学家的背景从政，他本应前途远大，最终却黯淡离场。[49]
从这个角度来看，科学的衰落是因为它被政治化了——这违反了科学社会学家罗伯
特·默顿（Robert Merton）提出的无私准则，是一个可预见的结果。然而，这种解
释存在一个问题，拿破仑时期科学的政治化程度并不低于复辟和七月王朝期间；不
过当然也有不同之处，没有人能反抗帝国的笼络：科学在为一个中央集权的、严格
等级制的、自上而下的国家服务。而在我们所讨论的时期之后，在第二帝国，科学

再次被政治化：用秩序党人勒韦里耶（Leverrier）取代共和派阿拉戈作为天文台台长，是一个有意的决定，以提升保皇派知识分子的地位。因此，对于"衰落论"的支持者来说，问题似乎不在于政治化的科学，而只在于科学与反对中央集权的政治观点的联系。

此外，历史学家马蒂亚斯·多里斯（Matthias Dörries）已经指出，"法国科学的衰落"这一观点在 1871 年法国战败于普鲁士之后被大力宣扬：法国的军事溃败很大程度上归因于德国成功的科技动员。[50] 然而，这种固执的"衰落论"本身就只是复述了滑铁卢战役后立刻出现的一种观点，只是当时的主要对手是英格兰；于是科学教育进行了改革，国家加强对工业的支持，这都是为了缩小差距。[51] 英格兰的查尔斯·巴贝奇（Charles Babbage）很快对英国科学提出了相似看法，他认为洪堡创立的自然科学家和哲学家协会及法国的综合理工学院是他们应该努力学习的榜样。[52] 事实上，在整个 19 世纪至 20 世纪，科学"衰落论"和"落后论"都在欧洲和大西洋两岸反复弹跳，这很大程度促进了国际军备竞赛，于是就有了"科学的进步"。科学衰落论与对军事失败的恐惧间的密切联系，让我们对衰落论的真伪略有迟疑；至少，它应该迫使我们质疑，科学进步到底指什么，又该如何衡量。

即使我们使用通常的衡量标准，例如发现的数目和意义、研究项目的丰富度这些标准，我们也依然可以强有力地证明法国科学在这一时期非但没有衰落，反而维持了强大的影响力。与拉普拉斯理论相悖的法国物理学发展［菲涅耳（Fresnel）的光学、傅里叶的热学、安培的电磁学］为 19 世纪后半叶的综论方法做出了巨大贡献。威廉·汤姆森（William Thomson）和詹姆斯·麦克斯韦（James Maxwell）年轻时都深入学习了法国数学和物理学［汤姆森曾到巴黎的雷格诺（Regnault）实验室朝圣］，这证明法国数学和物理学在 19 世纪 40 年代仍然享有盛誉。[53] 巴黎在蒸汽机、劳动和政治经济学之间建立的联系，对后来热力学的发展，以及更广泛的能源概念的发展，具有决定性意义。此外，人们开始认识到艾蒂安·若弗鲁瓦·圣伊莱尔的演化式的比较解剖学对德国和英国医学、生理学和演化论思想的影响；查尔斯·莱尔（Charles Lyell）在整理出自己的地质学文章前，也曾拜倒在埃利·德·博蒙（Elie de Beaumont）的脚下；起初，孔德在法国之外收获的成功，很大程度是因为国外对综合理工学院的看重。[54]

关于法国大革命和第一帝国时期的科学，现存丰富的二手文献；但 1848 年之前 30 年的法国科学文化史仍鲜为人知。本书在对启蒙运动晚期和"第二次科学革命"期间的科学家和机构的零星研究之外，增加了对科学机构的道德规范和赞助辞令的研究，这揭示出科学在建立稳定、遵纪的"资产阶级"秩序中的作用。[55] 这些记述虽有启发性，但往往只暗示着革命和帝国对新制度的推动，与第二帝国在 19 世纪中叶后占据主导的机械唯物论和僵化的学科划分之间，存在连续性。从启蒙运动后期和大革命平滑过渡至 19 世纪下半叶在"发达资本主义"下涌现的国家中心的、基于大学的科学是主流，那些偏离此轨道的科学往往被忽略，或只是成了奇闻逸事（尤其是复辟和七月王朝期间）。目前有一种倾向，有些人带着对等级和传统的尊崇，追随第二帝国的历史学家的脚步，将共和主义和浪漫主义反对派从历史中剔除出去，这让人们很难看清那些反对既定秩序的科学家中存在的智识、社会和政治上的一致性。我们被皇家科学机构的万古长青遮蔽了视野，忽略了反对派科学家的游牧型社会组织——小团体和小集团、政治小组、委员会和饭局团体。这一时期，它们一直都在培育改革和革命精神，反对君主制。[56]

就比如我们已熟悉的居维叶，他在分类系统、有机体和政体中追求的稳定，巧妙地与当权的任何政府保持步调一致。我们对他的对手若弗鲁瓦·圣伊莱尔就不太了解了，他的原型式的、历史学式的唯物主义方法，与浪漫主义哲学和共和主义政治产生共鸣，可见于中心科学机构之外的出版界和沙龙中；有些人认为，他的先验解剖学对达尔文的影响比居维叶的新分类系统更大。对这一时期的研究也聚焦于皮埃尔-西蒙·拉普拉斯（Pierre-Simon Laplace）和他的追随者［特别是泊松（Poisson）和毕奥（Biot）］身上，他们以物理学支持帝国秩序的稳定。虽然拉普拉斯物理学那整齐划一的计划显然在帝国之后就瓦解了，但我们对"反拉普拉斯"的物理学家共有的更广泛的研究方向，及将他们与浪漫时代的哲学、自然史、文学和政治联系起来的纽带却知之甚少。在哲学领域，维克多·库辛成了七月王朝及之后时期对教育机构来说不可或缺的人，他带来的哲学基本基于德国的唯心主义，以及契合执政党及其个人主义意识形态的自我概念；然而，我们知之甚少的是他的哲学在国家机构之外遭到的反对，反对者不仅包括颅相学家和实证主义者，还有影响深远却被忽视的浪漫派社会主义者皮埃尔·勒鲁。[57] 另外，历史学家只是到最近才认识到复辟和七月王朝时期大众科学的活力和政治意义。[58]

造成这种忽视的一个原因是，依附既定秩序的科学家和挑战既定秩序的科学家之间的冲突并不总是发生在我们熟悉的科学殿堂。他们的冲突实际上重新定义了科学诞生地究竟是怎样的地方，以及哪些人是可以参与的。最重要的是，这重新定义了科学与社会其他部分的联系。有人认为帝国之间的过渡是连续顺畅的，但本书记述的历史显示出相去甚远的结论。我们将看到，改革派、革命派和"浪漫主义"的动荡实际上反而促进了重要的科学和技术进步。1830 年前后，法国浪漫主义对社会改革着了迷，以共和主义和革命的语汇来描述产业工人的新境遇。浪漫主义影响到一些科学和技术领域，这些领域再影响到政治改革，改革可能是共和主义的，比如阿拉戈所做的，也可能是社会主义的，如圣西门派所做的。科学家、记者、诗人、作曲家以及越来越多的工人之间形成密切的个人和社会关系，促进了这种思想的发展。浪漫主义科学和技术促成了 19 世纪 30 年代和 40 年代的乌托邦愿景以及 1848 年的工人革命。

乌托邦失败了，因此他们被从史书中抹去。[59] 与这些乌托邦主义者最密切相关的科学家也常常遭遇同样的命运。因此，为了把握 1848 年之前科技发展的意义，我们需要考察复辟和七月王朝时期中央机构之外的行动；我们必须注意那些从外部挑战中央的声音，以及从内部挑战政治秩序和传统知识的声音。在 1848 年革命至短暂的第二共和国时期，这些反对的声音曾短暂地成为中心。

篇章规划

本书在一系列场景中展开，这其中包括几个法国科学的代表性场所：科学和医学的学院、综合理工学院、自然历史博物馆和国立工艺学院；还有各种文学小团体和社会小集团的沙龙，从诺迪埃（Nodier）在阿瑟纳尔图书馆的聚会，到德·克鲁德纳夫人（Madame de Krudener）的神秘聚会和朱莉·雷卡米耶（Julie Récamier）

的浪漫派和自由派文人集会。书中的许多人物都曾是所谓的"法国名流"（France des notables）：一个大约一万人的微型社会，成员为金融、政治和文化领域精英，既有传统的贵族阶层，也有财权新贵。不过，由于巴黎的社会生态十分交叠密集等原因，其他空间和人群也可渗透进这些基本封闭的精英场所。[60] 在首都，来自各阶层、法国各地区、其他国家和海外领土的人们在人潮人海中彼此避免不了接触。19世纪初，城市正在发展和变化，人们的邂逅日渐增多，遇见的人日益丰富多样：街上、餐馆、咖啡馆和阅览室里；公共演讲厅里；办公室、工作室和新期刊的页面上；巴黎歌剧院和附近的歌舞杂耍剧院；皇家宫殿（Palais Royal，出版、廉价娱乐和卖淫的大本营）附近的木构造长廊。这座城市由一系列无穷无尽的彼此矛盾的相遇场景构成。阿拉戈在天文台大街上与雨果相遇，而巴尔扎克在大楼的另一侧与阿拉戈的儿子共进午餐；圣西门派在综合理工学院和皇家宫殿之间活动；乔治·桑经常去歌剧院、歌舞杂耍剧院和博物馆附近的圣伊莱尔的沙龙。巴黎自身有着复杂多变的社会生态，因此，在对19世纪法国科学、艺术和政治之间的交集进行任何形式的研究时，巴黎都必然是一个核心角色。[61]

这一城市背景贯穿全书，在此基础上，本书的案例研究分为三个部分。第一部分探讨迷恋物理学中不可度量的流体的物理学家；第二部分聚焦奇幻艺术和公共奇观，探索技术对自我和人类研究理论的影响；第三部分展示了这些主题如何影响了社会和自然变革中具有宗教色彩的事业。一种对统一的深切渴望在每一部分都显而易见：自然科学的发展被认为具有社会和审美的意义；艺术依赖于科学，并被赋予政治使命；社会改革事业从一开始便将科学系统化，动员艺术加入。此外，每一章都表明了将人类各方面整合成一个活的综合体的浪漫主义目标，是如何依赖技术的。如章节标题所示，每一章都将集中论述一种机械、仪器、装置或系统，它们或是在这一时期新近出现，或是才开始大放异彩，这包括电磁实验仪器和地球物理学仪器、达盖尔摄影、蒸汽印刷机、管弦乐、歌剧、自动装置、蒸汽机、铸排机和日历，及第二共和国的政治奇观。虽然多处存在时间重叠，但章节大致按照时间顺序排列，从1820年安培的电磁研究和对科学的分类，到1830年前后大众和科学领域的奇观文化，再到催生1848年革命的社会和政治改革的乌托邦事业。

第一部分介绍了对物理学、地球物理学和天文学做出卓越贡献的科学家；在每位科学家的际遇里，与浪漫主义哲学和美学的相遇都扩展并转变了（与拉普拉斯力学相关的）精确实验和数学的模型。第二章的重点人物，物理学家安德烈-马里·安培，开发实验设备以证明电和磁的等效，并测量它们的动力（dynamic force）；他借用汉斯·克里斯蒂安·奥斯特（Hans Christian Oersted）的自然哲学（Naturphilosophie）概念，把电磁设想为弥漫在环境中的以太，以波的形式传播热和光。他在与内省派哲学家曼恩·德·比朗的交谈中形成了一套知识哲学，并将自己的研究置于这套哲学之内。在安培看来，知识植根于在不可见物之中摸索的感受：它产生于活动的主体与"本体的/物本身的"（noumenal）阻力的寻常的相遇（通常是由技术促成的）。在第三章中我们将看到，探索电和磁的环境效应是亚历山大·冯·洪堡的地球物理学研究的核心。这位普鲁士探险家在巴黎的知识分子之间安居下来。洪堡的地球物理学研究，如他精心营造的自然景观图像，在很大程度上借鉴了康德和席勒的美学构想。他用来测量热、湿度、电和地磁的全球分布水平的地球物理仪器，是对他自身的生动的人格化的延伸，帮助他制造出令人振奋的宇宙形象。知识是人类活动与精密仪器相结合的结果，这一概念也影响了"劳动知识论"，这体现在了第四章的主人公身上——洪堡的密友，天文学家和政治家弗朗索瓦·阿拉戈。他与前辈拉普拉斯不同，拉普拉斯的力学强调超然、即时和服从，而阿拉戈将仪器和公民都视为动态的中介，会改变他们所传递的力。他富有表现力的个人风格，他对工人和发明家的支持（如他支持达盖尔摄影术，这一方法利用起光的鲜活力量），与拉普拉斯的帝国机械主义形成了强烈对比。

第二部分聚焦于大众奇观，其中光学、力学和自然史领域的科学新发现占据舞台中央。第五章讨论了制造视觉和听觉幻觉的新技术：全景图（panoramas）、透视画（dioramas）、柏辽兹（Berlioz）的"梦幻"交响曲和梅耶贝尔（Meyerbeer）的引发幻觉的歌剧《恶魔罗勃》（Robert le diable）。在这些作品的构造过程中，科学家时常担当顾问，哲学家们对离奇效果的思考也催生了新的感知理论，这些理论认为感知者的记忆、习惯和感觉器官在体验的"创造"中至关重要。曼恩·德·比朗是大多数这些"生理唯灵论"（physiospiritual）理论的源头；本章的结尾探讨了巴尔扎克对《恶魔罗勃》的解读，他认为该作品反思了技术制造先验事物的力量。第六章考察了这一时期两种大众展览——自然历史博物馆和国家工业产品博览会——引起的问题，人们在展览上邂逅井然有序的动物和机械展示，它们让人反思人类的起源、行为和能力。博物馆里，关于物种是固定不变的还是可变异的争论，往往逃不开形而上的神学争论，这便会涉及唯物论、生机论和灵魂的存在；这些争议也连接着机械人或自动机的形象。在罗贝尔－乌丹（Robert–Houdin）的魔术表演和格朗维尔的《另一个世界》（*Another World*）中，生物变态和造物工程相融合，这些梦幻的娱乐活动将技术和生活交叠，实际上却是十分严肃的表演。

第三部分讨论了对人类和机械之间固有关系的反思是如何融入新社会哲学的乌托邦和革命想象中的。在第七章中，我们看到来自物理学和工程学的意象——生产力、转化、活性流体和网络——如何为圣西门的追随者提供了材料，让他们得以构想新世界；在那里，奖励和权力将取决于个人对社会的贡献。在圣西门派的工业机械中的转化理论和他们为"新基督教"招揽教徒所做的努力之间，我们可以看见一种密切的联系。第八章介绍了前圣西门派皮埃尔·勒鲁的哲学，他是社会主义一词的创造者之一。勒鲁是一名印刷商和文学评论家，他把印刷的文字看作一种技术的共融；发明了"琴键式排字机"，排字工因此得以在排字时读字，这让作者和印刷商成为一种新集体意识的工程师。他将"人类"（Humanity）视为一种理想的、潜在的存在，在日益完善的社会和智识秩序中实现自我，这是将若弗鲁瓦·圣伊莱尔的哲学解剖应用于社会领域。第九章聚焦于实证主义和社会学的创始人奥古斯特·孔德。孔德的哲学并未无情地否定情感和想象力、只看中事实，这实际上是对后革命时期的政治危机的最优秀的、最奇妙的解决方案之一。一种新的"精神力量"掌握在科学家教士手中，把异质的知识领域呈现为一条连贯的教义，并为人类环境的技术发展创造一个框架。孔德的"科学等级"和"实证主义历书"是为拥有不同时间尺度的自然界和社会调节时间的记忆装置。

新机械所发掘和放大的能量，编织成丰富、自由、和谐的乌托邦愿景；这些希冀在 1848 年的工人革命中爆发了。结论部分考察了 1848 年革命的影响，及第二共和国时期机械和劳动之间的矛盾表现，涉及 1849 年的工业博览会、莱昂·傅科（Leon Foucault）的钟摆实验以及梅耶贝尔的歌剧《先知》（*The Prophet*）。在每一个奇观中，机械持续承载着一种预言似的对平等社会的渴望。然而，它们被一个逐渐到来的逆转遮蔽了。认为机械具有解放和社会整合性质的观点，很容易让位于一个人们更熟悉的负面观点——机械是工具，服务于谋杀式的分析和窒息式的压制。

这些章节提出，如果不是因为政治反动，以及社会、制度和学科界限的强化（以 1851 年路易 – 拿破仑·波拿巴的政变为标志，由此建立了第二帝国），工业化的西方可能会采取怎样的路线。不过，本书以乐观的音符结尾，此处讨论了这一时期的一些概念，这些概念有助于我们理解今日人类与技术仍处于不稳定状态的关系：比如有观点认为自然是可变的，但只是在限制范围内；还有一个反复出现的概念，认为人类是"技术动物"；有的观点拥抱中等规模的方案；有的观点则强调将人类意识重新纳入世界图景的重要性。19 世纪上半叶那些被遗忘的未来愿景中包含着人类活动与自然需求之间的平衡信息，它们不否认无节制的技术发展所带来的风险，为今天模棱两可的——且往往是灾难预警式的——科学技术观提供了一个有益的对照点。

重生的浪漫主义

本书中的主要人物在他们的生活时代大名鼎鼎，他们的成就对后世产生了重大影响。本书不是一部对现代性黄金时代的怀旧记录——后世以唯物论和理性定义了那一辉煌时期。单独来看，这里讲述的许多创新都参与建立了现代性的科学、技术、艺术和概念景观；综合来看，与之相关的事业共同构成了一条通往工业世界的路径，它是连贯的，且可能被忽视了。

然而，正如我们将要在书中读到的，19 世纪 30 年代和 40 年代的预言被路易 – 拿破仑·波拿巴的专制反动所挫败。[62] 因此，也许可以将机械浪漫主义解读为对随后的艰难现实的软性准备，让从启蒙运动最公然的军国主义、极权主义形式（拿破仑）到严格等级制的大规模工业化（拿破仑三世）的过渡更易于接受。不过，本书主要讲述的故事并不是好心办坏事，也不是看似自由的事业下暗藏险恶。它不只是简单地揭示我们认为是从灵感而来的事物的机械特点，也不只是揭示我们认为是客观、决定论的事物难以化约且不确定的、由视野所限的、充满感情的层面。本书将 19 世纪 30 年代和 40 年代的纷繁事物作为对当前发展的预测，或许也可作为待发展的主张。人们带着恐惧和希望迎来铁路、蒸汽机、电报和达盖尔摄影，这与我们近年来目睹的更为强烈的情绪相似。我们生活在一个技术互联的世界中，它既制造噩梦（强化的监控、无情的全球战争、加速的消费主义和环境破坏），也制造乌托邦式的愿景（全球人群的新联盟、新的表达和探索技术、生物技术和绿色发展）。1848 年前的格局，在很多方面预示着今日自然和机械的"新"结合。和当时一样，尽管今天人们敏锐地觉察到了不受约束的工业生产和消费会带来灾难，但对待技术的许多方法，因将技术纳入乌托邦中，超越了早期解放运动中那弄巧成拙的天真、卢德主义或怀旧情怀。[63]

然而，当前形式的技术狂热往往是以消费主义和个人主义的形式出现的：活动家鼓动一种冲动，让核心家庭在家里塞满优雅、极简主义的技术，及来源可疑的"健康"食品。相比之下，拿破仑时期法国的机械浪漫主义一直关注着的不仅是技术给自然带来的变化，也包括对整个社会结构造成的影响，它试图引导这些变革，为所有人造福。在许多情况下，这意味着将个人自决的伦理与承认个人对社会和自然的依赖相结合，与人和非人的互相尊重相结合。反思技术意味着重新思考社会纽带的基础和宇宙的秩序，由此人可能过上与从前截然不同的生活。截至目前，机械浪漫主义都表明，即便解决方案必然是微小、局部的，它也需要一个深入广泛的概念框架和美学框架。

之后的部分追溯了另一种现代性的轮廓，其中科学家、工程师、诗人、画家、作曲家、哲学家和政治家将早期工业那强大的新技术作为社会统筹的基础，这与讲求秩序、传统和稳定的派别的向未来看的有机主义和自由派的占有性个人主义都不同。他们描绘了打破无望的浪漫主义和无心的机械主义之间僵局的道路，让技术和科学成为灵感甚至救赎的工具，探索外部自然和内部主体性的实验为人们带来实际的希望。在过去 150 年里，现代社会所走的道路上已出现了碎片、破坏和异化，而那些基于适当分配商品、空间和行动的思维模式，为此提供了批评的视角和严肃的替代方案。

因此，全书最后不仅描述了近两个世纪前的几十年间所发生的事件，也描述了多个可能的世界。我们正处于一个新的历史关头，它再次以变革性技术为标志；与此同时，高度的现代性展现出失败之处，进步表现出衰退之意。在思考未来之时，这些可能的世界对我们也许是有用的。

第一部分
探索宇宙统一性的装置

第二章
安培的实验：一种宇宙实体的轮廓

———————— ◆ ————————

又一种德国式的白日梦

1820年，一项科学发现诞生了，它最终改变了全世界的通信和工业，为电报和发电机的发明奠定了基础。它似乎也证明了自然哲学的浪漫猜想是正确的。这项发现便是电磁的动力（dynamic force）。

1820年9月9日，弗朗索瓦·阿拉戈在巴黎科学院（Paris Academy of Sciences）① 做了一场报告，陈述了谢林的追随者、丹麦自然哲学家汉斯·克里斯蒂安·奥斯特（Hans Christian Oersted）的一个发现：当罗盘磁针经过通电导线的上方或下方时，磁针会转动，与电流形成直角。这一发现彻底违背了当时物理学"标准观点"中的一个基本假设：磁和电，及其他不可度量的流体——光和热，是彼此不同的、独立的。法国人不信任奥斯特所代表的浪漫主义科学，因此，他们将该报告视为"又一种德国式的白日梦"。[1]但是数学家、化学家和哲学家安德烈·马里·安培，与合作者阿拉戈和奥古斯丁·菲涅耳（Augustin Fresnel）立即着手重复

————————

① 1666年巴黎科学院成立，有21位成员；后筹建了巴黎天文台。1699年路易十四赐名"巴黎皇家科学院"。1793年，巴黎皇家科学院与旧制度下的其他组织一同被解散。1795年，它与其他被取消组织共同成立了"国家科学与艺术学院"。——译者注

和论证这一奥斯特未曾预料到的结果；这两位助手是光的波动说的主要支持者，反对牛顿式的标准观点，即光是由直线传播的微粒组成的。在接下来的几个月里，安培进行了一些实验，定下了电动力学的基本原理，并最终以数学方式表示出两股电流之间的吸引力和排斥力。在 1836 年去世之前，他一直在论证和捍卫他的理论。[2]

电与磁之间的相互影响被视为一种"怪物"，如人类学家玛丽·道格拉斯（Mary Douglas）所说：是一种不属于各类文化范畴的、无法归类的异常现象。[3] 电磁学不仅有可能削弱物理学内部的重要区别，也可能削弱自然界各领域之间的重要区别：物质、生命和心灵之间的区别。在加斯东·巴什拉（Gaston Bachelard）的表述中，电在 19 世纪早期是一种宇宙实体，是道德、情感和象征价值观的中心，由整个社会文化大熔炉中的直觉、态度和期望熔造而成。对巴什拉来说，宇宙实体必然是一个非理性的对象。然而，对安培——他让电动力学更接近巴什拉所说的数学定律的"理性纯化"形式——来说，将电与宇宙学联系，并不是非理性思维的残骸，而是一种构成性框架。[4]

人们一直在"第二次科学革命"的背景下理解安培的电磁研究，在这次革命中，光、热、电和磁研究使用精密的实验装置和精确的测量方法，得出精确的数学表达。这一时期的核心人物是皮埃尔－西蒙·拉普拉斯（Pierre-Simon Laplace），他是拿破仑的法兰西第一帝国中最重要的天文学家和物理学家，尽管最近有一派学者将安培的研究与反拉普拉斯的以太物理学联系起来。[5] 安培的许多亲密朋友和合作者，未曾满足于将以太当作光和热的传播媒介，他们更进一步，假设电和神经、生命或精神流体之间存在一种终极的统一性和转换能力。安培的这些同僚对电的看法就同巴尔扎克在《绝对之探求》中的主角一样，他们认为电与生命、思想和灵魂相关。[6]

此外，有人认为安培的研究与德国自然哲学之间存在联系。肯尼思·卡内瓦（Kenneth Caneva）表示安培受奥斯特影响，一方面他们有私交，另一方面，他们都十分重视电化学和"电冲突"（electrical conflict）概念，后者是隐藏在电流之中的负电和正电之间的一种不断合成和分解的过程。奥斯特的一些作品被收录在《自然中的灵魂》（*The Soul in Nature*）一书中，他欣然接受了谢林在《自然哲学观念》（*Ideas for a Philosophy of Nature*）中提出的事业。谢林敦促科学家认识并用实验证明心灵和自然的"绝对同一性"（absolute identity）："因为我们想要发现的，不是自然偶然地与我们的心灵法则相吻合（就好像借助了某个第三方中介），而是自然自身必然如此，并且从最初便是不仅表达而且实现我们的心灵法则……自然应当是可见的心灵，心灵应当是不可见的自然。那么，我们得到了处于我们之中的心灵和我们之外的自然的绝对同一性，在此，我们之外的自然的可能性问题必须得到解决。"[7] 按照谢林的说法，心灵和自然的绝对同一性是可以证明的，因为心灵和自然有相同的起源："世界—灵魂"（World-Soul）的底层原则。这种原初的力量在试图认识自己的过程中，分裂成两个对立的原则，谢林称其为无限自我和绝对自我；在分裂和限制的反复辩证过程中，无限自我继续分裂，形成我们识别为经验的自然世界的诸多实体，而绝对自我展开自身，最终呈现为离散的、个体的心灵的形式。[8] 经验的自然的细化则呈现越来越具体和复杂的现象：从吸引力和排斥力之间的动态对立 [康德在《自然的形而上学》（*Metaphysics of Nature*）中认为这是物质的基础]，到光、可供给生命的空气、磁、电、化学凝聚、有机生命，最终到意识。[9] 因为经验的自然的辩证发展与人类心灵的辩证发展形成镜像——这既反映了个人的成熟，也反映了人类文明的发展——所以艺术家、哲学家或科学家有可能依据物质自然追溯到人类与其共享的根本的原初精神。[10] 物理科学通过将可观察到的世界分解为不断增加的基本原理，离这一致性更近了一步。对谢林来说，近期对电解（用电来分解化合物）的新发现指向了这个方向。奥斯特对电磁相互影响的发现也是一样。[11]

人们一般想当然地认为，安培把电磁看作一种不同于心灵和灵魂的物质现象。虽然安培的确如此看待，但本章力图说明这不是件想当然的事。安培和同时代人一样，试图将电学研究扩展至地球物理学、生理学、比较解剖学和心理学。对他来说，他可以在电学这个领域中，统一各类迥异现象。他拒绝将电等同于思想或心灵行动，这一观点不应被视为理所当然的科学常识；相反，这是一个需要解释的立场。

安培的电学理论和实验探索有一背景：他终生痴迷于哲学；这也将他置身于浪漫主义、后康德主义科学和哲学潮流的中心。他与"唯灵论"（spiritualist）哲学家曼恩·德·比朗（Maine de Biran）的交流启发他写下了大部分哲学作品。不过，在一些重要的方面，他超越了曼恩·德·比朗的惯用方法——内省。同奥斯特、里特等自然哲学家一样，安培设计了巧妙精细的实验装置，以在不可见物的领域中摸索前进。这些机械是他认识论的中心概念的延续：对自我和世界的认识都是通过阻力（resistance）的经验产生的。然而，安培依据法国物理学的规范，认为在将这些确立的关系整理为一般的数学定律之前，他的研究都不能算完成。

对谢林和奥斯特这样的自然哲学家来说，电是物质和心灵之间的桥梁，是人类和自然界共有的灵魂的体现。尽管安培没有跨越这座桥梁，但他的电磁学成果，以及作为其一部分的、涵盖更广的哲学和认识论事业，在体现了机械主义的同时也体现了同等的浪漫主义。他的科学和哲学为理解灵魂在物质世界的作用提供了一套具有历史意义的独特手段。电作为"宇宙实体"具有概念可塑性和普遍性，类似的，安培也试图建成一个包含整个宇宙的分类系统，一种统一所有知识领域的分类法。在万物的秩序中，电的统一力量实践了他的统一哲学在思想秩序中所要达到的目的。

"标准观点"及其不足之处

在 19 世纪的前 15 年里，巴黎的物理学被拉普拉斯和他的支持者［尤其是让－巴蒂斯特·毕奥（Jean-Baptiste Biot）和西梅翁－德尼·泊松（Siméon-Denis Poisson）］所主导。作为法国科学界最重要的人物之一，拉普拉斯试图将他所证明的太阳系中的牛顿规律性扩展至物质的最深处，而且他在科学、工程、战争和现代国家管理的"机械化"实践中发挥了关键作用。在帝国的统治下，物理学和数学受到高度重视，甚至拿破仑本人也曾当选为国家科学与艺术学院的院士（大革命期间取代巴黎科学院的机构）；这位几何学家对理性、数字和统一性的热衷，借由大陆体系的公理化的中央集权官僚机构强加给了整个欧洲。在拉普拉斯的同事拉格朗日（Lagrange）宣称数学完整了之后，拉普拉斯的《天体力学》（Mécanique céleste）被认为完善了牛顿的天体系统。拉普拉斯还是一位尽职尽责的国家公仆，他统一了度量衡，并建立了数学和工程学的国家教学标准。拿破仑封他为侯爵，他从多方面维持自己在教学和制度上的特权：他是教师和行政管理者，可以挑选候选人，为有奖竞赛设定主题，还在他的邻居、化学家贝托莱（Berthollet）的家乡担任极具影响力的阿尔克伊协会（Society of Arcueil）的赞助人。[12] 拉普拉斯的学生们将精湛的数学技巧、精确的实验机械和实际应用相结合，为大规模的工业化和帝国扩张奠定了理论和技术基础。[13]

据约翰·海尔布隆（John Heilbron）称，在 19 世纪初，拉普拉斯等人对不可度量的流体所持的"标准观点"认为，光、热、电和磁是独立的、无重量的流体，尽管它们没有质量，但服从牛顿的吸引力法则。它们被认为由微粒构成，这些粒子互相排斥（因此光在不聚焦时趋向于扩散），但在宏观上，会具有超距的吸引力。人们认为这些不可度量的流体以类似的方式起作用：库仑（Coulomb）发现电和磁的力的定律具有数学相似性，而潜热和电势之间的相似性也是如此。尽管有这些相似之处，这些流体却被认为是独立的，不能相互影响。此外，根据库仑的模型，人们认为流体所施加的力是直线方向的。[14] 至 1815 年，拉普拉斯的思想已被他的追随者们进一步发展，其中最引人注目的是毕奥，他在《实验物理学概要》（*Précis élémentaire de physique expérimentale*）中系统地介绍了拉普拉斯派的事业。[15]

因此，对于那些坚持"标准观点"的人来说，奥斯特宣布电、磁间存在相互作用，罗盘针出乎意料地运动形成直角，这样的事确实像怪物一样可怕。其实，"标准观点"既没有在物理学家之中，也没有在其他关注物质本性的人中得到普遍认同。对许多人来说，奥斯特的发现所表明的关系，早已被假定，只不过尚未得到证实：光、电、磁和热质可能只是某一基本原理的不同表现。

阿尔克伊信条的主要叛徒是弗朗索瓦·阿拉戈，我们将在第四章中进一步了解他。阿拉戈曾是综合理工学院的一名优秀学生；他在早期的职业生涯中得到拉普拉斯的大力资助，但在拿破仑下台后，阿拉戈带头解散了拉普拉斯的事业，转而支持另一些物理学家的事业，他们对现象的解释不涉及线性超距作用。约瑟夫·傅里叶强烈支持这个方向，他对热扩散的分析是通过新颖的正弦波数学求和，即傅里叶数列来实现的，他的分析从一开始就拒绝对热的终极本性提出任何假设。虽然傅里叶的研究没有彻底否定拉普拉斯的热质说，但也显然没有对其做进一步证明。1819 年，综合理工人①杜隆（Dulong）和珀蒂（Petit）对已知元素及其化合比例进行了研究；

---

① 法语中"综合理工人"（polytechnicien）特指巴黎综合理工学院的毕业生。——译者注

他们的研究结果显示，不同数量下的元素比例是固定的，这被视为支持了物质的原子论、热是一种振动运动的观点，却否定了热质说。[16] 安培的巴黎房客奥古斯丁·菲涅耳的光学研究招致更多公开的敌意。[17] 菲涅耳研究光和光扩散的实验，与拉普拉斯的假设产生正面冲突。他认为，光以波的形式在弹性的以太中传播，而不是以直线粒子流传播。安培和阿拉戈辅助菲涅耳做实验、得出结论，并鼓励他把对拉普拉斯派的质疑打磨成尖锐的攻击。[18]

那么接下来发生了什么呢？紧接拉普拉斯之后的法国物理学也许并不应该被理解为一个解体、衰落的故事（许多编年史是这样写的），实际上，那时形成了一个网络，由技术实践、个人联系和共同敌意维系，他们共享着不完全统一的概念视野。在中心力之间的超距作用的问题上，反拉普拉斯派并没有完全放弃"机械主义的"解释；他们也没有放弃数学分析，并继续开发精确实验装置。不过，他们还是经常使用与拉普拉斯派不一致的物理概念和方法。光的波动说、热的振动说及安培对电磁性质的理解，都有赖于一个概念，即存在一种底层的、波动的以太。[19] 每一种观点的重点都不尽相同，或在于实体，或在于过程；实验仪器使人们能够通过环境追踪现象的动态。此外，拉普拉斯和拉格朗日没有使用图表和几何方案，而阿拉戈和他的盟友们采用了与之对立的数学方法，这与加斯帕·蒙日（Gaspard Monge）教授的方法相关。蒙日在巴黎综合理工学院开设的描述性几何课程（见第四章）启发了一代人研究流体动力学、地形学和实用工程学。

就在安培的电磁学文章发表后不久，傅里叶接替德朗布尔（Delambre）担任法国科学院（1814年更名）的常任秘书，之后不久阿拉戈又接替了他。在傅里叶、杜隆、珀蒂和菲涅耳的光热大发现之后，安培的研究被看作对拉普拉斯派地球物理学事业的致命一击。[20]

纷繁多样的统一形式

安培愿意相信奥斯特的报告，深究其合理性，人们认为这是因为他在巴黎科学界处于边缘化的"局外人"位置；他是一个臭名昭著的格格不入之人，以心不在焉和强迫倾向著称，他甚至被当作巴尔扎克笔下巴尔塔扎尔·克拉斯的原型。[21] 这一说法不是没有缘由的。在得知奥斯特的发现后，安培一股脑地钻进了研究中；这一时期的一封信表明，他写信写到一半时睡着了。阿拉戈讲述过一些轶事，说安培会迷失在思绪之中，以至于忘记自己身在何处。有次安培在一位政治家家里吃饭时，突然感叹："但是这顿饭确实太难吃了；我姐姐为什么要雇这个没用的厨师？"还有一次，他从一场热烈的神学讨论中走出来，把在场另一位客人的帽子当成了自己的帽子——那可是主教的帽子。他有多心不在焉，他的兴趣就有多广泛。圣伯夫（Sainte-Beuve）回忆道："有一天晚上，他和朋友们一时兴起，开始阐述世界的体系……因为世界是无限的，万物都有联系，又因为他对世界各领域都了如指掌，所以他一直讲一直讲（讲了 13 个小时），如果不是因为疲劳过度，我相信他还会继续讲。"[22] 此外，同克拉斯一样，安培的科学偏执导致了他对社会责任的忽视。他难以自控地购买东西，包括最大的伏打电池和实验设备，这让他负债累累，难以为孩子、妹妹和母亲提供物质保障。

不过，安培并没有被学术界孤立。阿拉戈和菲涅耳给予他强有力的体制支持，他对哲学、心理学、化学和自然史的兴趣，将他与其他法国思想家们联系在一起，并将他拉入后康德自然哲学的势力之下。安培于 1775 年出生于里昂附近，自学成才的教育方法颇具卢梭思想，他早年阅读了布冯（Buffon）、托马斯·厄·肯培（Thomas à Kempis）的《效法基督》（*The Imitation of Christ*）和狄德罗（Diderot）、达朗贝尔（D'Alembert）的《百科全书》（*Encyclopedia*）。1792 年，安培的父亲在里昂被雅各宾派处以绞刑后，他变得沉默寡言。描写自然的古典诗篇和家附近幽寂的大道救了他，他逐渐恢复了语言能力。[23] 他写诗，他的情绪在兴奋和绝望之间摇摆，这源自他田园诗般的初恋及妻子生产儿子时的早逝；他的第二任妻子在他们的女儿怀孕后不再理他；他的儿子误入歧途，引发涕泪横飞的家庭争执与和解；他的女儿嫁给了一个醉鬼，在这场灾难般的婚姻后，她最终死在精神病院；他呼吸系统的毛病反反复复；他最终在马赛孤独离世。[24]

安培不是综合理工人，这是他与大多数物理学同僚的不同之处，但他的数学能力——他早期写过概率理论和函数分析的文章——帮他在巴黎综合理工学院赢得了教职，最终甚至在科学院获得院士席位。[25] 他在巴黎最亲密的朋友来自里昂，这座城市被称为光照派思想的中心，是圣马丁（Saint-Martin）和唯灵论者阿兰·卡尔德克（Allan Kardec）门徒的大本营。他参与组建的里昂基督教会（Société Chrétienne of Lyon），成员包括兽医兼解剖学家布雷丁（Bredin）和道德哲学家德杰兰多（Degerando）；安培一到巴黎，他们就把他带入了曼恩·德·比朗的圈子。这个圈子里的思想家有德斯蒂·德·特拉西（Destutt de Tracy）、生理学家卡巴尼斯（Cabanis）、君主立宪制的理论倡导者罗耶-科拉尔（Royer-Collard），以及年轻的维克多·库辛，库辛后来基于曼恩·德·比朗的内省方法建立了一种有影响力的新哲学。安培的另一位里昂密友是著名的宗教作家皮埃尔-西蒙·巴朗什（Pierre-Simon Ballanche），他发明了一种铸排机和一种热机，最重要的是他写下名垂青史的篇章，传达一种预言式的、情感导向的基督教。[26] 巴朗什是巴黎社交界的常客，是复辟时期沙龙女主人朱莉·雷卡米耶（Julie Récamier）的知己（在她的沙龙里，反对派政治、自由派天主教与浪漫主义文学交相混杂），他还是安培的儿子让-雅克（Jean-Jacques）的赞助人和监护人，让-雅克曾为浪漫主义重要期刊《环球》（Globe）撰写文学评论。巴朗什还经常光顾其他一些沙龙，在这些沙龙上，普鲁士的费迪南德·科雷夫博士（Dr. Ferdinand Koreff）将动物磁流学说重新介绍给了巴黎人。[27]

人们对动物磁流学说的兴趣，与对电、磁的文化迷恋交叠。在启蒙运动中，许多人将磁铁、摩擦上光机和伏打电堆所释放的能量，看作表现了物质中固有的积极能量。在法国，电与光、热和磁力一样，也在唯物主义自然史中发挥了关键作用，并最终影响了拉马克的演化生物学。[28] 沃尔塔（Volta）的电池加强了这种联系：在一份提交给科学院的报告中，沃尔塔的亲密同盟艾蒂安-加斯帕·罗伯逊（Etienne-Gaspard Robertson）[①]，就电提出这样的问题："难道这种特殊的液体不是自然界中第一种酸吗？它难道不是第一种古人称为神经液（nervous fluid）的生命活动吗？"[29]物理学与生命科学间的发展互相影响，这并不算新鲜："燃烧"（combustion）的概念最早是在对动物呼吸的研究中提出的；加尔瓦尼（Galvani）、洪堡等人探索了动

---

① 原姓氏为 Robert，Robertson 为英语舞台名；幻觉效应（Fantasmagoria）这一声光奇景的推动者和创新者。——译者注

物电的回路；拉马克认为，物质、环境中的水蒸气和不可度量物之间的相互作用，可以促进新器官甚至新有机体的发展。[30] 从认定存在不可度量的底层流体的以太论（及反拉普拉斯理论），到将流体等同于生命和思想的源头，只需几步。

这种思想与催眠术的财富密码息息相关。18 世纪末，梅斯梅尔（Mesmer）和他的弟子们宣称，在地球和星体之间存在一种宇宙流体，将心灵和物质结合在一起，操纵这种流体可以开启个人和社会的幸福。磁疗师触摸手掌，传递魔杖和磁化物，如矿斗和树，将患者体内的这种流体重新分配，改变体内状态。尽管 1784 年科学院委员会得出结论否认了这一"催眠流体"的存在［有拉普拉斯和本杰明 – 富兰克林（Benjamin Franklin）的参与］，梅斯梅尔的弟子皮杰格（Puysegur）却还在授课，J.P.F. 德勒兹（J.P.F. Deleuze）也还在自然历史博物馆授课，德勒兹写了一系列关于磁性现象的书，言辞谨慎。德勒兹问道，这种流体的本性是什么呢？它的运动似乎引发了惊人的心理状态，创造了奇迹般的治愈事迹。他列举了各种可能性："这种流体和光一样吗？它们是否是同一种事物，只不过在不同的通道中呈现不同的变体？它是由多种不同流体组成的吗？电、热量、矿磁、神经流体等，都是它的变体吗？它是否受制于万有引力定律？它的运动是怎样的？引导它运动的是什么？我们都不知道。"[31] 安培的化学家朋友欧仁·谢弗勒尔［Eugène Chevreul，也是戈布兰（Gobelins）挂毯作坊的染色主管］写过一部论色彩感知的重要著作，他在 1812 年受德勒兹启发，开始研究动物磁流学。谢弗勒尔着迷于心理学、生理学和物理现象之间的相互作用，对魔杖和钟摆进行了实验；他后来得出结论，是心灵和肌肉之间的相互作用起效了。安培旁观了谢弗勒尔的实验，在安培的敦促下，这位化学家最终发表了他的观点。[32]

法国浪漫主义的一个常见特征便是从动物磁流学说中提取意象。[33] 在催眠师提出了物理力量的统一，并证明了心灵的力量后，安培则更进一步，他的许多其他兴趣和个人联系让他更接近浪漫主义和自然哲学。他是康德的第一批法国读者之一（读的是拉丁语），他直到读完《纯粹理性批判》才不再攻击曼恩·德·比朗。在拿破仑执政期间，安培告诉一位瑞士记者："欧洲的希望就靠德国了。"他希望一位正在旅行的朋友能"尽可能"带回"席勒（Schiller）、克洛普施托克（Klopstock）、歌德（Goethe）等人的画像"，并称赞伦敦有"一所非常接近康德和谢林理念的学校，这所学校非常欣赏他们"。[34] 安培长期着迷于自然史，从他与解剖学家布雷丁的通信中可以看出，他也坚定地支持歌德和若弗鲁瓦·圣伊莱尔的先验解剖（见第六章和第八章论圣伊莱尔的部分）。虽然似乎在多个时期，他都与居维叶关系友好，但居维叶与拉普拉斯一同否决了安培的研究所第一候选人资格，支持了考奇（Cauchy）。1824 年，安培在《自然科学年鉴》（*Annales des sciences naturelles*）上发表了关于脊椎动物和昆虫之间关系的文章，以支持圣伊莱尔的动物类型统一说，1830 年后，他公开抨击居维叶的物种固定论。[35] 他对化学也很着迷，与尼古拉·克莱蒙（Nicolas Clément）讨论过化学问题〔克莱蒙曾与萨迪·卡诺（Sadi Carnot）合作，测量热的原动力（见第四章）〕，也与谢弗勒尔讨论过，当奥斯特在 1820 年前访问法国时，他也与奥斯特讨论过。[36] 安培未接受任何帮助，独立一人将氯和碘确定为元素；而在林奈和朱西厄（Jussieu）的影响下，他构造了一张元素表，一种"简单物体的自然分类"，这基于分子是多面体的假设。[37] 除了提出一个关于地球形成的化学理论，他还与汉弗里·戴维通信；戴维的新元素发现、电解分解的实验，及在与塞缪尔·泰勒·柯勒律治的交谈中形成的活的自然（living nature）理论，也借鉴了自然哲学。

安培对浪漫主义科学家珍视的各类主题都展现出终生的兴趣：物理现象的统一性、能量转换、化学变化、有机体的发展及物种的统一性。我们也可以将他的（至少部分的）方法，与自然哲学家的方法划为同种。L.P. 威廉姆斯（L.P.Williams）认为，"后康德时代的研究者"（安培"处于背景"之中）的一个共同点是一种探索方法，即提出隐藏的关系，然后创造环境或条件使其显现。在奥斯特的电磁研究和导致法拉第"效应"（磁场使光线偏离）的调查中，威廉姆斯写道："无论多少不成功的实验都证明不了任何东西，除了产生预期效果的适当条件尚未实现。"[38] 在歌德那篇名字就很引人联想的文章《作为主体和对象之间中介的实验》中，也有类似的实验概念。歌德认为，要掌握潜藏在具体事物中的概念，需要进行长期的、多样的实验："不厌其烦地探索和研究每一点经验证据、每一次实验的每一个可能性和变体，才能获得最伟大的成就。"歌德与谢林的追随者里特（奥斯特的导师之一）和亚历山大·冯·洪堡一起，在电和光的实验中采用了这种方法。[39] 在探讨早期电磁学研究时，弗里德里希·斯坦勒（Friedrich Steinle）提出了一个相似的"探索性实验"的概念：这种研究不试图证实或证伪假设，只是为了熟悉一种现象及其外延。

在一次讨论科学方法的演讲中，安培说这样的探索性过程是研究中固有的；詹姆斯·霍夫曼（James Hofmann）认为这些话对于理解安培的方法非常重要。复杂的物理现象下，安培称为直接综论（direct synthesis，以公理做规范表述）的方法往往无法应用。而且在这些情况下，他通常喜欢的直接分析方法——从近似经验规律的陈述中得出基本规律——也不可能应用。因此，当面临复杂问题时，研究者转而采用间接综论（indirect synthesis）这种开放式流程。他解释道："当需要解释自然界最复杂的现象时，改变方法的必要性就更明显了。在这种情况下，如果事实本身比我们所寻求的结果更复杂，那么直接综论就不适用了，有可能的话采用直接分析，或者采用间接综合的方法，摸索（tâtonnement），提出解释性的假设。"[40] 虽然 tâtonnement 可以被翻译为"试错、反复实验"，囊括推理的过程，但这个词的词源含义是触觉检查、摸索，我们将在下文看到，这与安培的知识概念相呼应，安培认为知识产生于意志、肌肉和外部对象之间的阻力。另一个类似的概念体现在安培的《论科学哲学》（*Essay on the Philosophy of Sciences*）中，其中每一门"一级"科学都下列四个"三级"子科学，其中一个他称为方式关系（troponomique）。这一子科学研究的是"一个对象所经历的连续变化，无论是直接可观察到的，还是通过事实分析或诠释发现的，目的是找出这些变化遵循的规律"。[41] 因此，每一门科学下都囊括了一种通过多样的环境或"连续的变化"来研究和预测现象的方法。1820年，安培已具备了一系列从自然哲学、化学和动物磁流学得来的关于自然界统一性的概念，对拉普拉斯派物理学的敌意，以及一种通过探索来掌握不确定现象的方法，他已经准备好从奥斯特的发现来大展身手了。

在无形中摸索

从 1820 年 10 月到 1821 年 1 月，安培几乎每周都在学院发表论文，其中许多篇在阿拉戈主编的杂志《化学和物理学年鉴》（*Annales de chimie et de physique*）上刊发。他的实验和思想的确切顺序引发了大量争论，部分原因是他后来自称从观察顺利进入数学理论，但人们发现实际过程却是杂乱随意的。[42] 起初，他对物质对象及其关系进行开放式测试——导线、电池、玻璃管、汞——既为了验证预期的效果，如电流之间的吸引力，也为了看看改变环境可能产生什么效果。他在无形中摸索，设计实验仪器来捕捉、重新定向，从而了解电磁的特性。[43]

这些浪漫主义机械中，最初诞生的是一个金属框架，一根长方形的活动金属导线被悬挂在一根固定的金属导线上。金属框和金属导线都可以通上两种方向的电流，金属导线也可以用普通的磁铁代替（见图2.1a）。因此，该仪器可以测试当并列的两股电流是相同方向或相反方向时，以及当固定金属导线被普通磁铁取代时，会发生什么。如今我们可在安培博物馆（位于里昂郊外的安培童年故居，由法国电力公司资助）了解到该仪器的一些特性，那里重建了他的实验机械作为展览。在玻璃罩中，这些仪器看起来既刻板又精致，就像被弯曲成各种造型的长方形铁丝衣架，最宽处都不超过30厘米；当你按下旁边的按钮，它们会在巨大的嗡嗡声中苏醒，睡眼惺忪地开始运动，细长的杆要么一同拉动，要么互相轻轻推开然后停下。松开按钮，电流被切断，它们就会旋转着回到原处。安培的第一部实验机械一进入运行便进行了一系列排列组合实验，证实了电流和磁铁的作用方式是一样的：通电的金属导线会产生与磁铁相同的效果。他还发现，两条电流方向相同的平行金属导线会相互吸引，相反则互相排斥。[44]

在这第一阶段，安培试图理解由伏打电流和磁铁并置所引发的令人惊讶的运动；他找到了一种可行的"解释"［construal，大卫·古丁（David Gooding）的用词］，这种表述捕捉到实验的规律性，但还不是一种完整的理论。[45] 奥斯特效应最奇怪的一个方面是，罗盘针放在电线的上方、下方、一侧或另一侧时，转动的方向不同。安培很快得出了一个表示电流方向的标准描述方法，即"安培小人"（bonhomme d'Ampère）：让电流从头到脚穿过一个假想人，他伸出的左臂表示围绕导线旋转的磁力的方向。[46] 这一阶段的另一个概念创新是电路（circuit）这个词的使用方法，他不仅将其用于描述带电力的电线，也描述电池本身，这是对之前静电学的重大变革。他还取得了一些技术创新，包括"无定向磁针"（astatic needle），一种消除地球磁性影响的磁力装置；以及"电流计"，一种用于探测电流的磁化针。

这一阐述现象的混乱阶段并不是单独进行的。安培与阿拉戈合作，试图模仿出他想象的天然磁铁的结构，他将导线盘成平面螺旋状，后又做成立体螺旋状：第一块电磁铁诞生了，这是一种强大的吸引子（attractor）。他还设想了一种系统，在其中，暂时被磁化的铜与指向字母表的针相连，可以在导线所能及的范围内传递信息。塞缪尔·莫尔斯（Samuel Morse）后来承认，正是因为和亚历山大·冯·洪堡讨论了安培的电磁学发现，他才发明了电报的技术和符号系统。此外，阿拉戈注意到铁屑在电流周围形成的图案；罗盘针悬在旋转的铜盘上方时会转动。法拉第后来用"力线"（lines of force）概念和电感应（通过在螺旋状导线中来回移动磁铁来产生电流）的发现为这些效应做了补充。[47]

电动吸引力垂直于电流的方向，这让导线相交的角度成为一个相关的变量。安培设计了一种仪器，同样也是导线框架，一部分固定，一部分可移动，这样他可以改变电流接近的角度；此时，他希望能够精确测量电磁力。然而，由于电池电荷富于变化，且导线会有微小的移动，直接测量这些角度困难重重。[48]为了解决问题，他设计了一种仪器，但预期的运动没有出现，因为它被一个相反的同等力抵消了。这便是"平衡"（equilibrium）或"零"（null）实验的起源，这些实验奠定了他的理论的最终表述。

安培在1825年向学院宣读的《电磁现象的数学理论》（*Théorie mathématique des phénomènes électromagnetiques*）基于四个独立的平衡实验，使用的仪器同上文描述的类似，一根未固定的通电导线与另一根固定的导线并列：如果这两根导线之间存在力的差异，第一根就会移动。[49]不过，安培在证明这些运动没有发生后——电流之间的相互作用是零——得以推导出他的数学理论的主要观点。这些观点是：①在电流元中无限小的点之间，电动作用的力相等且相反；②它的作用方向与电流垂直；③它的作用力与电路的总长度或结构无关。最后一点在第二个平衡实验中得到证明，在这个实验中，一根导线被弯曲成"之"字形；在第四个实验中，不同周长的线圈被证明具有同样的效果（见图2.1b）。

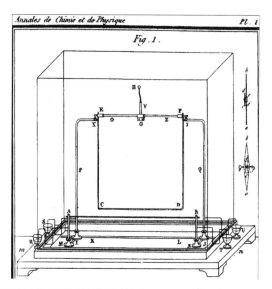

图 2.1a　用于证明电流和磁流的等效性的仪器，出自安培《提交的报告》（*Mémoire présenté*）。AB 是一个电导体，当用磁棒取代它时，在悬挂的通电导线 CD 中产生同样的旋转运动（插图 1，引自第 216 页）。

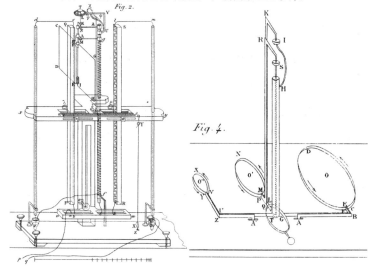

图 2.1b　安德烈 – 马里·安培《电磁现象的数学理论》中的平衡实验。第二个实验表明，一根直的通电导线和一根"之"字形的通电导线所施加的力相互抵消，因此两者是等效的；第四个实验同样表明，不同尺寸的通电导线环具有相同的效果。这两个实验都证明电动力是垂直于电流方向作用的，与电路的长度或结构无关。

在《电磁现象的数学理论》中，这些实验层层递进，最终形成安培的论点，推导出一个数学方程，以表达当电流强度、两根导线间的距离和一个磁常数已知时，两根通电导线的两个无限小点之间的超距力；这是一种牛顿式的距离力。[50] 第四个实验实际上从未进行过（他自己承认的），这一事实正说明虽然他呈现数学理论时看似权威十足，但他设计的电磁机械的地位已发生了变化：他的"平衡实验"不再是探索的工具，而是成为论证结构中的公理。它们已经从发现的工具变成了证明的工具。安培说："这些实验立刻为我们提供了许多定律，这些定律直接促成了数学表达的生成——伏打导体的两个元件对彼此的作用力是怎样的。"[51] 在这一公式的计算中，须将离散的电流元整合到一个平面中；尽管安培本人没有使用场（field）一词，而且他主要感兴趣的是两股电流间的相互作用，但詹姆斯·克拉克·麦克斯韦（James Clerk Maxwell）改造了他的公式，用以描述电流周围磁场的转动。[52]

安培认为，电流产生的磁效应是电运动的结果。这意味着他面对的是一个新的科学领域，这与库仑（Coulomb）和之后所研究的静电学不同。这也标志着与拉普拉斯派的毕奥和萨瓦特（Savart）的电磁学研究有根本区别，他们认为磁和电即使可以相互作用，也都是彼此无关的"原始事实"（primitive facts）。因此，安培的目标是建立一个更普遍的理论：他认为磁效应只是电相互作用的一个有限范围内的例子。不过，在几个重要方面，安培的表述遵循了拉普拉斯物理学的规范。在文章的第一页，安培引用牛顿以奠定其方法的权威性，他写道："首先观察事实，尽可能地改变实验情境，辅以精确的测量，以便从中推导出一般规律。"他后来提到了傅里叶的热研究（有意未定义热的本性），以说明自己为何对电动效应的根本物理原因保持沉默，或者说秉持实证主义的态度。[53] 这种方法论上的严谨性，及安培对电流间作用的解释（无限小点之间的线性中心超距力），令麦克斯韦尊他为"电动力学的牛顿"。[54]

然而，在私人和公开的交流中，安培都反驳了拉普拉斯的"原始事实"磁学观。他与奥斯特一样，认为电动现象是两种相反的流体在电流中发生冲突的结果。"吸引力和排斥力的电磁效应，可由两股电流以相反方向通过导体而产生，这样的快速运动中，出现了一系列几乎是发生在瞬间的分解和重组……在把导线的吸引力和排斥力归结为这一原因时，必然要承认这些导线中两股电的运动是在中性流体中传播的，这中性流体是因两股电的结合而形成的，充满了整个空间。"[55]1832年，安培提出，这种电以太是热和光的振动现象的传播媒介。在自述中，他写道："安培先生将所有声音现象归结为分子振动和分子在空气环境中的传播；他把所有热和光的现象归结为原子振动和原子在以太中的传播。"[56]他认同电、磁和光现象的统一性理论，这是自然哲学的一个核心原则："在奥斯特先生的研究中……我们已经发现，所有热和光都来自电的冲突。"[57]在这些陈述中，以太是一种动态的连接性的胶状物，是从前被认为并不相似的不可度量流体的始基，安培认为流体像声音一样，通过振动在环境中传播。

肯尼思·卡内瓦认为，安培使用拉普拉斯和牛顿的解释和修辞，主要是为了装点门面，是为了"迫使那些保持沉默、不愿苟同的对手接受他的观点"；这是为了适应地方规范所做的战略性调整，而其实在他的物理直观中，"光、热、电和磁依赖于无处不在的以太的振动和组合"。[58]从这个角度来看，安培是一个假装成机械派的浪漫派。克里斯汀·布隆德尔（Christine Blondel）特别强调了一个矛盾之处：安培在《理论》中提到了直角的超距力，而他在其他地方却称以太通过直接接触在波中传播现象；布隆德尔认为安培心中有着"两重话语"，他"同时持有不可调和的、立场敌对的两种语言"。[59]因此，安培的研究和电磁学理论体现了牛顿力学的线性决定论与奥斯特、谢林认同的自然哲学中的振动、流溢（emanation）和转换之间的紧张对抗；它还体现了两种科学的形象之间的对抗，一种将有条理的、受规则约束的观察和朴素的计算相结合，另一种是物质对象与人类行动、感知和符号之间的触觉的自发的开放式互动。安培能够将这些看似矛盾的思绪融合为一个安静的综合体，它既机械主义又浪漫主义，这被证实对后来的物理理论发展，及现代工业、通信和日常生活的电气化具有决定意义。

安培对电的扩展及其界限

虽然安培的电磁学研究经常被视作19世纪的理性和经验主义战胜推测和迷信

的一个例子，但是大众对安培实验的接受，及他自己对这些实验的叙述，都离不开对自然界的统一性的思考。他试图将电磁学扩展到物理学之外的领域，这种冲动与那一时期的主流趋势——专门化和碎片化——背道而驰。

这种思考既源自自然哲学，也来自对动物磁性的新鲜兴致，那时人们正从新兴的心灵科学的角度对其进行探索。[60] 1816 年，安培表示有兴趣会见梅斯梅尔的弟子皮杰格。路易十八复辟时期，催眠术的表演中出现了许多引人注目的新现象，包括梦游（恍惚状态）和远距离视物与阅读。实践探索并写作研究这些现象的新爱好者中，有几位医生：巴黎主宫医院（Hötel Dieu）的朱尔·杜波泰（Jules Dupotet），及比提耶－萨尔贝提耶尔医院（Salpêtrière）的 R.J. 若尔热（R.J.Georget）和莱昂·罗斯坦（Léon Rostan）。[61] 涌现出新的协会和期刊，它们专门研究磁的医学用途，并思考其作用原理。公众兴趣恢复了，这促使医学院在 1824 年设立了一个新的动物磁流学委员会。[62] 研究人员依然秉持这样的观点：动物磁性的基本原理与不可度量的活的流体有关。《动物磁流学档案》（*Archives du magnetism animal*）指出："我们做的研究越多，越会发现大自然的手段是简单的。电、磁矿或有机流体，也许由一种单一的基本流体组成，它以不同的变体呈现。"[63] 梅斯梅尔及其弟子将动物磁性的作用类比于磁铁的，如今这一观点由新的实验证据巩固。委员会中一位杰出专家巴伊（Bailly）承认，"有那么一刻，他深受震撼，相信了动物或有机磁性的存在：那是在他了解到阿拉戈先生的实验之后，阿拉戈拿着一块磁铁在远处摆弄，成功使一根铜针转动了"。[64] 阿拉戈和安培进行的实验被解读为动物磁性的证据。[65]

在大众媒体看来，后拉普拉斯派的物理学家正在向力的统一理论迈进，它取代了从前的教条，进入了生物研究的领域。在最坚定的支持者中，有一位是当时最伟大的动物磁流学说专家：亚历山大·贝特朗（Alexandre Bertrand），一位曾在巴黎综合理工学院学习的内科医生，为《环球》杂志（复辟时期刊登浪漫派批评和自由派政治的主要期刊）撰写文章，还参与创造了现代科学。在一篇回顾学院近期研究的文章中，贝特朗将安培的实验描述为"物理学高级领域的革命"。他把安培的发现与傅里叶和菲涅耳的研究联系起来，宣布："宇宙现在对我们来说，就像跳入一片不可度量物的无边无际的海洋，其中有重量的（可度量的）物质只是一个意外。"[66] 贝特朗进一步表示，热、光、电和磁之间的类比可以延伸至化学和生理学。在贝特朗的动物磁流学著作中，他反对将动物磁性解释为一种流体。他称，尽管催眠者的影响力是由心理暗示取得的，但他们确实在易感病人的大脑和神经中诱发了真正的有机变化；他称，由此产生的"狂喜"状态是宗教的根源。[67] 安培和他的母亲都接受了贝特朗的磁疗。安培的"科学分类"中设置了 phrénygiétique（精神学科）这一领域，他由此承认了贝特朗的理论：这一学科研究一些现象，它们"由某些智力的高敏感性而产生，这些现象被命名为狂喜、梦游和动物磁性"。[68] 像安培一样，贝特朗对精神和生理状态之间的关系感兴趣，这源自与哲学家曼恩·德·比朗的交流。

贝特朗也赞同安培对若弗鲁瓦·圣伊莱尔理论的支持，安培与居维叶的辩论是贝特朗的《环球》杂志报道引发的。在早期的哲学写作片段中，安培将思想比作电："必然由有机环境产生的因果关系，被置于肌肉动作或感觉中，这与感觉中枢紧密联系，作用方式类似于电疗。"[69] 同样，在圣伊莱尔 19 世纪 30 年代的哲学写作中，不仅提出了动物规划的统一性概念，类似于奥肯（Oken）和歌德的"原型"（archetype）概念（如第六章所述），而且还对物质、生命和死亡的原因进行了夸张的猜测，将物理学、化学和生命科学融为一体。"固体物体的燃烧使其恢复到原始形态，即分子极度衰减的状态。电气化使用这些分子，通过一系列渐进的转化重塑物体。"圣伊莱尔使用"燃烧"（combustion）和"电气化"（electrification）这两个术语，表明电磁研究和热机研究有助于人们理解生命。安培发声支持圣伊莱尔，反对居维叶，这其中一个原因很可能是他们都强调活性流体在生命过程中的重要性，及他认为电可能是理解身心关系的关键。[70] 在讨论利用电流重建消化功能的医学实验时，安培说："这些实验将表明，主宰植物的自主生命，令四肢执行意志的，是同一个原因。"[71] 安培几次在科学院就电的医疗用途，及电与神经反应之间的联系做了研究报告；他还报告了针灸的医疗效果，其中假定身体能量电路是存在的。[72]

电的其他"宇宙"外延引起了安培的注意。安培不放过每一个机会证明电与地球磁场的关系，他与洪堡都热衷于此。[73] 洪堡属于第一批被安培邀请观看实验的科学家；他参与组织了"地磁远征"（magnetic crusade），测量世界各地的地球磁场分布情况，巴黎天文台由此成了一个关键中枢。[74] 安培还考虑了"太阳的热与光来自电"的可能性，并在《两个世界月刊》(*Revue des deux mondes*)中提出了地球的电起源理论。[75] 安培依据菲涅耳的意见，继续以他的"电分子"理论来解释一般的磁性，在该理论中，电围绕身体的每个分子做环形的流动：磁化作用使这些电流共同向一个方向流动。通过类比，这一理论为地球磁场提供了一种解释：地球磁性是由多层金属层堆积而形成的，其方向和强度是一致性导致的。1822 年 9 月，安培兴奋地说："科学院的会议从未如此频繁地出现过这样重要的报告。我们看到电流一方面产生化学作用，另一方面引发消化和肌肉收缩。实验和观察将一切归为自然界的同一作用原理，这是必然结果。"[76] 安培认为对电的研究是解开宇宙奥秘的方法。

在所有这些例子中，安培将电磁学的边界扩展到了当时由拉普拉斯和毕奥定义的物理学领域之外：他不仅试图将其与热和光联系起来，还想在天文学、地球物理学、生理学和心理学中发现其影响。在此，我们不禁怀疑，安培对电磁流体的看法，就如同他同时代的许多人一样——谢林派自然哲学家、动物磁流学爱好者、哲学解剖学家圣伊莱尔等人，甚至巴尔扎克塑造的小说人物巴尔塔扎尔·克拉斯——将其视作物质世界和精神世界之间的桥梁：克服心灵和自然之间鸿沟、朝着"绝对"迈出的一步。看似诱人，但结果令人失望。安培的思考一直到了这一倾向的边缘，但他停住了。对安培来说，心灵和物质仍然是两种必然不同的事物。鉴于他与动物磁流学家、"神经流体"倡导者和浪漫派作家——其中许多人认为精神和物质是不可分割的——有丰富的社交和智识接触，我们又该如何解释他拒绝使用电这种万金油来消除心灵和世界之间的界限？

从某种意义上说，安培将"宇宙实体"电磁限制在其物理层面上，可以被理解为一种清醒的克制，是一种新的实证主义和客观性精神的反映。但安培并不是一个回避宇宙猜想的人，而且他是个虔诚的教徒。他拒绝对电磁做精神或心理解释，更可能是因为他的天主教信仰。在一份简短自述中，安培强调了早期阅读笛卡尔生活和思想简述对他的影响，该简述不仅强调了笛卡尔认为广延实体和思想实体在存在论上是彼此分离的，还强调了他的天主教信仰。安培也持有这两种信念。

安培的信仰是明显的，即使有些不稳定。他经常在他的科学和哲学研究与对上帝的责任之间发现冲突。在父亲被雅各宾派处决后，他变得疑虑重重，但他的第一任妻子令他拾回信心；他在 1802 年写信给她，谈到有天早晨，"关于上帝和永恒的想法，在我浮游的想象中突显而出"。妻子的病动摇了他的信念，但她早逝的"残酷考验"又令他重新振作。[77]1804 年，他参与建立了里昂基督教会，在那里他发表了一篇题为"论基督教神性存在的历史证据"（*On the Historical Proofs of the Existence of the Divinity of Christianity*）的文章。另一篇文章则从自然神学的角度预示了他的物理学研究：只有对光、热、电和磁的根本同一性界定出一个概念，才足以说明上帝的力量。[78]安培和他的朋友们在通信中互出建议，他们推荐的读物包括雅各布·勃姆（Jakob Boehme）、神智学语言学家法布尔·德·奥利维（Fabre D'Olivet）和社会主义教士拉门奈（Lamennais）。安培的朋友警告他不要受到形而上学的诱惑。巴朗什可习惯了他那些毫无节制的猜想，写道："我知道你踩不下大脑的刹车。这种思想学说难道不会在某些方面与你的宗教情感相抵触吗？"[79]他们忧心于巴黎沙龙对安培的影响和他的成功。"去年，他还是个基督徒；而今天，他只不过是个天才，一个伟大的人！"[80]安培听从了他们的警告，他后来把他灾难般的第二次婚姻所带来的痛苦解释为来自上帝的启示："为什么我把自己交给了这么多虚荣的事业，而在信仰之事上，我又把自己交给了不可原谅的懒惰？如世人所说，如今我已获得了许多人都渴望的财富和名誉。但亲爱的布雷丁，上帝向我证明了，除了爱他与服侍他，其余皆为虚妄。"[81]安培形容他的信仰需要一种独特的集中和专注；他深切怀疑理性及其世俗回报，如下文这篇私人笔记所表述的，这篇笔记就像一位科学家写出的《效法基督》：

要警惕你的思想；它经常背叛你！你怎么还能依赖它？……我的天啊！所有这些科学，所有这些推理，所有这些巧妙的发现，所有这些世界景仰的、好奇心聚焦的宏大概念，到底是什么？其实不过是纯粹的虚荣罢了。

还有，要学习，但不要心急。

注意不要像近几天这样被科学困扰。

以祈祷的精神工作。研究世间万物；这是你的职责；但只用一只眼睛看它们。但愿你的另一只眼睛紧盯着那永恒的光。[82]

这些自我警示表明，安培的思想在上帝与哲学、科学的"虚荣"之间摇摆不定。虽然一位传记作者称安培在 1817 年"全心全意地回归了信仰"（体现于这句话："如今，只有在天主教会中，在逐渐实现的上帝只对教会做出的承诺中，我才能找到信仰"[83]），但他仍在努力平衡天国与尘世的需求。1824 年，他被指派去法兰西公学院担任物理部主任。当他得知这一"荣誉"意味着教学义务加倍，但收入并不增加时，他写信给儿子说："你看，这种狂热的科学激情被惩罚了，活该呀，因为它使我远离我本不应该放弃的东西，我只在关心动态电的研究。"[84]安培因放下内心的警惕，而遭受了世俗的挫折和神的惩罚；将他从上帝身边吸引走的东西，是电动力学本身。

对安培来说，永恒之光的真实性与光学家研究的光一样确凿。然而，这些必然是独立的现实：他的天主教信仰与笛卡尔的二元论是协调一致的，这让他不可能接受任何将电磁与思想、精神或神的行动相联系的电磁学理论。然而，这两个领域如何建立联系——思想实体、心灵或灵魂，如何认识和作用于广延实体——是他的心理和认识论的核心。他在与天主教徒哲学家皮埃尔·曼恩·德·比朗的交谈中，探索这些问题。

从自然中的灵魂到行动中的意志

曼恩·德·比朗是一位在法兰西第一帝国和复辟时期从事行政工作的贵族，他对法国哲学的深刻影响并不主要来自出版，而是他每周主持的交流会。参与的人有安培、"教条主义者"罗耶－科拉尔（Royer-Collard）、乔治·居维叶和他的兄弟弗雷德里克（Frederic），以及复辟时期的哲学早慧奇才维克多·库辛，曼恩·德·比朗的"我"（moi）哲学将在接下来几十年里主导国家教育。[85]20 世纪末，反对法国哲学的两个传统已成为一种常态，其中一种关注内省和主体性，另一种分析科学概念和理性；人们认为"唯灵论"和"实证主义"之间的对立是曼恩·德·比朗（以及在他之后的维克多·库辛）和奥古斯特·孔德之间对立的根源。[86]然而，我们将在第九章中看到，尽管孔德从未接受内省的方法论，但曼恩·德·比朗的实证主义在 1848 年就已经充满了个人经验和主体性；同样，他影响了一些思想家（在第五章将进一步阐述），他们在倾向于内省和关注经验的可变性时，也着迷于身体活动、重复和技术对内部状态及外部事实的影响。

曼恩·德·比朗生前发表的为数不多的作品之一《论习惯的影响》（*On the Influence of Habit*）分析了光和声音的离散元素（以及味觉、嗅觉和触觉等由人们假定的感觉），通过几乎不引人注目的快速有机运动和心理判断的"内部活动"，合成可识别的、熟悉的形式的过程。根据曼恩·德·比朗的观点，主动的印象或知觉总是涉及肌肉、神经和大脑器官的运动。思想的每一次改变都来自"感觉系统"的改变。当相同的刺激被重复使用时，这些运动会变弱，并由习惯自动完成；首先，刺激迅速而不引人注意地被转化为知觉，然后转化为思想。[87] 在讨论视觉时，曼恩·德·比朗写道："由于习惯使判断像运动一样，变得更迅速而不引人注意，个体的活动最终成了将自身完全转入外部物体；颜色、轮廓、形式、距离，都积聚在确凿的点上，融化于一种印象中，在一种不可分的感觉中，眼睛看向光线时似乎自然地接受了它。"[88] 所以重复训练让我们把习惯性判断和动作附加于外部物体上——事实上就是把我们自己的活动转移到它们身上。因此，我们生活在一个被我们的感知和判断常规所塑造的世界中，大部分都逃脱了意识的控制。[89] 对曼恩·德·比朗来说，习惯既不完全好，也不完全坏。"机械式的判断"可能会走向对错误观念的信仰，即使外部刺激发生变化，信仰也不会动摇。另一方面，习惯对于记忆和知识都是必要的。[90]

就像他的思想前辈德斯蒂·德·特拉西一样，曼恩·德·比朗反对 18 世纪与洛克（Locke）和孔迪拉克（Condillac）有关的"感觉主义"（sensualist）哲学。他们认为经验主义提倡的观点是，思想是对外部感觉的被动接受。[91] 相比之下，曼恩·德·比朗认为有意志的"自我"（le moi）是所有经验的非肉身起点。[92] 然而，要了解这一"原始事实"，只能通过肌肉阻力的"内在感觉"，人在试图移动身体的某部分时会感受到这种阻力。[93] 要了解曼恩·德·比朗所说的"超有机"者（the hyperorganic）——非物质的自我——的存在和首要地位，就需要了解身体的阻力。在安培的鼓励下，他阅读了康德，康德让他确信了自我的基础活动，不过他对康德的观点做了限定，坚称这种活动只能通过身体的活动，即内部和外部器官所经历的感觉来了解。[94]曼恩·德·比朗的诠释者弗朗索瓦·阿祖维（François Azouvi）称，他的哲学在不断寻找一个"休憩点"（resting point），来终结他在思想和情感中观察到的不间断运动。在他1824年去世前的几年里，他的内省演变成了去直接了解上帝的存在，一种超越个人身份的现实的尝试：哲学方法变为了精神实践。[95]

尽管曼恩·德·比朗发表的文章不多，但他留下了一系列影响深远的问题，这些问题涉及意识的可变性、身体状态和心灵状态之间的关系，及习惯对知觉的影响。他的作品达成了一种观点，心灵是由身体及其经验塑造的，另外心灵可以选择其行动和经验，从而在某种意义上，通过心理锻炼来塑造自己，精雕细刻。肌肉、神经或思想器官的更隐蔽的"运动"，这些身体活动，是这种经验和思想变化的重要组成部分。虽然曼恩·德·比朗的思想长期以来与库辛和"唯灵论"联系在一起，但他强调具体表现与技术兼容，这表明他的哲学以及许多后辈的哲学更适合被描述为一种生理唯灵论（physiospiritualism）。[96]

安培对曼恩·德·比朗的哲学感到兴奋。安培创造了一个术语，意志知觉（emesthèse），指意志作用于肌肉的活动的知觉（前文提到他认为电有可能是这种感觉的载体）。意志知觉是所有知识的基础，因为它提供了因果关系的基础性经验："肌肉感觉和因果关系的复合变体被命名为阻力……因果性只有在我们的活动部署中才能被感知。"[97]因此，活动是原始事实，通过"纪念"构造出因的经验，然后最后是知识，在其中，图像被聚集、"具体化"，与当下的感觉相结合。[98]

然而，安培担心曼恩·德·比朗的哲学没有给外部现实以应有的地位："这是一种全然精神性的形而上学，就像康德的一样，也许甚至比任何有一点唯物主义的理论更加遥不可及。"他用康德的话语称它缺乏"一个标准来区分那些基于器官本性的概念，这些概念如脱离我们用于本体（noumena），则会十分荒谬，而且由于它们绝对独立于器官的本性，反而可以归于本体自身"。[99]心理学必须能够将知识建立在人类感官和能力之外的东西上："如果没有这种理论，心理学就成了科学以及道德和美德所依赖的所有安慰性思想的敌人。"[100]有充分参照的保证，心理学才能在认识论和道德的基础上保持稳固。

安培将他的阻力理论从他所谓的意志知觉，或者说意志与肌肉之间的阻力感。这一有限情况延伸，进一步囊括了外部阻力的概念："在现象外延中预定的运动，必须在某些点上停止，在其他点上自由……这些运动一点一点地帮助人认识活动领域的界限；因为物质的根本观念是不可渗透性。"[101] 换句话说，自我通过肌肉中阻力的内部感觉来认识自己；然后，自我只通过与其他现象的互动中的阻力（或其缺失）来认识广延的物质。安培更进一步完成了这种"温和的唯物论"。在思想领域里，在这些阻力的场所之间建立关系是可能的："客观真理，唯一值得被称为真理的真理，在于生物的真实关系与我们赋予它们的关系的一致性。"[102] 因此，科学在阻力点之间建立了关系，他称这让我们得以了解"本体的"因。拒绝这种可能性是荒谬的，就像断言"不存在巨大的、永恒的、可预见的、强大的和自由的因，但一个未知的因让我们相信与神相关的一切"，就像否认我们的思想在死后仍然存在。换句话说，对外部本体之间关系的认识，必须像我们对上帝和灵魂的认识一样确凿；先不管安培的信仰危机，这些必须是最确凿的事实。[103]

这种哲学类似于笛卡尔的哲学（及后来库辛、胡塞尔和梅洛–庞蒂的哲学），因为它从考察内部经验开始，把这作为建立外部世界知识的一种手段。然而，与笛卡尔不同的是，安培在身体活动中，而不是在思想中，看到了确定性的建立基础的瞬间；我们知道我们存在，因为我们的肌肉抵抗了意志的冲动。安培和曼恩·德·比朗没有从"我思故我在"（cogito ergo sum）开始，而是从"我想要故我在"（volo ergo sum）开始。在灵魂和内部阻力之间的这种基础性摩擦上，安培建立了一种积极的认识论。我们知道外部物体存在，因为我们在感受它们时，感觉到了它们的阻力；从这个高度触觉化的"摸索"过程中，我们认识到现象之间的惯常关系。这些定律指导我们对物体进行进一步的物理改造。

安培将对知识不同阶段的看法及各种观点纳入了他的《论科学哲学》，为这本书他耕耘多年，将其视为一生工作的巅峰。[104] 这种科学分类建立在世界与心灵的对立之上；所有知识要么属于关注物质的宇宙论科学（les sciences cosmologiques），要么属于智性论科学（les sciences noologiques），noologiques 是根据希腊语 nous（智性、知性、理智）新造的词（见图 2.2）。安培解释，这本书出版于他在法兰

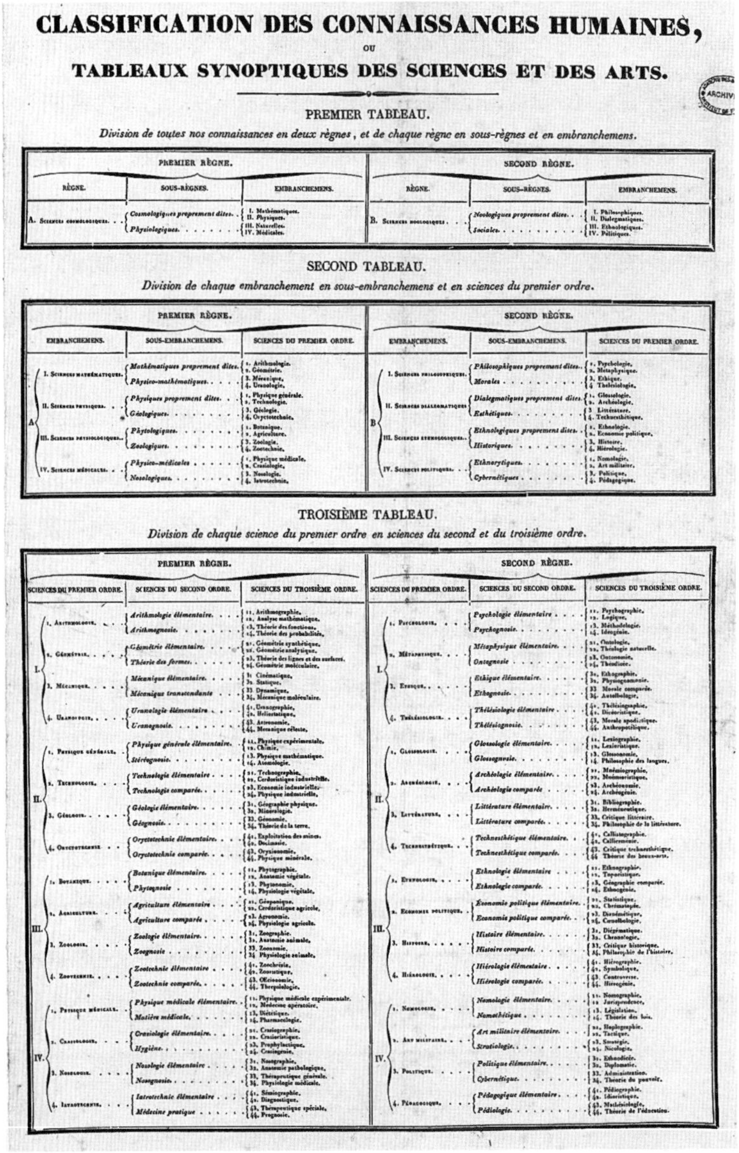

CLASSIFICATION DES CONNAISSANCES HUMAINES,

OU

TABLEAUX SYNOPTIQUES DES SCIENCES ET DES ARTS.

PREMIER TABLEAU.

Division de toutes nos connaissances en deux règnes, et de chaque règne en sous-règnes et en embranchemens.

PREMIER RÈGNE.			SECOND RÈGNE.		
RÈGNE.	SOUS-RÈGNES.	EMBRANCHEMENS.	RÈGNE.	SOUS-RÈGNES.	EMBRANCHEMENS.
A. Sciences cosmologiques.	*Cosmologiques proprement dites.*	I. Mathématiques. II. Physiques.	B. Sciences noologiques.	*Noologiques proprement dites.*	I. Philosophiques. II. Dialegmatiques.
	Physiologiques.	III. Naturelles. IV. Médicales.		*Sociales.*	III. Ethnologiques. IV. Politiques.

SECOND TABLEAU.

Division de chaque embranchement en sous-embranchemens et en sciences du premier ordre.

PREMIER RÈGNE.			SECOND RÈGNE.		
EMBRANCHEMENS.	SOUS-EMBRANCHEMENS.	SCIENCES DU PREMIER ORDRE.	EMBRANCHEMENS.	SOUS-EMBRANCHEMENS.	SCIENCES DU PREMIER ORDRE.
A. I. Sciences mathématiques.	*Mathématiques proprement dites.*	1. Arithmologie. 2. Géométrie.	B. I. Sciences philosophiques.	*Philosophiques proprement dites.*	1. Psychologie. 2. Métaphysique.
	Physico-mathématiques.	3. Mécanique. 4. Uranologie.		*Morales.*	3. Ethique. 4. Thelésiologie.
II. Sciences physiques.	*Physiques proprement dites.*	1. Physique générale. 2. Technologie.	II. Sciences dialegmatiques.	*Dialegmatiques proprement dites.*	1. Glossologie. 2. Archéologie.
	Géologiques.	3. Géologie. 4. Oryctotechnie.		*Esthétiques.*	3. Littérature. 4. Technesthétique.
III. Sciences physiologiques.	*Phytologiques.*	1. Botanique. 2. Agriculture.	III. Sciences ethnologiques.	*Ethnologiques proprement dites.*	1. Ethnologie. 2. Economie politique.
	Zoologiques.	3. Zoologie. 4. Zootechnie.		*Historiques.*	3. Histoire. 4. Hiérologie.
IV. Sciences médicales.	*Physico-médicales*	1. Physique médicale. 2. Crasiologie.	IV. Sciences politiques.	*Ethnorytiques.*	1. Nomologie. 2. Art militaire.
	Nosologiques.	3. Nosologie. 4. Iatrotechnie.		*Cybernétiques.*	3. Politique. 4. Pédagogique.

TROISIÈME TABLEAU.

Division de chaque science du premier ordre en sciences du second et du troisième ordre.

PREMIER RÈGNE.

SCIENCES DU PREMIER ORDRE.	SCIENCES DU SECOND ORDRE.	SCIENCES DU TROISIÈME ORDRE.
I. 1. Arithmologie.	*Arithmologie élémentaire.*	11. Arithmographie. 12. Analyse mathématique.
	Arithmognosie.	13. Théorie des fonctions. 14. Théorie des probabilités.
2. Géométrie.	*Géométrie élémentaire.*	21. Géométrie synthétique. 22. Géométrie analytique.
	Théorie des formes.	23. Théorie des lignes et des surfaces. 24. Géométrie moléculaire.
3. Mécanique.	*Mécanique élémentaire.*	31. Cinématique. 32. Statique.
	Mécanique transcendante	33. Dynamique. 34. Mécanique moléculaire.
4. Uranologie.	*Uranologie élémentaire*	41. Uranographie. 42. Heliostatique.
	Uranognosie.	43. Astronomie. 44. Mécanique céleste.
II. 1. Physique générale.	*Physique générale élémentaire.*	11. Physique expérimentale. 12. Chimie.
	Stéréognosie.	13. Physique mathématique. 14. Atomologie.
2. Technologie.	*Technologie élémentaire*	21. Technographie. 22. Cerdoristique industrielle.
	Technologie comparée.	23. Economie industrielle. 24. Physique industrielle.
3. Géologie.	*Géologie élémentaire.*	31. Géographie physique. 32. Minéralogie.
	Géognosie.	33. Géonomie. 34. Théorie de la terre.
4. Oryctotechnie	*Oryctotechnie élémentaire.*	41. Exploitation des mines. 42. Docimasie.
	Oryctotechnie comparée.	43. Oryxionomie. 44. Physique minérale.
III. 1. Botanique.	*Botanique élémentaire.*	11. Phytographie. 12. Anatomie végétale.
	Phytognosie	13. Phytonomie. 14. Physiologie végétale.
2. Agriculture.	*Agriculture élémentaire*	21. Géoponique. 22. Cerdoristique agricole.
	Agriculture comparée	23. Agronomie. 24. Physiologie agricole.
3. Zoologie.	*Zoologie élémentaire.*	31. Zoographie. 32. Anatomie animale.
	Zoognosie	33. Zoonomie. 34. Physiologie animale.
4. Zootechnie.	*Zootechnie élémentaire*	41. Zoochrésie. 42. Zooristique.
	Zootechnie comparée.	43. Œcionomie. 44. Threpsiologie.
IV. 1. Physique médicale.	*Physique médicale élémentaire.*	11. Physique médicale expérimentale. 12. Médecine opératoire.
	Matière médicale.	13. Diététique. 14. Pharmacologie.
2. Crasiologie.	*Crasiologie élémentaire.*	21. Crasiographie. 22. Crasioristique.
	Hygiène.	23. Prophylactique. 24. Crasiogénie.
3. Nosologie.	*Nosologie élémentaire*	31. Nosographie. 32. Anatomie pathologique.
	Nosognosie.	33. Thérapeutique générale. 34. Physiologie médicale.
4. Iatrotechnie.	*Iatrotechnie élémentaire*	41. Sémiographie. 42. Diagnostique.
	Médecine pratique	43. Thérapeutique spéciale. 44. Prognosie.

SECOND RÈGNE.

SCIENCES DU PREMIER ORDRE.	SCIENCES DU SECOND ORDRE.	SCIENCES DU TROISIÈME ORDRE.
I. 1. Psychologie.	*Psychologie élémentaire*	11. Psychographie. 12. Logique.
	Psychognosie.	13. Méthodologie. 14. Idéogénie.
2. Métaphysique.	*Métaphysique élémentaire.*	21. Ontologie. 22. Théologie naturelle.
	Ontognosie	23. Ontonomie. 24. Théodicée.
3. Ethique.	*Ethique élémentaire.*	31. Ethographie. 32. Physiognomonie.
	Ethognosie.	33. Morale comparée. 34. Aretologie.
4. Thelésiologie.	*Thélésiologie élémentaire*	41. Thélésiographie. 42. Dicéoristique.
	Thélésiognosie.	43. Morale apodictique. 44. Anthropotélique.
II. 1. Glossologie.	*Glossologie élémentaire.*	11. Lexiographie. 12. Lexioristique.
	Glossognosie.	13. Glossonomie. 14. Philosophie des langues.
2. Archéologie.	*Archéologie élémentaire.*	21. Mnémiographie. 22. Mnémoristique.
	Archéologie comparée	23. Archéonomie. 24. Archéogénie.
3. Littérature.	*Littérature élémentaire.*	31. Bibliographie. 32. Herméneutique.
	Littérature comparée.	33. Critique littéraire. 34. Philosophie de la littérature.
4. Technesthétique.	*Technesthétique élémentaire.*	41. Callistographie. 42. Calliermenie.
	Technesthétique comparée.	43. Critique technesthétique. 44. Théorie des beaux-arts.
III. 1. Ethnologie.	*Ethnologie élémentaire*	11. Ethnographie. 12. Toporistique.
	Ethnologie comparée.	13. Géographie comparée. 14. Ethnogénie.
2. Economie politique.	*Économie politique élémentaire.*	21. Statistique. 22. Chrématopée.
	Economie politique comparée.	23. Dianémétique. 24. Cœnolbologie.
3. Histoire.	*Histoire élémentaire.*	31. Diégématique. 32. Chronologie.
	Histoire comparée.	33. Critique historique. 34. Philosophie de l'histoire.
4. Hiérologie.	*Hiérologie élémentaire.*	41. Hiérographie. 42. Symbolique.
	Hiérologie comparée.	43. Controverse. 44. Hiérogénie.
IV. 1. Nomologie.	*Nomologie élémentaire.*	11. Nomographie. 12. Jurisprudence.
	Nomothétique	13. Législation. 14. Théorie des lois.
2. Art militaire.	*Art militaire élémentaire.*	21. Hoplographie. 22. Tactique.
	Stratiologie.	23. Stratégie. 24. Nicologie.
3. Politique.	*Politique élémentaire.*	31. Ethnodicée. 32. Diplomatie.
	Cybernétique.	33. Administration. 34. Théorie du pouvoir.
4. Pédagogique.	*Pédagogique élémentaire*	41. Pédiographie. 42. Idioristique.
	Pédiologie.	43. Mathésiologie. 44. Théorie de l'éducation.

图 2.2　安培的科学分类。第一张表格将科学分为两个王国：处理外部对象的“宇宙”科学和关注理解力的“智性”科学。每一王国都被分为四个“分支”（与居维叶的动物王国分类相呼应），这些分支进一步细分为次级分支（见第二张表格），再细分出王国的四门一级科学。最后，在第三张表格中可见，这些一级科学被分为二级和三级科学［例如有“技术美学”（la technesthétique）］。Ampère，*Essai sur la philosophie des sciences*. 来源：CNRS，www.ampere.cnrs.fr/，感谢克里斯汀・布隆德尔。

西公学院讲授物理学课的时期，目的是向听众阐释物理学和其他领域的区别。比如他将自然历史博物馆的分类学家贝尔纳·德·朱西厄（Bernard de Jussieu）的分类称为一种"自然分类"；如果一个领域尚不存在，他就基于希腊语创造新词来命名。[105]

"宇宙论科学"和"智性论科学"两个王国，各自再分出四个分支（em-branchments），呼应了居维叶的有机体的四个分支，每个分支又被进一步分为四个"一级科学"；进而一分为二，再一分为二，形成四个"三级科学"：对任何对象的四个可能观点（见图2.3）。四个子域的每一个都思考了我们所知物的一种"不同观点"：外部特性、隐藏特性、基于情境的变化及根本因。[106] 因此，任何特定现象都可以通过其直接可见的性质（由进一步的实验和调查揭示的，通过改变情境出现的），并最后根据其根本因来理解。为了证明其分类的"自然性"（naturalness），安培指出他的四个子域的顺序与人类理解力的发展一致：一开始，我们只知道现象，但到了第二阶段，我们开始对物质和实体有想法，这些想法来自身体的运动——这时我们也开始认识到自我和外部对象的存在。在第三个阶段，我们用语言进行比较和判断，而在第四个阶段，我们能够对多种情况进行分析，利用符号处理事物的真正原因。因此，安培的分类顺序遵循了人类发展的自然顺序。

几个世纪以来，思想家们创造许多种知识树，其中许多都以理论和实践的划分作为底层结构——这种划分可以追溯到古典时代的认识论（episteme）和技术论

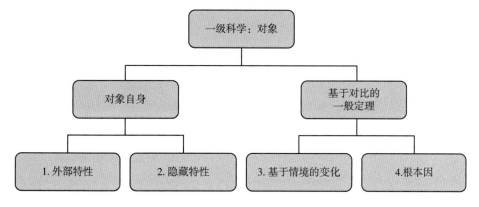

图2.3　对任何对象的四个可能观点

（techne）的划分，及中世纪的自由七艺和机械艺术（liberal and mechanical arts）的划分。[107] 安培没有把这一划分作为底层结构，而是在系统中不断重复这一划分。许多一级科学都形成了理论与实践的配对。地质学与采石技术（Oryctotechnie，从地球上采集矿物的科学）相配；动物学与动物技术（Zootechnie，"我们从动物身上获取的利用价值或对我们有利的部分，从动物界获取原料所需的劳动和动物护理"）相配；[108] 社会经济学搭配政治学（涉及新名词 La Cybernétique，源于希腊语的"治理者"），关注"公共秩序的维护"。普通物理学搭配技术，这一领域正迎来黄金时期。[109] 安培不仅没有忽视"应用"科学，实际上他把这些旨在改造物体的科学放在了突出的位置。该系统的技术导向性，在涉及人类思想的科学中也显而易见，即表中"智性"科学的那一半。安培规定"智性技术科学"（les sciences nootechniques）致力于"人类对他人的智力或意志作用的手段"，与此相关的是"技术美学"（la technesthétique），即对他人的情感和思想产生影响的纯艺术；词汇学（Glossogie），文字的力量；教育学里有科学学（Mathésiologie），目的是改善他人的心灵。安培自己的"分类法"就属于一类，它被归为"智性技术"的工具。[110]

安培认为知识既不是纯粹的直观参与，也不是超然的、计算的理性。他认为知识涉及现象的变体，由人类意志的干预引起。在通往知识的整条原因链中，他确定了不同种类的变体：从意志调动肌肉时遇到的阻力经验，到外部对象的阻力，到这些现象之间规律出现的关系框架，最终是提取、照料、改造和开发地球的财富。对安培来说，知识及其工具是改造内在感觉和外部世界的技术。他从分子到有机体再到地球和太阳，追踪电的"宇宙实体"——电的影响，同样，他的哲学强调了宇宙排序计划的重要性，及它们在后革命时期展现出的多样形式。安培试图用一种认识过程的一般理论——从在明显现象中摸索，到识别它们的隐藏特性、它们的变体和根本因——作为科学分类的基础，它反过来又成了所有可知事物的地图。在"宇宙"和"智性"科学中的每一个领域，安培都展示了活动和技术干预是如何影响心灵与世界的相遇的。

多样性中的统一性

一旦我们不再把安培当作一个格格不入之人，一个孤立的、不具代表性的思想家，我们在理解当时法国物理学时，就能从他的作品中体味出细微差别。人们通常认为孔迪拉克和他将思想化约为基本感觉要素的项目，是 19 世纪早期法国物理学的主要认识论参考点。[111] 曼恩·德·比朗思想发展中的观念分析，产生决定性影响的一点，便是让安培对物理科学和"唯灵论"哲学都产生了兴趣。安培的科学哲学，及指导他探索电磁学的许多概念，也显示出了康德哲学的影响及其浪漫主义余波。许多自然哲学家，连同安培，都在康德的先验性批判中融入了对生理学的关注和工具的影响。知识从纯粹的反思和固定不变的类别，转移到可以观察和进行物理操作的场所，无论是在内省的内部领域（如曼恩·德·比朗越来越神秘主义的冥想），还是在身体、标志、仪器和机械中，安培和他的几个反拉普拉斯派同伴便是如此。安培的科学哲学将康德的批判与曼恩·德·比朗对积极意志的强调和法国物理学对精确实验的痴迷结合起来，将知识视为心灵与物质之间积极的具象接触的结果。[112]

此外，此时学科的现代制度形式正在成型，特点是专门化和竞争，在这点上，19 世纪早期的物理学常被当作典范。然而，我们在安培身上已看到，也将在洪堡和阿拉戈身上不止一次看到，后拉普拉斯时代的物理学家往往会为自然建立一种一般构想。较为传统的自然哲学解读中对统一性、宇宙论的关注，与这种构想密切相关。比如，在辨别各科学之间的差异时，安培仍试图将所有知识领域纳入一个单一的"自然"分类，为每个领域发展一套四重"观点"。"科学的分类"体现出基本的身心二元论，并让自然神学占据突出的位置，这也是一种肯定上帝和人类在任何自然系统中地位的虔诚宣言。他的"分类"是一次试图将所有存在领域统一起来的尝试，此类试图重组知识和社会系统的项目有许许多多；它是一幅宇宙意符，融合了启蒙运动的机械主义、浪漫有机体论和技术主导的认识论；它是安培试图将心灵置于自然之中的独特尝试的一部分。

安培在里昂最亲密的朋友之一，浪漫派印刷商、诗人和预言家皮埃尔－西蒙·巴朗什（他的影响在随后章节中将再次闪现），为安培的研究做了一点哲学意义的补充，[113] 足以引人联想。巴朗什基于莱布尼茨派自然学家夏尔·博内（Charles Bonnet）的《自然再生：论生物体未来的形态》（*Palingénésie naturelle, ou idées sur l'état future des être vivants*），在《社会再生》（*Palingénésie sociale*）中抒发了他对神圣秩序下的社会进步和再生的看法；博内是最早在生物研究中使用"演化"（evolution）一词的人之一。博内所依据的概念是动物序列分级渐进，从最简单的生物一直延伸到上帝。他最著名的是，通过预测整个动物序列的逐步完善，"使伟大的存在链世俗化"，与环境中预先设定的变化同步。所有有机体的相对位置将保持不变，定义每个生物体的"不可变的胚胎"也将保持不变，它们将在天启时恢复原状。[114] 巴朗什将历史的图景描述为一系列天意的破坏和重建：像大革命和恐怖时期这样的断裂时期是上帝预先安排的，目的是为文明的完善做准备，并由此为人类的完善做准备。艺术家和诗人的预言性作品将实现一种新的宗教；启蒙的社会理想——仁爱、平等和联合——将成为社会指导性原则。[115] 如他在《社会再生》中所说，人类的最高使命是发展思想："发挥智力的磁性，使物质精神化。"[116]

巴朗什的密友和精神知己安德烈·马里·安培的电磁学研究和哲学著作，与这些预言交相呼应。虽然安培拒绝将物质世界视为自然哲学的绝对自我或"世界灵魂"的化身，但他还是展示了个体灵魂是如何在物质世界中发挥作用的：意志和身体之间的初级互动通过理解力延伸至实验设备，通过实际和概念性的工作，为世界"阻力"中的关系带来秩序。通过技术和活动，心灵被置于自然之中，就同自然在心灵中被构建一样。

第三章
洪堡的仪器：甚至工具也将自由

————————— ◆ —————————

这又是首深沉的乐曲，它飘飘忽忽，
变幻无常，围绕着世界，此起彼伏，
在茫茫的天宇里又前后连绵不断，
像水的波纹，一圈又一圈，越传越远，
直到音浪行将在黑暗中隐去为止，
无形，无数，和时间，和空间一起消失。

如新的大气，虽然飘散，却到处涌流，
永恒的颂歌盖满一片汪洋的地球。
整个世界被这曲交响乐紧紧相抱，
在和声之中沉浮，犹如在空中飘摇。
我沉思，听着这种太空的琴声悠扬，
我淹没在乐声中，像淹没在海里一样。
……

这样盛大的合唱，日日夜夜唱不尽，

　　每个人都在说话，每个波浪都有声音。

维克多·雨果,《从山上听出的声音》(1829)[①]

一种审美焦虑

　　就安培所具有的特质和内在焦虑而言，他完全融入了浪漫主义时代巴黎的社会、知识环境：他经常出入沙龙，定期活动，并与他的里昂朋友、曼恩·德·比朗周围的思想家和反对拉普拉斯主义的科学家保持联系。他的一位同道，亚历山大·冯·洪堡探索美洲归来后定居在巴黎。洪堡在很大程度上，既是一个局外人，也是一个局内人：虽然是普鲁士人，但他是拉普拉斯的阿尔克伊协会的荣誉会员，是阿拉戈的亲密支持者和盟友，也是举世闻名、最善于交际的知识分子之一。尽管生活在拿破仑当局的敌视和复辟政府的怀疑之下，洪堡从 1804 年到 1827 年一直是巴黎社会和知识界的名人，而且在接下来的二十年里，他还经常访问巴黎，担任普鲁士宫廷和路易·菲利普国王之间的外交联络人。[1] 洪堡和安培一样，也是德国浪漫主义和自然哲学的代表，他不遗余力地赞扬谢林的这一概念："世界的神圣、永久创造性的原初力量，她积极地从自身发生、生成一切事物。"他试图将日趋专业化的物理学和自然史诸领域统一在这个活生生的、不断扩大的整体之中。[2]

　　洪堡毕生事业的顶峰，建基于 1827—1828 年他从法国返回柏林后即举办的讲座，也就是《宇宙：对世界的简要物理描述》(*Cosmos: A Sketch of a Physical Description of the Universe*)，这本书是对过去和现在所有关于地球和天体的知识的概述。要负担这样一个庞大的主题，他在第一段中自承，面临着"双重原因"的焦虑："摆在我面前的主题形形色色，是如此的难以穷尽，我担心自己要么将像写百科全书一样走马观花，要么仅仅是对一般性科学原理的简述，用干巴巴的教条装点一番，徒然使我的读者疲惫。"他找到的解决方案是美学上的，"自然是自由的领

[①]　译文引自维克多·雨果著《雨果文集》(八)，程曾厚译，人民文学出版社 2014 年，第 140 页。——译者注

域"，他在导言的段尾写道，"她在我们内心唤起的深刻概念和愉悦，只能通过典雅的语言形式来描述的思想，堪可见证造物的威严和伟大。"

许多人仅仅看到：洪堡在《宇宙：对世界的简要物理描述》中的"典雅的语言形式"，如他书中所附的美丽的彩色印画一样，歆动人们的感官，试图传达并且实际上是要造成"自然的外观和对其规律的研究给我们带来的不同程度的愉悦"，而《宇宙：对世界的简要物理描述》就将此作为主题之一。3 然而，"审美"的构想引发的哲学和政治意涵远不止于艺术作品的感官愉悦和形式和谐。4

洪堡在上述两种对立的倾向之间所表达的张力——一种倾向于特定经验现象的无限作用，另一种倾向于教条式的、形式上的普遍性——正好与弗里德里希·席勒在《审美教育书简》(Letters on the Aesthetics Education of Man，1794) 中受到困扰的对立相吻合，这本书因德·斯塔埃尔、库辛和奥泰多尔·茹弗鲁瓦在法国产生的影响，不亚于它对德国浪漫主义的意义。5 与歌德和洪堡兄弟关系密切的诗人、哲学家和剧作家席勒，在这些对立之间找到了一种居间的"审美状态"平衡。在过度精致、缺乏节制的空洞形式和对野蛮人感官的盲目趋附之间，有一个中间地带，在那里，人类的两大基本冲动——形式冲动和感性冲动得以调和。而第三种推动力，即"游戏冲动"，在形式和感官之间自由游走，并在新艺术的美丽外表中表现出来。席勒的美学观借鉴了康德的第三批判，其中审美判断力被视为具有一种与文化和教养目标密切相关的"主观普遍性"。

亚历山大·冯·洪堡从年轻时起就处于德国浪漫主义的风暴之中；他和席勒、歌德及浪漫主义运动的大多数主要人物均有私交。然而，他同样深受法国数学物理学 (mathematical physics) 的影响。洪堡为欧洲和美洲 19 世纪上半叶的科学组织和方向带来了一场革命。洪堡的兄长威廉对语言的研究致力于"有关世界的个体性和整体性的概念"，6 而洪堡描述了全球不同空间的独特性及其相互作用，研究宇宙范围内各种力量的相互组合。洪堡使用大量的仪器测量地球物理现象，除了在自己的航行途中收集数据，还推动建立了国际观察员网络，从世界各地收集类似的测量数据。凭着将数据组合成引人注目的视觉图像的新技术，洪堡能够用图表描绘全球平均温度的变化以及不同环境中植被的变化：正文配以美观的图像，生动的语言充实其间，他试图将科学以特定的形式传播给最广泛的受众（见图 3.1）。他希望读者领略大自然的乐趣，接受科学的方法，从而推进道德和政治改革。[7]

在洪堡的生活和工作中，德国自然哲学的美学和整体论与法国物理学的精确性和"量化精神"融合无间。洪堡访问美洲时的伙伴是法国植物学家艾梅·邦普朗（Aimé Bonpland），他经常出入拉普拉斯和贝托莱的阿尔克伊协会。此后，他还与拉普拉斯的学生、化学家盖伊-吕萨克（Gay-Lussac）一起考察，包括乘坐热气球评量高海拔地区的大气。然而，洪堡在巴黎最亲密的知己是共和派的天文学家、物理学家弗朗索瓦·阿拉戈，我们将看到，是阿拉戈在主导对拉普拉斯的指责。洪堡的游历树立了一个英雄的榜样，但他游牧式的地球物理漫游总是与天文观测站联系在一起，而阿拉戈的天文台是他组建的全球网络中的一个核心节点。与阿拉戈一样，洪堡对普及科学的兴趣，以及他用来普及科学的手段，反映了浪漫主义巴黎的戏剧化社交特点。[8]

洪堡践行了弗里德里希·施莱格尔的口号："艺术皆应成为科学，科学亦皆应

图 3.1　洪堡和邦普朗与一位厄瓜多尔人共用一台经纬仪。《亚历山大·冯·洪堡和艾梅·邦普朗在厄瓜多尔的钦博拉索山》（*Alexander von Humboldt and Aimée Bonpland at Mount Chimborazo, Ecuador*, 1806），作者是弗里德里希·乔治·魏茨（Friedrich Georg Weitsch）。资料来源：Hermann Buresch, Schloss Bellevue, Stiftung Preussische Schlösser & Gärten Berlin-Brandenburg, Berlin, Germany; Bildarchiv Preussischer Kulturbesitz; 纽约艺术资源（Art Resource）。

成为艺术。"[9]本章将探讨洪堡作品的"美学"维度与他的仪器应用之间的关系。特别是，我试图将洪堡的新科学行为模式与浪漫主义时代科学和艺术的两个来源联系起来：康德和他的主要阐释者之一，弗里德里希·席勒。[10]康德和席勒的美学概念在洪堡的科学工作中熠熠生辉，这不仅体现在他生动形象的写作风格和视觉表现力上，而且体现在他的"万象的物理描述"的内容和目标，以及他为自己的观测实践和组织的科学活动提供的论证。玛丽－诺埃勒·布尔盖（Marie-Noelle Bourguet）在讨论精密仪器及其用数字表示的数据如何推动国际研究界形成一种共同的语言时，写了洪堡的"仪器共和国"（republic of instruments），[11]而这个"共和国"的主要"公民"就是仪器本身。巴黎科学的态度和方法，以及法国的共和主义传统强化了这一概念。

本章勾勒科学道德谱系的一个主导问题是，客观性（兼顾理论和实践）及与之相关的自由观之间的关系。洪堡对仪器和技术的关注以及他对达盖尔摄影的大力支持（将在下一章讨论）可能会让人联想到对个体性、欲望和不可靠的感官的禁欲式否定，他的关切则已被等同为"机械的客观性"。[12]然而，洪堡版本的客观性建立在康德的哲学和席勒对康德哲学的改造之上，并不是遁世、克己或脱离现实的禁欲主义理论。洪堡不认为他用来对自然现象进行解读的机械是人类、有机物或自然的对立面；认识世界的最佳方式是扩展媒介和观察者，而不是消除它们。洪堡的观测科学体系追求的"自由"，以及实现的"客观性"版本，意味着相互依存、共有劳动、媒介、共同体——这些看法与他的法国同道的共和主义意识形态密切相关。

洪堡的上述说法，即"自然是自由的领域"，轻描淡写地重述了康德《判断力批判》和席勒《审美教育书简》的核心问题。[13]尽管这样的讨论偶尔带有枯燥和"麻醉药"（anaesthetic）的性质，但如果我们想了解洪堡的科学所面临的和试图克服的特殊紧张关系，那么对康德和席勒的核心主题的介绍就是至关重要的。[14]除了曼恩·德·比朗、维克多·库辛和德·斯塔埃尔等哲学阐释者，洪堡的仪器体系是康德和后康德思想抵达巴黎的最重要渠道之一，它揭示了浪漫主义不仅是适应而且是驯化甚至是解放机械的方式之一。

从自然到自由

康德对 18 世纪末和 19 世纪德语国家的哲学、文学和科学的影响是无可比拟的。他对自然界的现象（感官）和物自体（超感官）的著名区分，既是对人类知识限度的陈述，也是在引诱人超越这些限度；同样引人深思的是，他用机械决定论定义可认识的世界，却将伦理、艺术和有机体视为自由的表现。[15] 对康德而言，人类具有双重本性。作为物理、机械因果系统中可用经验观察的、确定的现象，人"属于感官世界"，并"受制于自然法"。但是，康德说，"只要他属于纯概念的（intelligible）世界，而后者服从独立于自然的、非经验的、只建立在理性基础上的法则"，人也就拥有超感官的本性，即自由意志。[16] 康德的《纯粹理性批判》涉及自然法，在其中，感官的给定因素被带入时间和空间的"图式"以及先验范畴，即知性（understanding）的概念。这些由心灵自发提供的范畴是经验的必要条件：它们把现象表现为发生在统一的时间和空间内的，受制于机械的因果关系。[17] 知性所做的判断是"客观的"（objective），因为这些范畴具有普遍的适用性和必然性。

然而，与统治欲望（而不是知识）的法则息息相关的"客观性"采取了不同的形式：这里不是自然法则，而是自由法则的问题。[18] 在《实践理性批判》中，康德认为，这些法则不是由知性能力而是由理性制定的。理性处理的是那些不可能有确切知识的问题：宇宙的起源、上帝的存在、心灵的自由。[19] 但是，人类可以确定的一个"理性的理念"（Idea of Reason）是，有理性的东西能够自由选择其行动。然而，对康德——连同这一漫长传统中的政治和宗教思想家——来说，道德的"自由"并不意味着为所欲为。康德的道德恰好被视为禁欲主义倾向的，即道德选择需要纯粹的"良善意志"，只从责任出发行事。康德的自由是一个奇怪的、双重意味的观念：一个人可以自由地做出不道德的行为，但只有当他选择遵守理性法则时才是真正的自由。为了认识到这一法则，人们从道德困境的具体情况中抽离出来，将行动表述为一般的行为准则：只有当世界上人人都会遵守这一行动准则，没有逻辑矛盾，这一准则才是可接受的。一个理性人的自由则意味着人们可以选择不以这种方式行事，而是选择遵从欲望，即"假言"（hypothetical）做自己想做的事的动机。然而，这种意志的自由——我们本性中"超感官"一面的本质特征——要求我们用一种无条件的（categorical）法则来约束自己，也就是说，这种法则与知性的先验范畴或概念一样具有决定性的、普遍的、因而也是"客观"的必然性。定言命令（categorical imperative）要求："我将永远不会行动，除非我能够立定意志让我的行动准则成为普遍的法则。"意志选择履行自己的义务，表现得好像出于一种普遍法则而被迫行事，这就是一种具有自主性的意志，或者说是服从于一个人给自己立定的法则，这对康德而言就像对卢梭一样，是自由的同义词。[20] 根据康德的观点，一个人的行动要合乎道德，那么在对他人采取行动时，就要像他们也有行动合乎道德的自由一样。这意味着要像在"目的王国"一样行事，以应有的尊严对待所有其他有理性的东西，把他们当作目的，而不是单纯的手段或工具。

尽管对知识进行立法的命令和对欲望进行立法的命令都是"客观的"——都采取了由理智规定的普遍有效的法则的形式——但它们的客观性模式完全不同：一个涉及由机械因果关系决定的对象，另一个涉及可以自由选择是否服从的理性主体，而且这一自由也在于他们可以选择遵循职责。但由于人类同时是因果系统中的经验性存在和理性的自由主体，他们就同时受制于两种法则。人的这两种本性之间的巨大差异，引发了康德后期哲学的核心问题。如何使作为自然界的可经验感知的、确定的因果系统与目的王国的理想法则保持一致？换句话说，自由何以能在自然界发挥作用？

《判断力批判》（1790）试图通过研究第三种能力判断力，弥合知性和理性之间的鸿沟，知性为知识立法，而理性为欲望立法。判断力为感觉立法——例如，当面对自然界的美丽景象时，我们的官能"自由施展"所带来的愉悦，或者我们的官能与世界上的物体之间的和谐所带来的愉悦。在这两种情况下，主观的愉悦不可能通往普遍有效的、"客观的"理智概念——例如"这很美"或"自然界的自然秩序一定是由一个创造者设计的"这样的判断。虽然先验范畴系统涉及规定性的（determinant）判断力——它们是任何关于自然现象的判断必须采取的必然形式，以便被视为知识——但品味（taste）判断力和涉及最终目的假言判断则使用了反思性的（reflective）判断力。某个物体是美的这一评价不是基于概念，而是基于感觉：观察者必须感觉到每个人在品味问题上都会同意相同的观点，然而这种感觉只是一种"主观的普遍性"，并没有得到客观的先验概念的证明。

同样，在目的论判断力中，观察者将最终目的或某个目标归于自然实体和整个自然。这种最终性无法在被考察的实体中直接观察到；它也不涉及被认识为知性的先验范畴之一的那种因果关系的机械必然性。然而，康德认为，对反思性判断的目的论解释是必要的，它是知性的调节性原则（regulative principles）。它们使我们有可能掌握生物体内各部分的内在相互关系（最终掌握整个自然界的内在相互关系），为理解生成（generation）提供指导原则，而这种现象是纯粹的机械解释不能做到的。[21]

目的论的解释带来了一种具有"仪器特征"（instrumentality）的版本，它强调贯穿于康德体系的机械与生物之间的区别（并被熟悉的浪漫主义流派重新认识）。在手表和有生命的物体中，每个部分的运动都会引发其他部分的运动，并受其他部分影响，从而作为一个有机的整体而协同运转。[22] 然而，只有在有机体的情况下，由于有生命的物体的自组织发育、生长和自我修复能力，不同的部分实际上是相互发生的："我们必须把每个部分看作产生其他部分的器官（因此，每个部分相互产生其他部分）。"[23] 手表的直接原因（或用亚里士多德的语言：有效原因）是制造它的人，而有机体的有效原因与它的最终原因相同，即它被制造的原因：它本身。手表的每个部分最多只是一种技艺仪器，可能是由一个外部动因设计建造的，并设置为机械的方式作业；然而，在有机体中，每个器官都是自然的仪器，由有机体本身形成。这部分既是意义也是目的。

此外，康德认为，生物体之间的外在关系，如性别的互补性，或有机体与其栖息地之间的相互作用，激励着人们寻找自然界各个领域和经验法则之间的相互联系；循此路径，正如我们将看到的，洪堡的《宇宙：对世界的简要物理描述》以不同的经验法则形成一个单一系统的想法为指导。康德说，无论是处理一个孤立的有机体还是一个更广泛的系统，研究者都有义务追索各种现象之间的相互联系，并且尽可能地按照因果关系的机械原则来解释它们。然而，在这些机械性解释的极限处，我们的思想必然超越表象的领域，寻求系统的超感官原因和目的。[24] 在这一极限处，探询者和自己相遇。"最后，问题在于：捕食者连同所有其他自然王国会有什么好处？对于人来说，知性告诉他要把所有这些生物用于不同的用途；人类是地球造物主的最终目标，因为人类是地球上唯一能够形成目的概念并利用理性，把有目的构造的事物集合体变成目的系统的存在。"[25] 人的知性使他能够开辟森林、建造房屋、修建河流水坝，并把自然界的经验因素纳入科学的概念秩序。然而，这些任务只解决了人类的栖息地和物质需求；他们并没有利用其独特的所有物——自由运用理性。人的本性的这一方面召唤着他去实现高于"他自己的尘世幸福"的目标，而这个目标超越了把人作为"只是在外在于他的无理性自然中建立秩序和一致性的最重要的工具"。[26]

对康德来说，人类是"自然界的主宰"，不仅仅是因为他们的智慧或技术能力，还因其能够构想和创造一个"目的王国"。人类的这一最高使命是以文化的形式出现的，即"在一个有理性的人身上产生一种普遍的目的能力（因此在某种程度上是自由的）"；因此，"只有文化才能使人们有理由就人类而言归之于自然的最终目的。"[27] 自然的存在是为了产生人类文化。在国家中，这意味着创造"人类关系的构造，在其中，由个人相互冲突的自由所导致的对自由的损害，在一个叫作公民社会（civil society）的整体中为合法的政权所制止。因为只有在这种人类构造的手段中，我们的自然倾向才能得到最大限度的发展"。再往上是一个世界性的整体（cosmopolitan whole），一个受法律约束的"所有国家的系统，这些国家都有可能对彼此产生不利的影响"。[28] 尽管这样一个系统可能只是作为一种理想，就像《实践理性批判》中的目的王国一样，但为实现这一目标而开展的活动有直接好处。康德最得意的例子是"艺术和科学"，它们"涉及一种能被普遍传递的愉悦，以及优雅和精致，它们通过这些并不会使人在道德上更好地适应社会生活，但仍然使人文明起来：它们在反对人的感官癖好的专制方面取得了巨大进展，从而使人对唯有理性才在其中执掌权力的那种统治做好了准备"。艺术和科学是在感性世界中进行的活动，但其结果是可以普遍传播交流的，它们为人类预备了自由理性和永久和平的世界性准则。[29]

在一篇题为"什么是启蒙"（1799）的短文中，康德将"自由"在受制于因果关系的"自然"领域的逐渐出现,勾勒为一种从机械决定到自由占据主导地位的变形。康德写道,在当前社会中,启蒙运动对知识的大胆追求只有在人类生活的"公共"方面才有可能;只有在那里,学者和超越民族、地域偏见的"世界公民"才能质疑旧的教条并提出新的学说。然而,在"私人"方面,必须履行对国家的责任;需要"某种机制"确保服从共同体法律。然而,最终,对自由的追求将使先验的东西作用于机械的东西,"最后,"他预见到,"自由思想甚至作用于政府的基本原理,国家发现可以按照人的尊严来对待人,而人现在不仅仅是一台机械。"[30]自由的因果关系最终将作用于并改变机械的因果关系:结果将出现一种政体,在其中所有人都可以自由认识并遵守规定其职责的法律,研究现象世界的经验关系,创造和欣赏美的作品。在他们作为自然的仪器的功能中,这些公民得到了解放:他们既是手段,也是目的。

《判断力批判》通过发现一个必须在自然中实现的先验目标,将人类的两方面结合起来。文化(或其同义词教养)——为发展人类符合理性的能力而建立的制度和实践——融合了自由和自然的规律,以及它们不同的客观性模式。然而,尽管康德在后来的作品中对人类命运进行了乐观的勾勒,许多人在康德的体系中——特别是他的伦理学及其对"纯粹的善良意志"的神圣化——只发现了苦行禁欲、自我克制和对愉悦的严酷拒绝。他的作品似乎要求超人般的拒斥自然嗜好,同时表达了对时间流变、人性参差和感官享受的蔑视。[31]席勒在《审美教育书简》中重塑了康德的哲学,试图消除这种印象,使客观性不再是禁欲的、被动的,而是感官方面的、主动的。

席勒的审美国家及其公民

当诗人和批评家席勒撰写关于艺术的哲学和政治意义的论文时,他承认"康德原则"的影响,但很少注意康德的整齐区隔和畛域分明的边界。[32]《审美教育书简》将康德的两种客观性——道德的和理论的,自然法则和自由法则——融合在席勒的审美国家概念中。他讨论的中心词 Selbstandigkeit,即"自立性"(self-standingness),在他之后的批评传统中被翻译成"自主性"(autonomy)。[33]然而,这并不意味着一种纯粹的、神一般的超脱和自足状态。席勒在实践中接受并发展了康德对工具性和手段与目的的思考。在他这里，自主性的看法意味着与其他人类的联系，并将"纯粹的形式"与感觉和意愿联系起来。在关注发生在这个中间领域的运动、交换和活动时，他也把读者的注意力带到了具体的实践和材料上。席勒的《审美教育书简》既是关于普遍性和特殊性之间的中间状态的理论，也是关于物质媒介作用的理论。

在《审美教育书简》中，康德理论架构中自然与自由之间的张力成为展开论证的动力，其和谐的阐述反映了人类从蒙昧到野蛮再到文化和道德的辩证开展。席勒提出了二元对立，这些二元对立在更高的统一或辩证的和解中得到升华、克服或调和（就像从他那里学到很多的黑格尔说的那样）。论著的形式从数字上重述了它的内容：变成三段式的二元对，以 A、B、A′ 的经典交响乐形式，在他的 27（3^3）封信中得到了回应。康德描绘了一幅静态的心灵区域图，而席勒则把各种能力描绘成积极冲突的动力和力量。个人的发展，就像社会的发展一样，涉及各部分之间的戏剧性运动和斗争。他断言，在被动的"感性冲动""生活"、带有欲望和印象的经验世界与主动的"形式冲动"之间存在着基本的紧张关系，后者涉及科学或艺术中的抽象和永恒的原则。介于两者之间的是"游戏冲动"，它仅仅喜欢事物的外观——自主的（自立的），或者说美丽的外观（Schone Schein），脱离了占有实体或将其冻结在永恒的知识形式中的欲望。1794 年，在攻破巴士底狱和大革命恐怖之后，席勒将当代政治失衡的根源——暴民的凶残以及统治者的傲慢和冷漠追溯到人类内在的根本性失衡。如果他能治愈后者，他就能治愈前者。因此，他的解决方案要求在艺术、情感、政治和道德方面进行转变。

康德曾贬低那些认为道德行动可以在遵循主观意愿或追求回报中产生的人；他们在追逐"一个甜蜜的幻想的梦"（其中拥抱的不是朱诺①，而是一片云）。在早期的《审美教育书简》，席勒拒绝了康德所宣称的克己主张，即纯粹和尽责的意志是道德的唯一可能基础。"那么，如果人要保留他的选择权，同时又要成为因果关系链中的一个可靠环节，这只能通过这两种动力，即意愿和责任，在现象世界中产生完全相同的结果来实现。"对康德来说，责任和意愿被分隔在人的精神本性和物理

---

① 朱诺（Juno），罗马神话中的天后，是主神朱庇特之妻，主司生育婚姻等。亦指代华贵美丽的女子。——译者注

本性之间的同一条鸿沟里，它们必须融合，法令和感觉必须协调。和康德一样，席勒的目标是通过文化、艺术和科学，将前两大批判中提出的两个因果关系系统（以及它们各自的客观性模式）——道德和自然，自由和机械——统一起来。然而，对席勒来说，要使自由在自然中发挥作用，理性和欲望必须达成一致。[34]

需要一种仪器（工具）实现这种转变。席勒提出了一种新的艺术，对它的分析再现了道德领域中责任和意愿的融合：形式和质料必须在动态均衡中得到平衡。他的主要例子是著名的罗马半身像《朱诺·卢多维西》（Juno Ludovisi），由于温克尔曼的缘故，这是古典主义和浪漫主义批评的一个经常性主题。在可以被解读为对康德通过提及朱诺的海市蜃楼而否定后果主义伦理的妄想的回应中，席勒将这个具体的神描述为理想相貌的体现：雕像平衡了物理和精神的完美、优雅和庄严、女性和上帝、感官和超感官。在它身上，欲望渴盼着形式上的纯洁，而形式上的完美引导着欲望。雕像引导观察者进入审美状态（aesthetic state），一种"既完全静止又极度激动的状态，在那里产生了奇妙的心灵悸动，对于这种悸动，思想没有概念，语言也没有名称"。在这里，审美是一种特定的心理状态，在对立的力量之间取得平衡，将"熔铸的美"和"活力的美"结合起来。与康德相反，自由的体验不再需要人类离开感官世界。"那么，我们不再需要为寻找一种可能引导我们从对感官的依赖走向道德自由的方法而感到茫然，因为美为我们提供了一个后者与前者完全兼容的例子，一个人类不需要以出离物质来表现自己为精神的例子。"在美的作品中，人"在与感官相联系时就已经是自由的了"，"客观的"道德法则与感觉和物质的"东西"相结合。[35]

这种心理状态为一种新的政治状态铺平了道路，在这种状态下，个人的欲望将与公民社会的要求相协调："一旦人在内心深处与自己融为一体，无论他的行为如何普遍化，他都能保持自己的个性，而国家将只是他自己的本能的阐释者。"席勒再次叙述了人类的历史，这一次是以个人意识的发展来叙述的：游戏冲动的出现使主体从最初沉浸在单纯的感觉中，转变为意识到自我与对象之间的区别，并对一切提供"可能形塑的质料"的事物感到愉悦。伴随着这种与事物的新关系的，是与人的新关系。男人和女人之间的关系从单纯的身体欲望的满足变成了智力和存在上的承认和交流。"人是一种产生感觉的力，必须成为一种与心灵对抗的形式；他必须愿意让渡自由，因为他希望取悦的是自由。"这种对等性遍及"社会的复杂整体，努力调和道德世界中的温和与暴力"，在"可怕的力量王国"和"神圣的律法王国"之间开辟了一个新的、自主的领域。他称这一自主领域为"第三个游戏和假象的快乐王国，在这个王国里，人解除了环境的桎梏"。这个审美领域的特点在于其特定的自由观念。[36]

对席勒来说，自由不仅是一种状态，而且是一种活动，只有通过他人的存在和交互参与才能产生。"通过自由赋予自由是这个王国的基本法则。"[37]这种自由的概念和它的变迁是席勒写作的中心主题，包括从《威廉·退尔》和《唐·卡洛斯》到他为贝多芬《第九交响曲》的合唱写的诗。虽然它被称为《欢乐颂》(Ode to Joy)，但原标题是《自由颂》("Ode to Freedom")[①]：

> 无情的时尚隔开了大家，
> 靠你的魔力重新聚齐；
> 人人都彼此结为兄弟，
> 在你温柔的羽翼之下。

> 谁有这种极大的幸运，
> 能有个朋友友好相处，
> 能获得一个温柔的女性，
> 就让他来一同欢呼！

> 确实，在这扰攘的世界
> 总要能够得一知己。
> 如果不能，就让他离开
> 这个同盟去向隅暗泣。

---

① 译文引自《席勒文集Ⅰ》（诗歌小说卷），张玉书选编，钱春琦、朱雁冰译，人民文学出版社，2005年，第30—31页。——译者注

即使是最后两行刺耳的幸灾乐祸（Schadenfreude）也抓住了席勒自由概念的要点。在康德的《实践理性批判》中，自由是一个人在其内心深处与世隔绝的属性，从所有的社会关系和同类感情中抽离出来，与义务紧密相连。对席勒来说，自由（以及建立在它之上的道德）无法不存在于同他人的积极联结之中。在这种相互认可的凝视中，在这种对互利互惠的自我占有（self-possession）现象的描述中，自由被给予他人并从他们那里得到回报，这意味着拥有和被拥有——就像卢梭的社会契约一样，每个人把自己交给所有人并得到其他人的回应。

席勒关于国家的概念包含了这种自由，这涉及对"客观"和"主观"的定义及其之间关系的改变。在康德那里，"主观"与感性和变化有关，包括特定的经验性感觉和不受普遍有效的概念制约的判断力；"客观"判断涉及先验概念，从而构成知识的对象。在席勒那里，这些术语开始有了更熟悉的轮廓。同样，在黑格尔之前，席勒称国家是"客观的，而且是所有个体主体的多样性努力结合在一起的典范形式"。但是，席勒似乎预见了那些从这句话中发展出来的政治思想路线（从黑格尔到马克思和他们的追随者），从中看到了自上而下强加的准极权主义整齐划一的可能性，他不厌其烦地指出，"国家不仅应该尊重其个别主体的客观和普遍性质，它还应该尊重其主观和特殊性质"。他再次寻求一个自治的中间地带：好的社会将保留他在这里所说的公民的"主观"特征，即"在内心与自己融为一体"，因此能够"保持自己的个性，无论他的行为如何普遍化"。因此，席勒说，"国家将只是他自己最好的本能的解释者"。在道德方面，席勒将仅按照理性行事的良好意愿的"客观性"与个人的"主观"欲望、意愿和经验相混合。政治领域要求对规范行为的正式法律进行类似的调整，以适应构成社会的个人的性格和情况。"自治"（autonomy）是他给这种普遍或客观与特殊或主观之间的平衡所起的名字。[38]

从道德到美学和政治，席勒的论点也延伸到自然科学。他的第一封信谴责了科学的狭隘枯燥及其研究的致命后果："对于分析性的思想家来说，真理是一个悖论，分析溶解了被分析的事物的存在。"对分析者本人来说也是如此。人类为现代学科的极端专业化付出了沉重的代价。"一旦经验知识的增加和更精确的思维模式使得科学之间的划分不可避免，一旦日益复杂的国家机器需要更严格地划分等级和职业，那么人性的内在一致特征也就被切断了，灾难性的冲突使得其和谐的力量偏移。"[39] 在这里，科学与国家的"机制"（machinery）及其对劳动分工的调节，即人类互动的"客观形式"相联系。然而，解决科学加剧社会和内部分裂的办法并不是避开所有社会性束缚，也不是从科学或技术中逃到理想化的自然状态或主观的奇想状态。相反，审美国家将使科学脱离其朴素和自我封闭的抽象状态，科学必须使自己人性化。

如同他对政治的讨论，席勒继续在康德的意义上使用"客观"：为抽象的正式法律所验证。但他对科学的"自由"实践的描述，就像对政治的描述一样，要求在康德客观性的纯粹形式主义和它所涉及的可变的、感性的"生活"之间形成一种混合。[40] 再一次，这种两极之间相互依赖的状态被称为自治。科学专家必须分享他们的知识，而随着传播的到来，事情也转变了："从科学的奥秘中，品味将知识引向常识的广阔天地，并将其由研究所的垄断变成整个人类社会的共同财产。"通过审美的手段，自由肯定将像政治领域一样渗透到科学领域。其结果将是把没有生命力的国家机器和单纯的艺术仪器变成一个自由的、和谐的共和国。"在（品味）魔杖的触摸下，奴役的枷锁从无生命的人和有生命的人身上脱落了。在审美国家里，一切——即使是用以服务的仪器——都是自由的公民，与最高贵的人有平等的权利；而思维要迫使耐心的大众屈服于其目的的枷锁之下，就必须在这里首先获得它的同意。"[41] 思维的领域是真理，"对象，纯粹和简单"，只有在得到其主体的同意时才能统治。所有被形式法则支配的个体——外界政体的法则、道德的客观法则或科学的客观范畴——直到那些从前被视为只是实现目的的"无生命"仪器都必须解放出来，允许它们选择服从法律。结果将迎来手段（仪器）也是目的的王国；这个王国包括人类和所有的自然界，以及塑造和阐明其成员之间关系的物质媒介——艺术、工具、语言。

在席勒的审美国家中，知识不再是超验的主体和归入普遍范畴的感性材料之间的关系，它现在是一种使用者、工具及其对象之间相互尊重的解放关系。对于教育家或政治家来说，"人既是他工作的材料，也是他努力的目标。在这种情况下，目的反过来成为与媒介相同的东西；只有当整体为部分服务时，部分才会尽可能地服从整体"。席勒从垂直关系转向水平关系，从等级模式转向平等模式，从线性的、机械的因果关系转向反思的、循环的、有机的因果关系。所有实体的主观个性必须在艺术作品的美丽外表下得到保留，在科学的"场景"里建立逻辑上的相互联系，在国家的客观装置中得到保留。[42]

虽然席勒的主要目标是艺术和政治，但正如我们所见，他的论点直接涉及自然科学，为碎片化和机械化的致命后果提供了解药。《审美教育书简》还提出了一种理论，即如何从理智的、非物质的、个人的客观性和"自主性"的观点，转变为客观性和自主性是外在的、具体化的、集体确证的观点。亚历山大·冯·洪堡的工作（在他的《宇宙：对世界的简要物理描述》中达到顶峰）展示了这种实践。

自由仪器的政体

《宇宙：对世界的简要物理描述》在出版界引起了轰动，是当时最畅销的书籍之一。这部作品的声誉，就像弗朗索瓦·阿拉戈在巴黎天文台的通俗天文学讲座一样（见第四章），在很大程度上是由于其赏心悦目的文体，对自然现象的生动描述，以及对文献的旁征博引。例如，洪堡引用了"不朽的诗人"席勒的话：人类"在无休止的变化中寻求不变的极点"。但支撑洪堡事业的"审美"关切并不限于装点门面。[43] 席勒宣布的将特定的、"不断变化的"感官要素与抽象原则的"不变的极点"相融合的任务，与洪堡的整体规划是一致的。这位博物学家有意识地在席勒开辟的极致之间的中间地带工作，并采用了许多相同的理论装置。虽然洪堡为自己设定的任务是积极地将对自然的观察提交给"理性和智力的测试"，但他也停下来注意到"浪漫的景观"如何能够作为"人类愉悦的来源，为他的想象的创造能力打开广阔的领域"。正如席勒在《朱诺·卢多维西》那里发现了熔铸之美和活力之美，洪堡也赞扬了观察自然的"舒缓而强大的影响"。《宇宙：对世界的简要物理描述》的指导思想是将宇宙作为一个受法则约束的、统一的整体，同时尊重每个部分的特殊性和"自由"，这是席勒重构康德自主性的科学实现。[44]

在《宇宙：对世界的简要物理描述》中，洪堡对于后康德式认识论的赞许一目了然。"科学是应用于自然界的心智劳动，但外部世界对我们来说，除了通过感官媒介反映在我们内部的形象，其他并不真正存在。""劳动"一词出现在原本可能被理解为观念论信仰的表达中，超越了康德对认知的"先验"和普遍的看法；需要某种活动（activity）塑造通过感官"中介"的东西。在讨论物质理论的进展时，洪堡留意到，自然哲学比早期的猜测和草率的观察有了改进，"借助对原子假说的巧妙应用，对现象更普遍和更深入的研究，以及对新仪器的改进建造"。当代科学的特点是它在理论、方法和关键的仪器方面的改进：在心智和自然之间的技术布局。[45]

与这一时期的其他科学家和工程师一样，洪堡也非常重视开发新的仪器和观测设备，以测量并减少感知的差异。他的研究依赖于大量用于记录各种现象的装置：计时器、望远镜、四角仪、六分仪、复测度盘、浸渍针、磁罗盘、温度计、湿度计（基于一缕人的头发，根据空气的湿度差异而变长或变短）、气压计、静电计、量气管（用于测量空气的化学成分）。[46]就像席勒的"美术"（fine art）一样，洪堡的仪器是占据环境的具体媒介，是心灵和世界之间的"中间地带"：感官和理智融合的具体场所。

换句话说，洪堡的仪器体系将康德的范畴外部化、时间化、"公共化"。乔纳森·克拉里（Jonathan Crary）认为，在这一时期，感知被越来越多地理论化为一种受外部装置和实践约束的特殊物理现象。洪堡的仪器工作表明，在感知被躯体化和特殊化的同一时刻——从而瓦解了康德关于经验的范畴是先验自我的普遍属性的概念——这些范畴在实践中，在观测科学的技术设备中变成了普遍的。仪器的校准、标准化和协调过程使《纯粹理性批判》中描述的知性过程外化。通过确保仪器对时间和空间量以及量级有着标准的衡量尺度，确保它们在确定物质的存在和组成时有相同的阈值，确保它们对特定的因果关系有相同的敏感性，在观测站所做的使仪器之间相一致的工作实际上就是把纯粹知性的概念——知识的可传递性的基础——建立在物理仪器上。[47]

19世纪的科学新仪器往往被视为体现了理想的人类主体的品质。[48]对洪堡来说，这种象征性的认同植根于可互换性（interchangeability）和亲密性（intimacy）。在18世纪90年代对伏打电学和动物磁性的广泛研究中，他构建了精心设计的伏打电流电路，其中不同的金属、化学溶液和青蛙作为仪器具有同等地位。他把准备好的肌肉和神经纤维当作能够检测到碳存在的"活体炭疽计"。在一些实验中，记录和观察的主要场所，也就是链条上的另一个环节，是他自己的身体——用伤痕和水泡来证明他对科学的全心全意。[49] 此外，他的信件一再证明他对自己的仪器非常小心。他通常用制造者的名字来标识它们，并不遗余力地保证它们运转良好；他最珍视的罗盘、气压计和六分仪，被当作他最亲密的朋友，得到热情洋溢的详细论述。他为他的人类门生写介绍信，紧随其后的往往是为仪器写的同样恳切的信。即使在询问朋友和他们的家庭的时候，他的信件中也几乎没有一封不提仪器或气象观测。他高兴地描述了在美洲探险时的情况，其中他说"我所有的仪器都在工作"，他在一个明显的反问"但我该如何向你讲述这一切呢？"之后，用数千字描述了他每个"孩子"的作为。他说，观察必须"准确无误，与爱同在"，即使热带地区的高温使它们烫伤他的手。那些能成为旅行好伙伴的仪器——那些小的、轻的和多功能的——受到青睐，比如可以装在洪堡的手杖头上的便携式气压计。洪堡和邦普朗在航行中的著名画作中排布的工具——画的中心，两位研究者联结在一起——是研究者自我的图腾和延伸。[50] 同样，探险家在山脚下与美洲原住民分享经纬仪的画面（图 3.1）也是一幅具有感染力的启蒙和交互愉悦的场景。洪堡的仪器不仅扩展了他的感官，提高了他的感知能力，并将感官现象提交给数学演算，而且它们还体现了洪堡与他人的关系以及他在自然和社会世界中的地位。[51]

这种社会性模式是洪堡的科学知识概念的核心。在许多启蒙运动后期的共和主义思想（包括席勒的思想）中，科学的"客观性"是与道德和政治自由的理想相联系的。但席勒将自然法则同化为审美国家的自由法则，这指向了洪堡式仪器中编织的独特道德意义。达斯顿（Daston）和加利松（Galison）关于机械客观性的有影响力的讨论，始终强调其消极的、自我克制的一面，譬诸蜂蜡的中空剩余部分，后者被更坚固、更明确的主观性封印所打动，将其定义为"逃避视角"和意图："机械提供的不是意志的自由，而是使意志免于自由。"[52] 在其他地方，达斯顿用康德第二批判的术语描述了 19 世纪中期科学在道德方面的处境。"机械的、不受视角限制的客体有关自我节制和谦卑的忠告，与道德责任的严厉声音相互呼应：在这两种情况下，抑制仅仅是个人行为所需的自我命令，这确实是道德的本质。"[53] 在这些论点中，自由与逃避、抑制、否认相关。然而，对洪堡来说，赞扬机械作为自然的观测者、记录者，并不仅仅是不知疲倦、克制干预和没有偏见这些消极美德。洪堡仪器的自由和客观性是积极和主动的美德。

脾气好的仪器，就像一个可靠且有自发性的人，在一个特定的数值范围内摆动，被动地接受、主动地传递其现象。标准化和校准的过程在仪器中建立了一个先验的原则，一个统治其"欲望"的定言命令——就像席勒的"客观人"，他"被赋予了参与法律的资格"。每种工具都对其环境和特殊情况做出"自由"的反应；但就像人类的法律和人类语言及实践的规律性一样，实地仪器和它所对照的主仪器——通常位于城市观测站，如巴黎——之间的一致，将前者的行为固定在一个确定的值域内，提供共同和稳定的背景，使地方差异可以互通。[54] 然而，这不是一个自动的过程，也不是单方面运用强力。正如席勒认为自由只能在与其他生命的对等交流中出现一样，洪堡仪器的客观性也需要与一个高度熟练和耐心的人合作。观察者必须通过进入对话来获得仪器的同意，与它"玩耍"，熟悉它的极值和习惯。洪堡的信件和旅行报告中充满了他刚开始与仪器建立关系时的尴尬时刻，以及他学会与仪器成功合作时的喜悦。做好测量意味着了解并适应仪器的特性。例如，他更喜欢一个以正常速度逐渐失期的天文钟，而不是一个完全准点却会意外停止的天文钟。正是同样的逻辑支撑着弗朗索瓦·阿拉戈在巴黎天文台引入测量观察员"个人差值"的装置——个人在记录一颗在固定空间移动的恒星时的常规滞后时间。法律可能对所有人都是一样的；但正如席勒所主张的，只有当法律适合于个人的活生生的特殊性，无论是人还是机械，它才是自由的法律。[55]

事实上，对洪堡来说，有一种强烈的感觉，即这两者之间的区别不再有意义。仪器和人成为一个整体：仪器被人性化，而人则被纳入机械。《宇宙：对世界的简要物理描述》的最后一句话是这样说的：

> 新的器官（观测仪器）的创造提升了人类的智力，而且常常增加了人类的体力。闭合的电流比光更快，它把思想和意志传递到最遥远的地方。力在基本

生命机能和有机组织的精细细胞中静默运转，仍不被我们的感官注意，而在未来某个时刻，当被认识、使用并被唤醒以进行更高的活动时，它们将加入无休止的手段之链，使人能够将自然的不同领域纳入自己的控制，从而更接近于对整个宇宙的生动认识。[56]

洪堡是最早明确提出一个主题的人之一，这个主题后来对思考人类与技术之间的关系产生了持久的影响：工具是人类能力的延伸，或者说人类和仪器形成了一个"机械的组合"，就像德勒兹和瓜塔里的马镫。[57]仪器将与"在基本生命机能中平和运转的力量"无缝融合，使人类能够认识和利用它们，提升和活跃我们的知识。

洪堡的仪器是一个世界性社会的特权成员。所有单一类型的仪器构成了一个全球分布的类别或功能，记载着相同的现象；这是更大的社会的一个层次，人类、机械和某些场所——特别是观测站——被编织在其中。洪堡在科学的国际化和制度化方面的卓越作用早已得到认可。他鼓励年轻的科学家，提供建议和培训，并支持他们的候选提名资格；他促进了科学家之间的联系，并确保了政府的支持。他与先验解剖学家洛伦茨·奥肯是德国自然科学家和自然哲学家协会的忠实运营者。1828 年从巴黎回来后，在柏林举行的会议上，他委托费利克斯·门德尔松 - 巴托尔迪（Felix Mendelssohn–Bartholdy）演奏音乐，并编排了科学歌舞表演；他的开幕词激励与会的查尔斯·巴贝奇成立了类似的英国科学促进会。[58]此外，洪堡不间断的通信使他能够培养和指导一个世界性的自然研究者网络。洪堡帮助协调的全球研究者网络直接重溯了他早期的动物磁流学实验，其中动物、金属、电池和实验者形成了一个能量回路。

洪堡的地球物理学旨在绘制全球自然力量系统的模式，在当地的细节和特定的互动中描绘出"在干扰和明显的动荡中占据主导地位的一般平衡"，这是机械力、生命力和化学吸引力相互平衡的结果。通过绘制分布在全球各地的仪器所记录的数值，全球自然力量系统的那些模式变得显而易见。例如，温度计及其读数，使得追踪等温线成为可能，即在地球上有共同平均温度的区域。他为阿尔克伊协会写的一篇早期文章包含了一个表格，其中有经纬度的位置、一年中的平均温度，以及全球48 个不同地点的最高和最低温度，这些数据来自所有观测点的报告。该表也是观测者、野外站和观测站的"名人录"：库拉纳的洪堡、日内瓦的索绪尔、肯德尔的道耳顿（Dalton）、巴黎的阿拉戈、彼得堡的欧拉（Euler）、伦敦的扬（Young）和爱丁堡的普莱费尔（Playfair）。[59] 在这项研究中，有一半地点的平均数值是根据大约八千次的观测结果计算出来的，这为"磁力运动"做好了准备，它追踪了全球的磁力强度、倾角和偏角的分布。正如约翰·卡伍德（John Cawood）表明的那样，这项运动是建立全球科学观测网络的重要一步，突出了沟通和共享标准的必要；大都市中心和殖民地前哨的天文台所做的多个读数，在维护和实施时间、空间和其他测量的标准方面发挥了关键作用。[60] 这也是对自然哲学基本问题的大规模操作化，正如我们在第二章看到的安培所追求的：地球的电磁特性及其地理上的变化。

洪堡发明的天气场景图表（synoptic tableaux）描绘了整个地球上各种现象的局部变化范围。除了他的全球等温线图，洪堡还绘制了单一有限区域内众多现象的分布和相对变化图。在他的《植物地理学论文》（*Essai sur la géographie des plantes*）所附的彩图中，每一种仪器和它所记录的现象都属于一个纵列，y 轴代表海拔高度（见图 3.2）。因此，每个地层的温度、气压、磁力现象的程度、光线质量、天空的蓝度、湿度和水的沸腾温度都可以立即呈现并做比较。在一个给定的表格中，每个仪器（就像每个公民）都履行其康德式的义务，但不是孤立的，也不是与规律的纯粹、抽象的关系。当每个成员都履行自己的义务时，整个系统就得到了刻画——一种对立力量之间的平衡行为。

在这幅画中，洪堡呈现了一个巨大的自然合唱团的形象，通过其自由的（同时也是受规律约束的）仪器自然地表达自己。如果我们将图像向右旋转 90°，使其侧立，各栏水平阅读，就可以将每一栏解读为追踪每个现象所扮演的角色，并由其各自的仪器记录。这幅画遵循了管弦乐谱的结构，时间上的进展被高度上的提升取代。观测者、仪器和现象在洪堡的图表中联合起来演绎同一首歌曲，其中的一个变奏曲可以用席勒和贝多芬的《欢乐颂》来表达。

都吮吸自然的乳房，
从那儿吸取欢乐的乳汁。

图 3.2 《赤道植物图鉴》(*Géographie des plantes équinoxales*，1805)，根据洪堡的草图绘制；Lorenz Schönberger 和 Pierre Turpin 的雕刻。Ibero-Amerikanisches Institut，Stiftung-Preussischer Kulturbesitz，Berlin，Germany；Bildarchiv Preussischer Kulturbesitz；纽约艺术资源 (Art Resource)。

> 人不论邪恶，不论善良，
>
> 都尾随她的蔷薇足迹。
>
> 拥抱吧，众生！
>
> ……
>
> 世人啊，是预感到造物主？
>
> 他一定在星空上居住，
>
> 去星空上界将他找寻！[61][①]

　　如同在康德那里，对表象领域内经验法则的一致性的看法，为这种和谐与光辉提供了先验的基础。表象形成的中间地带闪烁着，每一种现象都是孤立的，它们形成一种形式，可互相比较，连在一起构成一个能量持续互动的全球系统，这见证了

---

① 译文引自《席勒文集 I》(诗歌小说卷)，张玉书选编，钱春琦、朱雁冰译，人民文学出版社，2005 年，第 31—32 页。——译者注

更高层次的永恒事物。洪堡在星空天幕和月球轨道之间编织的无数联系是一个超现实的指示符号，他试图尽可能地使其接近存在。每一个特定的元素和每一条将其与更广泛的现象之流联系起来的线条，每一个音符，每一段旋律，每一个动作，都指向它所代表的动态整体和超越它的崇高的秩序原则。

"交响乐"之所以如此命名，是因为它包含了一系列同时作用的声音。洪堡创制了一些全新的东西，将浪漫主义所挖掘的心潮澎湃和深浅不一的感觉，与精密科学的新兴世界性体系的机械细节和社会协调机制相结合。洪堡在创作一种宇宙交响乐——并帮助组建演奏它所需的世界性管弦乐队。在这个社会中，人类和自然现象按照自己的意图创造出巨大的、和谐的秩序模式，而席勒已经提出了这样一个形象：

> 据我所知，对于一个完美社会的理想，莫过于一支表演出色的英式舞蹈……位于阳台上的观众观察到的是无限多样的纵横交错的运动，这些运动可以果断而任意地改变方向，却从不相互碰撞。一切都被安排得井井有条，当一个舞者到来时，其他舞者都已经腾出了位置。一切都配合得如此巧妙，但又如此自发，每个人似乎都在追随自己的脚步，而不曾妨碍任何人。这种舞蹈完美地象征着一个人自己所主张的自由，以及一个人对另一个人自由的尊重。[62]

英式舞蹈的编舞法翕如，就像柔和的英式花园；洪堡意指，整个世界可以在一个人性化的景观中，以熟练而自发的合奏方式共同赞颂。

一个由科学仪器和使用者组成的政体概念可能会引发这样的问题：谁制定法律，谁执行法律，以及如何执行。当然，这些问题让人想起启蒙运动后期和法国大革命时期的一个长期的政治问题：如何确定和执行一个在原则上立法者与国民人数完全相同的共和国的法律。在物理科学中很难找出裁决此类问题的单一模式。相反，19 世纪初出现了各种解决方案，以确定关于物理现象的说法的准确性、可靠性、客观性或真实性：建造越来越精确的仪器，依靠制造者和使用者的信任和经验；解释和纠正个人误差的仪器和方法；高斯的最小二乘法，以减少大量观测的误差；创建和维护标准值。从 18 世纪 90 年代末到 19 世纪 30 年代，洪堡密集参与了根据这些方法中的每一种来完善观察、测量和表述的尝试。虽然这些确证方式多种多样，但有一条共同的线索贯穿其中。在每一种情况下，客观性都被认为是公共活动的产物，是在一个单一领域内发生的交流和协调过程，是心灵和自然之间的共同点，由阐明它的社会仪器所塑造。[63]

在所有层面上，洪堡的作品在"客观性"的意义从康德的内部和理性主义意义转向外部的、公共的和新兴的模式方面发挥了关键作用，这种模式越来越依赖于机械。[64]19 世纪科学协会、期刊和庞大的集体研究项目的发展，被达斯顿作为"不受视角局限的客观性"理想上升的证据，因此在洪堡的案例中这可以被认为是一种多视角客观性的理想。虽然洪堡的科学完全依赖于机械装置，但这些装置并不被视为对个人视角的否定，也不被视为节制和克己的价值观的体现；它们渴望实现一种公共的、积极的、富有成效的和自发的媒介理想。洪堡的仪器是宇宙体系中的自由公民：灵活的个体，但还是要遵守法则。只要它们的"使用者"——它们反过来调节自己的行为——理解并适应仪器的个人品质和气质，他们就能作为自主的中间人，在人类和自然的解放了的宇宙中履行自己的义务，并且，洪堡希望借助《宇宙：对世界的简要物理描述》实现这一点。

重塑现代世界图景

洪堡式科学孕育了 19 世纪余下时间的实验室科学，尤其是在德国。杜布瓦 – 雷蒙（Du Bois-Reymond）写道："每一个勤奋而有抱负的科学工作者……都是洪堡的孩子。"赫尔曼·冯·亥姆霍兹（Herman Von Helmholtz）以洪堡为榜样，将自己作为德国科学的人文主义代言人。[65]对于法国科学家来说（在很大程度上得益于阿拉戈），洪堡提供了一个引人注目的整体性、审美性科学的范例，它渗透着共和主义的情感，旨在广泛传播，在这种科学中，观测者的活动和他们的"新器官"科学仪器，被赋予主演角色。

《宇宙：对世界的简要物理描述》是一种明显的浪漫主义尝试，旨在协调自然界和人类工业的力量；与其他空想的和反理性的浪漫主义流派不同，这部作品对自然科学及其机械持和谐的观点。除了报告所有自然科学的现状，该书还讨论了从古至今描绘宇宙的历史，并思考了促进有关自然知识的品味和传播的最佳手段。这些对科学普及的目的和手段的思考影响了作品本身。这本书和洪堡的《赤道植物图鉴》一样，都是一幅宇宙图景：他希望通过这幅稳定而动态、多样而统一的宇宙图景提高人们对自然界相互联系的认识，并将人类的努力置于一个更广泛的意义框架内。虽然《宇宙：对世界的简要物理描述》不可否认地促进了那个时代的帝国和工业扩张项目，但也可以被解读为它反对将人类自主性视为从所有约束中解放出来这一疯狂行动。相反，它提出了一种适用于所有生命的联结中的自由（freedom-in-connection），据此观点，这些生命的行为的结果会在整个系统中产生反响。[66]

洪堡发起的新的科学模式似乎是自相矛盾的。它需要大量的感官仪器——人类的和人工的——分布在全球各地，每个仪器都独立工作，并浸入其特定的环境；同时，被带入这个交流圈的许多声音和个人必须在已知的参数内校准，用共同的标准测量，并遵守普遍的原则。创建一个由法律规定的国家或全球社会的最佳手段是什么，它如何能保留并尊重现象的多样性、个人的自发性和自由？虽然它有各种不同的表现形式，但这个问题在19世纪上半叶的科学、艺术和政治中都是以同样的方式应对的。1848年5月，在柏林的君主立宪制起义之后，洪堡写信给阿拉戈："我对民主制度的热切希望，这个可以追溯到1789年的希望，已经实现了。"第二年，在国王解散议会并否定宪法之后，他就不那么乐观了："我只能平庸地希望，对自由制度的崇高而热烈的愿望由人民保持着，尽管它不时地在沉睡，但它确实像在阳光下闪烁的电磁风暴一样永恒。"[67]对洪堡来说，自由的工作和它所要求的纪律结合了希望、努力和技巧，以激发出沉睡的自然潜力。为了唤醒、引导和构建自然界和人类之间的这种统一性，洪堡充当了一个有魅力的、合群乐交的仪器。洪堡将后康德哲学和德国浪漫主义中的激情和团结事业与法国科学的精确数学和机械论相融合；由于他的朋友阿拉戈，他的范例帮助重塑了天文学和物理学，并将浪漫机械置于共和主义政治的中心。

第四章
阿拉戈的达盖尔摄影：劳动知识论

———— · ————

气球、鸟和机械主义预言

19世纪初，法国天文学的主要人物是拉普拉斯。他的五卷本《天体力学》在1799年至1825年出版，其中分析了由点、质量和力组成的稳定宇宙，被认为是对牛顿力学的肯定及对微分学的平反。他将牛顿力学、超距作用、精确观察和计算应用于光、热、电、磁等无重量流体，这主导了这一时期的物理学讨论。同等重要的是拉普拉斯的物理学决定论，这在他的一个思想实验中得到生动地传达：一种智能能够根据宇宙的初始条件计算其所有未来的状态；甚至他猜测太阳系起源于缓慢凝结的星云气团，也是由于他想以机械主义和决定论的角度解释天体发条装置（celestial clockwork）。[1]拉普拉斯物理学中符合决定论的古典机械部分，得到了炮兵工程师拿破仑·波拿巴的大力支持，由此影响力增强；拿破仑·波拿巴于1798年成为国家科学与艺术学院的成员。拉普拉斯对科学的管理严谨细致，这与这位皇帝对普世性法律的强调、对掌握军事和政治统治的微观细节的强调是一致的。

在了解了这些人物的形象后，我们自然会期待拉普拉斯之后的重要天文学家弗朗索瓦·阿拉戈会遵守科学、军事规范，表现出分析式的冷酷举止——他毕业于巴黎综合理工学院，在大革命战争期间，因参与地球测量的国家任务赢得了科学地位。[2] 我们也会猜想，将今日与阿拉戈密切相关的发明——达盖尔摄影，理解为一种类似于拉普拉斯发条天体的"古典主义机械"是最为贴切的。不过，我们再来看看维克多·雨果的回忆：

> 一天晚上，我和那位伟大的先锋思想家阿拉戈在天文台大道上散步。当时是夏天。一个从战神广场升起的气球，穿过云层，从我们头顶飞过。它形状饱满，由夕阳镀上一层金，那场面雄伟壮阔。我对阿拉戈说："那里漂浮着一颗等待鸟儿归巢的蛋；但其实鸟儿就在里面，它将要降生。"阿拉戈握住我的双手，用闪烁着光芒的双眼注视着我，感叹道："在那一天，大地（Geo）将被称为人民（Demos）！"这句话意味深长。整个世界将达成民主。[3]

也许吧，这句话意味深长。这句话挺奇怪吧？毫无疑问，这句话至少有鲜明的个人特色。阿拉戈表现的不是禁欲的、无情的理性，而是魅力无限的热忱和激情；他看见"航空器"后，想到的不是牛顿那稳定不变的、理想化的、傲慢的发条装置系统，而是全球民主的愿景。阿拉戈充满热忱的情感、审美和愿景，这为他的科学奠定了基调。[4]

如我们对安培的讨论中所提到的，拉普拉斯伟大成就的阴影，遮蔽了后拉普拉斯物理学的认识论和政治事业。反拉普拉斯派的领袖阿拉戈尤其这么认为。阿拉戈是七月王朝时期知名的科学人物，享誉全球。在拉普拉斯之后，阿拉戈在法国和全世界参与并支持了物理学的主要发展。他自己的成就包括天文学、光学和物理学领域的发现，也开发了许多新仪器。但他的影响远远超出科学领域：他在众议院代表工人的权益，并在 1848 年革命后短暂地领导了中央政府。

阿拉戈现在最为知名的是他在 1839 年做出的非凡贡献：在他的协助下，一项极具光明前景的发明得以推出，即达盖尔摄影（daguerreotype），世界上最早成功的摄影术之一。达盖尔摄影一词既指用于生成图像的装置、生成的图像，也指生成图像的过程。该装置是缩小版的暗盒（camera obscura），在全能大师皮埃尔·阿曼·塞吉耶（Pierre-Armand Séguier）的改进下，最终成了便携的尺寸。它看起来

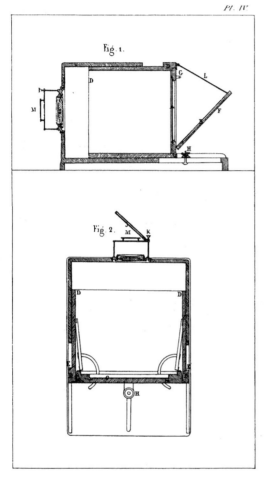

图 4.1 达盖尔摄影机。路易·达盖尔，*Historique et description des procédés du daguerréotype et du diorama*，1839。

像个木盒，边长约 45.72 厘米，其中一面上装有一个变焦镜头（见图 4.1）。盒子背面置入了一块镀银铜板，铜板上施以碘，让其获得光敏性。镜头对准外部对象，从这些对象上反射的光线被镜头捕捉和聚焦，投射至盒子里的铜板上。取下铜板后，将其暴露在汞蒸气中，图像便显示出来，再将其浸入食盐溶液中，图像便被定影了。如此制作出的图像如小型明信片般大小，具有光泽，清晰度惊人，捕捉到的线条和明暗细节丰富，与所拍摄的场景相似。1839 年，阿拉戈大张旗鼓地宣布了这项发明；他在浪漫主义艺术、文学和演艺界，及政治和媒体界有许多亲密好友。他将这项技术公开，并为达盖尔和涅普斯（Niépce）及他们的家人争取到了政府的终身津贴。

这一机械化的再现方法是由决定论的重要支持者拉普拉斯的学生带给世界的，这让人们很容易将达盖尔摄影自动记录光的技术诠释为古典主义机械的理想。19 世纪 60 年代和 70 年代的发展与这种联想相符：规模和力量空前的工业和技术出现，巩固了机械与人类的个性、情感和自发性对立的印象。根据达斯顿和加利松的说法，让 19 世纪的科学家困扰的是个人意志、诠释和情感对观察和分析的影响。为了避免个性对观察造成有害干扰，科学家越来越依赖机械技术进行观察和记录。由此产生的科学思想，即"机械客观性"（mechanical objectivity），以经典概念构想机械（自动的、无感情的、非个人化的），认为机械是知识的模型。摄影被当作这种新科学禁欲主义的"本质和象征"，不可变的、透明的机械甚至比人类更受人喜爱。[5]

然而，阿拉戈推出的达盖尔摄影所属的系列项目，在许多方面都与统一、无个性、自动的机械形象相抵触，这些项目与拉普拉斯所强调的主要性质、平衡过程和军事纪律都背道而驰。如雨果笔下暗示的，从拉普拉斯影响力达到巅峰，至19世纪末崇尚非个人化机械的这段时间里，一种迥然不同的物理学潮流盛行起来，它由阿拉戈，这位与浪漫派艺术家和共和派活动家密切相关的专家来领导。阿拉戈的天文学和物理学表现出受洪堡影响的迹象，塑造了安培电磁学的自然哲学潮流也通过洪堡流入其中。此外，阿拉戈属于一个重要的研究流派，他们的方法和假设与拉普拉斯的截然不同。他们是成长于工程院校的"科学家工程师"，研究蒸汽机，发展了道路和工程的科学。这些工程院校中最值得关注的是国立工艺学院（the Conservatoire National des Arts et Metiers）。

在阿拉戈编织的由多样的社会联盟、科学兴趣和政治希望交织的网中，达盖尔摄影正处于交叉点上。在考察浪漫主义机械对阿拉戈的意义及他使用它们的方法之前，我们需要先了解洪堡天文学、阿拉戈的共和主义政治倾向，以及最重要的，科学家工程师们的知识理论和态度。他们与阿拉戈一起，发展出了一种专注于活动和现实机械的认识论，我称其为"劳动知识论"。他们还深入参与了工业化的社会和技术层面。他们的工作——及阿拉戈周围的艺术家、诗人、舞台设计师和共和派政治家的工作——揭示了达盖尔摄影，这项由阿拉戈介绍给世界的浪漫主义机械，是如何塑造我们关于自然及认识自然的观点的。

工程师中的天文学家

19世纪法国物理学和工程学的历史，与巴黎综合理工学院的发展密不可分。该校成立于1794年，当时名为中央理工学院（Ecole Centrale），旨在为革命政府面临的军事挑战培养工程师。1795年，学校搬至拉丁区。[6]它的两位创始人加斯帕·蒙日和拉扎尔·卡诺（Lazare Carnot），此时已作为科学家、公民政治家和军人而声名显赫；拿破仑将该校改为了军事机构（见图 4.2）。学校纪律严明，鼓励终生坚守团队精神。不过，训练想要达成的可不只是躯体的服从。[7]一直到 19 世纪 30 年代，学校都致力于灌输一种特定的道德和政治理想，这种理想与卢梭和康德的自治观点类似：共和制的公民士兵是自由的，因为他们自己选择服从国家的要求。拉扎尔·卡诺在 1792 年的《反被动服从》（*Discourse against Passive Obedience*）一文中认为："一支凭理性服从的军队，总是能打败像机械一样行动的军队，因为自由的士兵胜过奴隶。"[8] 在康德看来，基于自由、理性选择的服从，使士兵"胜过机械"，相比于盲目的服从，这不仅具有道德优势，而且还会使军队更加强大。[9]卡诺和蒙日的学校在复辟时期仍然是孕育共和派的温床。1816 年，当奥古斯特·孔德领导学生抗议一位保皇派教授时，政府曾短暂关闭了学校。[10]

图 4.2　1815 年 4 月 28 日，拿破仑访问综合理工学院，由佩罗纳尔（Péronard）绘制和雕刻（1815—1820）。资料来源：巴黎综合理工学院收藏，版权归其所有。

整个 19 世纪，这所学校都在遭受重理论、轻实践的指责，1816 年拉普拉斯重组课程后，这一指责愈发站得住脚。[11]拉普拉斯和拉格朗日都喜爱精巧的理论，对深奥的函数理论研究赞赏有加。他们分析力学的研究方法，更重视静态和可逆系统优于动态过程；其示范案例利用的是处于平衡状态的系统，总体的力处于平衡状态，因此力相互抵消。拉格朗日在《分析力学》的导言中自豪地指出，他的方法避免了视觉化。

尽管拉格朗日和拉普拉斯倾向于抽象理论，但蒙日和卡诺确立的学校精神却是以实用知识为导向的。[12] 正如"综合理工"（poly-technique）的词源所暗示的，这所学校为学生提供了一套多功能的工具包，可以应用于任何你想得到的情境。[13] 学院的教学基石是蒙日的描述性几何学，教会学生在任何视角下，迅速呈现物体间的基本关系，在二维平面上表现三维物体。这些未来的军事工程师们由此学会在各类视角中，将情境规范化并描绘出来。蒙日那些鼎鼎大名的课程教授学生通过"折叠"和"展开"物体来建立形象，旋转物体，并通过影子投射的形状想象。这种操作是"投射几何学"的核心，最终绘出的图表的内部关系揭示了原始物体中的关系。[14]

蒙日是一个磨刀匠的儿子，他认为理论知识依赖于直接经验和活动；他强调科学的价值取决于是否能够应用于实际。学院的化学实验室是最早将讲课与实验、研究相结合的场所之一，其设备最初是从拉瓦锡那里征用的；年轻的尤斯图斯·冯·李比希（Justus von Liebig）以该教学实验为蓝本，建立了自己的标志性教学实验室。[15] 在蒙日和卡诺的忠实弟子看来，实地或实验室经验，及具体机械操作是最基本的，单纯的理性计算或符号操作次之，因为理论源于实践。另外，这些工程师因强调非平衡状态和随时间变化的动态过程，开发了另一种力学，如他们研究了直线运动和圆周运动之间的转换、流体力学、弹性固体和压力阈值；他们的方法与拉格朗日和拉普拉斯的相反，偏爱几何分析和图表。[16]

这群数学家有了独特的职业身份，艾弗·格拉顿-吉尼斯（Ivor Grattan-Guinness）将他们称为"工程师科学家"。从综合理工学院毕业后，他们大多进入国家工程队，在国立桥路学校、梅斯工程学院或国立矿业学院继续学习，并执行国家工程任务。他们在研究中寻求一般方法来评估和提高机械和生产过程的效率。格拉顿-吉尼斯将阿拉戈归入理性派物理学家之列，这派的典范人物便是拉普拉斯和拉格朗日，这无疑是因为阿拉戈早期得到了拉普拉斯的资助，而且在天文学方面成就卓越，而天文学是理性力学中的典型科学。[17] 但正如我们所看到的，阿拉戈是瓦解拉普拉斯地球物理学事业的主力；他支持菲涅耳、傅里叶和安培的另一些研究，即粒子和不可度量物的微观物理学；他还帮助杜隆和珀蒂研究气体膨胀和蒸汽机的性能。此外，阿拉戈还在巴黎综合理工学院教授工程学的入门课程，与巴黎的工程师科学家的中心机构国家工艺学院保持密切联系。阿拉戈是一位研究天空的工程师科学家。

在 19 世纪 20 年代至 30 年代，许多工程师科学家的研究集中在道路和工程方面。蒙日的描述性几何学的方法，是水力学和船只在水中的阻力研究的基础，因此它被用于运河、污水管道、道路和铁路的规划中，以寻求最高效率。在水中适用的，陆地也适用。海军工程师夏尔·迪潘（Charles Dupin）曾说："当人们比较不同武装兵种——步兵、骑兵甚至海军所使用的战术时，总是惊讶地发现它们有相同的演化系统。"[18] 道路科学还涉及不同运输方式的成本比较，因此被用于证明开辟新运河和铁路的经济优势上。优化研究也使法国工程理论中的一个核心概念变得具体，即网络（network）概念。理想的网络是高效、快速的"网状系统"（reticular system），其中任何一个点都可以与任意其他点连接或"沟通"，而不必经过某个中心，就像即使首都被占领，也能保持军事补给线畅通。网络理论将军事工事规划、道路和水系科学与乘船穿越法国的梦想相结合。它将国家的概念凝聚成一块统一的经济领土，由工业、运输和通信的外延和密度来界定。[19]

工程师科学家们还推进了工业机械。该领域的一个研究起点必然是巴黎综合理工学院的机械必修课，由卡诺的弟子阿谢特讲授，他的教科书研究了各类简单机械的构造和效果，包括滑轮、齿轮和水车，及将圆周力转化为直线力的方法。[20] 另一参照依据是巴黎综合理工学院的化学课，其中分析了气体的比热和膨胀过程。不过，工业机械的重点是测量和比较不同机械的生产力。该问题于 18 世纪出现在关于"活势、活力"（vis viva or force vives）的辩论中，在这场辩论中，达朗贝尔（D'Alembert）与莱布尼茨派进行了交锋，焦点是量化悬挂于滑轮两侧的两个重物所受的力。[21] 拉格朗日的"虚拟速度"（virtual velocities）概念平息了这场争端，该概念以静态平衡的方式表示了系统的运动。[22]

与这种高度理想化的解决方案相比，拉扎尔·卡诺的《机械总论》（*Essay on*

Machines in General）试图测量和比较实际机械的"作用量"（quantity of action）。卡诺集中研究了水车在传递瀑布时所提供的力的相对效率，分析了剧烈摇晃时会造成多少能量的损失。他证明了，速度突然变化和震动会大大降低机械的整体效果。工业机械的另一早期贡献，来自夏尔·奥古斯丁·德·库伦（Charles Augustin de Coulomb）——他因提出静电定律而闻名——他比较了机械的作用和人类劳动。用气球和发动机专家约瑟夫·孟格菲（Joseph Montgolfier）的话说，"活的力是必须付出的"，库伦开发了一种经济方法，"根据人们使用力的不同方式，确定他们日常工作所能提供的作用量"，这考虑到了疲劳会引起作用量逐渐降低。[23]

在复辟时期，衡量和比较各类生产力的多种尝试被整合到"功"（work）的概念中，其定义为力乘以在力的方向上通过的距离。工程师克劳德·路易·纳维耶（Claude–Louis Navier）认为这是一个可适用于所有机械的概念，无论具体行动方式如何。他谈到需要"建立一种机械货币（monnaie mécanique），如果以此进行表达，人们可以用它来估计为各类制造而使用的功"。[24] 在阿拉戈的敦促下，纳维耶在巴黎综合理工学院开设了应用力学的课程。另一位关键的理论家是纳维耶的弟子科里奥利（Coriolis），他区分了发动机的总功、克服阻力所需的"损失的功"（lost work）以及最后剩下的"有用的功"（useful work）；他后来专注于动能（kinetic energy）及其对旋转系统的影响。[25] 为了量化这种力，人们发明了测量仪器，放在轴上测量发动机旋转力的普罗尼制动测功仪（Prony brake），这是对迪潘的"测力计"（dynamometer）改进后而得的。迪潘还宣布开启"动力学"（dynamics）这个新领域，研究各类功。梅斯工程学院（Ecole de Génie at Metz）的教授让 - 维克多·蓬斯莱（Jean–Victor Poncelet，1848 年后担任巴黎综合理工学院的指挥官①），在他的工业机械课程中以"功"为课程核心，他将这个领域定义为研究"发动机的功通过机械或工具可发生的各种变换或变形，比较功的量，用金钱或某种产量来评估，等等"，突出了功的"变换或变形"，以及工程科学和政治经济学之间的密切联系。[26]

---

① 法国籍学生在校期间拥有军官身份，每个年级配一名指挥官。——译者注

大众机械

在巴黎，工程师科学家们的活动集中在国立工艺学院（CNAM），这是一个很重要的机构，介于巴黎市政厅和巴黎的北部工人区之间。CNAM 成立于 1794 年，与巴黎综合理工学院和巴黎高等师范学院同年成立，位于一所从前的教士府中；该校提供教学，收藏教学用的技术仪器，传奇的自动机制造商沃康松（Vaucanson）的遗赠——他的科学仪器、自动机和机械动物——大大增加了收藏。CNAM 的目标是促进技术艺术（technical arts）为国家服务。第一任校长热拉尔－约瑟夫·克里斯蒂安（Gérard–Joseph Christian）创作了一部技术概念史上的重要作品《论工业体系：技术经济计划》（*Vues sur le systeme industriel，ou Plan de technonomie*）。该书概述了技术艺术的现状、生产的政治经济学以及对所有机械艺术的"完善"战略。[27] CNAM 以克里斯蒂安的"技术经济"（technonomie）为行动方案，它作为工业发明的交流中心，可协调国家生产。

1819 年，在卡诺的弟子迪潘的改革倡议下，CNAM 在机械政治经济学方面的影响力得到扩展。迪潘在理工学院接受学习后，为切线、网络和道路的研究做出了贡献；他还对法国的工业"演变"非常着迷。他将滑铁卢战役的失败归于英格兰卓越的工业实力，于 1818—1819 年前往英国考察制造业；他发表的报告认为，英格兰的通信和运输基础设施、蒸汽动力和教育机构都为进步之路指明了方向。迪潘也是法国统计学的推动者。他成立了一个统计研究所，并就国家重点问题出版了统计小册子和文章；19 世纪 20 年代，他参与推广统计学写作，让其成为一种政治写作，这赢得了歌德的赞誉。[28] 他在雅典娜礼堂举办了讲座，那座礼堂是复辟时期大众科学的中心，位于皇家宫殿附近。后来他将讲座结集出版为《法国生产力》（*Forces productives de la France*），在书中为法国领土的每个地区都绘制了自然资源、制造业、物流中心和补给线的表格。[29] 迪潘也统计学校、博物馆和演讲大厅的数量。因此，像教育和识字这样的无形资产，被置于与煤矿、森林、瀑布和工厂同等重要的地位，成为国家生产力的贡献者。《法国生产力》内附有一张地图，按照灰度区间描述地区的教育程度：从圣马洛到日内瓦那条线以下的地区看起来非常暗，形象地表现了南方各省在启蒙之路上还要走多远。[30]

从英格兰回来后，迪潘发起了一场运动，将 CNAM 从一个采取正式招生的高度专业化的学校改造成了一个开放性的场所，提供一般工业和艺术主题的讲座。对这一问题做决定的委员会（包括阿拉戈）表示同意，并任命迪潘为机械系主任。[31]按照安德鲁·乌雷（Andrew Ure）的格拉斯哥安德森学院的模式，迪潘向台下的工匠们讲授几何学和工业生产中的机械；他的目的是促进学习，并通过展示工艺的基本原理鼓励发明。[32]这些讲座最多时吸引过两千名听众。他每年的开学演讲都印成廉价的小册子，分发出去，他在其中强调了教育对改善工人境遇很重要，以及工人阶级对国民的幸福安康很重要。这些课程与阿拉戈和奥古斯特·孔德发起的也在 CNAM 举办的理工协会（Association Polytechnique）的课程有重叠，后者的课程中，理工讲师讲授力学、数学和几何学。[33]

CNAM 三大系主任中的另一个，是法国政治经济学派的创始人 J.B. 萨伊（J.B.Say）。萨伊背离了重农学派土地是所有价值的来源的观点。他与亚当·斯密一样，认为商品的价值来自制造和供应商品的工作量，经济学家称之为劳动价值论。作为自由市场的倡导者，他以"萨伊定律"（Say's Law）闻名，人们将其理解为"供应创造需求"。例如，虽然将机械引入印刷业使许多印刷工人失业了，但这最终使得对书籍的需求增加，从而带来了新的就业机会。萨伊和迪潘都认为，虽然机械化最初会产生一些紊乱，但从长远来看对工人有利。[34]

尼古拉·克莱蒙–德索尔姆（Nicolas Clément–Desormes）是第三位教授级系主任，他是一位化学家，通过实验确定了气体热能的比率，也是最早将卡路里（calorie）作为热能单位的人之一。一位名叫萨迪·卡诺的年轻理科工程师曾聆听他的讲座，他是拉扎尔·卡诺的长子。两人合作过一些实验，一项确定了燃烧一千克煤可以产生多少功的实验，这是对物质中潜在的生产力或势能的早期探索。[35]根据弗朗索瓦·瓦坦（François Vatin）的说法，"功"的研究使力学达到了概念极限，超越这极限的是热动力学（thermodynamics），后者研究的不只是一种力向另一种力的变换，也包括热向生产力的转化。萨迪·卡诺的《对热动力的思考》（*Reflexions on the*

Motive Power of Heat，1824）诞生于在 CNAM 发生的一场关于技术、经济和社会问题的讨论之中；我们将在第七章探讨他的兄弟伊波利特（Hippolyte），即圣西门派的宣传主管时，会再次讲到这本书。

因此，CNAM 是综合理工人、自由派政治经济学家、国家级规划师和工人阶级成员之间的一个汇集地点。这一场所所聚焦的关于"功"的讨论，各有内涵又相互重叠："工程"是机械的可量化效果，"劳动"是经济价值的基础，"工作"是新兴工匠和劳动者阶层的典型活动——在 19 世纪 20 年代至 40 年代，这个阶层与 CNAM 的专业科学家、管理者和工业规划者的关系，成了一个日益不容忽视的问题。[36]

劳动知识论

工程（le travail）的概念，融入了科学家工程师对人了解自然的途径的看法。在那个时代，讨论工业化相关认识论的主要是一群具有改革意识和企业家精神的英国科学家，他们是英国科学促进会（British Association for the Advancement of Science）中的关键人物，包括查尔斯·巴贝奇、约翰·赫歇尔（John Herschel）和大卫·布鲁斯特（David Brewster）。这些"科学绅士"及其同僚认为，科学将通过发现和发展新的生产过程、测量和合理提高效率、将数学和统计学应用于政治经济学等来帮助工业发展。[37]虽然这其中的许多人都与 CNAM 的工程师科学家关系密切，但是必须区分英国工业认识论（他们关注的是工业过程中谁了解哪些部分，及他们是如何了解的）与法国出现的类似发展。

查尔斯·巴贝奇如今为人所知主要是因为他发明的原始计算机（proto-computer），即叫作差分引擎的计算机，而生前他也因为《论机器和制造业的经济》（*Economy of Machines and Manufactures*）一书而受到赞扬。该书主张开发和应用机械，来不断加强劳动分工。书中描述了严格的分工和等级制度：非熟练工人，他们很容易被取代（通常由机器取代，可为业主节省成本）；熟练工人，他们的价值更高，很难被取代，但他们所从事的工作机械化程度可能会越来越高；管理者，他们能够将生产视为一个统一的系统，记住、预测并预期生产链上的变化。这条伟大的劳动和阶级链也是一条伟大的知识链，其等级制度将思想提升至身体之上。[38]

自然哲学家在所有这些人之上，他有发现自然定律的能力，管理者会应用这些定律。巴贝奇将理性能力（进行比较、回忆和预测的能力）从无思想的身体中分离出来，这源于一个长期传统，基督教和柏拉图二元论的哲学继承者们加强了它，它如今仍是知识形象的一个重要影响源头。在这一传统的 19 世纪表述中，理想的认识者（the ideal knower）往往是没有身体或没有显著特征的人；纯粹的知识超越了个体的性格和身体的特异性。在知识的理想图景中，它由超然的、抽象的观察者完成，这是在认识论中，非人的"古典主义机械"的对应物，在 19 世纪末，这种理想很容易被转移到机械本身上，机械获得极大关注，以至于可以直接由其观察现象。[39] 在英格兰严格的阶级等级制中，劳动者的身体与有知识的头脑之间的划分，体现在劳动者阶层与管理及所有权阶层之间的划分中，这种划分将劳动者与机械联系，用机械取代劳动者，由此让劳动者"非人化"。

不过，另一种认识论传统也在科学史中流传，这种传统在浪漫机器时代重新成为焦点。[40] 在这一传统下，认识者的行动、经验和工具，被重视为知识的必要条件。这种以工艺为中心的观点强调工匠的身体，及劳动和工具带来的改变，这不同于身心分离和心灵透明的观点。一个重要例子是文艺复兴时期的炼金术。帕梅拉·史密斯（Pamela Smith）认为，帕拉塞尔苏斯（Paracelsus）通过处理草药、金属和仪器的长期经验和耐心劳动，让他的理论合理化。[41] 掌玺大臣弗朗西斯·培根（Francis Bacon）的纲领性作品中，手工艺知识和具体经验甚至被赋予了更强的合理性，他在长期讨伐"剧院偶像"（Idols of the Theater，得到剧院思想传播者的崇拜）的过程中①，反复论证了由完善的观察和实验工具而对世界产生的感官经验和主动实验，是促进学习的唯一途径。培根是 18 世纪启蒙哲学家的英雄，而且科学的实践取向——既指他的科学应用于现实世界，也指强调科学作为知识基础的实践、工艺和技术——贯穿了他的《百科全书》（Encyclopedie）。狄德罗反复批判几何知识的无用，这与他提倡熟练工匠的知识是异曲同工的。[42]

---

① 培根认为，要正确认识世界，必须排除嵌入心灵世界的四种偶像：种族偶像、洞穴偶像、市场偶像、剧院偶像。——译者注

这些态度影响了巴黎综合理工学院的工程师科学家的导向——部分归功于卡诺和蒙日的事迹，也影响了国立工艺学院的导向。工程师科学家的活动和工人的发现，使人们重新关注知识生产中以"功"为基础的方面。工程师们经常将力学的理论著作置于机械和制造的背景下理解——这正是力学起步和应用的地方。[43] 类似的，让－巴蒂斯特·杜马（Jean–Baptiste Dumas）的化学讲座强调了他的科学起源于工艺，包括炼金术史。[44] 1820—1850 年，这种认识论兴起的同时，劳动和工人阶级愈发突显。例如，阿拉戈追溯了本杰明·富兰克林这个"穷工匠的儿子"是怎么发明避雷针的；他把里昂的织布机、蒸汽机及水手使用的钟表和小型望远镜列为"工匠阶层"（class of artisans）的发明。阿拉戈在正式的和通俗的科学报告中，都讨论了新仪器的创造和使用，他认为科学家的劳动和工具是他们生产知识的内在要素。[45]

这种社会认识论与它被教授的场所两相契合。巴黎综合理工学院和 CNAM 不仅是技术培训机构，更是共和派和自由派观点的温床，洋溢着革命时代自由、博爱和平等的理想。对劳动的强调将非熟练工人、熟练的"崇高者"、管理者、规划者和理论家的活动复合为一体，这与许许多多其他形式的变革都是一样的。[46] 所有都汇入了变革性的国家工业计划中。在法国，巴贝奇的分离工业技术和知识的等级观点，遭遇另一种传统的反驳——熟练而活跃的身体就是知识的承载者，并主张所有种类的工作都是相同的。在 CNAM——其使命是通过传播知识来发展工业——基于手工艺、技术和劳动的认识论，与工业化社会基础的理论（来自迪潘和萨伊教授的政治经济学）有着频繁的接触。这种认识论的导向与这些政治经济学家倡导的劳动价值论（the labor theory of value）一致，可以看作劳动知识论（the labor theory of knowledge）。[47]

工业和劳动被看作价值的终极来源，技术的发展提高了个人劳动生产率，同样，对于许多法国的工程师科学家来说——主要有阿拉戈、迪潘，以及奥古斯特·孔德，我将在后文谈及后者，他的观点更为复杂——劳动，以及新的科学仪器和机械带来的劳动强化，被看作知识的来源。这种认识论为科学设备的引进提供了支持，并证实了技术的进步、知识的进步和社会的进步是密不可分的。蓬斯莱在他的工业机械学教科书中强调，"发动机的功通过机械或工具可发生的各种变换或变形"：机械增加或减少，重新定向，或改变它所承受的力。[48] 在经济学中，劳动价值论意味着一种类似的变形：物质因与之结合的努力而变得有价值。相似的，在谈到生产认识论中的"剩余价值"时，也涉及一种变形：自然出现的殊相被转化为一般理论；具体的知识或经验定律被转化为明确的数学公式。[49] 迪潘和理工协会的演讲正致力于加快这一变形过程：将隐藏的，或只是局部的、隐性的知识，带入一般交流和等价的透明空间，并将这些知识重新投入地方实践中。这种思想对于迪潘的自由主义和阿拉戈的共和主义，以及我们将看到的圣西门派的社会主义都同样重要。所有这些人都提出了这样一个概念：由于各阶层共同参与了"工业"这一综合事业，科学家、管理者和企业家的利益最终与工人的利益是一致的。然而，这只是一种脆弱的一致性，1848 年革命便是这一致性崩溃的标志，其中较为激进的煽动者称这次革命是工人阶级对资本家的反抗。[50]

经济学家的劳动价值论，为技术性的体力劳动赋予了一层新的方法论层面的重要性，这与高效的蒸汽机取代平衡状态下的时钟、杠杆或天平作为秩序和知识的象征是同步的。诺顿·怀斯（Norton Wise）追溯了这一转变的影响，他认为在18 世纪末，天平作为具体的工具、方法和宇宙的象征，在不同的知识领域，从天文学、物理学和化学到农学和政治经济学，都发挥了中介作用。[51] 天平和平衡表（balances and balance sheets）是发现和证明的工具，如拉瓦锡和拉普拉斯借助热量计（calorimeter）研究化学反应中热量和重量的输入和输出之间的平衡；平衡状态又是拉格朗日的力学和虚拟速度的模型；重农学派的政治经济学追踪了生产力在稳定状态下的变化。在每一个领域中，研究人员都描述了这样的情况，随着时间的推移，各种变化相互平衡和抵消。天平除了具有作为一种技术和物理系统模型的重要性，我们还可以增加一个认识论的层面。怀斯认为，尽管天平无处不在，但在知识的描述中，仪器（及其相关技术）在很大程度上是不可见的。[52] 制作精良的科学仪器也遵循天平的模式：测量和观察的仪器是透明的，对它们所测量或观察的现象没有任何增减。

但是，当我们继续向前，到了下一个时期，怀斯、米歇尔·塞尔（Michel Serres）、安森·拉宾巴赫（Anson Rabinbach）、伊莎贝尔·斯坦杰斯（Isabelle Stengers）和伊利亚·普里果金（Ilya Prigogine）等人曾如此表示——当宇宙论的中心模型不再是古典主义的机械、启蒙运动式的天平（或它的亲戚，时钟和杠杆），当蒸汽机取代它们时，会发生什么？在概念层面上，后果有许多方面。时间的线性变得至关重要：拉格朗日虚拟速度的可逆性和平衡性退出舞台，势能的概念变得无处不在，人们开始认为物理系统经历的是不可逆转的过程。同时，政治经济学开始探究无限或渐近的发展，而不是围绕一个固定点的偏离。在太阳系的理论中，平衡和稳定的宇宙论让位于进化和收缩的叙述。简而言之，蒸汽机作为一个宇宙象征，以历史、活动、转换、燃烧、浪费以及（最终的）熵定义的宇宙，取代了永恒平衡的宇宙。[53]

我认为除了这些概念上的变化，劳动知识论的认识重点的迁移，也波及了蒸汽机，及其相关的浪漫主义机械。如果说启蒙时代的仪器是被动的、透明的、以中性身份平衡着输入和输出，那么19世纪初的劳动知识论则承认并试图解释仪器的物理特性所引发的改变，及观察者的活动所引发的改变。如我们在安培和洪堡的章节中所见，曼恩·德·比朗和康德的观点，即个体认识者积极建构经验，为一些认识论提供了背景，在这些认识论中，实验装置和仪器被理解为观察者能力的延伸——在不可见物中摸索的工具，新的感知器官。此外，浪漫主义诗学和美学中常出现的一个观念——想象力创造和重塑世界，融入了对技术的深刻体验和反思：机械助力于化不可见物为可见，构建了知识的对象，并构建了世界的形象。

弗朗索瓦·阿拉戈的科学——他的自然界结构理论，以及他构想我们如何认识自然，如何使用这种自然知识的观点——与他的同僚的机械浪漫主义有重叠之处，不过，他的科学多出一个要素，这反映出他与巴黎共和派政治有接触。他比安培或洪堡走得更远，将技术和活动问题，与普遍的工业化之下，工人地位的变化这一激烈的政治问题联系起来。阿拉戈的科学专著和通俗作品不断强调观察者和仪器的活动。劳动（labor）这个多义词将他的科学（他对热、功、光和电磁的动态效应和转化感兴趣）、他的认识论（劳动知识论，强调"干扰"和"变化"）和他的政治主张（支持工人和发明家）联系起来。这些融入浪漫主义和荒诞艺术的事业，成为他所引入的、在当时实属顶尖的机械——达盖尔摄影机——的背景板。

洪堡式的天体科学

阿拉戈与工业机械师和 CNAM 的工程师科学家结盟，背离了前辈拉普拉斯。他的敌意其实渊源久远。他回忆起学生时代在拉普拉斯家里吃饭的场景："我的思想和心灵都倾向于欣赏一切，尊重一切，在这位发现了月球运动特征方程式的人的家里……但是之后我便幻灭了，有一天，我听到拉普拉斯夫人走向他，对他说：'您能把糖的钥匙交给我吗？'"[54] 阿拉戈用指责的口吻，把他的导师形容成小家子气的暴君，竟把糖锁在橱柜里，这让人想起拿破仑战争期间封锁法国制糖殖民地的禁运——也许这正是一幅漫画的灵感来源，这幅画可能也想表现拉普拉斯出身诺曼底贵族，而阿拉戈闻名于世的身份却是法国西班牙边境的热血之子。

阿拉戈暗讽拉普拉斯缺乏热情和慷慨的特点，在其科学中也有体现。在一份小传中，他称赞拉普拉斯是"一位善于观察的几何学家，从他出生的那一刻起，就没有离开过他的书桌，除了透过他房间南北方向的狭窄开口——可让他的主要天文仪器垂直移动——他从未真正见过天空"，这样一位学者可以发现多少东西呀。这位静止的观察者将了解到，"他卑微而狭窄的住所是一个扁椭圆球体的一部分……他也会这样一动不动地坐着发现，他与太阳的真实距离"。[55] 阿拉戈在夸赞中隐藏着反讽：阿拉戈的整个职业生涯中，都力图避免成为一个常驻天文台分析有限观测数据的天文学家。在阿拉戈的描述中，拉普拉斯的研究（和制糖）方法的特点是罕见、专横和封闭的。他回顾了拉普拉斯在阿尔克伊学会中的小圈子，他认为这个圈子有其不足，对一些想法过度相信了："最优秀的头脑，在一个可以说是亲密无间的团体中比在更广大的公众面前更容易屈服于先入为主的想法，这可能会扼杀天赋的自然迸发，将研究限制于常规水平"；团体心态抑制了自发的天赋，更容易让人顺从于期待。[56] 拉普拉斯 1827 年去世后，阿拉戈将拉普拉斯的科学体系形容为一台停滞不前的机械，无休止地绕着圈子。

阿拉戈利用拉普拉斯的方法来压制对抗他的科学。阿拉戈得以就任一些有权势的职位——纬度局局长，1843 年担任天文台台长，1830 年担任科学院的常任秘书，同时成为科学院《议事记录》（*Comptes Rendus*）的编辑——他调整研究方向，控制出版物，并提拔反对拉普拉斯及其盟友的候选人；他还公开支持若弗鲁瓦·圣伊莱尔反对居维叶，居维叶曾在帝国时期是拉普拉斯的盟友。在机构的堡垒中，阿拉戈向精密测量物理学投放了一次次的浪漫主义冲击，他从朋友洪堡的个人和科学研究案例中获得灵感，推进了一种基于实地工作经验的天文学。拉普拉斯以方位天文学为所有科学的典范，由此他忽视了自然知识的审美和情感层面，削弱了经验层面。相比之下，阿拉戈的《我的青春故事》(Histoire de ma jeunesse)叙述了他在法国测量子午线时濒临死亡的遭遇；他后来的科学报告时常用第一人称叙述，描述他的喜好和情感反馈。[57]像洪堡的《宇宙：对世界的简要物理描述》一样，阿拉戈的天文学讲座也出版了——《大众天文学》(Popular Astronomy)，其中富含引人共鸣的华丽修辞和感官描述，旨在激发听者的想象力。例如，有一章探索了彗星是否可居住，另一些章节插入了希腊神话、科学史和阿拉戈自己冒险经历中的奇闻轶事。[58]

阿拉戈作为常务秘书和众议员的讲话也表现出其诗意性情。为论证在政治中使用数据的正当性，他引用歌德的话背书；拜伦的一句警句为他的《安培挽歌》(Eloge d'Ampère)增色，他还引用了安培的诗句，说如果关于科学研究是否"榨干"智力的"争论还在继续，那可以用上这些诗句"。[59]在为议员厄塞布·萨尔维特(Eusèbe Salverte)所写的讣告中，阿拉戈写道："是的，先生们，他有一颗热情的心。"[60]这篇讣告在萨尔维特的神秘学史著作再版时，被收为前言。对阿拉戈而言，拉普拉斯所缺乏的"热情的心"(coeur chaud)是必不可少的品质。他时常表露出强烈的感情，在对达盖尔摄影的论述中，他辩解道："我们不得不与你们分享我们的信念，因为它们是生动的、真诚的"；在另一处，出于对"伟大的、威严的孔多塞"的"个人信念"，他"打开面甲"与这位哲学家的诽谤者作战。[61]这种语言形式和姿态具有"富于表达的"浪漫主义主体的典型特征。然而，阿拉戈，"天文台的朱庇特"，却又将这些非传统的传统应用于以爱国、数学和机械为标志的事业中，这冲击了人们对浪漫主义的假想，即它是主观的、不合群的，或仅仅是异想天开。[62]

阿拉戈的科学与该领域的其他科学有共通之处。蒙日派工程师最初出现的场景是拿破仑的埃及远征，在那里，傅里叶和若弗鲁瓦·圣伊莱尔参与了地理考察和收集，在空间和时间上扩展了法兰西帝国。同样，洪堡的地球科学以旅行和田野科学为基础，为地球和天体物理学提供了另一种宇宙观。[63] 在天文台，阿拉戈发展了洪堡地球物理学中的天文学，提出了洪堡式的天体科学。[64] 他对天空的描述和欣赏方法，与他的普鲁士盟友在研究地球变化中的相同；与洪堡一样，他把科学当作一种无止境的探索和对话。拉普拉斯的研究报告中几乎不提及具体设备的作用，但阿拉戈的《大众天文学》却对新科学装置的功能进行了大量的描述，并附以图像和分析。对于洪堡来说，仪器的表演是科学戏剧的一部分。阿拉戈赞扬了研究人员和工匠发明机械的创造力，提及了磨镜师、钟表匠和他喜欢的仪器制造商索莱依（Soleil）家族的作品。在为大众讲座建造的演讲厅的后墙上，他贴上了望远镜、天文钟和子午圈的大型写实画，这些图腾似的圆形图案注视着他的听众。

阿拉戈还被认为是天体物理学的先驱，他设计了测量光强度和色彩程度的仪器，以此来确定天体的物理构成：太阳的气态、月光的起源、彗星和行星的物理性质。他精巧的实验装置和仪器结合，用离散的技术聚焦于新的现象：他的氰基旋光计，结合了望远镜和旋光仪，量化了天空的蓝色程度。此外，阿拉戈天文台的屋顶堆满了气象和大气的测量仪器（见图 4.3）。科尔贝（Colbert）和卡西尼（Cassini）的皇家瞭望塔，及拉普拉斯的帝国堡垒，在阿拉戈手下成了大都市中的世界前沿哨所，是洪堡的全球网络中的重要节点，连接着观察者、仪器和自然界。[65] 阿拉戈的研究对象时常是被观察对象和观察者之间的空间："自然……交叉的环境。"[66] 这种兴趣体现于

图 4.3　巴黎天文台楼顶的气象仪器。版权属于巴黎天文台。

他早期与毕奥一起研究不同气体对光线传输的影响，再比如后来他解释了恒星的闪烁，因在不同温度和湿度的大气层中传输而不同。[67] 为了研究这些环境，人需要用仪器提供有规律的、可重复的"干扰"，来中断、分散或捕捉光线；研究者们通过研究这些介质的特性，思考它们如何在所研究的对象和观察者之间构建环境。

依据阿拉戈在他的著作中建立的形象，拉普拉斯将宇宙呈现为一个不被阻力或摩擦阻碍的平衡系统；天体可称为光点，由天文学家设备中的一只抽象眼睛观测，使用的是顺从的、没有问题的"透明"仪器。阿拉戈并没有心存幻想世间会存在这种"无中介"的视觉。人眼像其他光学设备一样，是具有特定敏感度和局限性的仪器。他将源自达盖尔摄影的一种变体称为"人造眼睛"，他在另一处说，"眼睛可以被视为一个透镜，其'焦点'落在一个名为视网膜的神经屏幕上"。[68] 阿拉戈解释清楚了，对象和观察者之间的界面上发生了点什么。他把仪器看作调解和干扰的具体模式，引入了摩擦，因此在许多方面，观察者和自然世界之间发生了变形。仪器引入的偏差不是获取知识的障碍，而是必要条件：要了解研究的主要对象，还必须研究这个界面所产生的变化。阿拉戈建立了具有科学的社会性的模型，这种形象区别于两种已有形象——无损耗的服从命令的回音室，以及科学是通过无感情的理性机械处理有限观察而取得进展的。

公意的仪器

阿拉戈任职天文台和科学院期间，提倡自发、对话和开放——这是人类和机械共有的积极品质。1830 年革命（阿拉戈是这次革命的重要参与者）后，阿拉戈作为他的家乡东比利牛斯省的代表在众议院任职。他很快就与共和派站在了一起，反对路易 – 菲利普（Louis-Philippe）统治下那些横行霸道的财阀。除此之外，他试图用一种"共和"的力来取代拉普拉斯对科学知识的全面掌控，为了整个国家的利益，使科学尽可能地普及至大众。除去理工协会的讲座，他还常年在天文台举办大众天文学的讲座，现场座无虚席。[69] 此外，他还重塑了科学在出版业的表达形式：他接管了多种期刊的编辑工作，改变了科学院报告的格式，报告不再是根据口头报告制成的图表记录，而是写成科学文章进行完整描述，这样更易于理解。阿拉戈还向记者和公众开放了科学院的陈列室，鼓励报纸每周发布科学新闻和辩论情况，由此形成了"科学专栏"（feuilleton scientifique）——亚历山大·贝特朗是最初的先驱，最终莱昂·傅科成为撰稿人——专栏占据第一页底部，和每周的浪漫小说连载是一样的形式。这些挑衅性的变化旨在增加公众在科学行为中的参与度和"透明度"，并使学院成为阿拉戈的共和政治舞台。[70]

常务秘书的一项工作是为逝去的科学家撰写纪念性的讣告。[71] 在这件事中，阿拉戈担当科学史家一角，于是他与革命的联系进一步加深了。他追忆前辈们的事迹，包括孔多塞和卡诺的事迹，参与发明了启蒙运动传统，将哲学家和大革命与工业化的政治斗争联系起来。孔多塞曾被复辟时期的反动作家妖魔化；后者把恐怖统治归咎于他，把他描绘成一个无情地倡导平等主义统一性的人。而阿拉戈笔下的孔多塞，主要关注如何在一个有序但仍在进步的社会中保护个人的自由和民主的进程，他认为活跃的公民参与国家对教育的资助将推动社会的发展。[72] 阿拉戈回顾了孔多塞为艰苦的民主进程提出的结构建议，它与专制者要求的自动服从，或卢梭设想的实现公意的透明都不同。[73]

阿拉戈在《卡诺挽歌》（*Eloge de Carnot*）中指出，"几乎总是可以在这些作者的科学理论和其行为准则之间找出相似性"。拉扎尔·卡诺向他透露，他在大革命的动荡中，通过回忆自己的机械理论而保持了稳定的路线，该理论说的是，速度的突然变化比速度逐渐下降会造成更大的动力损失。[74] 阿拉戈不仅认同卡诺——巴黎综合理工学院的创始人、模范的公民士兵、"胜利的组织者"——也认同他的力学：在1840年一次众议院演讲中，阿拉戈表示需要采取渐进式的改革措施，以确保"持续、有规律、无震动、无暴力"的进展，这正是卡诺用于有效加速的语言。在另一处，阿拉戈称，"仪器""工具"和"机械"之间没有类的区别，"这样的区分是愚蠢的。要精准界定哪些算工具，哪些算机械，是不可能的"。[75] 因此，我们可以大胆地做出联想，认为阿拉戈与蒸汽机的爆炸力及动力（dynamic force），和洪堡那些灵活、丰富的仪器之间具有一致性。阿拉戈认可的机械形象，将严格的规则性与自发和自由结合。

蒸汽机对阿拉戈来说不仅是一种象征性的启发。我们已经谈及他与杜隆和珀蒂在天文台进行的发动机研究。在 19 世纪 20 年代末和 1830 年的革命中，他登上了政治舞台，在公共领域宣传蒸汽技术的社会影响，将突出"人民"的革命话语转变为关注"工人阶级"的话语。[76] 阿拉戈认为机械和工人的命运是密不可分的。在他 1834 年出版的《詹姆斯·瓦特传记》——本书在法国和英国都加印多次——的中心章节"从与工人阶级福利的关系思考机械"里反对了"机械对工人有害的观点"，称其为"没有任何现实价值的古老偏见，是真正的幽灵"。[77] 他引用了萨伊的观点，即生产力的提高和随之而来的价格下跌，会使人们需求更多种类的机械生产商品，从而导致市场扩张，最终会实现工人就业人数净增加，改善工人生活质量。此外，他恳请国家为发明家提供认可证明和专利保护，英国政府对瓦特的忽视让他遗憾（这篇文章迅速引起注意，收获赞赏，并转载于英国杂志中）。[78] 他以一个预言结束了这篇文章："一个时代将会到来，毁灭的科学将会臣服于和平的技艺"；蒸汽机将使人类"深入地球的内部"；铁路将连接遥远的地区，蒸汽船将跨越海洋；每个生产领域的所有分支将在同一屋檐下互相连接，甚至"欧洲的大草原"也将建满"优雅的住所"，"吃得好、穿得好、温度好，人口将迅速增长"。[79] 这是一个信息化、循环和生产的乌托邦，新技术将借助网状网络加速商品和思想的流动，由此汲取自然界的财富，让地球焕发新生——我们将在下文看到，这与同时代社会主义者的愿景完全一致。[80]

阿拉戈在 1840 年的"论选举改革"的讲话中，阐述了改善工人命运的政治计划，这里他同样将机械科学和为发明家发声结合起来。发言警告道，穷人的悲惨境遇是一种政治威胁：他们"残酷的痛苦"是"少数"资本家控制机械工业的结果。他谴责他的同僚们竟容忍这些利己主义者；当时被称为"垄断商会"（monopoly Chamber）的机构，"欺骗和蒙蔽了人民"。[81] 为了化解这一危险局面，阿拉戈积极地主张扩大选民范围，力图将所有男性包括在内。为了证明工人的政治功绩，他列举了工人为公共事业做出的发明，在劳动阶级代表的政治运作中使用了知识劳动论。阿拉戈对工人解放运动的大力支持得到了表彰，他在 1848 年工人革命后被任命为临时政府的负责人之一，还因颁布了废除殖民地奴隶制的法律而被称道。

在阿拉戈看来，在特定的意义上，仪器是可以"自主的"：它们是有纪律的、相互联系的，但同时又是自发的、主动的、自由的。他自己的行为便体现了这些价值观。作为一名议员，阿拉戈处于一个中间位置，需要对选民的利益、国家的需求和议会程序的要求做出反应。然而，为了应对这些不同需求，他并没有成为一个被动的渠道。从他在议院和公共会议上那些时常会引起争论的表现可以看出，履行职责并不意味着压制自己的个性、情感或人格。他在浪漫的个人主义基调中，展现了顺从而热情的公民士兵的共和主义形象。[82] 作为一名持不同意见的议员，他扮演了"有用的干预者"角色：记录政府的正常进程，引导至更有效率的方式。

"梦想已成真"

阿拉戈在科学、机械、选举权和政治方面的努力，线索交织，最终形成了今天最常与他的名字联系在一起的文章的背景——他在 1839 年 7 月发表了《论达盖尔摄影》。人们对感光材料的兴趣在过去几年里一直在增长，伊拉斯谟斯·达尔文（Erasmus Darwin）、约翰·赫歇尔和威廉·福克斯·塔尔博特（William Fox Talbot）在英国进行了实验。在法国，舞台设计师路易-雅克-曼德·达盖尔（Louis-Jacques-Mandé Daguerre，因透视画广为人知，第五章将讨论这种视听幻术）与发明家尼塞福尔·涅普斯（Nicéphore Niépce）合作，成功完成了一系列在暗盒固定图像的可重复工艺。他们徒劳地寻找投资者，直到阿拉戈同意推广这项技术，并为他们提供终身津贴，交换条件是公开这项技术。在媒体上吊了公众一段时间的胃口后，阿拉戈终于在众议院向全世界宣布了这一发现，引发了热议。阿拉戈的演讲稿很快得到加印，如今已成为摄影史上的经典参考资料。[83]

阿拉戈的演讲融合了美学、道德和政治背景。他详细介绍了达盖尔和涅普斯的创新方法，重点介绍了他们用化学品进行实验，最后才确定银、碘和汞组合的过程。产生的图像出现在银色背景下，并且只在特定的角度和距离可见，光泽晶莹闪烁，人物如幽灵一般（见图 4.4）。[84] 达盖尔最初向阿拉戈提供的几张照片里，有喷泉边的萨提尔和宁芙、夏娃和维纳斯，还有工作室的景色，这一系列图像包含古典、圣经和当代创作中的人物。达盖尔摄影机立即被认定为不只是一种技术物品。[85] 因此，阿拉戈的演讲也远不止是一份技术报告。

图 4.4　荷马半身像，达盖尔摄影（路易·达盖尔赠予弗朗索瓦·阿拉戈的礼物）。资
料来源：佩皮尼昂市亚森特·里戈艺术博物馆收藏，佩皮尼昂市。

　　阿拉戈是在众议院而不是在科学院发表了这场演讲，他以国家仪式，将达盖
尔摄影术神圣化了，"以国家荣誉的名义认可这项'极高领域'的成就"。[86]达盖尔
摄影成了一段历史的最终篇章，这段历史起始于"那不勒斯物理学家让－巴普蒂
斯特·波尔塔（Jean–Baptiste Porta）"，一位文艺复兴时期的自然魔术师，他被认
为是他那个职业（物理学家）的创始人，他的发现既汲取了早期炼金术士的金属和
化学发现，也延续了更近期的诗人化学家汉弗里·戴维对氯化银的探索。波尔塔等
人都希望暗盒投在墙上的线条能成为永恒，但"这一梦想注定只能存在于威尔金斯
（Wilkins）或西拉诺·德·贝热拉克（Cyrano de Bergerac）的奢华想象中"。然而，
如今他们有了达盖尔摄影，阿拉戈宣称，"梦想已成真"。[87]他在确定了其新颖性后，
开始关注其实用性：他预见到达盖尔摄影在记录法国古迹方面的用途，并遗憾拿破
仑远征埃及时没能用上它。这次远征在大众中激起广泛的埃及热，时常有人猜测象
形文字和法老的巫师的秘密，于是阿拉戈将达盖尔摄影术与绘制地图记录国家领
土、帝国扩张，及对自然的光学解码这些奇怪又互相补充的事业联系在了一起。[88]
　　阿拉戈指出，这种装置保留了"像数学一样精确"的关系，在绘图或测量方面

非常有用。[89] 但是，一方面他观察到了这种技术的几何保真度，另一方面他对其主观、情感的印象以及人像的捕捉却另有一番说法。阿拉戈在演讲中称，达盖尔摄影的壮观、戏剧性和审美效果与其光化学反应密切相关。他引用了当代画家保罗·德拉罗什（Paul Delaroche）的话，来驱散那些认为这对艺术家和雕刻家构成威胁的担忧。德拉罗什仿佛预见到波德莱尔在 1859 年会发表的那份著名声明，称摄影应限制自身，仅仅做个仆人，他说，"达盖尔先生令人钦佩的发现，为艺术提供了伟大的服务"，因为它提供了更精确的模型。[90] 但是，德拉罗什承认这些图像自身具有惊人的审美性质："在达盖尔先生的设计中，线条准确，形式精确，一切都尽可能完整，我们在其中看到的既是一幅巨大的、生动的模型，也是一个色调和效果都很丰富的整体。"德拉罗什自己的画作调和了古典主义和浪漫主义，他认为图像的几何精度是对其动态效果的一种补充。近期的评论家延续了这种思路，认为达盖尔照片的形式延续了浪漫主义绘画的野心；细致的观察与意义或效果并不对立。[91]

最后，阿拉戈谈到了其具体的科学用途。达盖尔摄影将能用于测光，即测量光线的强度。物理学家不再需要艰难地将恒星的亮度与人造光进行比较，而是可以"通过两种光的效果来比较光，测量两种光在银板上显影的速度。"[92] 在这种用途中，达盖尔摄影必须与望远镜和钟表结合使用；这种新仪器并不是独立的，它立即被划进天文台工具箱中。其他科学用途，如地形测量和月球地图绘制，都毫无疑问属于洪堡的实地科学范畴。阿拉戈提出的另一项应用完全绕开了图像的视觉内容。他注意到银版的显影速度与拍摄发生于一天中的时间和地点有关，因此建议"气象学家在观测表格中增加一项，除了像以前那样观测温度计、气压计、湿度计和空气透明度，还必须增加一个其他仪器无法监测的因素，那是一种特殊的吸收作用，这对许多其他现象，甚至对那些涉及生理学和医学的现象，不可能没有影响"。在这里，阿拉戈感兴趣的不是银版上描绘的物体，而是银版显影过程和速度所揭示的无形的大气现象，是这种现象让它们显形。在这种用法下，达盖尔摄影的用途不是再现完美的、无偏见的人眼所看到的东西，而是记录随着时间流逝而展开的不可见的现象。[93] 达盖尔摄影的第一个公开支持者将其作为洪堡地球物理仪器家族的新成员推出，这是又一种记录和绘制特定范围内的现象、显示它们之间不可见的动态联系的工具且它不稳定，限于特定地点，被编织于网络中。

关于透明性和互惠性的思考

阿拉戈推出达盖尔摄影的讲稿迅速得到重印，并被大量引用，这让我们不禁更多地思考他赋予这项技术的科学和社会地位。在劳动知识论中，阿拉戈强调了科学研究的技术性、劳动密集型和变革性；这种科学劳动的形象，与隐藏或减少劳动和人工的另一种倾向形成对比，后者把实验事实当作未做修改的自然之声。[94] 阿拉戈对过程和变革的强调也体现于达盖尔摄影中——它是一种自然对象和人类观者之间的尤其密集、活跃和独特的中介。

然而，有一些论早期摄影的著作却强调了一种公认的透明性。特蕾莎·莱维特（Theresa Levitt）对阿拉戈与拉普拉斯派物理学家毕奥之争做了丰富的研究，她称阿拉戈在 1839 年将达盖尔摄影视为"对它描绘的事物的无问题的再现"，这种图像"可以很容易地被用来代替世界"。[95] 当我们谈论为自然对象呈现图像的技术时，可能会提及两种意味的"透明性"，两个概念时常混合使用。第一种是指这种技术产生了世界对象的忠实的、未经修改的视觉图像。关于摄影的一个常见的说法是，一般来说，将摄影产生的图像与用肉眼看到的物体进行简单的比较，就可以验证它的相似性；但其实这种相似性必然是不完整的，在达盖尔摄影中更是明显如此。颜色改变了，动态丢失了，风景被缩小至几平方厘米以内。这一点虽然显而易见，但值得一提，因为在 19 世纪 40 年代，达盖尔摄影的一个魅力其实是影像与所再现物体的区别：三维的、全彩的情景与按比例缩小的、静态的、反光的、二维的图像之间的区别。虽然说维持了一定的比例，但这种图像本质上是一种变形图像。[96] 类似的，阿拉戈对其作用模式的假设指向的不是透明而是形变。[97] 为了描述操作，他使用的词汇包括活动、转变，甚至有活力：他谈到了"光的动作""穿透"和"感光物质"；"最微弱的光线改变了达盖尔摄影机中的物质"。在显影过程中，技术"操作者"可以看见"水银蒸气像最精致的钳子，以适当的颜色画出每个斑块"。[98] 阿拉戈描述的不是对可见性质的被动传达，而是一种主动的改编。上文提及的阿拉戈所说的"特别的吸收"，进一步削弱了透明性（此处理解为视觉相似性）概念，这里要观察的是曝光所需时间，而不是显现的图像。如阿拉戈的助手傅科和斐索（Fizeau）在测光中得出的结论所示，这种"感光效应"的重点并不在于模仿性再现；这是个光化学过程，持续时间才是其有趣的特点。[99]

透明性的第二个意思是当一种技术或仪器已经成为常规活动的一部分时，其原理被当作理所当然：它被"暗盒了"（black-boxed）。关于这项技术的争议已到"结束"之时。"结束让仪器被视为自然界信息的无可争辩的传递者，也就是说，它使工具变得'透明'"。[100] 只要按照常规方式根据输入导出输出，未解决的仪器实操问题就可忽略。在这层意义上，在暗盒里固定图像的过程确实像黑匣子（black box）①一样未知。阿拉戈说，这个"神秘"的过程显示了"许多奇怪的现象"，他假设，碘、银、汞和光互相作用，制造出一曲梦幻的亚分子交响曲。他总结说："在完全分析出达盖尔摄影的运作方式之前，我们也许能用它制作出成千上万种美丽的图像。"[101] 不过，达盖尔摄影绝对不是黑匣子，从输入到输出的过程快速、自动，且完全可预测，但在摄影能够被天文学研究视为可靠的即时技术之前，在星体能够"记录自己"之前，还有许多路要走。[102]

1839 年，显影时间依然要 30 分钟至 45 分钟，在不同的大气条件下差异很大。尽管阿拉戈坚持认为这个过程很容易，但很快就被《辩论杂志》（Journal des débats）的评论文章斥责，作者断言其学习曲线要陡峭得多。[103] 此外，阿拉戈故意淡化了拍摄肖像的难度，这可是大众最期待的用途，因为让拍摄对象在明亮的阳光下长时间坐着不动挺困难的。最后，大规模复制照片是不可能的，因为这个过程很"微妙"：阿拉戈说，不可能把银版作为平版印刷的印版，滚筒会毁坏模具。"但是，"他想知道，"有谁会想用力拉一条蕾丝呢？或者擦洗蝴蝶的翅膀？"[104] 这个过程不是自动的，也不是瞬间的，它也并不好理解。他没有强调这个工艺是严格可重复的，或产出有稳定性，而是将达盖尔摄影比作蕾丝和蝴蝶翅膀，那些最为脆弱的手工和自然作品。

在阿拉戈看来，达盖尔摄影融合了审美和认知、瞬时和稳定。就像既自主又完

① black box 一词可指飞行记录仪，也可指内部结构不详的复杂设备，可译作"暗盒"或"黑匣子"。——译者注

全依赖国家的公民一样，达盖尔摄影的独特性质使其能够加入现有的仪器和研究人员的网络中，又能在更高的层面上，参与到阿拉戈在拉普拉斯之后努力在法国科学界建立的"道德经济"（moral economy）中。[105] 道德经济一词由马克思主义历史学家 E.P. 汤普森（E.P.Thompson）创造，在他的语境下，该词指富人承担的保障穷人基本生活的义务，该词被罗伯特·科勒（Robert Kohler）和洛兰·达斯顿（Lorraine Daston）在科学史中再次使用。阿拉戈在"选举改革"中警告，违反这种默契，人们就有理由造反。[106] 阿拉戈所说的道德经济与这个术语的原始用法一致，涵盖了比实验室、大学和有学力的观众广泛得多的社会空间。

根据人类学家马塞尔·莫斯（Marcel Mauss）的观点，所有的经济都是道德经济：物质交换是重新分配地位和尊严的途径，也是构建社会关系的手段。[107] 阿拉戈引入达盖尔摄影，是莫斯式的思路下一个多因素决定的举动。这体现了一个复杂的互惠关系体系——既是象征性的，也是物质性的——它将发明家、科学、政府和人民联系在一起。阿拉戈为涅普斯和达盖尔争取津贴，他成了这一交换的中间人，既保证了经济补偿，又以达盖尔的名字命名这项技术，为他带来永久的荣誉。而在向广大公众公开这一装置时，他承认了知识精英对社会其他阶层的生产劳动所欠下的债务；他偿还此项债务的方法还包括促进选举改革和为工人举办普及讲座和机械课。最后，他确保达盖尔和涅普斯对这项技术的优先权，同时认定这项发明是法国的，他的参与又成了虔诚的共和主义爱国行为，是国家荣耀的献礼，但未来能有怎样的回报只能靠想象："当观察者将一种新的仪器应用于自然研究时，他们所希望发生的，与该仪器所产生的一系列发现相比总是微不足道的。也就是说，能指望的只有意外。"[108]

形变的技术

阿拉戈将达盖尔摄影视为一种生产性的、活跃的界面，在光、化学品和银之间引入了一种生产性的摩擦。尽管它最终能够产生"不受人类干预"的图像，但这一最早的摄影方式，毫无疑问且不可避免地被认为依赖于可变情境和个人操作的技能。从这个例子我们可以推测出此时由科学家工程师引入的其他技术，包括测力计和第七章中讨论的示功图。这些仪器被看作 19 世纪晚些时候赞颂的非个人化、禁欲的自动技术的先驱；基于机械的客观性理想被后世理解为工程师对精确的痴迷，而这种痴迷又进一步被看作一种禁欲的对人类的否定。然而，如阿拉戈所倡导的劳动知识论，以及他那张扬的公众形象所表明的，19 世纪初对精确性的追求，尤其是涉及机械技术时，被认为与肉体的、世俗的、"劳动"的层面密不可分。机械并不被视为对人的否定，而是人类活动的重要延伸，因此在一个日益围绕工业展开的社会中，机械可以当作劳动的部分基础角色而受到赞誉。

此外，阿拉戈强调了摄影工艺中的隐晦和神秘——巴尔扎克和奈瓦尔更为夸张，他们担心这个过程会捕捉到精神的外层——这说明大众对摄影术的反应，十分类似于奥斯特、安培和阿拉戈的电磁转换实验之后产生的形而上学热潮；我们将在下文更详细地说到，通过水银蒸汽将火转化为运动的技术，也引起了类似的骚动。[109] 这些浪漫主义机械的魅力主要在于它们是一种过程，是时间和变革的技术。[110] 为了搞清楚这些新事物，人们从过去找到了先例。阿拉戈将自然魔法师波尔塔视为同僚，而雕塑家丹坦·热内（Dantan Jeune）将阿拉戈漫画为一位魔法师，他手持的不是魔法棒，而是望远镜和指南针，他端坐于天文台塔楼上，指挥着被铁路画得纵横交错的地球，照亮他的是他帮助菲涅耳发明的灯塔透镜（见图 4.5）。这座雕像并不是在表达对阿拉戈的轻视，也没有暗示阿拉戈的科学类似于魔法。然而，现代人掌握的自然秘密，经常被描绘成文艺复兴时期

图 4.5　巫师形象的阿拉戈雕像，由丹坦·热内创作。资料来源：版权属于卡纳瓦莱博物馆；罗歇－万维奥莱（Roger-Viollet）。感谢莫尼克·科明赫斯（Monique Comminges）。

那种自然魔法，包括这在内的许许多多的案例都是如此。[111] 本章开头引用的维克多·雨果的话，也包含这种旧时代魔法再现的感觉：一台航天机械被转化为了一个天上的蛋。阅读雨果在阿拉戈的天文台看到星星时的神秘遐想，很难不留意这个象征炼金术式的引申含义。[112] 而在摄影被引入之时，它被当作科学和艺术的仪器，以及一种被合理化的魔法技艺。

阿拉戈并不总是反对科学与魔法的奇妙结合。就像他称波尔塔为物理学家一样，他那"无数种新世界"（myriad new worlds）的说法，带着些文艺复兴时期宇宙学的泛神论色彩，这种思想认为人们有可能通过神秘技术对原初材料做变形和转换。如杜马在化学讲座中追溯了炼金术的历史，阿拉戈在他的《大众天文学》中也探讨了占星术和多重世界。虽然阿拉戈显然对 1784 年催眠委员会的报告感到满意，但在 19 世纪 20 年代和 30 年代他还是对催眠透视展开了调查，称"拒绝可能性并不是科学的态度"，并敦促继续对动物磁性进行调查。[113] 他追求精确和机械分析技术，并在某些方面仍然遵循拉普拉斯的牛顿"天体力学"，但在他的构思中，机械装置——既指物理理论（力学），也指工具（机械）——还是在为更高的变革和统一的目标服务。值得注意的是，经常被归为摄影的现实主义（realism），在摄影首次登场时，与奇幻艺术常关联的问题交织在一起。达盖尔摄影在社会各阶层之间、在不断扩大的地球物理仪器家族中间，以及在人类和自然界闪闪发光的现象表面之间取得了微妙的平衡。它的第一张照片——按比例精准缩小，但独特、灵活和自主——记录了其推介者和诞生的环境。

为人民服务的机械浪漫主义

虽然人们常说拉普拉斯继任者们的研究缺乏统一性，但前面三章已表明，在复辟和七月王朝时期，与物理学新方法息息相关的不仅仅是代际政治。阿拉戈推动了达盖尔摄影，在其背后投入了相当大的制度和文化力量，这只是后拉普拉斯物理学的活力和持久影响的一个例证。其他例证包括菲涅耳的光的波动说、杜隆和珀蒂对热量和蒸汽弹性力理论的贡献（在阿拉戈的帮助下在天文台中进行），以及安培和洪堡的理论、实践和制度成就。反拉普拉斯派的共同目标是统一对地球上的力的解释，探寻它们之间的联系和可能的转换。他们探索热、光和电磁的波动说，并时常用以太解释——无论是安培说的不断合成和分解的电磁流体，还是菲涅耳说的基本不动的固体——在空间移动时，以太的一部分会被物质拖动。[114] 这些想法与对生理学、心理学和动物磁流学的生命和神经流体的探求相交叉。由于洪堡的影响，再加上后拉普拉斯派拥护若弗鲁瓦·圣伊莱尔（我们将在第六章和第八章看到），他们对有机体演化理论的发展和生态学思想的出现做出了贡献。

他们对转换、变化和调解的强调，暗示了一种发展性质的、历史化的新自然概念。尽管阿拉戈和洪堡对太阳系起源于星云气体凝结的理论持谨慎态度——这无疑是由于星云假说与拉普拉斯的联系，而且如第九章所说，奥古斯特·孔德没能从数学上证实——但他们还是提出了一种观点，认为自然的场域中，活跃的力不断互动和转变，经历着不可逆转的成长和发展过程。[115] 根据这种新的宇宙论方向，人类可以以多种方式改变新科学和技术所掌握的过程。

这些改变可以由浪漫主义机械引起：电磁实验、地球物理仪器和达盖尔摄影。这些研究者注意到仪器设备和人类感官对现象产生的贡献，他们不认为知识是离散的、非人的、非具体的或静止的，相反，他们表明人类活动在知识的产生中是不可避免的，无论是在车间和实验室的实践中（如"劳动知识论"所强调的那样），还是在意志、感官和肌肉的作用中（如安培对曼恩·德·比朗哲学的改编说法）。洪堡耐人寻味地将仪器定义为新的器官，这表明科学活动是一种手段，通过这种手段，人类逐渐将自己编织进他们周围的实体领域中。

这些科学家强调感官的积极作用，也突出了知识观之下的审美考量。他们强调了个人经验的重要性和可变性，以及通过观察自然获得的道德和智识提升；他们试图用和谐统一的形象表现所有的科学领域和自然本身，人类、技术和自然的成分结合在一起。同样重要的是，安培、洪堡和阿拉戈都是若弗鲁瓦·圣伊莱尔的坚定的公开支持者。我们将在下文看到，圣伊莱尔是德国自然哲学起承转合的关键人物，他像阿拉戈和洪堡一样，是为现代大众科学兴起做出重要贡献的人，他将自己的自然世界观点传递给了广大民众；他也是共和派和早期社会主义者的盟友。类似于阿拉戈的《大众天文学》和他对达盖尔摄影的推广，洪堡的《宇宙：对世界的简要物理描述》表明浪漫主义艺术家为大众带来强烈的感官刺激和情感体验的追求，及这种体验可以达到改革目的，与科学普及的雄心可以和谐共存。

本书接下来的第二部分将进一步走出学院和实验室的封闭空间，进入公共娱乐和精彩的表演，将关注梦幻的文学、绘画和音乐中的浪漫主义机械，进入自然历史博物馆、国家博览会，了解舞台魔术、插画等流行娱乐活动。在这些环境中，我们将看到人们迷恋新机械创造新感觉的能力，这与曼恩·德·比朗追随者的作品中所发展出的生理唯灵论哲学有密切联系；我们还将看到在有机体形成过程中出现的潜在畸形变异，与工程师所释放的恶魔般的力量之间存在相似之处。这些章节还将揭示机械在七月王朝时期被赋予越来越重要的政治意义。因此，第二部分的两章为本书第三部分的最后三章奠定基础，最后三章将揭开浪漫主义机械在早期社会主义的政治变形中发挥主导作用的序幕，并展示这些愿景如何为 1848 年的革命创造了条件。

第二部分
造物与变形的奇观

第五章
恶魔的歌剧：奇幻的生理唯灵论

———————— ◆ ————————

技术美学——实证与奇幻

为了描述在这一时期化学力和不可见流体研究中日臻成熟的独特知识模式，认识论者加斯东·巴拉什提出了"现象技术"（phénoménotechniques）的概念。他认为，物理学家和化学家的工作包含设计仪器，来制造新的人工现象，这些现象随后再被总结为理论关系。科学不再是单纯的观察，而是制造效果——菲涅耳的衍射线，奥斯特和安培实验中通电导线和磁导线之间的相互作用，"成像效应"（photogenic effect）。[1] 这种将物理学——以及一般科学——视为现象的产生和关联的观点，被巴什拉多年前的前辈、实证主义的创始人奥古斯特·孔德收拢成了一种新的科学哲学。孔德写道："无论是研究最微不足道还是最壮观的效应，我们能真正了解的只有（观察到的现象的）表现之间的各种相互联系，我们永远参透不了效应产生之奥秘。"[2] 虽然孔德不赞同同时代人的许多猜测，但是同一股浪漫主义潮流中的其他多种猜测影响了他的哲学，我们将在第九章更详细地探讨这点。孔德认为，科学家在哲学家的指导下，通过协调定期观察的或人为制造的现象，可以组织起足够可信的世界"奇观"。世界将被建造起来，一块接着一块，一级接着一级，借助技术制造现象，构建和谐的秩序。[3]

114

尽管孔德终究是倡导"展示宗教"（demonstrated religion）[①] 的，但他和当时的其他科学代言人一样，想以明确的界线区分"实证的科学"与迷信和想象。这一愿望在复辟时期尤为迫切，当时天主教会重新控制了国家机构，夏多布里昂（Chateaubriand）以及后来的拉马丁（Lamartine）的文章、诗歌激发了宗教情感，引领了第一波浪漫主义文学；那时维克多·雨果还年轻，他对自然和宗教情感，与他对复辟王朝的支持交融为一体。这些浪漫主义者既在内心的声音中，也在外在的大自然的画卷中寻找上帝。

然而，自 19 世纪 20 年代中期以来，由于 E.T.A. 霍夫曼（E.T.A.Hoffmann）的小说被翻译成法语，一种更黑暗、更诡谲的氛围开始主导浪漫艺术。这预示着一种新奇幻文学的兴起，诡谲的效果逐渐演变为一种暴力的非理性，远远甩开了夏尔·诺迪埃（Charles Nodier）和沃尔特·斯科特（Walter Scott）的童话故事。事实上，奇幻文学（fantastic literature）一词是由物理学家安德烈·马里·安培的儿子、比较文学的创始人让-雅克·安培（Jean-Jacques Ampere）于 1829 年在《环球》杂志上创造的。小安培称赞霍夫曼笔下的"自然"和"鲜活"的奇迹，将其与上一代作家如安·拉德克利夫（Anne Radcliffe）和斯科特的"机械式的"效果相比较。霍夫曼的作品让读者不禁思索，那些似乎违反了自然法则的情节——幽灵浮现、栩栩如生的自动机、与亡灵沟通的陷入神迷的人类——只是主人公的想象，还是某种物质世界的把戏，抑或是真的证实了超自然现象？[4] 法国的霍夫曼模仿者——如泰奥菲尔·戈蒂耶（Théophile Gautier）、大仲马、热拉尔·德·奈瓦尔，巴尔扎克有时也模仿他——也会描写相似的场景，物质世界的物体获得了生命，普通的现实被过去或想象中的世界所侵袭。在奇幻艺术中，无论是视觉艺术还是音乐，熟悉的图像或旋律会变形为陌生的场景和音景。[5]

这种经验如果得到重视，看似会挑战 18 世纪末和 19 世纪末科学观中稳定的、可预测的世界。然而，在 19 世纪早期，奇幻可以被当作描述了世界可塑性的经验，或者更准确地说，再创造了世界可塑性的经验，这与科学和技术证实的东西吻合。

---

① 指人类可以通过某种媒介与灵性世界沟通，最常见的是通过先知。——译者注

艺术中的奇幻时刻，正暗示着可能性的极限在被拉扯；有生命的物质、振动式的交流、栩栩如生的机械、阴森恐怖的变形等场景，都或明或暗地投射了当时的科技变革。与其说奇幻是对实证事实的拒绝，不如说它与19世纪自信的新科学一起，加入了怀疑与肯定的辩证对立中。1832年芭蕾舞剧《精灵》（*La sylphide*）的一篇未署名评论便表达了这样的观点：

> 今日，实证科学已经取得了重大进展，人们不应再关注纯粹的猜想。人们从未像在19世纪这般想要得到现实（reality）。我们甚至想要的太迫切了，这把人们推向了普遍的怀疑主义，他们不相信自己看到的，只相信他们能掌握的。他们说，实际上，这种哲学和其他任何一种哲学都一样好！但还是存在另一种品味，或者说一种风尚，一种追求奇幻的风尚，最开始它还是合时宜的，源自晦涩的浪漫主义作品，但在寻找真理的过程中，人们开始质疑一切，在追寻所是的过程中，偏偏运气不好，遇到的只有所不是。[6]

这位评论家此处对实证主义和奇幻的界定，都涉及了一种焦躁的对现实的渴望，它与怀疑论交织在一起。科学渴求确定性，于是质疑一切；与此同时，浪漫主义却在最不可能的地方追求真理（如偏远山区、异国他乡、想象的风景或童年时光等场景），似乎把这趟旅程引向骇人的、难以成真的奇幻场景。奇幻和实证主义的确在朝着相反的方向在同一趟旅程中跋涉。在奇幻艺术中，稳定的、常识性的现实被惊人的、不规则的事件打破，而实证科学则将无法解释的现象带入可预测的自然因果域中。

奇幻和实证之间还有另一个明显的联系：两者都致力于规律地制造新奇现象。就如物理科学创造新设备来控制光、热和电磁一样，奇幻艺术也花费大量精力制造新技术设备，来制造幻觉，创造不可思议的视觉和听觉变形。为此，他们经常与科学家使用相同的技术。科学家和艺术家们都会研究暗盒和全景图中的光线和色彩控制，以及乐器的声音特性。科学家们被招募来协助舞台设计者；而艺术家们如达盖尔摄影这个例子所示，他们的自然研究贡献得到了认可。科学一个日渐重要的特性是使用技术制造现象（尤其是电磁学），因此纯艺术自身如今也可以被视作科学的一个分支。

安培在《论科学哲学》中界定的一个新领域，捕捉到了科学和艺术之间的这种交流。"技术艺术"关涉的是"人类作用于同伴的智力或意志的方法"；该领域涵盖这样一些步骤——"唤起思想、情感、激情等，并在艺术对象的观众，音乐或演讲的听众或读者中，产生新的思想、情感、激情等"。[7] "techne"的希腊语词根长期来都指一般艺术或工艺，直到这一时期，意指一套独特的物品和生产过程的"技术"（technology）一词才出现，而且它往往与经济发展有关。[8] 在技术美学的概念中，安培捕捉到了艺术的可计算、可复制和由机械辅助的方面：这是一种关于审美效果的劳动理论。他并不孤单，浪漫主义时代的艺术家们正在思考着他们所用技艺的技术根基此时所经历的变化，比如印刷技术和贸易，再如在绘画、音乐以及歌剧的沉浸式视听形式中制造了引人注目的新效果。在本章中，我将解读那些奇幻艺术将有的不可思议的转变和魔力的场景，它们反映了新的通信和奇观技术所带来的变形和夸张效果。

老安培强调的艺术的技术层面与人们熟悉的浪漫主义美学概念背道而驰：艺术作品形成一个自然的、非人工的、有机的整体，因此类似于生物；艺术是自由的表达；真正的艺术灵感，艺术天才的作品，不听命于任何定律或规则。康德在《判断力批判》的前半部分对这一人们熟知的系统做了描述，在这一系统内，艺术家们天然地敌视机械和机械化。在法国，这类观点由德国浪漫主义的阐释者提出，这包括热尔梅娜·德·斯塔埃尔（Germaine de Staël）、泰奥多尔·茹弗鲁瓦（Théodore Jouffroy）和维克多·库辛。德·斯塔埃尔的《论德国》（De l'Allemagne）将精神、想象力和有机体提升到物质、理性和机械之上："当人类被吞噬，或者说是被消解至尘埃时，奇迹的精神是唯一能让崇敬的力量回归灵魂的，没有它，人们就无法理解自然……宇宙更像一首诗，而不是机械。"[9] 维克多·库辛的"折中主义"宣言《关于真美善的演讲》（Lectures on the True, the Beautiful, and the Good）将"理想的美"当作引导人类走向先验和无限的手段；这种"唯灵论"美学得到了泰奥多尔·茹弗鲁瓦的支持，他认为艺术是把握不可言喻之力的无限领域的尝试。[10] 1835年，作家兼评论家泰奥菲尔·戈蒂耶沿着这些思路，将"为艺术而艺术"这一原则呼唤成了一种口号，在艺术与任何道德、政治或技术目标之间建立起壁垒。纯粹的

"艺术"反对机械主义的诡计、伪装和重复性——这种批评的声音后来在福楼拜、波德莱尔等人对"工业艺术"的谴责中延续下来。[11]这些是用唯心的、超世俗的语言阐释德国美学，比如康德和席勒的美学思想。

然而，我们将在本章的19世纪初的文学、视觉艺术和音乐案例中看到，尽管有这种"唯灵论"美学，但使用理性和机械装置来制造审美效果是普遍的，且受到了广泛的欢迎。也如第三章所示，尽管康德强调"超感觉"（the supersensible），席勒的著作中也有些唯心主义的倾向，但《论人的审美教育的书信集》（*Letters on the Aesthetics Education of Man*）的总体主旨是将形式和感觉融合，在各种技术的辅助下，让活动与其他事物一样，成为审美状态的基础。审美经验需要感觉、活动和对象。与此类似，法国此时也出现了一套理论论述，探讨艺术和各种非凡经验的技术和生理基础。我给这一小众传统起了一个矛盾的名字，生理唯灵论，这些人从未有意识地形成流派，但有着共同的关注点和影响源头。该派成员尽管在学科甚至形而上学上存在分歧，但都认真地研读了安培的对话者曼恩·德·比朗的哲学。

因为曼恩·德·比朗对维克多·库辛产生了重大影响，所以他最常被认作"唯灵论"传统的创始人；然而他最常关注的不是灵性的超越，而是心灵（l'esprit）和身体之间动态的、可变的互动。他死后出版的日记中记录了他的自我观察——他不断改变的想法、千变万化的情绪，以及这些是如何取决于他的身体状态、思维和行动习惯，偶尔还会出现未曾预料的"超个人的"（superindividual）幸福的神秘状态。对于他的某些读者，包括安培、科学记者亚历山大·贝特朗（第二章曾提到他）、哲学家费利克斯·拉维松（Félix Ravaisson）、精神医生约瑟夫·莫罗·德·图尔（Joseph Moreau de Tours），以及贝特朗的朋友皮埃尔·勒鲁，曼恩·德·比朗的研究启发人们思考身体活动、习惯和外部改造——尤其是技术设备和药物——可能以怎样的方式改变知觉、判断和经验。这些哲学领域的生理唯灵论作品，遥相呼应着同一时期的奇幻艺术所代表和诱发的知觉改变。它们强调知觉的脆弱和"人工性"，及感知者在创造感官对象中的作用。

因此，这些丰富的作品重申了浪漫主义批评中的一个熟悉的主题：在某种意义上，我们每一个人都是诗人或艺术家，我们通过感觉和想象活动，从原始的感官材料中创造我们自己的经验。例如，柯勒律治的浪漫主义心灵理论谈到了初级想象力（primary imagination），即把感觉印象综合为有意义的经验的能力，以及次级想象力（secondary imagination），即在创造整体艺术时有意地融入感觉碎片的能力。[12] 想象力有时与源自"fantasia"词根的幻想（fancy）混合使用，有时又与其区别开来，人们将奇幻艺术带来的意外转变和奇想归为想象力的功劳。

在 19 世纪 30 年代至 40 年代的巴黎，想象力的概念有了一次决定性的转变：想象力那改造和创造世界的力量，获得了技术的辅助和加强。艺术和科学实验创造出新的感官刺激，借助新技术融为一体。因为有了新的表现和通信技术，新世界得以被描绘和分享。另外，想象力可以在重复中得到训练（通常借助外部设备制造规律性），使某些判断成为习惯，从而变得自动。一方面，机械有助于固定住一个由事实和经验组成的熟悉的、可预测的背景，如同柯勒律治所说的初级想象力。另一方面，机械可以产生新奇的冲击，生成新的效果和新的感觉组合，这就像次级想象力中的诗性力量。依据第四章的讨论，我们可以认为这是一种劳动美学论。

有一个引人联想的例子，即巴黎最著名的奇幻艺术之一，艾蒂安-加斯帕·罗伯逊（Etienne-Gaspard Robertson）的《幻景》（Fantasmagoria）。这一奇观是一种技术升级后的幻想，它结合了两种特质：一种是令人放心、习惯的，另一种是令人震惊的、扰乱性的。[13] 罗伯逊是雅克-亚历山大-塞萨尔·夏尔（Jacques-Aléxandre-César Charles）的追随者，夏尔是一位在皇家宫殿附近进行科普演说的院士；另外，罗伯逊也是一位氢气球飞行员，他的航行赐予奥斯特灵感，让他写下《飞艇》（Luftskibet）——以飞艇为主题的系列诗篇。[14] 罗伯逊的《幻景》在巴黎一座废弃修道院的两间房间里上演，在 19 世纪的前十年里吸引了上千名观众。观众首先聚集在一个光线充足的房间里，他们受邀观看罗伯逊的朋友沃尔塔设计的静电起电机、莱顿瓶和电池等展品。[15] 第二个房间更著名：黑暗中，玻璃口琴奏出阴森的乐声——这种乐器由本杰明·富兰克林推出，最初是为了模仿人类声音，但在 19 世纪初与灵域联系起来——摇曳的幽灵和已故暴君的图像浮现，忽而向观众涌来，忽而逃离。这些模糊多变的图像是由带轮子的魔术灯笼制造出的，它可以让半透明纸片上的投影变大或变小。《幻景》展示了电力机械能够制造可预测的、合理的效果，另外它还是一场光学骗局，惊悚骇人，或至少是令人惊讶的，它突出了这一时期科学的唯物论和奇幻幻觉之间的密切联系。[16] 在文学界也是一样，现实主义和奇幻的技术是相辅相成的。为了制造出离奇的效果，艺术家首先必须掌握现实主义的传统技巧：只有在稳固的、可预测的世界，才能有效地被突然爆发的看似不可能的事抛入怀疑之中。巴尔扎克是现实主义文学的创始人，他也创作了许多富于想象的文本，他的作品时常体现着这种辩证对立。[17]

就如之前在讨论达盖尔摄影时所预见的，在本章所讨论的幻景技术中，奇幻和"实证"，幻觉和事实，作为一种认识论的硬币两面出现。科学中的现象技术往往是艺术中技术美学的基础。幻想和幻觉是严肃的科学和认识论思考的对象。对于两者的理解，都用到了同一种建构主义的感知理论，它建立在积极的、具体的和自愿的自我之上。此外，在奇幻艺术中反复出现的意象——复活的物体、活的机械和动态的、变化的液体——反映了这一时期对改变世界的机械所持有的一种矛盾的崇拜感，也反映了它在形而上和政治上的不确定性。奇幻作品在形式和内容上，都戏剧化地表现了技术重塑或破坏自然、解放或奴役人类的力量。

转型的印刷

浪漫主义和机械至死为敌，这一陈词滥调的流传也有法国浪漫主义诗人的贡献。阿尔弗雷德·德·维尼（Alfred de Vigny）曾写诗谴责铁路；[18] 另一位诗人则哀叹道：

> 昏暗的地堡里，
> 人类像自动机一样，
> 从早到晚都机械地重复同样的动作，
> 耗尽他们的生命和健康。[19]

雨果提醒人们小心"阴沉的机械，那些可怕的怪物"会吞噬童工。[20] 但机械化也遭遇完全相反的反应，尤其是在 1830 年之后。雨果在诗集《心声集》（*Les voix intérieures*）中，敦促艺术家们认识到工业是活生生的，甚至可以说是超自然的力量，他感叹道：

> 诗人啊！当你睡觉时，铁和炽热的蒸汽，
> 将原有的重力从地球上所有悬挂的物体上抹去，
> 碾压着沉重车轴下的坚硬鹅卵石。[21]

一个全新的亚流派出现了，它歌颂机械化的美丽和造物潜力。维克多·德·拉普拉德（Victor de Laprade）的《新时代》（*The New Age*）称赞：

> 引发变形的火。
> 它让万物臣服。
> 它将灵魂赋予粗俗的肉体；
> 它的魔力触及之处，泥土中
> 水流汹涌鼓动，
> 推动着一片钢铁森林。[22]

乔治·桑在小说《里拉琴的七弦》（*Les sept cordes de la lyre*，被称作"女版《浮士德》"）中，塑造了一个人物对"工业的声音、机械的噪声、蒸汽的呼啸声、锤子的冲击声"创造的"崇高和声"充满了钦佩之情。[23]

不过显然，对于从事文字工作的人来说，最重要的技术发展是在印刷领域。人们着迷于印刷机的影响和随后的技术改进，这与浪漫主义诗歌时常赞颂文字具有变革性、有明显的物理性的炼金术式的力量是分不开的，维克多·雨果就曾在《沉思集》（*Les contemplations*）中颂扬道：

> 一个词是一个生命体。
> 梦想者的手在书写时震颤着

......

它从小号里发出，在墙上颤动，

巴尔大撒绊倒了，耶利哥也陷落了 ①。

它将自身融入人群，自身成为人群。

它是生命、精神、种子、风暴、美德、火焰；

因为这个词就是那一动词，那一动词就是上帝。[24]

　　根据雨果的说法，文字会震动、摇晃、破坏，但也会创造。语言被比喻为一种自然力量、武器和乐器，它能够推翻帝国，塑造新社会。语言创造了世界，[25] 这种语言概念不仅借鉴了"逻各斯"（logos）的概念，与上帝同义的圣经"言语"，还借鉴了新兴的语文学。受施莱格尔兄弟和威廉·冯·洪堡的影响，加上欧仁·比尔努夫（Eugene Burnouf）、埃德加·基内（Edgar Quinet）和让－雅克·安培的译介的激励，关于语言力量的浪漫概念充满了雷蒙·施瓦布（Raymond Schwab）所说的"东方文艺复兴"。在对新翻译的梵文语言学文本的解释中，语言被表现为一种能量形式。浪漫主义诗人尝试掌握那种被归于古代仪式语言的力量，人们认为这种语言力量既表达又塑造了事物的本质。与这种将符号作为一种物理力量的构想相随的，是另一种构想：自然本质上是一种符号，并且服从生长和改变。人们将这种强大的语言与人类的过去联系起来；但是在反复回流的浪漫主义时间结构里，它也被视为一种可能会回归于人类的能力。[26]

　　印刷技术的进步增强了文字的力量，扩大了其传播范围，可能会加速这种回归。而认为修辞是有效的、变革性的符号使用，这样的构想因文字印刷新技术的影响得到了巩固和发展。浪漫主义与印刷领域的增长和创新是分不开的。自 18 世纪末以来，作者不再能够向贵族赞助人寻求支持；他们被迫依赖文学市场的不定期报酬过着东拼西凑的生活。因为印刷品的爆炸性增长，以及随之而来的阅读人群的扩大，这一切才变得可能。1815 年后，一个已扩张到大规模的、日益机械化的传播体

---

　　① 有人认为巴尔大撒是东方三博士中一位的名字。耶利哥位于耶路撒冷以北，是一座有三千多年历史的古城。——译者注

系形成了。纸张价格降低，加上平版印刷兴起、蒸汽滚筒印刷机引进——1823 年时法国有了一台，到 1830 年增至 30 台——以及版权法和审查政策变化，价格低廉的印刷作品井喷式出现。1830 年推出了日报《国民报》（Le national），随后在 1836 年推出了甚至更便宜的《新闻报》（La presse）和《时代》（Le siècle）；1830 年还推出了《通俗文艺专栏》（feuilleton），即在报纸底部的版面上分期出版的连载小说，这让巴尔扎克、大仲马、欧仁·苏和乔治·桑能够分期发布引人入胜的故事。[27]

因此，浪漫主义文学时常赞颂印刷机及其几乎被推上神坛的创始人古登堡，这绝非偶然。雨果在《巴黎圣母院》中写道："这个将要杀死那个 [①]"（Ceci tuera cela）——印刷书将摧毁天主教的恢宏楼宇——许多人为印刷术的发明带来的划时代影响欣喜若狂。奈瓦尔自己设计了一台新印刷机，与人合作写出了一部关于印刷革命的戏剧。[28]巴尔扎克着迷于自己作品的物质形式，以至于开办了自己的出版社（如他的大多数金融计划一样，惨败收场），并在作品中频频讨论印刷技术和文字的影响。他关于出版业的悬疑小说《幻灭》对纸张和印刷的历史做了长篇大论。这本书追溯了记者操纵公众舆论的策略，并探讨了激励或抑制对"未来伟人"成长的颂扬、论战、辩护和神化过程。它详细介绍了宣传的机制和有偿捧场者（claque）的艺术，这些可以让一个有潜力的无名小卒摇身一变，成为一个具有传奇色彩的公众实体，就像吕西安（Lucien）的女友科拉莉（Coralie）。

在《人民》（The People）中，米什莱（Michelet）吹嘘自己出生在一个被他家的印刷厂占用的教堂里："被占用了，但是没有被亵渎，因为现代印刷业不也是一艘神圣的方舟吗？"[29]诗人埃内斯特·勒古维（Ernest Legouvé）也写了一部以通信技术重述人类历史的史诗，并于 1829 年在法兰西学术院获奖。多少世纪以来，知识只能通过歌曲、记忆（经常不可靠）和莎草纸（保存下神圣的文本，但限制了阅读人群的范围）传承，然后"古登堡出现了"！因为伟大的思想运动"在改变工具的同时也改变了自身的特点"，勒古维详细介绍了技术的进步，比如活字印刷和改进版的墨水，古登堡借此释放出印刷的"神奇力量"和"造物主的能力"。多亏了印刷术，

① 摘自雨果《巴黎圣母院》，施康强、张新木译，译林出版社，2010 年。后一句为"书籍将要杀死建筑"。——译者注

"同一个灵魂进入了一千个人的心中，并存活下来，因此，整个民族崛起了，由一项设计所鼓舞"，迎来革命和自由。古登堡"将知识之神变成了大众之神"。[30] 印刷业成了一种在心灵和物质之间取得平衡的、超越人类的政治力量，揭示这个世界的不足，为迎来新的世界做准备。拉马丁认为，"古登堡将世界精神化了"。[31]

歌德的《浮士德》描写了炼金术师制造的荷蒙库鲁斯①和梅菲斯特②的交易，该书在 19 世纪 20 年代初由热拉尔·德·奈瓦尔翻译为法语；巴尔扎克 1834 年的《绝对之探求》是这个故事的现代版本。而科学家是魔法师和创造者的观念，又反映在这些文本的作者身上。文学的目的成了追寻变革性的、改造精神的效果，文学作者若有似无地将自己与法师和巫师做类比。[32] 圣伯夫称，霍夫曼"在诗中释放并展示了磁性的力量"，这便是一个典型例子。[33] 他的作品《自动机》(Automata) 和更为人熟知的《睡魔》(Sandman) 一样，将机械主义、神秘主义和对文学力量的思考融合为一体。故事开始时，一群朋友"像一片雕像，僵直、静止地"盯着一只随着无形力量振荡的戒指。这个故事描述了与一台会说话的机械"说话的土耳其人"(the Talking Turk) 的相遇〔显然是受到了下棋自动机的启发，该自动机由演出经理兼节拍器的发明者梅尔策尔（Maelzel）推出〕，它可能拥有占卜力量，或被某种力量控制了。故事的主人公遇到了一位痴迷机械音乐的科学家和一位可能是其实验品的歌手。在每个例子中，都会出现这样的问题：角色是被推动的还是推动者，是无助的木偶还是神一样的行动者。故事悬而未决的结局将这些不可思议的机械与霍夫曼自己的创作哲学联系起来。当朋友问霍夫曼故事中的主人公故事会如何结束时，主人公回答道："……我一开始就告诉过你，我只打算给你读一个片段，我想'说话的土耳其人'的故事只是一个片段。我是说，读者或听众的想象力应该只接受差不多一两个强大的推动力，然后就会维持摆动，像钟摆一样，就好像根据自己的意愿在摆动。"[34] 这样的钟摆，可以用来维持音乐节奏，测量重力，或催眠，同时也在形式上表现出美学、力学定律和超自然力量的作用。在霍夫曼的笔下，这位入迷的主人公——他暗示了，也就是被施了魔法的读者——既是自主的、有想象力

---

① 荷蒙库鲁斯：指炼金术师创造出的人工生命。——译者注
② 梅菲斯特：《浮士德》中魔鬼的名字。——译者注

的施动者，也是由力学定律决定的对象。[35] 文本本身滑入了一连串的联想——写满字母的纸本身只是一个惰性的物质对象，然而，它一旦被阅读，就有能力进入读者，并改变读者的阅历。

印刷的文字时常显露这样的双重性，它既是强大的新技术物体，又是通往超自然领域的大门。第六章将更仔细地探究自动机和不可思议的活的物体这些奇幻意象。这些意象可以被解读为科学家和工程师试图控制自然从而挑战上帝的寓言，浪漫主义文学中反复出现的撒旦形象和撒旦的"科学"诱惑也突显了这种思考。[36] 这类险恶而冷酷式的意象反映了奇幻艺术家们自身的努力，他们试图利用文字、纸张和印刷机等材料，在黑暗的心灵房间里创造出栩栩如生的效果。

浪漫主义的视听

创造景象和改变知觉的力量，不仅在罗伯逊的《幻景》中，也在全景图（panorama）中大放异彩。全景图狂热始于 18 世纪末的伦敦和巴黎，到了 19 世纪 30 年代仍然热度不减。在巴尔扎克的《高老头》中，人物说话时会在任意词后面添上强调的后缀"–rama"，以"拉马"发音为乐。[37] 巴尔扎克拉马！全景图位于圆柱形建筑内，参观者攀登昏暗的楼梯进入一个巨大的圆形房间，房间的光源是屋顶中心的间接阳光，它四面环绕着超现实的风景，比如遥远的山脉、城市、港口或战场。全景图被视为庄严的甚至是神圣的空间，评论家时常将其比作坟墓，据说参观者在整个参观过程中都恭敬地保持沉默。[38] 它就像埃及的金字塔，是一台赋予生命力的机械，以惰性物质制造栩栩如生的幻觉。

全景图引起了科学家们的兴趣，一方面因为它刺激了自然知觉的机制，另一方面也使它变得可观察。1800 年提交给科学院的一份全景图报告指出："我们可以假设，无论眼睛被吸引至地平线上的哪一点，都持续地受到一系列图像的冲击，它们都呈相对比例，都有自然色彩，而且眼睛无处抓取用以判断的比较对象：在这种情况下，眼睛将遭到愚弄；它将相信它看见了自然，因为自然不再能出现告诉眼睛真实不是这样的。"[39] 全景图会引发一种原本是自然物体刺激而出的直觉过程，它欺骗眼睛和心灵，让它们误以为真。新古典主义画家雅克－路易·大卫（Jacques-Louis David）告诉他的学生："真的，先生们，你们必须到这里来研究自然。"亚历山大·冯·洪堡在《宇宙：对世界的简要物理描述》中写道，全景图的"戏剧性幻觉"具有教育意义，大众科学带来了美学教育的需求，而全景图是在真正的大众范围内进行美学教育的一种手段："巴克（Barker）的全景图，借助普雷沃斯特（Prevost）和达盖尔的技术，看着这些图像，可以假装在不同气候下漫游。这效果比任何一种场景画都要好；因为在全景图中，观众像被围在魔法阵中，远离所有干扰的现实因素，可以更容易地想象自己被另一种气候的大自然从四面包围。"他还建议企业家应该建造"大型全景建筑，营造一连串这样的风景"，而且应建造在城市中，这是"一种效果卓著的方法，可以让广大群众了解和感受这一发明的崇高和宏伟"。[40]全景图不仅对观者有教育意义，而且还让人们可以在文明的中心体验到只有不受约束的大自然才能令人升腾起的振奋感受，将普通的事物转变为神奇的事物，这就是艺术的目的。

全景图催生了一场巨幅绘画的热潮，其中一部分作品以雄伟的画面描绘了对世界起始与终结的猜想。英格兰人约翰·马丁（John Martin）在伦敦和巴黎展示了圣经体量的史前风景画，及末日的启示场景。欧仁·德拉克洛瓦（Eugene Delacroix）是法国浪漫主义最著名的画家，他是乔治·桑和弗朗茨·李斯特的朋友。他未依循前辈大卫和让－奥古斯特-多米尼克·安格尔（Jean-Auguste-Dominique Ingres）那线条鲜明的形式和平衡的构图，他那些令沙龙大受震撼的作品，如《萨达纳帕鲁斯之死》（*The Death of Sardanapalus*，1827，现藏于卢浮宫），主题激烈，打破古典习惯，迫使观者的视线在整幅画上不安地移动，在观者心中产生了一种运动或震撼。迈克尔·马里南（Michael Marrinan）因此称德拉克洛瓦的作品引入了一种对抗的美学。[41]德拉克洛瓦使用对比色和不规则形式，产生动态、律动的效果，这也表露了一种对能量及其转化的迷恋。就如米歇尔·塞尔将英格兰画家J.M.W.特纳（J.M.W.Turner）那些不描摹固定形状的风景画与萨迪·卡诺的蒸汽机作品并置一样，我们可以将德拉克洛瓦的作品解读为，以视觉形态记录了在热和不可度量物的物理现象中形成的爆炸性的、充满能量的宇宙。[42]例如，他早期的《但丁的渡舟》（*Barque of Dante*）是基于西奥多·杰利科（Theodore Gericault）著名的《美杜莎之筏》（*Raft of the Medusa*）的再创作，这件庞然大物在伦敦向四万名观众展出，并立即被封圣。乔纳森·克拉里（Jonathan Crary）认为，杰利科的《美杜莎之筏》之所以产生巨大反响，一个原因是它描绘了一起尖锐指向政府失职的新闻事件，另一个原因是它的视觉震撼力源于使用了全景图的尺寸和效果。[43] 德拉克洛瓦创作《但丁的渡舟》时参考了杰利科的大幅尺寸和对运动和效果的强调，他的绘画也参与了全景画的视觉秩序中。

全景图还成了路易 – 雅克 – 曼德·达盖尔另一发明的基础。在因达盖尔摄影而享誉全球之前，达盖尔已是公认的舞台设计师和发明家。他曾师从巴黎全景图的建造者普雷沃斯特，学习舞台绘画，他在歌剧《阿拉丁神灯》（*Aladdin's Magic Lamp*）中以煤气灯照明产生空灵效果，因而受到认可。在这些技术的基础上，达盖尔于1822 年推出了透视画（diorama），这是一种沉浸式的、令人产生幻觉的奇观。它被安置在特制的建筑中，在黑暗的环境中（见图 5.1），观众看着被打亮的幕布下，全

图 5.1　达盖尔为马恩河畔布赖教堂绘制的透视画，也是唯一现存的透视画。资料来源：
照片由路易·达盖尔协会的马蒂厄·隆巴尔（Matthieu Lombard）拍摄。

方位地展示画中物，同时慢慢地从夜晚变成白天，或从冬天变成夏天，通常还伴随着音乐和其他声效。深度和运动的效果增强了观众的幻觉。透视画甚至比全景画更像是一种"机械"：不仅照明系统是移动的，而且整个观看平台在旋转，使参观者面对面地看到两个，有时是三个不同的视图。[44]

透视画的原理是怎样的呢？在达盖尔的"双效透视画"中，画布的两面都涂上颜料，因此一幅画可以表现两种画面，这依赖于灯光的精准调试：在过滤了绿色的灯光下，绿色颜料会变得不显眼；在过滤了红色的灯光下，红色颜料会失去鲜明感。他改变灯光的方向和颜色，利用这种"形式的构成和分解"的过程，来改变观众看到的图像的颜色和构成。这些技术在他 1834 年的《午夜弥撒》(*Midnight Mass*) 中发挥出惊人的效果（见图 5.2）。观众首先看到的是日光下空荡荡的大教堂；然后日落西山，蜡烛点燃，空间被一群崇拜者填满，一台管风琴突然演奏出海顿的《弥撒曲第 1 号》(*Mass No.1*)。一位评论家写道："时间流逝中，黎明破晓，会众散去，蜡烛熄灭，教堂和空椅子又出现了，就像刚开始时那样。这就是魔法。"[45]

另一个由机械创造的奇迹是他的《从夏慕尼山谷拍摄的勃朗峰》(*View of Mont Blanc Taken from the Valley of Chamonix*)，这幅画受到了朗格鲁瓦（Langlois）全景图的启发，将一艘真战舰的尾端引入大厅中，并与一幅船尾的画结合在一起，使人很难确定三维实物在哪里结束，画从哪里开始。在达盖尔所说的"奇迹大厅"中，他建造了一座小型的山间小屋，并加入山涧潺潺的流水声、山笛声和远处的歌声，甚至还设置了一个棚子，里面养着一只正在嘶叫的山羊。据一位观众说："这是艺术与自然的非凡结合，创造出最惊人的效果，让人无法辨别自然在哪里结束，艺术从哪里开始。"[46] 即使在前排，"使用最好的歌剧望远镜"观看，也不可能区分真实和模拟物体。在 1832 年参观过《从夏慕尼山谷拍摄的勃朗峰》的人中，最引人注目的人是当时刚上任的奥尔良王朝的国王，他的回应很恰当。"当路易–菲利普带着他的家人来参观透视画时，一位年轻的王子问：'爸爸，这只山羊是真的吗？'困惑的国王回答：'孩子，我不知道，你得问达盖尔先生。'"[47] 在宣传达盖尔摄影术的小册子中，达盖尔写到了他的早期发明："画家使用的所有物质本身都是无色的，它们只是具有反射不同光线的特性，是光线带有所有这些颜色。这些物质越是纯净，它们就越能

图 5.2　宣传和描述达盖尔著名的《午夜弥撒》透视画的海报。资料来源：
马恩河畔布里阿德里安·芒蒂耶纳博物馆。

反映出本真的颜色，但依然不是绝对的，无论如何，没有必要制造自然效果。"[48] 透
视画被当作光学科学的最新成果，它在画屏、照明系统和观众的眼睛之间制造了一
种"自然效果"。[49]

　　不过，达盖尔布景的"自然性"是在何种意义上的?《艺术家》(L'artiste) 杂志
在对勃朗峰透视画的回应中，表述了一些理想主义美学的常规批判，这是库辛和他
的伙伴们所宣传的，即真正的艺术必须避免人工和机械成分："认真地说，对于达盖

尔先生效仿朗格鲁瓦先生这件事——在绘画赋予他的手段中加入人工和机械手段，这种艺术的陌生人，我们是应该指责还是应该赞扬？"不过，已经有一些人急忙拍手称赞达盖尔身兼艺术家、科学家和魔法师数职了。有人写了一首诗来称赞他：

> 他了解光线的影响，
>
> 就知晓了如何任意计算出想呈现的样貌，
>
> 无论是在组成或分解时，
>
> 他表现出的艺术家素养都不亚于科学家素养。[50]

此外，他的"造物主式"艺术还被描述为"活的绘画"，一种"造魅"。[51]透视画和达盖尔摄影同时被视为魔法奇景和对外部世界的逼真描绘。它们的"机械"特点既造成恐惧，也引起惊奇。达盖尔的这些发明——他与浪漫主义剧作家和阿拉戈等科学家的联系影响了他——突出了写实表现技术和奇幻景象所引发的幻觉与形而上层面的模糊感之间的紧密联系。

为观众制造共同幻觉也成了巴黎管弦乐和大歌剧的常用伎俩。英语中最早使用客观（objective）一词的文本是托马斯·德·昆西的《一个英国瘾君子的自白》（*Confessions of an English Opium Eater*），这本书后来被波德莱尔翻译成法语。他在书中描述了听歌剧时吸食鸦片而产生幻觉的经历。德·昆西喜欢这种观剧消遣，因此他无疑是埃克托·柏辽兹《幻想交响曲》（*Symphonie Fantastique*）的理想观众。柏辽兹的非标准和声、刺耳的管弦乐和出人意料的声效是为了描绘又或者是再现鸦片对人产生的效果。这部作品于1830年首演，开创了"标题音乐"（program music）这个流派，由音乐和书面叙述的对话呈现作品的意义。柏辽兹的标题音乐讲述的故事是，一个心怀嫉妒的情人目睹自己被砍头，并参加了女巫的安息日活动，在这过程中，天主教传统弥撒《怒神》（*Deus Irae*）逐渐变形为怪异的死亡进行曲。[52]

新的乐器实现了这部交响曲的新颖音景。柏辽兹计划加入三弦低音提琴（octabasses），这是一种超大型的提琴，由乐器制造商让·巴蒂斯特·维约姆（Jean-Baptiste Vuillaume）设计，他曾协助物理学家费利克斯·萨瓦特（Félix Savart）进行探索性的声学研究。[53] 柏辽兹还与阿道夫·萨克斯（Adolphe Sax）合作——他的创新包括发明了萨克斯——对奥非克莱德号（ophicleide）及其他铜管乐器做了改进。这些新颖的乐器扩大了管弦乐团的演奏范围，增加了前所未有的音乐色彩。被柏辽兹当作媒介的既有音高和节奏，也有音质或音色。他的《配器论》（*Treatise of Instrumentation*）详细介绍了管弦乐队乐器的表现力：它们的独特"个性"，适合使用的场合，以及表达的情感。[54] 在帕格尼尼、肖邦和李斯特等演奏大家的时代——他们与桑、德拉克洛瓦和艾蒂安·阿拉戈关系亲密——柏辽兹在公众面前的身份则是杰出的作曲家和指挥家，他就像弹奏一架巨型钢琴那般，掌控他的管弦乐团，整个乐团听命于他（见图 5.3）。

图 5.3 柏辽兹的一人乐队形象。《柏辽兹的管弦乐队》（*L'orchestre de Berlioz*，1850），出自《迈尼安先生收集的多菲内省肖像集》的《漫画和讽刺画中的多菲内省和多菲内人》，收藏于格勒诺布尔市图书馆，底片来自贝塔斯曼音乐集团。

　　柏辽兹甚至还将音乐看作一个异质的集合体，所有方面都必须加以控制："抄写员、演奏者、指挥家、构造房间的建筑师、装饰者、家具商。"他比同时代的任何人都更善于管理管弦乐队的空间，比如他曾写道："乐手占据的位置，他们在水平面或斜坡的分布，是在三面环绕的墙内，还是在房间正中央，反射板是能够传播声音的硬质材料，还是吸收声音、打破离演奏者较近或较远的振动的软质材料，这些都非常重要。"[55] 为了获得最大的"声音反射"，他的《安魂曲》（Requiem）安排了一组巨型的合唱团和两倍于标准数量的管乐演奏者。他还增加了弦乐、十名鼓手，并在演出场地（原为教堂）的四个角落安置了四组铜管乐器，从而让声音"空间化"，由此，"嘹亮的乐声似乎从管弦乐队的中心辐射出去"。柏辽兹长期对音乐技术革新有兴趣，因此，他容易着迷于圣西门派的工业宗教，他在 19 世纪 30 年代初曾与他们通信。1846 年，他为里尔第一条铁路的开通创作了《铁路之歌》（Song of the Railroad），1855 年的国际博览会（工业节）上，他与一千多名演奏者一起表演了他的《感恩赞》（Te Deum）[56]，他还一度提议用电报来保持演奏者的节奏。艾莉森·温特（Alison Winter）将柏辽兹和瓦格纳描述为两位互为对手的催眠师，她说，动物磁性的奇妙现象，为理解指挥家控制演奏者和观众，及电报的兴起提供了语境，那仿佛是远距离之外有着无形的指挥。[57]

　　柏辽兹创造的不可思议的效果，与透视画的光学幻觉是一致的。以巴黎为家的德国诗人、评论家和圣西门的支持者海因里希·海涅将柏辽兹的宏大排布与约翰·马丁的全景式风景画相比较。两者都有着"先验的"方面，并"对惊人的、过度的、大尺寸有着同一种大胆。一个是引人注目的光影效果，另一个是火热的配器；一个没有旋律，另一个没有色彩，两者有时都没有美感，也没有丝毫的质朴"。[58] 柏辽兹的管弦乐队将单纯的美感抛之脑后，它以听觉的方式让人以崇高的视角去感受史前的激烈与浩瀚。另外，他还爱对自己在物质方面的音乐创新夸夸其谈，这佐证了他相信工业时代的造物力量。我们将在本章末尾看到，这些音乐和视觉幻觉技术在 19 世纪 30 年代初达到巅峰，形成了一种大型奇观的关键形式，即巴黎的大歌剧。

生理唯灵论：一个小众的哲学传统

不过，在我们讨论歌剧之前，我们还需要再探究一下我们前文已提及的奇幻艺术家与试图理解和改进艺术效果的科学家和哲学家之间的联系。科学家们不断改进奇幻艺术的视听效果，他们试图理解和控制光、声的特性。我们已讨论过阿拉戈对光的兴趣（以及他对菲涅耳的波动说的支持），与他在天文台研发的用于稳定现象的技术密切相关。他支持达盖尔摄影，构造研究偏振光的仪器和用于测量天空蓝度的蓝镜，他还参与设计了一款仪器，莱昂·傅科和伊波利特·斐索用这种仪器测量了光的速度；他还是一个科学家团队的一员，他们发射大炮，让已知距离外的观测者在听到爆炸时放出视觉信号，他们记录下这一时间以测量声音的速度。我们将在第十章中看到，他鼓励傅科与各式大众展览和表演进行合作。[59] 其他科学家也从实验跨界到表演，研究声和光的相互作用。恩斯特·奇洛德尼（Ernst Chladni）在覆盖着沙子的金属板的边缘拉小提琴琴弓，以证明不同的几何图形产生不同的音高。声音的视觉化研究形成了一个领域，分别由奥斯特在哥本哈根，威廉·韦伯（Wilhelm Weber）在柏林，费利克斯·萨瓦特在巴黎展开。萨瓦特设计了分析人声成分的实验，建造了一个人造耳朵来模拟听觉。他与乐器制造商维约姆展开合作，根据自己建立的声学原理设计了新的乐器，包括一把棱角尖锐的不规则四边形小提琴。[60]

欧仁·谢弗勒尔是安培的朋友，也是戈布兰挂毯厂负责染色程序的化学家，他见证了手工艺人和科学家之间类似的合作。他的《色彩对比法》（*The Laws of Contrast of Color*）一书探索了将两种色彩在空间和时间上并置的效果。他解释了一些原理，如某两种色彩在远处如何融为第三种色彩，两种相近的色彩放在一起时，人感知到的差异如何增强了，他还提出了一种解释残影现象的假说，类似于歌德在《色彩理论》（*Theory of Colors*）中所说的。谢弗勒尔的这本书主要致力于指导实际应用：彩色灯光投射在挂毯上的效果、尺寸和距离的影响、将两种色彩编织在一起产生第三种色彩的方法。谢弗勒尔还思考了绘画中的问题，比如"当观众处于原视点外的另一个视点时，他看见的彩色物体本身与画家的摹仿之作之间的区别"。[61]

该书融入了道耳顿、扬和拉普拉斯关于眼生理学和光的性质的讨论，成了印象派艺术家们和色彩理论家查尔斯·亨利（Charles Henry）的查验标准。[62] 谢弗勒尔想要传达的主要信息是，色彩是技术和人类知觉共同产生的综合效果。同一种色彩可能会表现出完全不同的效果，这取决于灯光与在它之前、之后或旁边显示的其他色彩，以及观者的位置。谢弗勒尔在纺织品制造业这个尤为实用导向的背景下，强调了知觉的人工和幻觉属性。

幻觉和错觉已被证明是 19 世纪初视觉认识论的关键。英国自然哲学家们详细解释了人对感觉和神经错乱的体验，为了理解知识的基础。托马斯·布朗（Thomas Brown）问道："认为我们所有的思想对象可能'同梦的成分相似'，是否完全是荒谬可笑的呢？又或者，大自然的统一性让我们有理由推测，疯子和有理性的人的知觉是由相同的材料制造出来的，就如他们的器官同质一般吗？"[63] 哲学家、心理学家和医生"广泛关注起人类的视觉缺陷，正常人的轮廓勾画得越来越精确了"，这形成了一种构想：即使是正常的视觉也是由感觉的物质构造出来的人工制品。[64] 这种观点表明，我们所经历的世界是由我们的感觉器官和心智能力所产生的幻觉，同样心怀此构想有德国唯心论、近期翻译的东方宗教传统的文本，以及浪漫主义时代的思想家们熟知的西方神秘主义和光照派著作，最后一部分既有赫尔墨斯·特里斯墨吉斯忒斯（Hermes Trismegistus）、雅各·波墨（Jakob Boehme），也包括圣马丁（Saint-Martin）、伊曼纽·史威登堡（Emmanuel Swedenborg）。[65]

第二章提及的知觉是感觉和心理过程的产物这一构想，也是曼恩·德·比朗思想的一个核心主题，他对听觉的兴趣不亚于对视觉和触觉的兴趣。他注意到了在塑造我们对旋律、和声的知觉上，习惯和期望所起的作用："习惯首先教我们将连续的段区分开……然后再重新组合起来，清楚地将许多部分一同感知：这样耳朵就听见了和声。"[66] 库辛的"唯灵论"——侧重于先验的意志，主张身心彻底分离——一直被视为这种哲学的主要继承人。然而，如我上文所述，在曼恩·德·比朗的写作中最突出的是，他永无止境地、好奇地探索身心间的复杂关系：精神状态的流动性，状态间细微的差别及状态易变的属性，以及肉体——肌肉、感官、神经和大脑那让人几乎觉察不到的运动——对人的思想和知觉的影响。这种重点的转移影响了我们如何理解浪漫时代的哲学：哲学思考不再关注先验性和唯心论，而是指向了身体及其运动、重复和外部附器，这些成了为体验真理和美而必须了解的基础。[67]

其他思想家没有库辛这种在制度上根深蒂固的想法，他们把曼恩·德·比朗哲学的这些思想带领到了新的方向。[68] 对一部分人来说，如果要在有机体哲学中恢复精神或灵魂的重要地位，这便是基础。不过，他们所有人都认真思考了人类对周围世界的参与——意志对肌肉的作用，感官与外部现象、物质对象的接触，又或是与技术的接触，技术可以让这些接触重复下去。在身心之间的多样关系外，许多人还对意识状态的变化表现出兴趣。因此，生理唯灵论这一小众传统，从哲学领域中呼应着奇幻艺术的精神和形而上振荡。

至于安培，我们已谈到曼恩·德·比朗对重复的强调促进了他去思考科学方法，及技术设备对知觉和知识的结构性影响。此外，安培的技术美学概念——艺术是一系列由技术辅助的理性的、可重复的程序——完美地补充了科学家在某种意义上是艺术家的浪漫观点。和曼恩·德·比朗交谈过的还有亚历山大·贝特朗，他在法国的第一个科普专栏中宣扬后拉普拉斯物理学（包括安培）和若弗鲁瓦·圣伊莱尔。[69] 他在《环球》杂志上为曼恩·德·比朗的作品进行了辩解，他反对折中主义派哲学家达米龙（Damiron）和茹弗鲁瓦对其做出的纯"唯灵论"解释，他们都淡化了曼恩·德·比朗思想中的生理学部分。[70] 贝特朗认为，身心的双向互动对理解动物磁性和"梦游"至关重要。他称，恍惚状态并不是像皮杰格和梅斯梅尔的其他追随者所说的那样，由周围环境中的流体产生，而是由病人的思想和知觉器官的生理结构的快速变化而产生，部分刺激来自磁化器的重复动作和促进作用。某些人的大脑和感官的组织方式，让其更容易受到影响。他们在催眠会中所经历的组织变化，催生新的知觉和体验：这是"狂喜"（extase）状态的基础，贝特朗认为狂喜是古往今来出现附体和恍惚现象的原因。改变世界的宗教运动也发端于此。[71] 与贝特朗交情最深的朋友之一是皮埃尔·勒鲁，他是一位印刷商，也是《环球》杂志的编辑，他在人道教这一预言宗教中提出了自己的生理唯灵论形式，我们将在第八章谈到他。

许多奇幻艺术迷恋的场景，如幻觉、催眠、精神失常（madness）——都是新兴的精神病学的研究对象。精神病医师莫罗·德·图尔是现代精神病学创始人之

———让 – 艾蒂安·埃斯基罗尔（Jean-Etienne Esquirol，奥古斯特·孔德一次精神崩溃后，是他帮助孔德恢复）的学生，他承认在分析精神失常这个问题上，曼恩·德·比朗对他有影响。[72] 为了深入了解精神失常之人所经历的变化的诸多状态，莫罗·德·图尔组织了精神失常的模拟实验。他与泰奥菲尔·戈蒂耶一起成立了哈希什俱乐部①（Club des Hachichins），从 1844 年至 1849 年，该俱乐部每月在圣路易岛骄奢淫逸的房间里举行降神会，欧仁·德拉克洛瓦和浪漫主义诗歌的主要人物都参加过，如奈瓦尔、大仲马、巴尔扎克（一次）和波德莱尔，波德莱尔在《人造天堂》（Les paradis artificiels）中描写了这些降神会。[73] 莫罗·德·图尔提出了一个指导性的问题，物质因素对知觉和思想有什么影响；另外，他观察到在吸食大麻的人中，有一种心灵使思想具体化的倾向："很明显，大麻引导心灵去改造所有感觉，去穿上可触摸、有形的衣服，也就是把它们具体化！"[74] 在这种观点下，毒品就像习惯、科学仪器，或磁化器的交感重复传递，是一种构造思想和知觉的技术。幻觉也有其规律：虽然吸食者的幻想内容各不相同，但所有吸食者都经历了类似的时间和空间扭曲，并经历了相同顺序的体验发展。莫罗·德·图尔认为，识别出异常精神状态下的这种规律性，将有助于人了解感官和大脑的正常活动。[75]

哲学家费利克斯·拉维松的作品中也类似地强调了意识的肉体基础，他将曼恩·德·比朗的见解与莱布尼茨和谢林的作品结合，他曾在柏林认识了莱布尼茨和谢林。对拉维松来说，心灵和物质是一种根本力量的两方面，相当于谢林的绝对自我（Absolute Ego）或世界灵魂（World Soul）。通过培养（身体和心理的）习惯，人将精神现实化，接近绝对、神性。第二帝国期间，拉维松在建立国家哲学课程上发挥了重要作用。他论"法国精神"的文章将曼恩·德·比朗置于突出位置，他提出的有机生命理论中的物质和精神现象之间的密切联系，后来深深影响了柏格森（Bergson）对物质和记忆的分析，及"创造的进化论"（creative evolution）。

曼恩·德·比朗的这些追随者发展出了不同的形而上框架，如安培的二元论、贝特朗的关注狂喜的唯物论、莫罗·德·图尔的有机体论，以及拉维松在生物学

---

① 哈希什俱乐部也译作大麻俱乐部。——译者注

领域融合了莱布尼茨和谢林的思想。虽然这些浪漫主义时代思想家的主张各不相同，但将他们置于同一阵营的是同一种兴趣——习惯如何导致从而改变知觉和思想的器官，创造并最终稳定新的知觉和体验。与感觉论者所说的被动的白板（tabula rasa）、唯灵论者所说的指引被动的身体的不变的灵魂、卡巴尼斯等生理学家所说的决定论人－机（homme-machine）相比，这种小众传统阐述的人类主体概念更为复杂，它认为世界的经验是共同和重复的行动的产物。

他们关注习惯，及心灵与物质、生理的关系，这也使他们的思想与技术反思能够融洽。[76] 重复的经验或行动（在某些情况下由机械和仪器辅助），重构和维持了人类的身体和心灵。曼恩·德·比朗自己就不断地以新形式表述自己的思想，难怪他的自我概念在后辈那里充满了活力：这个自我试图通过内省的实践来认识自己，但这实践注定是不完整的；其思想和意志行动表明它总是可修改的。通过强调习惯和重复给身心带来的改变，曼恩·德·比朗和他的追随者们创造了一种人类形象，其中，意志和知觉持续发挥着构成性的作用，但自我决定的瞬间不断衰退，无论是好是坏，都会落入自动化的乏味中。[77] 这种流动的自我容易受到形而上的滑移和知觉转换的影响，而这些正是奇幻艺术的特点，而且这种自我也是奇幻艺术中不断出现的形象。比如梦游的人，他被磁化器牢牢控制住，进入无实体灵魂的领域；再如自动机，那些机械像被施了魔法，竟活了过来；甚至还有我们将在下文看到的，梅耶贝尔歌剧中的恶魔罗勃这类主人公，在天使般的自由和恶魔般的物质奴役之中左右为难。

吸引力歌剧

在纯唯灵论的观点（艺术是无限的象征；为艺术而艺术）之外，曼恩·德·比朗的生理唯灵论追随者提出了另一种观点。他们所提供的是一个解读艺术的框架（接近席勒的），这个框架承认物质和技术是审美经验中不可避免的组成部分。重述一下我们关于奇幻艺术的讨论，技术在三个关键时刻伴随着艺术作品：首先，在创作行为中，艺术家对效果做出规划，并使用手段达到目的；其次，在传播时，艺术家或作曲家寻找、设计并使用仪器和技术在视觉、听觉或想象中制造特定的知觉效果；最后，在接收时，观察者通过感官的生理行动，以及思想和想象的能力，将现象塑造为有意义的模式。安培的技术美学捕捉到了前两个时刻，谢弗勒尔和曼恩·德·比朗及其追随者则分析了最后一个时刻。

文字、音乐和图像的奇幻技术美学，在巴黎大歌剧中达到顶峰，这一流派在此时达成了现代的形式。环境得到严格控制，光和声音得到仔细操纵，参与者们在其中共享了一场技术制造的多重感官的幻觉，这是一种在精神和物质、想象和具体、经验和先验之间摇摆的集体经验。[78]

为这种新形式定下标准的作品是贾科莫·梅耶贝尔（Giacomo Meyerbeer）在1831年创作的《恶魔罗勃》。虽然他的成就长期以来一直被音乐批评家低估，但梅耶贝尔实际上是直接影响了瓦格纳（Wagner）和总体艺术理念的前辈。[79]《恶魔罗勃》讲述了半恶魔罗勃的灵魂遭受到威胁的故事。他的父亲是一个恶魔，假扮成朋友，想把罗勃拐入地狱，他阻挠罗勃高尚的结婚计划，引他堕落，唆使他施用邪恶的魔法。罗勃在母亲和他纯真的未婚妻爱丽丝的干预下，以及一些天助，共同破坏了恶魔的计划——梅耶贝尔史无前例地在世俗剧目中使用了教堂管风琴，来体现天助。批评反响聚焦于梅耶贝尔的声音和视觉创新：批评家们关注他使用的新乐器和和声组合，以及声音效果——舞台下安排了一组恶魔合唱团通过共鸣管唱出阴森的歌声。数百件奢华服装展示在台上，数个场景变换令人惊叹，这些受流行文化中的视觉幻觉启发，制造出深度和色彩的幻觉。关于"第三幕的废墟"，《费加罗报》（Le figaro）写道："其效果和设计完美，不逊色于达盖尔先生巧妙的透视画和朗格鲁瓦先生的全景图，效果诗意十足。"[80]在灯光方面，罗勃的恶魔父亲出现的场景里，用铝箔包裹的新式煤气灯投下令人不安的阴影；幽灵跳舞时，松香粉和苔藓孢子粉被抛掷进无罩的火焰中，制造出爆炸的火球。在最著名的一幕，即修道院墓地的芭蕾舞中，凶恶的修女复活了，她们身穿肤色服装，在令人不寒而栗的低音管伴奏下，于移动的平台上表演了一支色欲十足的诱惑之舞（见图5.4）。

为了理解大歌剧这一类别的吸引力，我们不仅需要研读乐谱和歌词，还需要把它置于我们所说的"吸引力歌剧"（opera of attractions）之中。在讨论19世纪末

图 5.4　1831 年，梅耶贝尔的《恶魔罗勃》在巴黎歌剧院（位于佩勒提）首演。资料来源：法国巴黎
　　　加尼叶歌剧院；埃里希·莱辛（Erich Lessing）；纽约艺术资源（Art Resource）。

至 20 世纪初出现的最早的电影时，电影学者汤姆·冈宁（Tom Gunning）写到一种
"吸引力电影"（cinema of attractions），这种类型的电影非常短，其重点不是叙事和
人物塑造，而是运动产生的幻觉、新奇的视效和展演的乐趣。他并不认为这些早期
的短片是向叙事电影常规努力的失败尝试，他认为它们旨在展示人们从未见过的东
西，以制造震撼或愉悦的效果："一个独特的事件，无论是虚构的还是纪实的，它本
身就很有趣。"[81] 我在借用冈宁的术语时，无意否认巴黎歌剧中的复杂情节和丰富的
人物形象，但无论是这些剧的传统主题还是音乐本身，都不足以让这一类别一夜成
名。涌向歌剧的观众，其心理同全景图和透视画的观众相似，他们是为了欣赏华丽
繁复、变化惊人的场景和声音，他们寻求的是惊喜、刺激和无须缘由的愉悦。这些
知觉刺激与歌剧的情节和音乐一样，为创作者所着迷，也是观众反响的焦点。[82]

　　在接下来的 15 年里，《恶魔罗勃》常常上演，它也成了模仿和讨论的对象。巴
尔扎克在短篇小说《冈巴拉》中对它做了进一步的创新。小说讲述了一位音乐家的
故事，他创作了一部极为卓越的作品，以至于只能在他建造的巨大装置上演奏这
部作品，那台装置叫百音琴（panharmonicon），可以再现管弦乐队的所有乐声和人

声。这台机械平时发出的完全是刺耳的不和谐乐声，除非作曲家冈巴拉喝够酒，达到罕见的兴奋状态。为了治好他的音乐妄想，另一个人带他去看《恶魔罗勃》。小说的最后，冈巴拉对梅耶贝尔的这部作品进行了长达十页的解读。虽然冈巴拉把这部剧描述为一场在善与恶、明与暗、秩序与混乱之间的普世斗争，但他也表示，把握剧情中精神斗争意义的唯一方法是关注物质细节、花费和技术斟酌，这些体现于布景、灯光、音乐织体和配器。他做过实验以探究声、光、以太、生命和思想之间的联系，就像巴尔扎克的《绝对的追寻》中的主人公一样。在这层意义上，作曲家冈巴拉反对在德国唯心论（贝多芬）和意大利感觉论（罗西尼）之间站队。他的方法是既以物质也以精神方面来定义音乐；他的乐器和以太（他和巴尔扎克认为以太是连接心灵和物质的实体）实验，为这些观点提供了科学的和形而上学的基础。[83]

虽然冈巴拉曾将他创作的一部歌剧的精彩表演归功于"精神！"（The Spirit），[84]但是巴尔扎克对表演的描述却又表明，他意识得到要产生这些效果还需要很多东西：冈巴拉将梅耶贝尔的布景描述为"思想的物质表现"，巴尔扎克也明确表示，房间、观众、乐器和酒等仪式性的安排都是为了召唤出超越尘世的存在，是这一存在让冈巴拉的音乐活了起来。此外还有一处：冈巴拉兴奋地论述了《恶魔罗勃》之后，"陷入了某种音乐的狂喜中"，即兴演奏了"一首神圣的曲子"，将享乐的幻想从听众脑中逐出。听众的脑海中，"乌云散去，天空重现蔚蓝，揭开了遮蔽着圣殿的薄雾，天堂的光辉倾泻而下"；这种精神顿悟同时也精准转录了梅耶贝尔版《恶魔罗勃》的舞台机械的结尾动作。冈巴拉用一个词打破沉默："上帝！"[85]魅惑的技术得到精确的编排，这在歌剧厅中，也在冈巴拉的复述中召唤出"精神"，为观众打开天堂之门。巴尔扎克的笔下，冈巴拉的表演成为一场艺术圣餐。

梅耶贝尔和巴尔扎克都在确立一种形而上学，其中物质和机械不是精神和有机体的对立面，而是必然伴随它们的事物和通向它们的预备事物。19世纪20年代至30年代，在追寻新形式和新经验的冲动下，一系列艺术、哲学、科学和政治实验展开了它们正面挑战了物质和精神的二元论。这些人提出关注狂喜的唯物论和具体化倾向的唯灵论，这些思想汇聚在内在和外在世界的接触点上：工具、拜物、符号和机械。巴尔扎克通过笔下人物的物质和形而上的追求，在文学哲学和哲学文学中描述和体现了这种追寻。

梅耶贝尔的歌剧是沿着相似路径的实验。它们不仅集合了前所未有的声音和视觉、幻觉和狂喜的技术，而且使有魅惑的技术本身成为戏剧中的角色。如巴尔扎克所点评的，在歌剧中，善与恶的斗争通过乐谱和配器来表达，通过贝尔特拉姆和爱丽丝对应的相反的色彩和旋律，以及大管的诱惑之音和管风琴的救赎意味的和弦来表达。我们可以把罗勃在歌剧高潮时受到蛊惑想去抓住的那根意味不明的柏树枝，解读为令人向往但道德可疑的技术力量。在剧中，罗勃被神圣的管风琴音乐唤回良心，放弃了这种力量，但这种力量在梅耶贝尔迷人的舞台设计和配器中却被衷心拥护。我们可以把罗勃本人的奇幻特点——一半是人，因此趋向救赎和精神，另一半是魔鬼，因此是物质奴役的受害者和行动主体——解读为一种更为魅惑的技术：作为这一时期唯灵论和机械学折中潮流的标志性交叉点。罗勃在物质和精神之间的摇摆，呼应了生理唯灵论的自我哲学——自我是幻觉的自动的、有意的制造者，这与这一时期其他流行奇观中的奇幻变形相呼应。

第六章
畸形动物、机械人、魔术师：花园里的自动机

————————— ◆ —————————

表现变化的寓言

不管批评家们是为达盖尔的透视画、柏辽兹的交响曲、梅耶贝尔歌剧的"魔力"和"魅惑"而欢呼，还是为其中的"陌生的艺术手法"而烦恼，这些表演所富有的吸引力基本上是因为技术创新带来了前所未有的效果。另外，其中奇幻的意象——活的机械、突然的变形、多变的流体、世界的发端和终点、惰性物、复活的机械——反思了艺术自身的魅惑技术，及更广泛的方面，即将到来的工业革命所预示的将改变世界的变化：新技术在日常生活中的存在感越来越强，人们踌躇不定，这反映在奇幻作品那令人时而惊叹、时而恐惧的特点中。我们看到与奇幻作品同时出现的还有生理唯灵论的知觉理论，这些理论将艺术家和观众都视为创造者。艺术家的"创造力"映照着奇幻作品中描述的神奇力量，而感知者内在的有机运动、意志、欲望和习惯也都主动地嵌入经验中。

通过这种方式，奇幻作品展示了宇宙秩序的寓言：世界上有什么？我们如何认识世界？世界如何会被改变？浪漫主义时期的其他奇观所传达的宇宙秩序更具说教意味。如上文所说，在这个时期，科学的"庸俗化"正在兴起，科学的性质正在从儒雅的消遣转变为大众的娱乐。[1]亚历山大·贝特朗为《环球》杂志撰写的文章，

激励了医生阿尔弗雷德·多内（Alfred Donné）每周撰写一篇科学专栏文章，该专栏位于《辩论杂志》（*Journal des débats*）第一版的底部；19 世纪 40 年代，多内将"科学专栏"的工作交给了实验革新者莱昂·傅科。在雅典娜礼堂的讲座中，加尔（Gall）和施普尔茨海姆（Spurzheim）发表了颅相学演讲，奥古斯特·孔德宣扬了科学的社会使命。[2] 在出版物和讲座之外，19 世纪 30 年代至 40 年代的大众科学往往像音乐和歌剧一样，旨在让观众参与到完整的、彻底具象的体验中。比如上文已提及阿拉戈在天文台旁边扩建的演讲厅举办戏剧性的、有趣的天文学科普讲座，还有他试图将公众引入科学进程，再如上文提到喜欢音乐的洪堡梦想着创造富有教益的全景图。科学家们及其中的代表性人物，共享着浪漫主义奇观的目标，力图通过吸引各类感官的方式，将有关自然秩序的真理和争议传播给更多公众。[3]

巴黎城内另外两个让公众接触到更广泛的新科技创新的重要场所，是自然历史博物馆和多次举办的法国工业博览会。在这两个场所，与非人类的直面接触——如异域的动物和新式机械——促使人们思考人类的本性、其改造能力以及与宇宙其他部分的关系。无论是自然的还是人造的活物展品，都成了讨论的焦点，人们对现实的终极性质的理解在唯物论和唯灵论、泛神论和生机论、自然的静态观和历史观之间摇摆不定。不同有机体之间的关联及其与环境的关系，促使人们思考物种的起源和演变；所有工业产品和机械都证明了人类在技术艺术的帮助下改造世界的能力。在这两件事中，通过人工手段修改自然秩序的能力以戏剧化的形式呈现。在工业博览会上，你可以一眼看清工程师科学家们对工业改造能力的看法；若弗鲁瓦·圣伊莱尔在自然历史博物馆激昂地提出物种的可改造性，挑战了居维叶捍卫的静态自然秩序，这正如为了打压拉普拉斯派强调的平衡和超然，而提出动态的自然观。

自然历史博物馆和工业博览会促使人们思考人类作为创造者（实际上便是作为神一样）的能力，这些可能性令人兴奋，它们在两部受欢迎的作品中得到极致体现：现代舞台魔术的先驱欧仁·罗贝尔-乌丹的《奇幻之夜》（*Soirées fantastiques*），以及 J.J. 格朗维尔的收录多种故事的疯狂故事书《另一个世界》。罗贝尔-乌丹和格朗维尔认真探讨了可由技术改造自然的观点，展示了有机体、社会和自然环境易受人类改造的特点，这种可能性既让人迷失，又让人充满希望，同时它又十分危险，走在亵渎上帝的边缘。这一章追溯了在浪漫主义时代的巴黎，科学中的机械变形是以哪些方式走到热切的公众中去的。

善于思考的动物

自然历史博物馆及其周边的动植物园是一处研究场所，在这里，新的物种被分类，旧的分类遭遇挑战，新的栽培技术正在测试中。这里还展示着美丽的植物和奇异的动物，以满足游客的好奇心，为他们带来乐趣，因此这处诗意的地方也成为散步和约会的场所。由于布冯实施的扩张，此地已经融入了法国科学近一个世纪。在革命时期，这里收集和整理的自然物件是新的政治秩序的表现模型和范例。研究外来植物和动物对法国环境的适应实验，暗示了共和制度有能力塑造新的人种。[4]

在复辟和七月王朝时期，植物园继续孕育着一种猜想，即动物可当作人类社会的模型。通过观察动物园里的动物，参观者开始思考人类这种特殊的动物。[5] 自然历史博物馆为巴尔扎克的"社会的自然史"和"生理学"这一文学类别提供了思路，它们从准科学的角度讽刺了巴黎的风俗习惯。J.J. 格朗维尔在《动物的私人和公共生活场景》(*Scenes from the Private and Public Life of Animals*，1839—1840) 的故事插图里，描绘了这种镜像游戏；本书的故事则由巴尔扎克、乔治·桑和 P.J. 斯塔尔 [P.J.Stahl，巴尔扎克的编辑埃策尔 (Hetzel) 的笔名] 撰写，模仿了著名的生理学文集《法国人笔下的法国人》(*Les Français peints par eux-mêmes*)——这些故事用动物代替人类，重现了在国会大厦和讽刺的道德剧中出现的定型场景。在卷首插画中，格朗维尔描绘了自己坐在动植物园里的场景，以讽刺的笔调将文集的讽刺作者们画成被展示的动物 (见图 6.1)。这种镜像关系也见于《另一个世界》的意象，一个长着鸟嘴、翅膀和鱼鳍的资产阶级家庭参观了动植物园，他们注视着与自己 (观察者) 明显相似的有鸟、鱼、昆虫特征的人形家庭。[6]

博物馆和动植物园里的动物很能引人思考：它们是人们思考人类的显著特征、物种之间的差异、思想和直觉之间的关系以及物种变化的可能性和可能原因的重点。弗雷德里克·居维叶 (Frédéric Cuvier) 是伟大的解剖学家乔治·居维叶的弟弟，也是曼恩·德·比朗圈子里的一员，他负责收集动物园中的活体标本。他和伊西多尔·若弗鲁瓦·圣伊莱尔（Isidore Geoffroy Saint-Hilaire，艾蒂安·若弗鲁瓦·圣伊莱尔的儿子）在动物行为方面的研究，参与奠定了动物行为学（ethology）的基础，他们对动物行为的观察催生了习惯和本能之关系的争论。[7] 尤其值得关注的是这里的外来物种，它们是新鲜事物，是法国殖民力量的象征，也是动物学和比较解剖学理论的范例或特例（见图 6.2）。

图 6.1　左图：格朗维尔在动物园为巴尔扎克、桑等人写生，格朗维尔《动物的私人和公共生活场景》的卷首插图。宾夕法尼亚大学藏书和手稿图书馆提供。右图：《鲈鱼》，出自格朗维尔《另一个世界》，第 114 页。

比如在 1824 年，埃及的帕夏向法国献上一头长颈鹿。曾经参加过拿破仑埃及考察的无脊椎动物专家教授艾蒂安·若弗鲁瓦·圣伊莱尔亲自护送长颈鹿从马赛来到巴黎。长颈鹿不寻常的步态和奇特的优雅姿态，让园区的观众络绎不绝，以此为主题的纪念品也卖得火热，从盘子和图画，到歌曲和墙纸。该物种还被拉马克的《动物学哲学》（*Zoological Philosophy*）用作例子，以说明该理论的中心论点：环境的变化引发动物产生新的行为，器官的使用和废弃导致其生长或萎缩，并且这些变化会传给下一代。人们认为长颈鹿的祖先是一种像马的生物，它们为了应对低处缺乏植被的环境，逐渐拉长脖子从树上吃东西。这种为了应对不断变化的环境而进行的改造，与居维叶的观点冲突，居维叶认为物种具有稳定性，上帝在生物及其生存条件之间设定了天赐的和谐。19世纪20年代，当居维叶站稳脚跟、成为理论和体制中的权威时，若弗鲁瓦·圣伊莱尔重又宣扬拉马克的演化理论。将长颈鹿纳入自己的理论，是这场争论的一部分。

居维叶和圣伊莱尔的辩论，源自研究生物的学生间长期存在的分歧。继18世纪狄德罗（Diderot）、赫尔维蒂乌斯（Helvetius）和霍尔巴赫（d'Holbach）的唯物论辩论之后，世纪之交的几位思想家认为，生命和思想取决于物质的具体组织，他

图6.2　动植物园的熊池，出自阿盖尔－巴龙（Acaire-Baron），《植物园画册》（*Album des Jardins des Plantes*，1838）平版画。资料来源：法国国家博物馆联盟；纽约艺术资源（Art Resource）。

们用物质生命来解释道德或精神生命。在动物学方面，拉马克已提出在生物的形成
过程中有两个重要时刻：自然界及其规律可能是由上帝创造的，但自然界固有的一
种生产力量不断使生物发生变化。在物质、光、热和电的有利组合中，生命自发生
成。此后，有机体发生进一步的变化，这一方面是源于它们在所处的动物序列中的
位置而逐步完善自身物种，另一方面也是它们在环境中遭遇意外后的结果。[8] 大约
在世纪之交，思想家们，尤其是哲学家德斯蒂·德·特拉西和医生让－皮埃尔·卡
巴尼斯（Jean-Pierre Cabanis），发起了一个研究人类的科学项目，它将综合医学、
历史、生理学和动物学方面的研究内容。[9] 卡巴尼斯假定人类和其他动物之间存在
连续性，思想与有机组织固有的刺激感受性和应激性（irritability）之间只是有程度
的差异。这一观点得到了加尔推广的颅相学的支持。在复辟时期，医生弗朗索瓦－
约瑟夫－维克多·布鲁赛（François-Joseph-Victor Broussais）以物质固有的应激性
的概念为基础，强硬地主张人与动物之间，以及思想与物质之间具有形而上的连
续性。

卡巴尼斯和布鲁赛的唯物论，与宣称灵魂或精神存在且独立的说法产生冲突。
天主教辩护士约瑟夫·德·博纳尔德（Joseph de Bonald）认为，否认独特的生命始
基或思想始基，必然会引至否认永恒灵魂，从而进一步导致更严重的后果。德·博
纳尔德将人定义为"由器官提供服务的灵魂"，这与他为复辟所做的神权辩护一致。
拒不承认灵魂对身体有支配权的人，也会否认上帝对自然有支配权；这样的人也会
拒绝承认国王对其臣民有统治权，他将臣民定义为实现神圣合法的君主意志的工
具。这种传统的唯灵论和它反对的唯物论都具有生理、政治和神学方面的影响。

历史学家倾向于将这些形而上的辩论简化为两种宇宙论之间的较量：机械主义、
无神论的共和派与唯灵论的、虔诚的保皇派的对峙。然而，对抗者们的实际立场比
这种二分法所表示的更灵活。[10] 那些认为生命必然依赖于不同于普通物质的实体或
始基的人，可能会认为先验的神指导或执行着自然法则，就像非物质的灵魂以身体
器官作为工具一样。而还有人主张唯物论的（也包括潜在的无神论的）生机论，他
们认为创造生命的独特始基与普通物质完全不同。例如，在比沙和布鲁赛的构想中，
生命在于"应激性"。此外，还有人可能是一元论者，声称思想和生命只归因于物质

的配置，而这样的观点并不一定意味着无神论。另一种一元论是泛神论，认为整个世界都充满上帝的实质，或者与上帝的实质完全相同。天主教当局和传统的捍卫者将"泛神论者"作为对维克多·库辛的辱骂，但是在歌德和谢林重新发现斯宾诺莎的启发下，圣西门派和皮埃尔·勒鲁有意接受了这一观点。[11] 唯物一元论者倾向于相信决定论的还原论（reductionism），而许多泛神论者强调神创世是持续的过程。

如第五章生理唯灵论的讨论中所说，即使是那些关注同样问题并提出相同解决方法——例如心理状态和身体活动之间的相关性和相互因果性——的作者，也可能持有相当不同的形而上观点。在自然历史博物馆展示和讨论的有机体，同样在解剖学家、医生和自然史学家中激发了纷繁复杂的形而上立场。我不能说表 6.1 是完整的，但它至少表明了当时可持观点的范围和显著特征。

表 6.1　无神论与有神论的特征

	无神论	有神论
一种实体（一元论）	物理主义 / 唯物论 简化生命和意识	泛神论，斯宾诺莎主义
两种实体（二元论）	生机论	天主教，笛卡尔主义

当然，即使是这样分类也不可靠。虽然生机论经常与唯物论兼容，如比沙的观点，但它也很容易成为一种对一元唯物论的否定，如蒙彼利埃的医生贝拉尔（Bérard）的观点，他因攻击对生物施用唯物机械论的疗法而受到复辟政府的奖励。[12]

除此之外，与这些形而上观点对应的政治观点也很不稳定。首先，如我们将在后面的章节看到的，早期社会主义的宗教层面表明，政治分界线并不像无神论共和派和天主教保皇派之间的界线那么明朗。而且，捍卫早期社会主义宗教精神的不是天主教信仰的捍卫者，而是自由主义的反对派。维克多·库辛和他的朋友茹弗鲁瓦、达米龙的折中主义，试图将 18 世纪的唯物论与怀疑论、笛卡尔二元论、神秘主义调和。[13] 库辛认为这些观点中每一种都能促进思想进步，尽管他认为实现这个过程最深的根基是对自我的内省。库辛的折中主义在哲学领域呼应了七月王朝处于传统君主制和自由主义之间的"中庸之道"（juste milieu）。[14] 不过，以"折中主义"

一词称呼这一时期的某一哲学流派是令人遗憾的：这个形容词可以适用于涉及心灵、物质和生命的本性和关联的哲学辩论的全貌。

两种本性的战役

然而，在 19 世纪 20 年代的复辟时期，官方严令禁止各种异端邪说。巴黎医学院是共和主义和唯物论的温床，于 1822 年遭到清洗；政府法令规定，否认生命的基础是一种独特的精神始基的教职工将被解除职务。[15] 清洗背后的委员会成员中，有一位与自然历史博物馆有密切联系，那便是乔治·居维叶。那次事件的对立——传统宗教秩序的捍卫者和反建制的挑衅者之间的对立——于 1830 年前后，在居维叶与若弗鲁瓦·圣伊莱尔的辩论中以另一种形式再次爆发。这是一场关于分类和物种可变性的争论，同时它也涉及自然界的秩序和科学与公众的关系。我们将在下文看到，若弗鲁瓦·圣伊莱尔和他的观点——基本上只有生物史学家研究这些话题——最终成为浪漫主义的社会和工业转向的关键。

居维叶是比较解剖学的创始人和领头人。他对有机体的功能统一性了如指掌，一个著名的轶事正佐证了这点，据说他能够根据一根骨头重建一整头猛犸象。他早期跟随德国生理学家基尔迈耶（Kielmeyer）学习，并与导师分享了他对动物生命的所有方面都有充分的目的性的看法，特别是有机体与它们的“生存条件”之间保持和谐。[16] 他将动物王国分为四个分支：脊椎动物（vertebrata，有脊椎的动物）、关节动物（articulata，昆虫、甲壳类动物和分节蠕虫）、软体动物（mollusca，蛤蜊、枪乌贼和蛞蝓）和辐射对称动物（radiata，水母、珊瑚和海星）。每个分支下的生物都共有一个规划或“原型”，功能系统相同，形态相似。居维叶抨击了 18 世纪的主流观点，即所有生命可以组成一条连续的存在链或动物序列，其中每个节都被占据，缺少的节只是尚未被发现（夏尔·博内则有另一种巧妙的说法，缺少的节将依据一个上帝预定的计划，在未来显现）。而居维叶认为，这些分支之间有一个深渊，一条“裂缝”，分支由此分割：脊椎动物和昆虫是完全不同的物种。居维叶关注功能系统，及其对生存条件的适应性，这也被解读为代表了自然神学，反驳了拉马克的演化观点。居维叶认为，这些类型的形式在它们被创造之初就已确定：虽然有的生物之间只存在表面的不同，但无法想象旧物种中可以诞生真正的新物种。

然而，在复辟时期，另一种观点得到支持，即有机体随着时间的推移而发展，它们全部服从于一个为世间万物所构建的计划或层级系统，居维叶的同事若弗鲁瓦·圣伊莱尔在一般化转向（generalizing turn）中采取了这个观点。若弗鲁瓦·圣伊莱尔属于博物馆在 18 世纪 90 年代改革期间的第一批教授，他与拉马克一起工作，并帮助居维叶获得职位。他赞同拉马克基于光、热、电和磁的"周围环境"对生命起源所做的唯物主义解释。[17] 在 1798—1802 年，他参与拿破仑远征，在物理学家约瑟夫·傅里叶的指挥下，勾勒出关于自然的唯物哲学。"接受了我确立的一般原则后……人们可以解释所有的电流、电和磁现象，神经流体，发芽，发育，营养，生殖……我还说过，人们可以用物理学（la physique）来解释智力功能。"[18] 回到法国后，他与居维叶合作，为比较解剖学奠定坚实的基础。

随着居维叶的影响越来越大，若弗鲁瓦·圣伊莱尔开辟了一种将与居维叶相冲突的分类方法。居维叶的分类方法侧重于功能，而若弗鲁瓦·圣伊莱尔则关注形式。他对不同动物之间的部位做形态的类比，由此他的比较解剖学采取了一种普适的、"哲学"的方法。在他的"联系原则"下，他不是根据具体的器官来确定物种之间的共同点，而是根据所有部位之间的关系，这种关系历经"不同的变形"在不同的物种中保持。[19] 比如：

> 熊的脚使用整个脚掌或骨质部分的整体来形成的一块柱形结构的基础，该柱形结构用于支撑躯干。而貂只使用掌骨和趾骨，狗只使用趾骨；狮子和猫使用三块趾骨中的两块；野猪使用最后一块趾骨；最后，反刍动物和奇蹄动物只以一点接触地面，最后一根趾骨甚至没有参与一点，只有包裹末端的指甲参与了。[20]

因此，在不同的动物中，与地面接触的是不同的骨头。然而，虽然骨头以不同的方式发展、使用，但其本身之间的根本联系仍是相同的。作为比较单位的不是"脚"，而是各部位间的形式联系，在几种生物中，一些部位不直接用于运动或站立。

很快,他就超越了哺乳动物间的比较,开始思考脊椎动物特征的同源性与居维叶认为属于不同分支的动物的同源性:比如,他认为昆虫的壳只是外翻出来的骨架。

这些比较孕育出了若弗鲁瓦·圣伊莱尔的代表性概念,即构成的统一性(unity of composition),或者说类型的统一性(unity of type)。他认为,一个单一的基本类型、模式或规划在所有物种中以不同的比例和配置实现。这显然是被人们忽视的拉马克"动物学哲学"的一次复兴,因为环境的变化被看作外貌或形态学差异出现的原因。然而,与拉马克不同的是,他强调习惯所起的中介作用,若弗鲁瓦·圣伊莱尔认为周围条件可以直接加速或减缓、中断或延长一个普遍的发展过程。因此,若弗鲁瓦·圣伊莱尔认为,物种的变化是由环境中的物质原因造成的。不过在他的理论中,分化的观点不如动物世界的根本统一性重要:

> 不再有不同的动物。只有一个事实支配着它们,就像一个单一的存在。这个事实就是"动物性"(animality):一个抽象的存在,以不同的形态为我们的感官所感知。这些形态确实是不同的,这是由与它们结合的环境分子的独特亲和性所决定的。这些影响的无限性,不断地、深刻地改变着动物的轮廓以及表面的各处,也就意味着无穷无尽的不同的排布,由此诞生遍布宇宙的无数的多样形式。因此,所有这些多样性都被限制在某些结构中,依据的是元素替换和重新接入的方式。[21]

存在着一个单一的、抽象的存在,即"动物性",它以不同的程度和不同的扭曲、夸张、抵消、扩张、收缩和反转的方式展开。无数种"不同的排布"是可能的,这取决于有机体接触的"环境分子"。若弗鲁瓦·圣伊莱尔引用莱布尼兹的话,将自然界定义为"多样性中的统一性"。他的"普世规划"或"动物类型"充满可能性——他再次借用莱布尼兹的话语,称之为一组"潜在条件"——其实现取决于动物所处的环境。[22]

若弗鲁瓦·圣伊莱尔的学说催生了一个新的领域,即畸形学(Teratology),对畸形生物的研究。当其他分类学家在寻找"典型"(typical)标本、回避极端变体

时，若弗鲁瓦·圣伊莱尔吹嘘道："我直面最令人震惊的反常现象。"他在评述畸形
生物的收藏品时，说"这些迥异的组织类型，全都汇聚在同一个主干上，它们都是
分支，只是有或多或少的区别"。[23] 他的儿子伊西多尔·圣伊莱尔以及他的忠实助
手、由医生转业为解剖学家的艾蒂安·塞尔也对畸形学做出了贡献。我们将在第
八章再次谈到，塞尔将若弗鲁瓦·圣伊莱尔的哲学与单一动物序列的概念（这是居
维叶最讨厌的宇宙论原则）融合。塞尔还发展了谢林的追随者洛伦兹·奥肯提出的
器官发生（organogenesis）概念，由此扩展了若弗鲁瓦·圣伊莱尔的思想。这是对
"自然界在器官的连续形成中所遵循的规则"的研究。在塞尔 1832 年的《先验解剖
学研究》（*Research on Transcendental Anatomy*，他将此书献给若弗鲁瓦·圣伊莱尔）中，
他探讨了一个畸形生物的出生，即双头的丽塔－克里斯蒂娜（Rita–Cristina，见图 6.3），
由此提出他的胚胎形成理论。[24] 他写道："一个正常或不正常的器官，有规律或无规律
的器官，对自然界来说都是同一个器官；它为每一个器官所付出的是一样的，一个或
另一个器官根据相同的规则向目标前进；无论它们是否达到目标，即使它们超过了目
标，它们仍然被限制在主宰有机生成的定律范围内。"[25] 塞尔识别出的规律涉及从一
团物质中形成器官的过程，即"动物由中心向外的发展"，这遵循双重对称（double

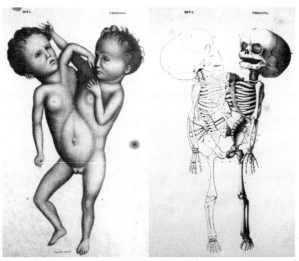

图 6.3 畸形的对称展示了器官发生的规则：双头女孩丽塔－克里斯蒂娜，出自艾蒂安·塞
尔,《先验解剖学研究》。

symmetry）和后期融合（later fusion）的模式。[26] 塞尔将器官形成和分化的不同程度，正常和非正常标本之间的差异，以及不同物种的正常标本之间的差异，归因于它们不同程度的"形成力"（formative force）。[27] 对塞尔来说，非正常突显了正常；在研究物种延续和新物种出现方面，畸形生物成了一个"必须思考的主题"。[28]

在 19 世纪 20 年代的畸形生物实验中，若弗鲁瓦·圣伊莱尔关注环境引起的有机体变化的方式，实现了实验转向。他将鸡蛋暴露在热或冷的环境中，戳破鸡蛋的外壳，减少或增加环境中的氧气，由此培育出盲的、扭曲的、小头的或多爪的小鸡仔。[29] 尽管这些实验中诞生的生物可能很可怕，但它们证实了圣伊莱尔的信念，即演化过程可以通过技术手段诱发。[30] 据塞尔说，在圣伊莱尔的"崇高"思想中，"地球成了一座巨型实验室，一系列的生物沿着一条渐进上升的道路不断演化"，"整个动物王国就像是一个生命，在其形成过程中，有着一个个演化的站点，这一点早一些，那一点晚一些"。[31] 圣伊莱尔的胚胎实验表明，大自然这座"巨型实验室"可以在科学家的实验室中模拟出来，还表明，人类的技术干预可重新引导和扩展拉马克所说的自然界的生产力量。[32]

在整个 19 世纪 20 年代，居维叶和若弗鲁瓦·圣伊莱尔之间的关系愈发紧张。圣伊莱尔发表了论分类的研究和哲学思考，这些研究和思考借鉴了德国的自然哲学，挑战了比他年轻的、更为成功的同事居维叶提出的四个分支和稳定的自然观。[33] 1824 年，居维叶在"自然"的字典条目中立下战书，来回应活的、有创造力的自然这一形象的恐吓，及圣伊莱尔模糊了他对种群仔细划分的行为。[34] 他称，自然的概念既是物质的也是道德的，也就是说，既是描述性的，也是规范性的。虽然像"自然憎恶真空"这样的表述用了拟人手法，但如果把这种描述当真，想象那些（比如，物质中活的力）确实存在，则是"幼稚的"："只有把现实归于抽象的幻影，生理学家才能欺骗自己和他人，掩盖他们在生命运动方面的极度无知。"[35] 他称，自然完全依赖于上帝赋予它的规律、特性和形式。诸如"自然界的层级"和"有组织的生命的构造统一性"等概念，同样意味着一种自然界中的必然性，这种必然性独立于上帝，并对上帝的全能性加以限制，相反，"存于世的生命协调共存，以至于将维持一种永恒的秩序。"[36] 最令人震惊的是，关于存在的层级和统一的动物类型的观念，催生了"新形式的泛神论形而上系统"。[37] 这里的观点却是自然界必须被视为"全能者的产物"，由它的智慧及保护整体和谐的规律统辖，"各种形式连续出现"的观点会破坏这种秩序。在复辟时期，居维叶正在将一些最强大的修辞武器化为己用：自然哲学家不仅犯了经验的错误，否认生物的不同分支之间存在真正差异，而且他们还犯了宗教异端的罪，他们限制了造物者的权力，将相矛盾的原则引入自然界，主张泛神论。

然而，在查理十世统治的晚年，复辟王朝的专制、伪善的说辞遭到越来越多的挑战。1829 年，若弗鲁瓦·圣伊莱尔在自己的一本书里对"自然"的定义中，对居维叶做了回应。他首先以基督徒的身份为自己辩护，然后他称神学观点不应该对研究造成限制，并为自己观点的广泛视野做辩解。法国和德国的科学流派之间——观察和猜想之间，感觉论和唯灵论之间——的对立被严重夸大了。[38] 法国科学家和德国人一样采用抽象方法，而德国人和法国人一样高度重视观察。尽管自然哲学偶尔会犯"鲁莽"和"轻率的热情"的错误，但就算是推测也包含了许多有意义的见解。[39] "统一性原则"引导人发现新规律，将各类现象简化为数量更有限的元素，发现宇宙所有部分间和层级间的关系。奥肯提出的二极性（polarity）概念已被证明在整个自然界发挥作用；谢林将磁性确认为所有"物质形成"的始基以及"所有生命力的萌芽"，引发人们去证明生命、光、热和电之间的关系，这些关系很可能蕴含着重大发现。[40] 圣伊莱尔为这些理论和一般的"演绎方法"（a priori method）辩护，他认为它们提供了一种"主动的、微妙的摸索方式"（un tâtonnement actif, subtil），这导致了一些重要原则被发现。[41] 这些原则包括动物组织的统一性，动物的"周围环境"改变了它们的肉身结构，从而改变了它们的实际构成的说法；以及控制物质和生命分解和组成的燃烧和电气化的基本原则。[42] 自然哲学并没有因为拒绝为思想设定限制而招致灾难，反而为人类领域的扩展做出了贡献。他宣称"无论人类勤奋地做什么事"，"他周围的场景都在扩张，即使他仍然只是看不见地平线的场地中的一个点"，每一个新的发现都向着人类"无限完美"前进了一步。知识将人类带入一座无限开放的、给人以美的享受的剧院，他用思想和活动，用头脑也用手来改造和占用这座剧院。"这就是他的天赋，他看得越多，学到的东西就越多，发现的值得一看的东西就越多。进入最引人入胜的景象，它由事物之间的关系制造，人类掌握着这些关系，用强壮的手抓住它们；实际上，如果他知晓了它们，一旦他知晓了它们，它们就属于他了。他不是已经通过他的思想原则触及并渗透了它们吗？"[43] 居维叶和圣伊莱尔之间的对立不仅可以解读为对稳定自然观和对渐进自然观之间的冲突，而且可以解读为对人类和技术在该自然中的作用的两种看法间的冲突。居维叶像他的盟友拉普拉斯一样，提出了一种稳固不变的自然秩序构想，这是通过超然的观察和思考认识到的；而圣伊莱尔，像他的支持者阿拉戈、安培和洪堡一样，认为自然随着时间流逝而变化，既通过自身的内部过程，也由在自然之中的人改造。在后一种观点中，技术改造——这是一种摸索，由思想和双手对事物进行把握、触摸和穿透——被视为变化这一普遍趋势的一部分，它重塑了人类和所有其他有机体都参与的景象。

因此，1830 年，在巴黎和国际媒体上引起高度关注的居维叶和圣伊莱尔的辩论，实际上早有铺垫，那时圣伊莱尔试图证明无脊椎动物能进一步证明类型的统一性。这超越了思想家们对动物类型的数量产生的分歧（四对一）。居维叶在历史上的形象与他的盟友拉普拉斯相似，他被视作权贵，他利用互惠制度为自己和支持者争取到职位，努力将科学控制在精英手中，将其他人排除在体制和奖励之外。他与政府关系密切，他强调物种从创世时起就是稳固不变的，这与复辟时期天主教和保皇派的官方意识形态一致。圣伊莱尔被描绘成人民的一员，是挑战体制的局外人；他对"统一性"的强调，与他对七月王朝的分裂和利己主义的批评遥相呼应。支持圣伊莱尔的声音来自科学界的共和派和反拉普拉斯派，还有《环球》等自由派杂志；我们将在第八章看到，1830 年后，他还与社会主义改革派结盟。事实上，这场辩论中的一个主要问题是科学将发挥作用的舞台是什么样的。当居维叶寻求支持时（主要在学院里），圣伊莱尔（在阿拉戈的协助下）决定"进入宣传（publicité）界"，将他在 1830 年辩论中的论证记录印成报纸文章和小册子，他声称这是为了防止情绪过度激昂影响思想的交流。在此之前，居维叶都在辩论中显得更为机灵，他对媒体嘲讽了这一呼吁行为。[44] "宣传"这一被广泛使用也被滥用的词，捕捉到了19 世纪 20 年代至 30 年代出现的新兴媒体组织的暧昧特点。[45] 圣伊莱尔利用这一新资源来支持他的理论，邀请好奇的巴黎人进入学院，而作为常务秘书的阿拉戈，将进一步打开学院的大门。对居维叶和圣伊莱尔辩论的报道，让日报步上动物园的后尘，成为又一处充满政治色彩的场所，在这里人们思考人类和其他动物之间的相似与差异。

歌德认为这场冲突比 1830 年的革命更为影响深远，他认为这体现了两种思想家之间的对立。居维叶遵循事实，而易为人理解，而圣伊莱尔是晦涩难懂的空想预言家，将一个观念推演至极致。[46] 这也是两种本性之间的对立：一种是稳定的、不变的，创造于很久之前，且是分裂的；另一种是运动的，不断产生新事物，以根本的统一性为特征。然而，这场辩论不应只被看作机械主义的固定性和浪漫主义的生长的对立。圣伊莱尔的活的、统一的自然表达自身的方式之一是器官发生，即创造新的器官。这其中包括人类的工具和机械，它们可被反作用于自然界本身，指导其发展进程。我们将在第八章中详细讨论，对于从圣伊莱尔的理论获取了灵感的机械浪漫派来说，机械是自然生长的一部分。[47]

暴露的进程

巴黎又一处大张旗鼓的展览——法国工业博览会（the Expositions of the Products of National Industry），在复辟和七月王朝时期成为重大国际事件。[48] 在这里，对人类的本性和力量的反思，是为了应对机械而非动物。CNAM 的夏尔·迪潘是博览会的主要推动者之一，也常担任博览会的评委，他在 1827 年致工人的一份博览会总结中写道："五十年来，每一类艺术……都经历了巨大的变化，以满足社会的需求，这个社会因一场全面而深刻的革命而改变了，它的需求也在变化。我想展示这场由社会革命指挥的工业革命的景象。"[49] 在 19 世纪 30 年代，工业革命（industrial revolution）这个词才刚刚投入使用。[50] 对迪潘来说，博览会的目标是让参观者即刻见证这场革命。此外，展品还表明了工业转型和 1789 年发起的"社会革命"之间的类比和因果关系。迪潘使用近似于拉马克的话语，将社会革命描述为改变社会的需求，这就导致新的适应事物出现，以满足这些需求：这便是洪堡称为"新器官"的仪器和机械。自然历史博物馆的适应实验花园展示了物种为适应环境而进行的变化，同样，博览会让人们看到了社会为应对变化的条件而产生的适应性技术。

博览会是大革命的一份遗产。1794 年，"最高主宰节"（Festival of Supreme Being）——游行，焰火，狂热的音乐，顶上有"自由之树"和弗里吉亚帽的人造山——大获成功后，罗伯斯庇尔提议举办"工业节"。1798 年，法国组织了一场"引人关注的新奇景象"活动来赞美机械艺术，罗伯斯庇尔在见证这场奇观之前就被送上了断头台。庆典在历来用于演习和庆祝胜利的地点——战神广场举行，设有一座"工业殿堂"，里面展示着代表"贸易"（commerce）的雕像和被评审团评为最佳的产品。小号手、骑兵、艺术家和发明家们都参加了游行仪式。组织者，即内政部长弗朗索瓦·德·诺夫夏托（François de Neufchâteau）宣布，"技艺帮助独裁政府利用和加害工业"的时代已经过去了，而"现在自由的火炬属于工业"。[51]110 家参展商的产品展示，被宣传为一次"军事"胜利：博览会是"一场灾难般打击英国工业利益的运动"，法国的制造业是"对英国政权最为致命的兵工厂"。[52] 机械艺术的地位得到提升，同时，法国人赞颂着军事力量、贸易、共和主义理想和国家荣耀。

拿破仑在部长兼化学家沙普塔尔（Chaptal）的支持下重新开启了庆典活动，他在 1801 年、1802 年和 1806 年组织了工业博览会。前两界是在卢浮宫的庭园里举行的，以象征的方式将纯艺术和机械工业联系在一起，即将艺术家（artistes）的作品和相对缺乏指导的工匠（artisans）的作品放置在一起。[53] 将有可能取代熟练丝织工的自动提花织机在此展出，但在运回里昂时被一个工人协会损坏了。1806 年的博览会由加斯帕·蒙日担任评委主席，吸引来超过 1400 家参展商，其中许多来自被拿破仑征服的国家。皇帝本人出席了开幕式，参观了博览会，并与参与者讨论了他们的发明。1806 年这届博览会强调了军事意味，不仅新设立了一个"军备制造"的奖项类别，而且将博览会搬至战神广场，最佳产品和工艺的奖项，与近期的军事胜利报道一起刊登在《箴言报》（Le moniteur）上。

十三年后，博览会在复辟时期再次举办，1819 年、1823 年和 1827 年都举办了博览会，而且依然是在卢浮宫的庭园里。这些展览因纺织物而引人注目，包括一种山羊绒，据说可以与英国从印度进口的相媲美，还有不褪色的白色丝绸。金属制品展品的数量也在稳步增加。1827 年的展品目录上写着"我们看到了冶金新分支的诞生和发展，就像是魔法一样"，该方法主要用于提纯铁和强化其性能。[54] 一位评论家赞成了在卢浮宫举办这类展览，这让卢浮宫从一处艺术品的圣地变成了"国家工业的圣地和这批奇迹的仓库"。[55] 博览会的冲击力越来越令人惊叹，同时其规模也在扩大：1827 年的博览会有 1693 家参展商和 60 万名参观者，不过其中许多人可能主要是为了看圣伊莱尔那头著名的长颈鹿，这是当年的另一热门景点。

在七月王朝时期，博览会由 CNAM 的工程师专家和圣西门运动的成员推动和策划，他们对工业所做的宗教意味的颂扬在展品中回荡。夏尔·迪潘撰写了 1834 年博览会评委会的官方报告，圣西门派的理工学家斯特凡纳·弗拉沙（Stéphane Flachat）撰写了一本总结展览的大众图书，他认为博览会曾经是"珍品库"式的展示，如今却在为国际和平和工业发展的目标做贡献。[56] 重点不再是受众有限的珍奇和奢侈品，如鸵鸟羽毛织成的地毯或猫皮，而转变为了便宜到能够接触到大众消费市场的产品。工业机械以更大规模进行展示，其中包括以蒸汽为动力的造纸技术。为了容纳这些展品，协和广场上建造了新的建筑，其中包括埃及总督穆罕默德·阿里（Mehmet Ali）于 1829 年捐赠的卢克索方尖碑（见图 6.4）。同时一项新的国家法令颁布，规定每五年举办一届博览会。1839 年，博览会迁到香榭丽舍大街上的建筑物中举办。[57]

博览会的成功带来了模仿的尝试：1844 年在柏林举行的博览会是一个竞争对手，1851 年在伦敦水晶宫举行的万国工业博览会（Great Exhibition）是又一个——历史学家经常错把这当成此类盛事的第一例。在 1844 年的巴黎，博览会的参展规模已扩大至 3696 家，这次展览展出了达盖尔摄影机，还有越来越强劲的蒸汽机。博览会的奢侈品展厅虽然令人印象深刻，但是评审会在 1839 年的一份报告中称，国家荣耀的真相被印在了金属上："我们从眼花缭乱、富丽堂皇的奇景走出后，进入由机械组成的庞大区域内，这里是铁，那里也是铁，另一处也是铁，幻觉立刻消失了，真相浮现了，灵魂立刻被这些沉默装置的雄伟吸引，它们在工作时是如此高效。铁是力量的中介。某种意义上，国家的力量可由铁的用量来测量。"[58] 像之前的拿破仑一样，路易-菲利普国王对这类盛事产生了浓厚的兴趣，他发表了开幕演说，该演说被记录在官方报告中（不出所料，出现了"国王万岁"的赞叹），他

图 6.4　为法国工业博览会建造的建筑物，1834 年，协和广场。圣西门派科学家工程师斯特凡纳·弗
　　　　拉沙所撰目录的封面，《1834 年博览会》(Paris，1834)。资料来源: 哥伦比亚大学埃维利
　　　　建筑与美术图书馆。

还定期参观。他在一次颁奖仪式上颁发了奖章，一位观察家认为这证明了"工业家
是法国的新贵族"。[59] 博览会展示的产品和工艺表明，人类改变环境的能力在变强。
如迪潘所言，它们还揭示了工业组织的变革，这具有政治意义: 国家利益正在向发
明家、企业家和利润倾斜。

　　不过，有一个尖锐的问题，这种转型对工人和那些机械发明家来说究竟是否
有利? [60] 尽管在 1801 年，雅卡尔 (Jacquard) 的织布机在里昂遭受严厉的批评，但
到了 1844 年，法国已经有上万的机械化纺织工，这被认为铸就了法国纺织品国际
竞争力。[61] 与迪潘通信的英国人查尔斯·巴贝奇主张尽可能引入机械来减少熟练
劳动力的使用，以降低生产成本，甚至还可以使用他设计的计算引擎 (calculating
engine) 来完成脑力劳动。1844 年博览会上最成功的作品之一是一台机械，它让机
械变革的进程更进一步。这是一台可以写字、画画和回答问题的机器人，它的创造
者是一位来自布卢瓦的钟表匠，他的名字左挨着恶魔罗勃，右挨着哈利·胡迪尼
(Harry Houdini)，他就是欧仁·罗贝尔 – 乌丹 (Eugène Robert-Houdin)。

奇幻的自动机

在参观世博会的机械产品时，路易 – 菲利普国王在罗贝尔 – 乌丹的展台前停留了片刻。他的注意力被一个金属制的人吸引住了，它穿得像 18 世纪的贵族，坐在一张写字台前。国王向它提出问题，它用精致的手在纸上写字，做出巧妙的回答。这位 "资产阶级君主" 和这台写字的自动机组成了有趣的组合：这位国王仅仅是国王这个重要职位的人类拥有者，而且这个职位最近才走下神坛，他遇到了一台突然被提升到了具有 "精神"——智慧或思想——的机械。[62] 由于媒体对这个无足轻重的小事做了宣传，罗贝尔 – 乌丹被赞誉为沃康松和梅策尔的继承人。他把生意从布卢瓦迁至巴黎，在皇家宫殿附近购置了一座剧院，从 1845 年开始，他在那里推出了一种新的表演形式：《奇幻之夜》（见图 6.5 ）。

图 6.5　罗贝尔 – 乌丹的《奇幻之夜》的宣传海报。请注意海报边缘的自动机（"皇家宫殿的面包师"、杂技演员、有魔力的橘子树、漂浮的时钟），以及他自称 "物理学家和机械师"。由布卢瓦的魔术之家提供。

我们在前面的章节中所提及的,围绕活的机械、以太物理学和动物磁流学的暧昧性质,是罗贝尔－乌丹表演的核心。在他的"实验"中(他称自己的表演为"实验"),与他同台表演的有一个扮演滑稽角色的体操演员、一个从鸡蛋里出现的机器人、一个按订单配送微型糕点的面包师,以及一棵迅速开出橙花的树。他的表演若有似无地对创造力量进行或神圣或邪恶的控制。他在《回忆录》(*Memoirs*)中描述他为自动机注入生命的时刻:"'谁写下了你的存在?'我按下弹簧,发条装置开始运转。我几乎不敢呼吸,生怕打扰了它的运行。自动机向我鞠躬,我忍不住对它微笑,就像对我自己的儿子一样。但是,当我看到它的眼睛专注地注视着纸,当几秒钟前还迟钝、毫无生气的手臂开始移动,以坚定的笔迹描摹我的签名时,我的眼泪溢出。"[63] 罗贝尔－乌丹还在表演中让他的人类儿子轮流担任表演者,这更加凸显了他作为父亲和创造者的角色。在他称为"乙醚悬浮"(the Etherian Suspension)的实验中,他的儿子喝下了"乙醚"(ether)——一种最近作为手术麻醉剂推出的物质,但它的名字让人联想到物理理论(以太和乙醚都是 ether)和动物磁流学——然后这个年轻人悬浮起来,一位观众认为出现这种效果是因为这个男孩实际上是一台机械。[64] 罗贝尔－乌丹依据动物磁性和梦游症设计了另一个实验,人们通常将这种状态与隔空观物的能力联系在一起。广告海报承诺:"罗贝尔－乌丹先生的儿子,具有敏锐的第二视觉,他将与父亲一起奉上一项全新实验。"12 岁的埃米尔的能力据说得到了承认,因为他的"脸苍白、富有智慧,总是一副深思熟虑的表情,这看上去就是拥有超自然力量的面孔"。在蒙住他的眼睛后,罗贝尔－乌丹敲响一个"神秘的小铃铛",让这个男孩描述观众提交给他的物品。[65] 罗贝尔－乌丹用梦游、磁力、乙醚、离奇发明和活的机器人制造出了这些场景,他的奇景始终徘徊在奇幻的意象国度中(见图 6.6)。

我们已在第五章中看到,霍夫曼和他的法国模仿者让自动机成了奇幻文学的一个核心特征。惰性物体复活的形象往往涉及现代技术和古代信仰的交叠:泰奥菲尔·戈蒂耶的故事《翁法勒①》(*Omphale*)中有一幅活动的画,他的《咖啡壶》(*La*

---

① 翁法勒是希腊神话中利底亚的女王。——译者注

La Suspension éthéréenne.

La Seconde Vue,
ou la Clochette mystérieuse.

图 6.6　罗贝尔 – 乌丹的《奇幻之夜》中分发的小册子中的两幅插图。"乙醚悬浮"和"第二视觉"，
这两个节目都将魔术师的儿子用作道具。魔术之家，布卢瓦。

cafetière）中描写了一个被幽灵占据的咖啡壶，两者都连接着死去的贵族的灵魂，
让人想起已逝去的古代人的个性和激情。[66] 其他作品涉及文艺复兴时期的炼金术和
赫尔墨斯主义。此时，法布雷·多利韦（Fabre d'Olivet）和阿贝·康斯坦（Abbé
Constant）"重新发现"了埃及的神秘学和塔罗牌；伊曼纽·史威登堡（Emmanuel
Swedenborg）论自然和精神世界之间联系的学说，流行于沙龙闲聊和文学创作中，
它们在巴尔扎克、乔治·桑，并最终在波德莱尔的作品中起着重要作用。[67] 在文艺
复兴时期，自动机就像护身符和圣像一样，被理解为传递魔法力量的磁铁和话筒；
在 19 世纪初复兴的并不完整的光照主义中，自动机可被看作向物质世界注入精神
的寓言。[68]

　　作为前瞻性的技术理性和古代超自然信仰的象征，有生命的机械这一奇幻形
象提出了一个问题：人类改造自然的合适界限在哪里？诗人洛朗 – 皮沙（Laurent-
Pichat）的《本世纪的进程在持续》（*Ce siècle est en travail*）用古老的神话重新赋予
19 世纪的创新以新意义：

　　　　冒着成为无神论者的风险，

　　　　我热爱皮格马利翁，我热爱普罗米修斯。[69]

　　《魔法师》（*Le magicien*）是阿方斯·埃斯基罗斯（Alphonse Esquiros）于 1838
年创作的一部小说，他是动物磁流学的倡导者、社会主义批评家和哈希什俱乐部的

成员。小说以 16 世纪的巴黎为背景，主角是亚历山大大帝的魔法师制造的一台黄铜自动机，据传他有"让石头或金属获得生命的天赋"，就像"皮格马利翁"。有人听到这位魔术师喃喃自语："Homo animale rationale（有生命的理性的人），伟大的大哲学家亚里士多德的定义是这样的……如果我能够证明我亲手制造的人符合这个定义，我就真的成了创造者和神。"在这个文艺复兴时期企图赋予机械物以生命的幻梦中，埃斯基罗斯预期到了现代工业的浮士德式的野心。[70] 热拉尔·德·内瓦尔的小说《奥蕾莉亚：梦与生命》(*Aurélia，or Dreams and Life*) 描写了预言性的幻觉，怪异的生命仿造品，融合艺术和自然的事物。在这本书中，一只机械鸟将神志不清的叙述者介绍给他去世的祖先；叙述者看见一纸公告，"字由花环构成，表现力和色彩都十分合适，看起来仿佛自然的一部分"。在一个幻象中，他看见工人用泥土塑造了一头巨大的骆驼；当四肢从它的身体上长出来时，他以另一种措辞发出埃斯基罗斯的疑问："我们不也能创造人吗？"奥蕾莉亚从形而上跌落，这呼应了内瓦尔时代的一种根本的不确定感。复制和改造自然秩序的奖惩分别是什么呢？[71]

罗贝尔－乌丹的《奇幻之夜》，以栩栩如生的机械和不可思议的人类形象表现这些模糊性。他被认为是现代舞台魔术的创造者，哈利·胡迪尼（Harry Houdini）尤其如此推崇他，他的名字就是对乌丹的致敬。罗贝尔－乌丹本人总是低声细语，穿着朴素的燕尾服，他将他的魔术称为"实验"，以彰显其科学性。罗贝尔－乌丹以活的机械和机械化的人类，与他的观众玩了一场复杂的认识论游戏。阐释者们认为，观众们在知道这些都是戏法的同时，也被奇妙的现象惊呆了。这种观点认为，观众的乐趣在于分析骗局的隐秘机制：他们知道，这里唯一的"魔法"是魔术师掌握的优异的舞台艺术和技术能力。

虽然这种分析抓住了罗贝尔－乌丹表演中虚张声势、误导观众的特点，但它也想当然地认为，表演者和观众之间共享一种明确的对自然的理解。[72] 然而，正是由于缺乏这样一种坚实的共识——观众中有国王、工人、无神论者和怀有各种信仰的人——这些晚会才像他们描述梦游表演时所说的，是"不可思议的"。[73] 那个孩子是否真的能看见远处的事物？或者这就是个把戏？[74] 那台机械的写作和说话能力是普通工程设计的成果，还是其中用了什么了不起的新方法？对一些人来说，表现动物磁性的场景证实了区别于身体的灵魂的存在，它能超越物质的限制进行交流；另一些人则认为，一旦物质的定义被扩展，囊括施展磁性影响的媒介，甚至思想现象也会受到控制；还有人认为这些都是些乱七八糟的东西。类似的，自动机的展示，可以表明人类掌控物质的不可思议的方式；可以表明机械可思考、反思和存储记忆；或者正相反，被解读为有意思的幻觉、嘲讽以上那些想法的聪明把戏。[75] 像"第二视觉"这样的实验，让人们在多种自然秩序的构想中踌躇不定，类似于第148页的表6.1。罗贝尔－乌丹也曾对机械的高超技能做出恶魔般的表述，其中可见相似的矛盾心理。他以纯粹的"机械"解释来揭穿其他魔术师制造的幻觉，同时却又让自己那些像是获得了生命的发明多出一层机械主义的解读。例如，在上文所引用的他描写仿写自动机活了的文字中，他未向读者透露他所描述的东西按当时的技术标准是不可能的。我们可能知道这样一个栩栩如生的准智能机械是不可能被制造出来的，当时的一些观众可能也知道这一点；但我们没有理由认为当时的所有观众必然持有这种信念。[76] 不需要屈服于彻底的相信或彻底的拒绝相信，观众就可以欣赏罗贝尔－乌丹的《奇幻之夜》。就像奇幻文学一样，这些表演让观众踌躇，他们对眼前的场景做出相互矛盾的解释，他们在这些解释间摇摆不定。[77]

在这一时期，科学争论成了理性科学和神秘主义猜想间分界线迁移（经常是消解）的场合，如磁学家和其批评者之间，拉普拉斯派和反拉普拉斯派之间，或者居维叶和圣伊莱尔之间的争论。例如，与超距作用概念相对立的以太理论，很容易引人去探寻生命流体和灵魂交流；此外，我们已涉及并将在第三部分更详细谈到，神秘主义和宗教思想编入了许多表面看上去与理性科学和工业进步有关的论述中。奇幻文学和舞台魔术中仿生机械的表演，充分利用了这种混杂和摇摆以制造恐惧、喜悦和名利。它们表现了正在经历彻底的技术转型的社会所重点关注的事物，及其在形而上学中体验到的不确定感。

神化及其他

自然历史博物馆的动物、博览会的机械和奇幻艺术中两者的结合所表明的转型，由1843年的《另一个世界》一书做了总结和考察，该书的插图由J.J.格朗维尔绘制。格朗维尔探索了世界各个层面的可塑性——物质、思想、有机体和社会——以及可用于利用这些的技术。人类发现了自己的新角色，第二造物主，他的书则编列了这将带来的令人眼花缭乱的可能性。

在《另一个世界》中，每一个现实领域（动物、植物、矿物、技术、社会）都以各种可能的风格（哲学的、宗教的、预言的、讽刺的、模仿英雄主义的、生物分类学的）和各种可能的政治态度（革命的、反动的、自由主义的、社会主义的）来呈现。其副标题暗示了这是一本歇斯底里的册子，它将反映这一时期人们出产百科全书和宇宙论的冲动，及救世的冲动——变化、幻象、道成肉身、升天、定位、探索、游历、远足、宇宙论、幻觉、幻想、愚昧、玩笑、怪念头、变形、动物变形、石头变形、转生、神化及其他。最后押韵的四个词——"apothéoses et autres choses"（神化及其他）——将耶稣升天与嘲讽的杂文放在一起，这只是一例而已，该书还有许多这样令人大笑的突降手法和令人摸不着头脑的大杂烩。格朗维尔对《爱丽丝梦游仙境》（Alice in Wonderland）的插图画师约翰·坦尼尔（John Tenniel）产生了重大影响。与《爱丽丝梦游仙境》一样，《另一个世界》展示了一个被颠覆的世界（实际上该书展示了许多种以不同方式被颠覆的世界），动物、植物、矿物和机械彼此间，或者与人类交换角色。

该书分三十六部出版，在大规模的宣传活动之后，一部部邮寄给订户；这一时期的许多"书"都是这样的，订户在收到所有分册后会装订在一起。该书没有署名，但后来揭晓了作者是P.J.斯塔尔（P.J.Stahl），这是皮埃尔－儒勒·埃策尔（Pierre-Jules Hetzel）的笔名，他是巴尔扎克和儒勒·凡尔纳（Jules Verne）的出版商，是一位激进的共和派。序言将这种非标准形式的创作方式叙述为羽毛笔和铅笔之间的争吵：虽然通常的创作顺序是先有文本，再根据文本画插画，但在这本书中，由羽毛笔代表的作家却是跟随着铅笔代表的插图画家的脚步。在这则描述本书的物质结构的寓言之后，出现了一些场景，将奇幻的逻辑发挥到极致，使熟悉的东西变得陌生，陌生的东西变得熟悉。虽然本书万花筒般地呈现了对当下世界的多种扭曲模样，但它所体现的对重构和转变过程的兴趣却是完全符合时代潮流的。作为一份创造世界方式的清单——（宇宙意符的宇宙意符）——它体现了这个时代对自然秩序、社会秩序和技术秩序之间的相互依存关系有着多么敏锐的体察。它揭示了浪漫主义的有机变异、审美狂喜、深入无限的旅行和激情的戏剧之间的紧密关系，揭示了生产技术和知识之间的紧密关系，揭示了蒸汽、光、电和人类劳动的媒介以及这些力量催生的工具。

书的最初几页宣称："长期以来，地球一直不够令人满意。"为了回应"对另一个世界的需求"，普夫博士（Dr. Puff），一位落魄的发明家、宣传员和诗人，"改造了自己"。他问道："学习圣西门派、傅里叶派和其他社会主义者的著名神话，创立一种新的宗教，这不是更好吗？"这很容易：在所有术语上加上个"新"字就可以创立一种"新的神谱"。因此，他宣布："我将把希腊神话中令人发笑的杜撰事物与印度宗教那些同样可笑的化身以新的方式结合起来，我将以'新异教'（Neo-Paganism）的名义奉上这一切。"为了研究并通过水、土和空气传播他的学说，他招募了另外"两位新神"，即克拉克（Kracq）和哈布勒（Hahblle）。普夫（这个名字既影射文学和批评界的炒作，也与书中描绘的宇宙风箱的形象相呼应）长得像无政府主义改革者蒲鲁东（Proudhon）；哈布勒（他的名字有灵巧手工和欺诈的意思）有着皮埃尔·勒鲁似的一头乱发和充满热情的大眼睛，后文将讨论到勒鲁这位社会主义者。年长而挑剔的克拉克，则是一位身着军装的前上尉，似乎融合了夏尔·傅里叶和圣西门的形象，让人想起他们那些编号的军事组织。哈布勒和克拉克也发现自己需要进行"全面改造"，尤其是要改造床单和靴子等。他们愉快地接受了普夫的邀请，被授予了"最高支配力"。[78] 该书的各章追溯了他们的旅程、观察和创造，揭示了构成宇宙的街区，及造物的不同层级和影响。

副标题中的"动物变形"（Zoomorphoses）指人类、惰性物体和机械向动物的转化，及相反方向的转化。在《另一个世界》中，决定植物园和自然博物馆中物种排序的自然和历史视角，变幻成了社会学视角。[79]《另一个世界》反映了"生理学"文学类型、圣伊莱尔的哲学解剖学、巴尔扎克的社会自然史以及新生的社会科学中的分类冲动，它们对"典型"标本的研究解释了工人、资产阶级家庭、流浪者、歌星、法官、沙龙乐手、做作的画家、陈腐的教授、骗子、受骗的人群、洗衣女工、保姆、婴儿和地主等阶层。通过将动物装扮成这些伪装对象，格朗维尔将动物王国和人类世界进行了转换。这种存在层面的异装癖，在他对水下生物的想象中走得更远，那些水下生物长成了人造物品的形状，如奖牌、方尖碑、大教堂、多米诺骨牌、镜子、假发、扇子和发刷。[80] 该书多次提到拉普拉斯著名的《天体力学》，还将天上的生物变形拟人化。书中介绍了月亮和任性的太阳之间复杂的家庭安排；读者和活的望远镜一起观看了它们的分手和定期和解——天文学家把这误称为日食、月食。他们也关注着空中的美丽世界那些奢华晚宴中的社会阴谋，这其中包括天王星举办的一次，天王星是天上社会中一位较新的成员（天王星是在阿拉戈的指导下由勒韦里耶发现的），黄道十二宫的成员们表演了一支舞蹈。

这些系统性混乱想暗示的一层意思是，在理解社会和自然界的不同领域时，是同一种逻辑起作用。另一层意思是，自然界的秩序本身是可以被重新安排的，社会和宇宙的等级制度可以被颠覆、打乱、筛洗和重新组合，就像排字工人托盘上的字母一样：这不仅仅是在表现层面，也在事物本身的层面中。这种不受控制的造物游戏可能产出畸形、混合和嵌合体。以植物园为背景的一段展示了一些生物，它们展示了圣伊莱尔的"计划统一性"的怪诞后果：如果世上只有一种动物，那么像格朗维尔所画的蛇头狗和双口的"双头兽"这样的混合生物，也必须是自然秩序的潜在的一部分。格朗维尔所用的意象源于对圣伊莱尔的先验解剖学含义的准确理解：无论多么畸形，任何组合都是可以的。

这本书也列举了观看和体验的新方式。第一张小插图讨论了普夫的新交响曲《论自我和非自我》，标题让人想起费希特（Fichte）、谢林和库辛曾强调"我"在构建世界中的创造性活动，图画所描绘的自动管弦乐队则以人类和机械之间不可思议的镜像游戏来表现这一标题。书中反复描述了眼睛的活动，使用的意象有脱离肉体的眼球和活的视觉辅助工具，如望远镜、歌剧眼镜、显微镜和非固定的魔灯。[81] 这些场景角度和尺度令人晕眩。空中的哈布勒享受着"鸟瞰"视角，从此处展现了人类相对而言的"平面性"：从空中看，普通人几乎不比纪念柱上的英雄们矮。另一个段落说到外表和现实之间的差距、"相貌和性格之间的战争"[82] 催生了一种"伪装的哲学"：一个人伪装得越多，他就越能出名。[83] 在一次狂欢节上，普夫想："我看到的是人伪装成野兽，还是野兽伪装成人？"[84] 这些变形与当时的艺术、心理学和生理学中的变异密切相关。题为"睡眠的变形"的一章——一系列画描绘出想象力的逐步替代行为（见图6.7）——以一首十四行诗开始，每一行只显示了最后一个词，全部为浪漫主义幻觉的基本词汇：cieux/dieux/extase/gaze/coeur/Bonheur（天空/神/狂喜/薄雾/心/快乐）。接下来是一首吸鸦片的人写的单字诗："啊啊啊啊。"贝特朗的动物磁流学理论的关键术语总结了这一章："这只是一段漫长的狂喜。"[85]

　　这些内部旅行平行于其他章节的时空旅行。哈布勒口袋里装着气球，于是能够在天空中旅行，他在一个陌生的首都降落，提线木偶跳着芭蕾，向展览评委会提交画作。克拉克了解到海底社区，并在西方神话的地质场景中进行了一次旅行，包括但丁的地狱和至福乐土。普夫对运输新技术的研究，在路上帮上了忙：他用弹簧、蒸汽和闪电驱动的空中火车将自己发射出去。他还发现道德会随着纬度的变化而改变，他访问了侯爵群岛、"年轻的中国"和一个岛屿，岛上的统治者非常高大而人

图6.7　"睡眠的变形"，出自格朗维尔《另一个世界》，第243页。

民非常矮小，由此他了解了"导致所有社会差别的首要原因"。面向大众的旅行记述和人类比较科学的开端再次出现——时间距离叠加在地理距离之上，就像格朗维尔在漫画中用字面意义的身材映射社会地位。这些旅行重现了与未知文明相遇、在拥挤的首都突然同时出现多个时间和地点所带来的陌生化效果，以及日益加剧的阶级分化所带来的压力。

就像巴尔扎克的《幻灭》一样，该书评判了其自身的生产条件——大众营销、宣传、批评和大众科学的新制度。它讽刺了印刷、宣传和大规模生产的文学的广泛发展，以及沙龙里和林荫道上的时尚，它描绘了工人像切香肠一样切着文本，一个决定作家和艺术家命运的时尚之轮，一场为了争得名声和成功的无可救药的赛狗活动，一个将说明书和评论输送至城市各个角落的泵，以及一台用于将新"明星"置于名声天堂的设备。角色们哀叹着文学生产中作者漫不经心的奋笔疾书，文学的可预测的（机械的）惯例（如那首梦中的填字诗），以及由自动机写出的文学潮流。在这个过程中，读者看到了巴黎剧院、芭蕾舞团和歌剧的成功机制——宣传、预告和评论活动组织得协调恰当。然而，该书的简介和封面、封底文字都充满了它所嘲笑的"吹嘘"和夸大的评论话语，这本书得到了广泛宣传，每一部都登文宣传下一部。该书将充满溢美之词的序言署上罗贝尔·马凯尔（Robert Macaire，传奇骗子，犯下了一些巧妙的巴黎欺诈案）的名字，更是显示了作者觉知到这种暧昧性——它参与了它所嘲笑的东西。[86]

格朗维尔无情的政治讽刺与对宣传的批判交叠在一起。在倒数第二章中，克拉克点评了所有政府形式，并指出了每一个的缺陷，得出结论：只有"全能政体"（omniarchy），即所有政府形式同时存在，才能持久。格朗维尔还描绘了傅里叶体系的各个方面，而且是相当忠实地描绘，就好像在傅里叶的体系中，忠实的再现就已经足够讽刺了。传统势力与改革势力之间的斗争贯穿全书，比如在蔬菜起义中，一个目前为止被压迫的阶级——被切、被磨、被炖，而无人救助的蔬菜——起义了："长期以来，植物被安排在一个秘密团体中，再进一步分为世纪（百人队）、十人队（decuries）、腔（ventricles）和次腔（sub-ventricles）；林奈和警察都没料想到这种分类，因此我很赞赏这些阴谋家的势力。没有什么比能说会道的无产者更危险的了。"[87] 对于蔬菜和无产者来说，自主立法建立部门、等级和序列是修改强制秩序的先决条件，这种秩序将他们剥皮、研磨和吞噬（见图 6.8）。另一幅图记录下了"中庸环境"的政治僵局——在宪法时钟中，一只干瘪的贵族龙虾正在将政府拖向过去，而一位蓄须的魁梧的蒸汽船夫则将其拉向未来，这两种力量相互抵消，让时钟不走了。

在重新思考自然王国和政府的基础之外，该书还对工业技术的新力量非常着迷，全书充斥对蒸汽、齿轮和链轮的想象。书中引用了一首史诗《论蒸汽》(*Du vapeur*)："帕潘的活塞是世界的权杖。"格朗维尔多次表现了机械取代人类的场景。我们看到，普夫的第一个方案是一个"人类机械音乐会"，目的是表明"在这个进步的世纪，机械是完善后的人"。[88] "蒸汽音乐会"的狂热乐手的附属物类似于蒸汽机的活塞，这是一种故作怪异的嘲讽，嘲讽的是启蒙时代自动机迷人的外观和协调的举止，这样的自动机有雅凯–德罗兹（Jacquet–Droz）的羽管键琴演奏机、沃康松的打鼓机和短笛演奏机（见图 6.9）。即便蒸汽为自动机的形象中引入了暴力元素，但其他插图，如正在摇着摇篮的自动机保姆（摇篮里是世界上最年轻音乐家），防止读者进行纯粹的负面或畸形的解读。实际上，机械是格朗维尔在世界范围内将存在进行调换和混合的游戏中的另一个元素。新的机械取代了动物和人类的位置，即便在它们扩展人类的能力并改变世界边界的时候。格朗维尔让机械既是象征，又是行动者，既令人厌恶，又令人喜爱，它所处的语境是一种无止境的、畸形的、崇

图 6.8 "蔬菜起义"，出自格朗维尔《另一个世界》，第 59 页。

图 6.9 "蒸汽音乐会"，出自格朗维尔《另一个世界》，第 17 页。注意左上方的交响乐标题 "我与非我"（Le Moi et le Non Moi），以及左下方的人手。

高的、欢快的社会变形。

　　该书将世界的诞生和死亡作为其主题，尽可能涵盖最广阔的范围。在太空旅行中，哈布勒遇到了 "无限的奥秘" 和 "万物的起源"。"天体力学" 的经营者是一位消瘦的魔术师，他吹出的气泡膨胀起来，创造出世界的各种元素；恶魔向其中一个气泡添加了混乱和麻烦。他还看到了一个宇宙小丑，"比任何印度杂耍演员都要熟练"，他抛接宇宙，展示无人知晓的 "世界平衡的伟大法则"。[89] 哈布勒还观察到了一个制造风的巨大风箱，但他决定不记录其位置，因为他担心一些心怀善意的人类会来破坏它，这会对依赖强风来维持生计的假发、帽子和雨伞制造商不利。他还漂浮到一组星座铁桥旁，这是当代工业设计的高峰，它连接着各个星球。[90] 在这样的意象中，格朗维尔将宇宙论与游戏、儿童和傻瓜的偶发奇想、现代工程中的美学与实用技术相结合。该书还描述了古代神话中的起源和末日：那是一趟前往香榭丽舍大街的旅程，从那条著名的林荫大道走上岔路，遇见一群转世后依然以原名自称的英雄们。这样的意象可能正贴合"新异教"，但这本书也提到了犹太教和基督教传统的创世纪和启示录。在最后几页中，"新神"在听到预言后放弃了自己的生命，预言说的是他们看见"物质获得生命"时，世界将结束。大洪水来了，蒸汽方舟载着动物们离开，它们穿上了铁路旅行的衣服，两只一组。技术变革在新的想象中变为戏剧和神话。第二部分的篇首最有力地说明了自然界是戏剧诡计的观念，这幅画中，舞台工人掀开夜幕，点亮太阳的煤气灯。

这个世界被重塑了

格朗维尔和本书的作者兼出版商埃策尔都强烈认同共和主义和改良主义。尽管《另一个世界》夸大了社会主义和改革主义学说的各方面，但图文都未对固定目标做明显嘲弄。例如，在"蒸汽音乐会"的插画中，将交响乐凝聚在一起的似乎是中间作为指挥棒的压力指示器，然而在左下方有一只正在调整阀门的人手。这似乎是在暗示，人类的利益仍然掌控着这场原本应为自动化的演出，也许"机械化"实际上只是人类统治的一种新手段。如果这样的图画是为了讽刺社会主义批评家，那也太奇怪了，因为在这一层面上，机械化和奇观可以成为压迫的工具这样的信息，会被大多数社会批评家全心全意地认可。

《另一个世界》既没有谴责机械化，也没有直接讽刺试图纠正工业社会弊病的正在发声的新社会改革者。相反，它肯定了新机械的多态性和创造世界的潜力——它们有能力成为压迫、解放、创造、抑制、预言和荒诞的源泉。[91]该书没有贬低那个时代的改革者和革命者，而是通过展示夸张、批判和乌托邦建设之间不可分割的关系，来强化并重复了核心的举措。[92]格朗维尔所展示的奇幻新世界是扭曲的，然而，在其扭曲中，它基本上又如实反映了当时在自然博物馆和工业博览会等场所展示和讨论的不可思议的改造尝试。格朗维尔同罗贝尔－乌丹在《奇幻之夜》中一样，从他那个时代的令人眩晕的核心发现——自然的可塑性和可修改性出发，这既是由于自然固有的变化和创造过程，也是由于人类的技术干预——将这一发现推向极限，既满足又嘲笑了观众对世界完美性的轻信和乐观态度。《另一个世界》是 19 世纪 30 年代开始的浪漫主义潮流中重点迁移的一个里程碑:从对怀旧的、幻想的主体的关注,转向对新近可见的工人阶级的困境的关注,不过这一关注仍然是奇幻性质的。

格朗维尔对《另一个世界》——多个其他世界——的想象,顺利地将本书引入第三部分,该部分关注复辟后期和七月王朝时期的乌托邦思想家和活动家。在考察了第一和第二部分的发现、创造和奇观技术后,我们现在以更为慎重的态度考察社会技术——转化、交往和时间协调的技术,其中的一些作品孕育了现代社会科学和社会主义。为了让图景更为完整,我们还须进一步讨论到共和派改革者和阴谋家、大众基督教(popular Christianity)的政治化、傅里叶派的事业和失败、弗洛拉·特里斯坦(Flora Tristan)和苏珊·瓦尔坎(Suzanne Voilquin)的女权主义写作的源头和影响、卡贝(Cabet)的伊卡利亚共产主义,以及这些思想对马克思的具体影响。

不过,我们将集中讨论几个最密切相关的人——圣西门和那些自称是他的追随者的人,以及两位叛离圣西门的人,皮埃尔·勒鲁和奥古斯特·孔德——他们在当时和之后的很长时间内引领着三场最有影响力的社会改革运动。对于本书所关注的问题来说,更为重要的是他们也是"浪漫的社会主义者",他们最深入地运用了技术的创造力量,探究了发展和重组科学的社会必要性。圣西门派的队伍中有大量综合理工人,他们对改造的设想受到工程实践的启发,他们后来建立了现代法国的技术和行政基础设施。皮埃尔·勒鲁编纂和编辑了科学各领域的著作,是这个时代的若弗鲁瓦·圣伊莱尔和德国自然哲学的主要阐释者之一。此外,他的思想还与他大量的排字和印刷工作是分不开的。最后,我将重新考察奥古斯特·孔德,作为第三部分的末章,从两方面为本书画上圆满的句号。第九章回到了科学院和综合理工学院,以及"第二次科学革命"相关的问题,这是第一部分的重点。更重要的是,前几章后对孔德的粗略描述提供了一种新语境,我们得以从新途径理解他所创立的学科、社会学、科学社会学和法国"认识论"的起源——本书中的许多疑问正是从这些领域提出的。实证主义的创始人在许多方面都是一个机械浪漫主义的典范,这迫使我们犹豫一下,不再想当然地认同其他人所称的实证主义是无心的、还原主义的,将实证的科学和主观的艺术之间的分裂、杀人的机器和有灵魂的人类之间的分裂识别为"现代性"。

我将展示这些作者的愿景与科学之间的联系,以及他们对新技术的痴迷,但我并不想借此否认他们时常表露出的古怪难测、想入非非的另一面。我的目的是要表明,让这些政治作品被人记住和遗忘的玄想、宇宙论和乌托邦主题,实际上借鉴了那个时代的电磁学、热力学、地球物理学和自然史发展背后的同一些灵感和实践的潮流,而且他们还沉浸在新兴的、耸人听闻的浪漫主义艺术和奇观的大众市场中,他们还借鉴了浪漫主义对自然和心灵的多变力量的思考。第三部分各章的重点与第一部分一样,集中于这些作者赋予变革性技术或"神奇的工具"(勒鲁如此描述沃尔塔电池)的核心地位:他们的浪漫主义机械。

这些作者和第一部分中谈到的科学家一样,坚持认为人类的意图、需求和行动是制造自然知识的基础。不过,即便他们对如何认识世界有相同的看法,他们对世界是什么样的这一问题,却提供了三种迥然不同的回答。圣西门派通过拥护泛神论来解决唯灵论和唯物论之间的对立。勒鲁认同这一解决方案,不过他自己的存在论(依赖于潜在和实际之间的区别)更加复杂,而且在许多方面更耐人寻味。孔德的实证主义绕过了这种形而上的问题,把科学只是当作建立现象之间的关系,不去探究潜在的本质。不过,他对自然哲学的修正依循一种胚胎发育(embryonic development)的逻辑,他后来还宣扬了推想虚构的社会必要性。最重要的是,这些作者对社会纽带的性质和权力的理想分配形成了完全不同的观点。圣西门派的中央集权的等级专制,可以与勒鲁的从下而上的社群民主和孔德的实证政府的宗教联盟进行对比。

令人震惊的是,这些社会改革事业还宣布了一个直到近些年才再次被触及的主题,它也是格朗维尔的《另一个世界》的组织构思,即创造新神,重述神话。在现代人看来,机械主义、实证主义的改革似乎必然与宗教对立,或者说将科学技术与情感或信仰混合是不允许的,但这些行动者声称,为了让社会焕然一新,过去的宗教精神必须得到复兴。为了达成这种复兴,教条和仪式的特征以及崇拜的对象必须演变:为了通向更和谐的未来,科学和宗教都将改变。1830年后,浪漫主义文学进行了一次社会学转向,科学和工业也因福音派的力量被纳入社会变革的事业。我们将在结论中看到,这种转向为1848年的政治爆炸和随后短暂的共和主义大火提供了氧气。

第三部分
人间天堂的工程师

SYSTÈME DE FOURIER.

第七章
圣西门式引擎：爱与转化

───────── ◆ ─────────

一则寓言

1830 年，托马斯·卡莱尔——写作了《时代的征兆》(*Signs of the Times*)的苏格兰人，那是一篇写于 1829 年警告人们小心"机械时代"危险的著名文章——收到一个来自巴黎的包裹。[1] 包裹的寄送者是古斯塔夫·艾希塔尔 (Gustave d'Eichtahl)，他是一种新宗教——圣西门主义的信徒。在阅读完里面的小册子和期刊后，卡莱尔回了信。他发现新运动对现代的诊断有很多值得钦佩之处，特别是它对过度的个人主义和竞争的毁灭性后果的看法，以及它对人类宗教需求的认可，但也有重要的不足之处。"在迄今为止被认可的所有宗教中，一个不可或缺的甚至是必不可少的元素"是"一个符号或象征性的表征，神性在其中能让人感知到……必须有一个向信徒展示自己的符号，因为只有这样，想象力，即人的无限性的真正器官，才可以与智力，即有限性的器官相协调。关于这一点，我在你的学说中没有发现这样的符号。"[2] 这种关于符号捕捉神圣和无限的力量的观点——使无限的想象力与有限的理解力相协调——来自卡莱尔对德国浪漫主义的涉猎：他曾译介歌德、席勒等人。然而，无论卡莱尔在 1830 年对圣西门派的评估是否准确，到 1832 年该运动的成员都在用一连串的符号吸引潜在的皈依者，既针对智力也针对想象力。他们起用圣人和雕像打造新象征；歌唱、诗和神庙；新的圣经和新的创世故事；枢机主教团；新的创世预言；将宇宙与上帝联系在一起的新神学。

圣西门派一头扎进象征主义和基于自然界无限力量的形而上学，人们可能认为圣西门派赞同卡莱尔对"人类原始的、未经修改的力量和能量"的"浪漫"偏爱，以对抗"机械时代"的僵化力量。然而，卡莱尔对圣西门派逐渐冷淡的一个原因是他们拒绝认真对待他在能动事物——"爱、恐惧、奇迹、热情、诗歌、宗教的神秘源泉"——和机械事物之间所建立的根本对立。因为对于圣西门宗教来说，最重要的象征是机械本身，"铁路是普遍的结合体最完美的象征"，一位圣西门派使徒写道。[3]这群受过教育的、往往还是富裕阶层的不满者将情感、猜测和美学的奇幻流露与对技术效率和生产力增长的实际兴趣结合起来。与卡莱尔不同的是，圣西门派不认为机械与生活、动力或精神之间的"浪漫"对立是至关重要的，他们将机器视为精神与世界的媒介。

他们的福音在"上帝的诗人"夏尔·迪韦里耶（Charles Duveyrier）1832年的一篇题为"圣西门派的新城市"的文章中得到传达，文章收在一册主要的生理学论文集中。它首先将当代巴黎描绘成"一场十足的撒旦之舞"，充满了刺耳的、不体面的对比：儿童医院里的孤儿与天文台的天文学家相邻，受伤士兵的家位于洗衣店和众议院之间，拉丁区的科学家与植物园的"嚎叫动物"面对面。这座城市地狱般的混乱反映了城市居民的分崩离析和道德的无政府状态。[4]

取而代之，迪韦里耶以上帝的口吻，诗意地描述了"我想从人类的内心和地球的内部构造汲取的新创造"这一预言性愿景。他所预见的重建后的巴黎城是"人类和世界的订婚戒指"。新的城市采取了人的形态，他的头在西特岛，脚朝西北方指向英格兰（"世界的集市"）；他的左腿弯曲，仿佛要迈出一步，这是他充满活力的标志。人形城市的左侧致力于科学，一个巨大的金字塔，即大学的中心建筑作为他的胸膛，周围是陡峭、闪亮的建筑，"在晶莹的阳光里向天空延伸"。在整齐种植的树木的冷却下，这个地区受制于"沉默和神秘"的统治。这个人的右侧致力于实业，相对嘈杂。他的右臂伸向圣旺港，小企业和商店遍布，展示着"人类劳动的奇迹"；他的右大腿上有重工业，"那里的铜和铁"被"像面团一样揉捏成型"；在地平线上可以看到"铸造厂和锻造厂的抛物柱面，熔炉的黑锥体，圆柱形烟囱张着充满火焰的大嘴"。空气中充斥着火花和蒸汽云，伴随着"锤击和斧凿的节奏"。他的右胸是一个紫色的球体，这是调节生产、分配和消费之间关系的庞大中央银行。

在这个人的两腿之间，坐落着一个动物园、一个圆形杂技场，而在艾托尔广场还有半圆形的剧院。"所有的建筑都是为心灵的狂喜和感官的谵妄而设。"从这些建筑向外辐射出"歌剧院和所有的剧场，以及它们的乐器、服装和装饰，它们激动人心的剧团"。在这个"新巨人"的头顶上，在银行和大学之上是这个新城市和新宗教的焦点：一个巨大的女性形状的寺庙。游客们乘坐气球，人群聚集在周围的山上，凝视着这座城市，这个"巨大的火人"，欣赏着"新造物的所有光辉"。

迪韦里耶的壮观景象超越了拟人论（anthropomorphism），变成了泛灵论。旧巴黎的各个部分都是"畸形的、不成形的、无生命的、死的"，而迪韦里耶笔下的神却宣布："我将以我的意志为动力，把这个难以想象的、令人恐惧的群体引导成一个和谐的、有生命的存在"，以便"把我的城市的成员和器官从可怖的混乱中拉出来"。城市的所有部分现在开始活跃，"被赋予了活力"，将"各归其位"：老弱病残的床铺将"升到空中"；"实验室、带有机械和镜头的天文台、综合理工学院和国立工艺学院"将加入游行队伍，全部向新大学进发。同时，仓库、工厂、车间、熔炉、锤子、风箱、车床、木匠和铁匠都会站起来，连同钟表匠、裁缝和珠宝商，"这整个活跃的、喧闹的、有活力的大军……使地球上的灰尘像熏香的云朵一样在他们周围飞扬"，到达各自适当的位置。然而，神意志的普遍力量不会与现场任何成员的意志相矛盾。"在这些人中，我的意志不会造成丑闻或奴役，因为在这些男人和女人、老人和孩子、建筑、商店和工作场所中，不会有一根指甲、一根头发不按自己的意志移动。"这座城市的人类成员的意向将与上帝和自然的要求联结；个人的功能将变得与整体秩序同一。

这座新的城市就位于现在的路面之下等待着。人们已经听到了一种声音，就像"水在这些铺路石下遭到挤压的单调呻吟，或者像隐藏的火"，它将冲破石头，这是大地"因人的生命而膨胀的欲望"的声音。迪韦里耶的语言有意让人们想起早期使徒保罗的话："我们知道一切受造之物一同叹息、劳苦，直到如今。"[5] 这种新的创造——新的福音，新的创世纪——将使人类的"小世界"（petit monde）与宇宙的"大世界"（grand monde）协调一致，把人类的职责放在适当的位置，借助实业、科学和艺术释放出隐藏在物质中的力量。

圣西门派的宗教信仰常常被看作最终表现为技术专家政治运动中的一个丰富多彩但又不重要的方面。然而，该团体并不幻想建立一个完全由理性和事实统治的社会：艺术和情感在他们的愿景中是不可或缺的。他们公开拥护一种泛神论，认为上帝和自然是同一事物，思想和物质只是这种单一事物的两种模式。无论是无神论者还是那些相信神有别于自然的人，都认为这种哲学很牵强或骇人听闻，圣西门派的泛神论与他们的技术和科学兴趣直接挂钩。这只是他们痴迷于转化的一个方面，他们同时关注释放物理自然的隐藏力量和改造人类的心灵。圣西门派的新宗教是浪漫主义时代的美学和机械时代的工程科学之间的一个光芒四射、影响深远的融合点，为发展实业的实践任务赋予了一种神话般的深度。

牛顿、维克·达泽尔、海狸和耶稣

克劳德·昂利·圣西门伯爵（Comte de Saint-Simon Claude-Henri de Rouvroy，1760—1835）的生平值得写一下。作为路易十四宫廷编年史家的远亲，他在美国革命中与拉法耶特并肩作战；在法国，他在没收的土地上投资，赚了又赔了；他提议在西班牙建造大坝，在巴拿马建造运河并提供工人和军队。他给同时代的人留下的印象是既高瞻远瞩又荒唐可笑，既能提出详细的设想和有说服力的说辞，又倾向于感情用事和发表离奇的宣言。从根本上说，他的主张是社会需要重组：贵族和教士的统治必须由科学家和实业家取代。现有的混乱的政府职能应该在一个中央行政机构中得到精简，根据个人的能力获分工业的收入和报偿。科学知识和研究也应集中重组，以形成一种新的"精神力量"。

圣西门深信，社会就像一个有机体，其功能之间需要统一，因此他的许多著作都聚焦在将知识统一于单一原则之下。在 19 世纪头几年，在他的著作中牛顿的万有引力是主要的考察对象。在他的《一个日内瓦居民的来信》（*Letter from a Citizen of Geneva*）中，圣西门以牛顿的名义呼吁人们捐款，资助科学研究，因为牛顿将整个自然界都置于单一的解释性原则——在万有引力的统治之下，在上帝的右手边赢得了一席之地。圣西门在帝国时期写的另一部重要作品，即 1813 年的《人类科学概论》（*Mémoire sur la science de l'homme*）中，论证了牛顿在社会学中的重要性。根据"独特规律的概念"重新组织科学及其应用，是结束欧洲自我毁灭战争的唯一途径。[6]

然而，尽管他拥护牛顿的普适性，但在《人类科学概论》中——在拉普拉斯拥有相当大的学术影响时撰写的——圣西门已经对数学物理学家傲慢而不公正地支配科学的行为表现出敌意。他把研究"无机体"（corps bruts）的学生斥为"野蛮派"。根据在医学院学到的经验，他认为现在生理学必须与物理学一起在科学领域占据应有的地位。他相信生理现象有潜在的物质和机械基础，与卡巴尼斯和拉马克一致，他认为微粒的、不可度量的流体——光、热、电的相互作用是生命存在的起源。在无生命的形体，或称"无机体"中，固体多于液体，而在"有机体"中，液体多于固体。这种差异意味着生理学必须发展与物理学不同的方法和概念——伟大的生理学家格扎维埃·比沙从生机论的角度果断地提出了这一点。

改革后的生理学将成为人类新科学的基础——这是卡巴尼斯、德斯蒂·德·特拉西、德杰兰多和其他与意识形态哲学有关的人的共同梦想。[7]尽管圣西门的生理学思想通常归功于比沙、卡巴尼斯以及天主教极端保守派迈斯特（de Maistre）和博纳尔德使用的有机隐喻的影响，但他在《人类科学概论》中引用最多的是解剖学家维克·达泽尔（Vicq d'Azyr）。除了试图在解剖学的主导下改革生命科学并建立监测公共卫生的机构，维克·达泽尔还强烈地肯定了动物序列的概念，这是一个以人类为最高点的生物链，其完善程度渐次排列。[8]一个生物体的完善程度由其结构的复杂性、器官和组织、通路、管道和液体的数量和多样性来表示。[9]圣西门接受了这一观点，并将维克·达泽尔对生物体与其环境关系的兴趣推到了新的方向。根据圣西门对动物序列的看法，最复杂的动物对其环境的控制力最强。"在长度和直径方面，一个有组织的躯体所包含的管道越多样，它们就越能形成不同的内脏和感官，在生命的尺度上躯体就越高贵，也就是说，这种现象对其外部的功能越强。"[10]因此，圣西门建议重新绘制动物序列：在人类旁边的那个位置，海狸将取代猴子，因为前者通过筑坝和建房控制环境。

然而，《人类科学概论》的关键性创新是将维克·达泽尔的生理学原则——从有机统一性、复杂性和完善程度的角度分析——扩展到人类社会。社会像动物一样，是"一台真正的有组织的机器，其所有部分都以不同的方式参与整体的运转"；与有机体一样，其健康程度取决于其器官如何完成"它们被赋予的功能"。[11] 伴着他对动物序列新的表述，人类社会的日益完善也意味着对环境的掌握程度日益加深。因此，人类文明的历史将是一部思想和技术的历史。为了描绘这个新的序列，他勾画了一个"人类物种的生活，即人类在不同阶段的生理学"的"生理学图谱"。这个十二步的计划开始于人类与其他动物几乎没有区别的状态，很像阿韦龙的野孩子。语言、酋长、建筑和宗教分阶段出现。第七步，埃及是一个转折点，因为沿尼罗河的大规模公共工程项目和一个由科学家或自然魔法师组成的独特社会阶层出现了。希腊的多神教、罗马时代的一神教和伊斯兰教（萨拉森人①）试图将所有的解释回归神，一个单一的"活的原因"，都是更进一步的阶段。在下一个阶段，即中世纪，圣西门给出了一个核心原则，和迈斯特的主张一样：教会的精神权力与国王的世俗权力之间的区别与和谐平衡。这种统一性在倒数第二个阶段被打破了，此阶段从 1500 年开始，一直持续到现在：这是一个由新教改革者和反宗教的哲学家带来的"批判纷争不休"的时代。[12]

该序列的第十二个也是最后一个阶段在未来：这将是一个重组的社会，精神和世俗的权力再次得到区分并臻于平衡。"精神力量"将被从教会手中夺走，由科学掌握；同时，世俗力量将把注意力放在发展实业上。圣西门的生理学序列在历史方面（尽管可以观察到，社会仍然生活在"早期"阶段）和在日益完善、渐趋复杂方面都是一致的。在生物体内，序列中的等级越高，意味着特定的器官越为复杂——管子、管道和液体。同样，在社会中更高等级意味着更多样的劳动分工，以及数量更多也更多样、更和谐的"脉管"，用于各部分之间的循环和交流。因此，最高等级的社会将是一个不断发展其管道和网络的社会，用于商品、人员、思想和信贷的

---

① Sarrasids，特指信仰伊斯兰教的北部阿拉伯人。——译者注

流动。正如在动物序列中那样，这也将是对其环境拥有最大权力的社会。[13]

因此，生理学有着一种社会职责的意味。在另一篇著名的文章中，即他的《寓言》（*Parable*）中，他请读者想象：在国王和王室、贵族、教士和神职人员都消失的那一天，法国会发生什么变化？他说，"我们会很伤心"，因为我们热爱人类。但总体而言，生活将继续，像往常一样。目前，那些拥有最多权力和声望的人是那些对社会贡献最小的人；相反，是"实业人士"——企业家、专业人士和劳动者——推动社会向前发展。那么，为了取代由出生和传统决定的不公正的等级制度，社会必须采用自然、公正的等级制度，根据成员的能力和成就确定任务和奖励。"每个人依据他的能力考较；每个人的能力，依据他的工作衡量"。他在1823—1824年的《论实业制度》（*Du système industriel*）和《实业家问答》（*Catéchisme des industriels*）主张建立一个任人唯贤的实业社会，将决策权交给最有能力的人，并根据个人的劳动而不是他们出生时的等级进行奖励。在复辟时期，这种论调是对现状的威胁。1820年，圣西门作为刺杀贝里公爵的教唆者面临审判。

这些立场也为他在自由派反对人士中赢得了一席之地。然而，圣西门著作的第三阶段，也是最后阶段，浓缩在1825年的小册子《新基督教》中，这为他的追随者与自由主义者的冲突埋下了伏笔。[14]此时，他回到了每个社会都需要的唯一统一性原则的问题——在中世纪时期由天主教会履行提供"精神力量"的功能。由于教会从1500年前后开始日益世俗化，而且一直未能在其宇宙论教义中容纳新的科学发现，它已经失去了知识上的权威，现在需要一种新的精神力量。圣西门首先从牛顿的万有引力中寻找统一原则；随后他以生理学和维克·达泽尔的解剖学为蓝本，建立了社会团结的概念。现在他转向耶稣基督的教义。如同在中世纪一样，即将到来的社会将由宗教来维系。但关于自然秩序的独断论式教义现在将由科学提供。更重要的是，基督教的道德准则——爱邻如爱自己——将被赋予一种提倡勤奋的观点：每个人和社会的目标是"用自己所有的力量改善最贫穷和人数最多的阶层"。在《新基督教》中，圣西门提出了对人类普遍兄弟情谊的信仰，将其作为全球实业开发的思想、道德引擎以及终点。[15]

圣西门的思想吸引了复辟时期许多最聪明的年轻人。历史学家奥古斯丁·梯叶里（Augustin Thierry）和奥古斯特·孔德都担任过他的秘书。在他去世后，一场新的运动以他的名义在 1825 年开始了，包括他的一小部分追随者和越来越多的新成员，其中许多人从未真正接触过他。参与运动的领导人都受过教育，很有钱；有几位来自犹太家庭。[16] 许多人曾是综合理工学院的学生，他把综合理工学院作为他教学的"管道"。这所学校的技术专家政治和任人唯贤的理想与圣西门的实业愿景的相似之处备受注目，它的纪律制度、共和主义公民精神和独特的课程——包括我们在第四章中讨论的关于道路和功的重要学科——使它成为圣西门的社会和技术变形事业中的一个持久的参照点。[17]

但应该注意到新运动的另一思想资源。在印刷的演讲稿中，一位支持者宣称："圣西门的学说并不想带来一场动荡或革命。"[18] 这种对"进化"一词的使用——在当时是很不寻常的——是受到安培的里昂老友皮埃尔－西蒙·巴朗什的启发，他的"社会再生学说"提供了一种具有神秘色彩和预言意味的基督教，吸引了浪漫主义者圈层。巴朗什本人从莱布尼茨派博物学家夏尔·博内和后者对胚胎的发育或进化的讨论中获得了再生的概念。博内的"存在巨链的时间化"——其中，链条上的每一个环节都会在先定和谐中于地球表面发生变化的同时完善自己——预示着圣西门派关于社会的天命和渐进式展开的概念。[19] 然而，演化更为成熟的用途在于军事：它指的是军队或船舰编队的部署。[20] 圣西门派融合了"演化"一词的两种含义：社会的自然、蚕蛹式发展将由谨慎的、准军事的战略来指导。实现这种转换所需的态度和技能，既是机械的又是道德的，在巴黎综合理工学院有着共同的来源。

实业救国的军队

然而，圣西门派将综合理工学院的民族主义、军事化定位转向国际主义和明显的和平主义方向。就像"组织胜利的人"拉扎尔·卡诺一样，他通过大规模征兵创造了一支由公民士兵组成的爱国军团，他们使自己成为一支军队和一个大家庭。圣西门派的成员根据"级"（degrees）和职能划分等级，并有相应的制服——从两位最高教父（巴扎尔和昂方坦）到由十六位"父亲"和两位"母亲"组成的"枢机主教团",再往下是包括工人在内的几个等级（见图 7.1）。[21] "家庭"的几个成员，包括夫妇一起住在皇宫附近的塔兰内街，举行热闹的讨论和音乐晚会，并向公众开放。

图 7.1　《父亲》（*Le Père*），又名普洛斯珀·昂方坦，身着圣西门的制服。法国国家图书馆。

该运动通过一场大型宣传得到传播，由拉扎尔·卡诺的长子伊波利特领导，由教学主管协调。像他的父亲一样，伊波利特看到最热情的军队（即使是为和平而组织的军队）是最有效的。用巴朗什的再生学说表述，其目的是"深刻地、彻底地改变情感、思想和旨趣体系"，并带来"新的教育，发育完全的世界的再生"。面向所有的阶级和民族："我们要教导和改变的是整个人类。"[22]

巴黎综合理工学院的工程师科学家们沉浸于这场运动，置身其列。圣西门派是最早将 19 世纪面临的挑战定义为工人与过去不务正业的业主、继承人和虚伪的教士的斗争。他们主张将现有的军队转变为"劳动者的和平军队"，承担大型公共工程；社会生活将被组织为家庭、修道院或军营，共同拥有商品。针对变幻莫测的市场和严酷的供求法则，他们倡导一种新型的财产制度：土地和所有劳动工具将按能力分配，劳动报酬将根据工作的重要程度、难度和质量重新分配。[23] 他们将利用在工程兵团学到的战略和组织技术，改进组织化的社会机械。以圣西门的新基督教术语，他们的三个口号呼应这些目标："所有的社会机构必须以改善人数最多、最贫穷阶层的道德、身体和智力状况为目标；所有的出身特权都将毫无例外地被废除；每个人依据他的能力考较，每个人的能力，依据他的工作衡量。"[24] 理工学院团体被改造成一支为社会改革而战的和平军。

两种不同的倾向牵引着这场运动。前共和派阴谋家圣阿芒·巴扎尔（Saint-Amand Bazard，为烧炭党人），强调圣西门的思想与革命理想的连续性。赞同巴扎尔的共和主义、理性主义取向的人包括菲利普–约瑟夫·比谢（Philippe-Joseph Buchez），他是一名医生，退出运动后发展了自己的基督教社会主义形式（在巴尔扎克的《幻灭》中，他变成一个受到尊敬的戏剧化人物），[25]还有伊波利特·卡诺。另一种倾向是从圣西门晚期的宗教著作中获得灵感，这后来被与巴泰勒米·普洛斯珀·昂方坦相提并论。昂方坦的数学老师奥林德·罗德里格斯（Olinde Rodrigues）之前是银行家，圣西门在生命的最后几年与他关系密切，奥林德曾敦促昂方坦仔细阅读《新基督教》。昂方坦曾在巴黎综合理工学院学习，由于他家的银行倒闭而被迫提前离开；他转行做葡萄酒销售等，但与远在巴黎和圣彼得堡的理工学院的同道们保持着密切的联系。

圣西门派在1828—1830年发表的演讲或"预言"被编辑结集为《圣西门学说》（*Doctrine de Saint-Simon*）。书的第一章提出了一种历史观，扩展并细化了圣西门的"生理学图谱"。这些章节取代了他的简单线性发展学说，强调了一种新的历史规律，即和谐、有机（organic）时期与临界（critical）时期之间的轮替，在临界时期，共同的信仰受到批评、破坏，自我主义和冲突成为普遍情况。[26]古希腊的统一性及其多神论的万神殿在第一批希腊哲学家的批判下遭到瓦解；同样，中世纪欧洲的和谐被新教改革者破坏了，他们的现代继承者是启蒙运动非建设性的哲学家。三百年来，欧洲一直处于危机之中，这在社会和知识秩序中都有所体现。该理论抨击了富人的利己主义和享乐主义，科学的枯燥化、专业化和碎片化，以及诗人和艺术家的徒然绝望与自我陶醉。它谴责当代经济中的浪费和竞争；谴责对妇女的压迫，认为婚姻是一种虚伪的卖淫；谴责对穷人的剥削，认为工人和业主是农奴和领主、奴仆和主人的历史继承者。该理论对经济不公正的分析令人振奋，以"难以置信的热情"为"未来社会主义政党的措辞"提供了表达方式——事实上，它在许多方面都是《共产党宣言》的样板。[27]

在提出解决这一危机的办法时，圣西门主义者再次深化扩展了圣西门的主张。

未来的任务是将社会和知识秩序组织起来，将其有机化。圣西门认为人类生活是智力、行动和情感的综合体，对他的追随者来说，这导致了社会功能的三分法：以科学为代表的思想和以实业为代表的行动将通过情感来调和，即借由新的祭司阶层体现并强化对人类的爱。[28] 根据祭司对人类的爱，他们经过挑选和排序；他们的主要作用是管理"人力资源"，确定哪些人适合做哪些工作。一个中央集权的行政机构将取代目前混乱的政府职能，并将由一个"枢机主教团"或祭司等级掌握。一些人将照顾实业的需求，另一些人将关注科学，第三类人将协调其他两类人之间的关系。中央银行将维持生产、分配和消费的均衡，集中资源并终结浪费性的竞争，结果会形成一个全球社会的组织，它不再着眼于征服和防御，而是致力于和平开发地球，造福全人类。

另一重大发展是，圣西门本人在物理问题方面是一个坚定的唯物主义者——即使他在《人类科学概论》和《新基督教》中强调情感和道德的重要性，从而延续了 18 世纪的"感性经验主义"——但是《圣西门学说》接受了泛神论。[29] 他们声称基督教之前的所有宗教都强调物质和外部世界，在地球上实施惩罚和奖励；但唯独基督教关注了精神和内部世界，要求牺牲肉体，并在来世建立一个天堂般的上帝之城。圣西门主义者在他们的新学说中综合这两极，将西方（被视为男性和精神的）与东方（被视为女性和物质的，这与另一版本东方主义神话相反，后者认为东方本质上是精神）紧密结合。[30] 泛神论是合乎逻辑的解决方案。他们还采用了费希特的语言，这在当时由维克多·库辛传播，并与谢林的解读相融合，在谈到自我和世界的调和时，采用了统摄两者的第三个术语：无限（或上帝），心灵和它所面对的物质世界只是无限神性的有限模式。[31]

这些信念在《圣西门学说》问世的第二年得到辩护，并出现在《圣西门的信条》（*credo of Saint-Simon*）中：

> 神是所有的一切，
> 一切都在他里面，一切都通过他，
> 我们的一切都不在他之外。

但我们没有一个人是他，

我们每个人都从他的生命中活出来，

我们所有人都在他里面共融，

因为他是一切。[32]

这里有斯宾诺莎的"上帝或自然"的观念，心灵和物质是同一个根本实体的两种平行模式。然而，由于库辛的缘故，时人普遍把斯宾诺莎的哲学解读为将自然界的不同部分溶解为一个抽象的统一体，在这个统一体中，人类的能动作用在普遍决定论的视野中消失了。[33]圣西门主义者拒绝这种"过去的泛神论"，因为他们的"全体上帝（God-all）是活生生的、充满爱的，而个性不是让自己湮灭、束缚在上帝那里，而是将在他那里逐步发展自己"。[34]每个部分的个性将因其参与这个有生命力的、充满爱的整体而得到加强，就像第三章中讨论席勒的自治概念和洪堡的仪器体系那样，这是一种宇宙分工，是联结的自由。他们觉得，自然界作为一个有机体经历不断的、渐进的发展，这种看法与谢林相呼应，尽管其更直接的来源是巴朗什关于社会的胚胎学观点。正如此时的胚胎学家认为，高等动物胎儿期的形态是通过它们之前的整个动物序列发展起来的，圣西门教也试图将所有早期的生命形式实现出预见的最终状态。"未来的宗教将比过去的任何宗教都更伟大、更有力量，因为它将概括所有的宗教；它的教条将是所有概念的综合，是人类方法的综合。"[35]他们将把人类早期的、萌芽阶段的拜物教、多神教和一神教统一为一个成熟的、泛神论的综合体。

那么一种宗教如何扩张呢？当然是通过传教。19世纪20年代，圣西门主义者创办了《生产者》（Le producteur）杂志，在那里，他们与自由派政论家和主张工业化的理论家（包括几年前与圣西门决裂的奥古斯特·孔德）的观点一道发行。然而，在1830年革命之后，他们的教义变了，对自由主义开始带有明显的敌意。他们最初认为宗教自由是好的，那只是因为那时有一片可被单一信仰占据的废墟；同样，自由主义经济学是有用的，那只是因为它反对垄断为实业发展的新组织做了准备。在1830年革命后，复辟时期的自由主义和浪漫主义的主要喉舌《环球》

（*Globe*）杂志失去了存在的理由，因为其主要作者加入了政府。这时，其创始人、印刷商和编辑皮埃尔·勒鲁皈依了圣西门教，并将该杂志转让给新信仰的领导人。米歇尔－舍瓦利耶（Michel Chevalier）成为其编辑。

然而，福音传道的首选方法是直接联系和布道。根据伊波利特·卡诺 1831 年 8 月的一份报告，以前在塔兰街向少数听众进行的布道，被每周四下午四点在巴黎歌剧院旁边更大的塔特布厅（Salle Taitbout）进行的"集中"教学取代，内容是科学、实业、教育和美术。雅典娜礼堂的四五百名听众，每周三都会听到关于社会道德和科学进步的讲座；周日则"根据房间的需要"举行讨论。此外，还专门为理工学院的学生举办讲座，还有一些讲座每周由二百名"从事科学研究"的人举办。艺术家们也接受他们自己的教导。在每一种情况下——包括克莱尔·巴扎尔为妇女举办的讲座——演讲风格和论点都将依据与会者的兴趣调整。[36]

为了直接接触"最贫穷和人数最多的阶层"，他们也做了大量的思考和努力。在工人宿舍举行的定期会议试图"尽可能多地让已经皈依的工人重新结合，对他们进行更彻底的转化"。[37] 除了教义，他们还提供物质援助。每个区（arrondissement）都有一名医生和一男一女两名督导分发药品，并向工人提供材料和设备，以便修理和制作衣服。发放卡片，作为不同程度成员的标志——信徒（fidèles）、初涉教理者（catéchumènes）——并任命"部分首领"，以便他们自己传播教义。最终的目标是在各阶层之间建立一个和谐但有等级之分的联盟，此即圣西门主义社会愿景的核心——结合体（association）。"结合体之家"成立，每个结合体有 330 多名信徒，其中包括 100 名妇女和 100 名儿童。1500 名受到感染的听众获得了证书，他们被称为有志之士（aspirants）和"工作人员"。

同时，福音传到了巴黎之外。中部教会在蒙彼利埃成立，并向周边城市传教，其中包括在里昂的一次传教，由雷诺和勒鲁领导，向最近发生暴乱的丝绸工人（canuts）宣讲渐进式改革。其他传教士前往第戎、贝桑松和北部的工业化城市——米卢斯、斯特拉斯堡和梅斯。1831 年 2 月，伊波利特·卡诺和皮埃尔·勒鲁在布鲁塞尔一同布道，1500 名听众在列日接受教谕；迪韦里耶和德·埃希塔尔在英国的工人集会上巡讲，他们在那里当面见到了卡莱尔和 J.S. 密尔。

虽然他们的布道后来在《环球》杂志上发表，但首选的转化手段是圣西门教的教士和听众之间直接、共情的接触。巴罗的布道是布道者中最有说服力的，其特点是"激情摇荡，修辞华丽，睿见迭出，但总是高高在上地呼唤着感情、思想、理智——所有这些都是为了说服，甚至是为了诱惑和引导。使徒受苦，他希望，他哭泣，他与众人一起欢乐。哲学家和博爱主义者所缺失的力量、胆识、细腻——这些都是他在与上帝的不断共融（communion）中汲取的。"[38] 这些情感诉求中，对艺术的兴趣日益增强。在他生命的最后一年写的一篇文章《学者、实业家、艺术家》（Le savant, l'industriel, l'artiste）中，圣西门认为艺术家必须成为"先锋"（avant-garde）。"让我们团结起来。为了实现我们唯一的目标，我们每个人都要承担单独的任务。我们这些艺术家将充当先锋：因为在我们掌握的所有武器中，艺术的力量是最迅速、最快捷的。当希望在人与人之间传播新的思想时，我们依次使用琴、颂歌或歌曲、故事或小说；我们把这些思想刻写在大理石或帆布上……我们的目标是心灵和想象力，因此我们的效果是最生动、最明确的。"[39] 艺术家中的先锋应该预见并引导社会进步的观点，给现代主义投下了很长的影子：波德莱尔 1846 年的沙龙就是一个有影响力的回声，它紧跟圣西门的概念，即艺术家、实业家和科学家的结合体，呼唤"艺术的天然朋友……一方面是富人，另一方面是科学家"。[40] 巴罗的布道文《致艺术家》（Aux artistes）宣扬这一福音，其中特别强调了音乐的社会功能。圣西门在 1813 年委托《马赛曲》的作者创作了一首歌曲《致实业者》。[41] 艾克托尔·柏辽兹在 1830 年对该运动表示出极大的认同，他的《铁路赞歌》（Chant des chemins de fer）显示了它的影响；然而圣西门主义者在音乐上最大的收获当数年轻的费利西安·大卫（Félicien David），他甚至在退出该运动后还创作了著名的交响曲——《沙漠》（Le désert）和《莫伊兹》（Moïse），其灵感来自圣西门主义者的生活。

结合体的仪器

圣西门派的宣传是以一种和平形式的总体战发起的，目的是改变社会各阶层的心灵和思想。门派中的许多人在巴黎综合理工学院受过训练，这不仅仅影响了他们的动员策略。他们作为工程师，也对第四章所提及的道路、功和引擎这些科学事物做出了重要贡献。这些追求反过来又为他们的社会和实业复兴计划以及形而上学提供了概念，而其形而上学建立在等价物和转化的基础上。

如上所述，圣西门在《人类科学概论》中的生理学图谱可以被解读为一系列的文明状态或组织化的机械，可根据其复杂程度排序，就像有机体根据组成它们的管子、管道和脉管的种类和复杂性进行排序一样。以这种方式为某个文明阶段排序，人们考虑的是劳动分工的发展程度和和谐程度，而且就如字面意思，考虑的是允许社会各部分之间交往的流通渠道的数量和效率。道路、运河、铁路、杂志和讲座的增加，使有机体变得更加复杂。[42] 此外，圣西门认为有机体的复杂化伴随着其对环境的更大影响力。因此，科学家工程师们深度参与的项目，可以被看作强化其所在社会的"组织"状态、复杂性和对环境的控制效力的途径，其目标是逐步将社会周围的东西纳入社会自身。

工程师加布里埃尔·拉梅（Gabriel Lamé）和埃米尔·克拉佩龙（Emile Clapeyron）将"最优化理论"突出地应用于铁路。这些综合理工人在19世纪20年代曾于圣彼得堡为国家工程兵团执行任务，在俄罗斯公路学院教授数学、机械和通信。在那里，他们遇到了正在该地区出差的昂方坦。1831年他们回到巴黎后加入圣西门教，并将该团体的实用、改革主义野心与他们在引擎和效率研究方面的理论素养相结合。他们与教友斯特凡纳、欧仁兄弟以及国立工艺学院讲师佩尔东奈（Perdonnet）一起发表分析报告，展示了通过公路、运河和铁路运输货物在提高速度和降低成本方面的比较优势。他们还对引擎的设计做出了贡献。[43]

技术系统的优化形成了米歇尔·舍瓦利耶的小册子《地中海体系》（*Système de la Méditerranée*）的背景，该书于1830年革命后首次在《环球》杂志上连载。[44] 他反对那些希望通过全欧洲革命或战争来彻底结束贵族制度的人。这种战略在每个国家都有障碍，但更重要的是，在过去的五十年里，整个欧洲工业的发展，以及随之而来的金融信贷的扩散，使战争发生的概率大大降低。"工业是非常和平的，它本能地排斥战争。创造的东西不能与杀戮的东西相提并论。"自由主义或共和主义革命的目标已经与时代脱节。"自由主义者的自由已经失去了它的威望，因为它不是未来的自由。没有结合体的自由，亦即没有等级制度的自由，是孤立的。"[45] 只有联结才可能有自由。未来在于精心策划的交通和通信技术的实施。

作为通向这一未来的途径，他勾勒出一个以地中海为中心的"实业计划"。几个世纪以来，这片海域一直是欧洲和东方之间不断翻新的斗争"竞技场"。舍瓦利耶说，在从前分隔的民族之间的运输、通信发达之后，"地中海将成为西方和东方的婚床"。[46] 在该海域开辟的大海湾将发展港口，每个港口将成为贯穿其东道国的主要铁路线的终点站，由横越领土的次级网络连接，并配有电报。"在那些相信人类正在向普遍的结合体迈进，并致力于引领它的人眼中，铁路出现在一个完全不同的状态之下。铁路与人和产品一起，将以二十年前我们会认为是夸夸其谈的速度移动，它将突出地增进人与城市的关系。在物质秩序中，铁路是普遍的结合体最完美的象征。铁路将改变人类的生存条件。"以蒸汽为动力的列车是有机构造（organization）和改造更新的象征和仪器。[47]

舍瓦利耶对通过结合体实现自由的设想也意味着等级制度和职能划分：每个民族都会有自己的位置，欧洲和东方的民族都是如此。铁路将在非洲的海岸线上铺设；西班牙将从昏睡中醒来；俄国的居民长期以来一直是"纯粹的工具"，他们将愉快地接受这一前景；当然，法国将在英国的工业和商业力量的帮助下，发挥领导作用。铁路交通是新的血液，唤起了所有这些人"沉醉其中的活动"。有能力的人（hommes de capacités）都会有一席之地，"无论他们喜欢的是共和主义、自由主义，或者说是适宜的环境"。科学家、技艺工作者和工程师将有一席之地，"自然界将其产品倾注到其手中的实业者，他们以千百种方式改变其形态，以美化人类和人类居住的地球"；商人和卖家也有一席之地，"工场和田地的穷人"占据的位置越来越重要；银行家、"信贷的发放者、个人和国家财富的储存者"也有卓越的地位。[48]

如前所述，对圣西门主义者来说，西方代表行动和精神的地方，是男性；东方代表情感和物质的地方，是女性。这两个方向的和解将是"对物质和精神之间必定存在的一致——这两个方向至今还在交战——的政治上的圣化"。同样的融合则为圣西门主义的整个事业提供了基础。在小册子最后，舍瓦利耶写道："这就是我们的政治计划。与我们最高的教父所设想的道德工作相结合，它是物质上的转化，它必须保证有一天我们信仰的胜利。"非政治性的计划——关于铁路、水路和信贷的高水平技术事业——在物质方面呈现了道德的蜕变：物质的转化和在其中实现的精神是同一现实的两面。综合理工学院和国立工艺学院的公路科学，以及泛神论的形而上学，为舍瓦利耶将地中海作为一个统一的系统、人类重生的基体的愿景提供了支持。[49]

转化的引擎

关于功的科学研究和早期的热力学为圣西门主义的形而上学提供了另一种科学关联。舍瓦利耶认为，"铁路是普遍结合体最完美的象征"，他描述了一个交流的天堂，这个天堂将在以前处于竞争或战争状态的人们中间实现。然而，铁路——或者说，使其成为可能的蒸汽机——以另一种方式象征着圣西门主义者的泛神论所暗示的普遍结合体，他们的目标是"物质的复兴"和精神的物质绵延。伊波利特·卡诺把其他工程师的工作组织起来，其中许多人都在他父亲创办的学校学习，以传播"精神和物质最终是相同的，可以相互转换"这一学说：两者都是上帝的表现形式。伊波利特的哥哥萨迪·卡诺写过热力学方面里程碑式的著作《对热力的思考》（ *Reflexions on the Motive Power of Heat* ），提出热和生产力最终是一样的，可以相互转换：两者都是能量的表现。萨迪接触圣西门主义的程度不详，但是，圣西门派精神转化运动的领导者伊波利特，在《圣西门学说》出版之前就读过他哥哥的作品。

《热力的反思》的第一页描述了一个在所有层面都由热力推动的宇宙。正如罗伯特·福克斯（Robert Fox）所指出的，卡诺的分析源于他对阿瑟·伍尔夫设计的新型高压引擎的兴趣，当时他的合作伙伴汉弗莱·爱德华兹（Humphrey Edwards）正在法国引进这些引擎；在巴黎国家博物馆的技术博物馆中，现在仍然可以观摩这些庞大的框架以及它们的动态模型（与沃康松的自动机以及拉瓦锡和傅科的实验再现在一起）。[50] 这些是"复合"或"双膨胀"引擎，它们将经典瓦特式引擎第一个汽缸排出的废气导入第二个汽缸，利用蒸汽的膨胀充当额外的动力来源（见图7.2，左边两个汽缸是可见的）。这一创新使引擎能够在更高的压力下运行，并减少力的损失。卡诺的著作分析了这种理想型引擎的热循环，追踪了汽缸内的物质在加热、膨胀并将活塞推出去，然后冷却，让活塞落下时所经历的诸阶段。该循环有四个不同的阶段。首先，圆柱体与温度为 T_1 的热源接触，这使圆柱体中的物质加热，导致其膨胀（这被称为等温膨胀）。其次，将圆柱体从热源上移开，但其继续膨胀（称为绝热膨胀）。然后将其与温度为 T_2 的冷源接触，这相当于向汽缸注入冷水（被称为等温压缩）。当它冷却时，蒸汽凝结，其体积收缩，使活塞回落。最后，圆柱体从冷源中移出，同时继续压缩，回落到其起始温度（绝热压缩）。接下来，循环可以再次开始。

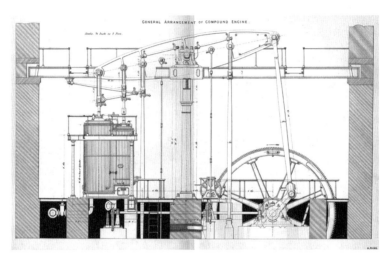

图 7.2　伍尔夫复合蒸汽机，源自 Arthur Rigg, *A Practical Treatise on the Steam Engine*（伦敦，1878）。

　　卡诺证明，提高引擎的效率需要最大限度地扩大热源（T_1）和冷源（T_2）的温差。为了从引擎中提取功，第一组的温度和第二组的温度必须有差异，无论多么微小。就像他父亲研究的水车一样，必须有水的下降才能产生功，而引擎必须有热的下降才能产生功，热的下降幅度越大，引擎的"效率"越高。[51] 因此，卡诺得出的一个结论是，完全高效的引擎是不可能的：为了冷却气缸，必须损失一些热量。他的研究的基本思想是，具有成效的功或动力，可以作为热的等价物研究。卡诺的分析被认为是能量守恒概念最初的一种表达，即所谓的热力学第一定律。它还为后来被奉为热力学第二定律的熵增原理提供了逻辑依据。[52]

威廉·汤姆森（William Thomson）从 1832 年埃米尔·克拉佩龙发表在《综合理工学院学生通讯》（*Bulletin des élèves de l'Ecole Polytechnique*）上的一篇文章中重新发现了卡诺的文章，在此之前，卡诺的文章鲜为人知。当时，汤姆森正在物理学家和摄影爱好者维克多·勒尼奥的实验室工作。克拉佩龙在文章中清楚地说明了卡诺的工作隐含的内容："机械做功的量和能够从热体传到冷体的热的量是同一性质的量，而且有可能用另一个量取代一个量。"[53] 同样重要的是，他用一个标志性的图表介绍了卡诺的理想循环。在圣彼得堡时，克拉佩龙和拉梅有机会从同样驻扎在俄国的英国工程师那里学到一种监测蒸汽机效率的秘密方法：瓦特示功器。这个装置需要一支铅笔固定在活塞上，活塞随着引擎压力的变化而上下移动，随着体积的变化而左右移动；结果是描画出一个长椭圆式四边形，每条边都对应着热循环的一个阶段。[54] 克拉佩龙将示功器描绘的平行四边形以及它在引擎循环过程中所体现的压力和体积之间的关系，与卡诺的等温膨胀、绝热膨胀、等温压缩、绝热压缩四个阶段相关联（见图 7.3）。同时，[55] 他还使该图成为一种数学工具，因为通过计算平行

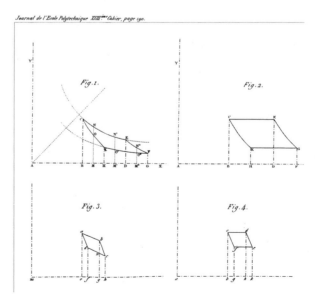

图 7.3　卡诺循环的第一张图。参见埃米尔·克拉佩龙，"Mémoire sur la puissance motrice de la chaleur," *Journal de l'Ecole Polytechnique*, no. 23, 1832。

四边形的面积，就可以度量引擎做的功。瓦特在他的蒸汽机上添加了著名的"调节器"，作为避免极端压力的手段，这被视为控制论反馈机械的最早实例之一。示功器作为优化机械的工具，将引擎的自我调节提升到了更高的层次，它允许引擎追踪自己的过程，创建一个可以用数学分析的图表，以指导后续的改进。这个装置并不是简单地调节机械以维持其状态，它显示了自己是如何变得完善的。

示功器在没有人类直接干预的情况下工作，这一事实也使科学史研究者将其与19世纪后期的图示法和机械客观性相提并论。[56] 然而，尽管工程师们显然以精确为目标，但法国这项研究的总体背景并不是非个人的、自动的、禁欲的机械。相反，克拉佩龙和卡诺的工作植根于知识的劳动论，根植于他们对劳动者认识论贡献的估定，以及对人类工作和引擎工作之间连续性的强烈意识。此外，克拉佩龙针对卡诺的决定性重构是在他沉浸于圣西门主义形而上学和政治之后进行的。正是因为克拉佩龙、拉梅、弗拉沙兄弟、佩雷雷兄弟安排了基础研究、引擎改进、路线分析和拿到建造法国第一条客运火车线路所需的金融信贷，该线路于1834年在巴黎和圣日耳曼之间开通。他说，埃米尔·佩雷雷（Emile Pereire）承担这个项目是为了"把他的想法落实，赋予它坚实的形体"——圣西门主义者反复使用的语言是使精神有形（making the spirit flesh），而这通常借助于技术手段。[57] 克拉佩龙的文章将蒙日的描述性几何学和制图学、优化和效率研究、做功研究和圣西门派形而上学结合起来。他对卡诺的热与功转化循环的图形和实践的重新使用，本身就是物体与思想之间转化循环的一部分——在这个循环中，人类劳动者引导机械实现人道主义目的。克拉佩龙将卡诺的文章用图表展示，其在科学上的后续意义凸显了这一事实：圣西门主义者——最浪漫的社会主义的创始人——远不是神志不清的梦想家，他们是建立工业世界的理论、实践和机械的卓越引导者。

神圣的马达，崇高的仪器

尽管有这种强烈的实践使命，但他们的思想往往超越了传统逻辑和理性科学的限度。在这场运动的一个关键时刻，昂方坦谈到了某些人，他们"不断看到大多数人看不到的行为、事实或思想之间的联系，同时加以抽象化并且推到特定程度，这些人就是我们所说的疯子，他们生活在梦幻之中"。舍瓦利耶回答道，这样的人"使一切都有生命：石头、金属、引擎、植物"。在这些姿态多样的交感力中，"有一种动物的磁力"，他想象在所有艺术的发明中一定存在着这种磁力，一种通过与物体的共感而直觉到农艺或冶铁原理的能力。使徒们相信，这种疯狂中存在着智慧。正如昂方坦所回答的那样，"我们必须跟随想象力的步伐，从奇幻中可以得到教训"。[58]1832 年，昂方坦和他的核心追随者受到政府追捕，因主要盟友的离开而变得虚弱，并面临监禁的威胁，然而他们大胆地进入这一领域，创作了《新圣经》（ *Le livre nouveau* ），一部建立在对科学的重塑和对非人类的交感共通上的新圣经。

昂方坦在 1830 年前后的教义显示出对交感（sympathy）的形而上学的强烈反思。他看到了自己与追随者之间的精神联系，这是新政治秩序所需的热诚服从的模式。昂方坦在写给夏尔·迪韦里耶的信中，批评了动物磁力的支持者，认为他们那样就是在宣告人不完善："只不过是他周围环境的一个被动工具……而我，我看到你被唤醒了，如果我悲伤的眼睛遇到你，我看到你的眼睛变得湿润……你没有沉睡，你是醒着的，你和我都为此而倍感高兴。我说得更多——我们每个人都将有自己独特的意识，每个人都与另一个人互动，不是作为主人和奴隶，不是作为使动者和被动者，而是作为权威和服从的力量，通过互惠的爱。"[59]如果这个新的福音包括依赖、等级和服从，那是因为这些关系是由"觉醒的"选择制定的，通过爱的媒介传播，以这样的方式，两个人都保持自由。昂方坦拒绝无灵魂的唯物主义，而支持泛神论（"上帝就是一切"，他写道），他认为："一台制作精良、齿轮完美啮合的机械对我意味着什么？我不会为它失去一根头发。让机械活起来，让它对我的心说出人类的语言，让它要求我帮助它，借助我的武器和智慧，让它像人类一样恳求我摧毁所有反对它自由运动的东西。然后我不再羡慕了，我把自己交给它。世界会是一个没有生命的机械吗？不可能！"新基督教和教士的行动将唤醒机械、自然和人类关系中沉睡的力量；个体——人类和其他方面——通过参与庞大的组织成为自主的个体，其规模相当于世界。[60]

昂方坦也越来越多地转向女性压迫及其家庭形式的问题。正如克莱尔·戈德堡·摩西（Claire Goldberg Moses）、娜奥米·安德鲁斯（Naomi Andrews）等人所指出的，女权主义和社会主义在19世纪30年代和40年代密切相关；圣西门的"预言"谴责了资产阶级婚姻的虚伪和妇女的从属地位，认为女性解放是即将到来的社会的一个重要方面；此外，妇女在该运动中发挥了重要和积极的作用。[61]昂方坦穷究这些观点，到了挑战婚姻神圣性的地步，并认为非从一而终的性关系是不可避免的；仅这一改变旧章的行动就足以将天主教的比谢赶走。然而，对运动的团结造成更大破坏的是，昂方坦对许多追随者个人生活的干预越来越深入，而且常常让人感到不舒服，他公开披露他们的秘密，其中包括圣阿芒·巴扎尔的妻子克莱尔·巴扎尔与另一个追求者的婚外情。这一行为引发了分裂，使两个"最高创始人"（Pères Suprèmes）之间的忠诚度发生了变化。与巴扎尔一起离开的圣西门主义者中间，一些是与共和派有关的人，包括勒鲁、雷诺和伊波利特·卡诺。

巴扎尔离开后，昂方坦组建了新的领导形式：他自己和一把椅子，椅子在公开会议上空置，为"女教士"（La Femme-Prêtre）保留，即教会的精神父母中的女性。一旦"女性"（La Femme）被发现并被带到他身边，这对夫妇就圆满了。昂方坦认为她会在东方的某处被发现，这对夫妇将体现出预言中两个方向的结合。昂方坦对教士夫妇的未来角色做了一番描述之后，运动进一步出现了分裂。他认为，他们有时会进行私人的身体干预，以唤醒或平息追随者或冷却或过度的身体激情——这一提议甚至导致昂方坦最重要的盟友，他的前数学导师奥林德·罗德里格斯退出。

这一断裂恰好与来自政府的更严重的外部威胁相吻合。1831年年初，巴黎和里昂发生了工人起义。虽然圣西门派主张和平解决社会秩序问题，但政府将他们视为不稳定的根源。他们不仅宣扬威胁既定秩序的观点，要求国家占有和分配劳动及其工具，并废除继承财富的权力。他们的泛神论是对三位一体的亵渎，而教士职位是对天主教会权威的否定。昂方坦和舍瓦利耶的著作否认婚姻的神圣性，主张自由恋爱，也被认为是对公共道德的冒犯。警察关闭了他们在塔特布厅的集会场所；他们的账户被冻结，文件被没收，并准备接受审判。

昂方坦采取了激进的策略应对这一危机。他将参加行动的成员范围缩小到核心成员，并带领这 40 名男性到巴黎东北部梅尼尔蒙特（Ménilmontant）工人区自家的庄园闭关。闭关者发了独身誓言，共同生活，在微观上构建了他们预言的博爱社会。这个由真正的信徒组成的小组在户外从事体力劳动，体现了他们所教导的劳动和实业崇拜，他们广泛宣扬这种活动，而这种活动则遭到广泛嘲笑。这些富家子弟和自由职业者手上沾满泥土和老茧，其实是很了不起的。他们意在教诲：证明所有人都属于劳动者群体，并庆祝实业的中心地位。

昂方坦向游客打开了梅尼尔蒙特花园的大门。据报道，有两千人参加了"穿上礼服"仪式，成员们一个个穿上了新的制服：在蓝紫色大衣下有红色边框的白色内衣，表示圣西门教"在爱中应用（白色），在劳动中强化（红色），在信仰中包裹（蓝紫色）"。[62]大衣只能从后面系上，需要人帮忙，以提醒每个人每天都要依赖他人。闭关者还举行了其他精心设计的宗教仪式，有音乐和演讲。在昂方坦的母亲去世后，他们在庄园周围的街道上大游行。为追随者塔拉博特举行了更大规模的游行，他是那年肆虐巴黎的霍乱的受害者。成千上万的人在街道上排队，并加入游行队伍，前往拉雪兹公墓。昂方坦在这个时期谈到塑造社会仪式的"表演"，是实验和指导的手段。"想想天主教的弥撒，以及其中的表演，每个人能从中学到多少东西！"安托万·皮孔（Antoine Picon）认为，圣西门教的仪式是在当下实现未来世界秩序的奇观。[63]

费利西安·大卫的音乐贡献尤其重要。他创作了赞美劳动和劳动者的歌曲，极其振奋人心，欢乐地呼吁人们抛弃旧的不公正，包括一首专门为梅尼尔蒙特本身创作的赞美诗（见图 7.4）。其他作品则表达了对"女性"的渴望，或赞美《父亲》的胜利大合唱。画家马切罗也记录了这一时期的场景，他在一本素描（现保存在兵工厂图书馆）上画满了新服装和计划中的建筑作品。昂方坦和他主要的弟子也思考新的建筑形式，其中包括更有活力的砖块，其形状为相互交错但略微屈服的水滴——借鉴了蒙日的应用描述性几何学的典范课程，即立体切割石头的技术。另一个仪式是为建造寺庙做准备，在地上挖洞以沉入地基。

在梅尼尔蒙特，昂方坦发起了一个项目，将教义的形而上学、语法和科学基础系统化，这就是《新圣经》，他在四次深夜会议上做了阐述。[64]使徒们投身于梦

图7.4　圣西门派信徒费利西安·达维德所作乐谱封面，题为"梅尼尔蒙特：圣歌"。图画
出于马切罗之手，展现了旁观者在场的圣西门教仪式。法国国家图书馆。

幻之中，将他们的象征性、形而上学和宗教方面的关切与工程师的科学相融合。他们首先概述了新的科学原理。昂方坦与舍瓦利耶和年轻的理工人士查尔斯·兰伯特在一起，设想对理工学院训练学生的公理进行宗教化改造。"代数与几何将以一种活泼的、诗意的、宗教的方式被重新处理。"莱布尼茨因为使用了无限的概念，是这门新科学的先知："愿代数最终在道德生活中占据一席之地，从而开启莱布尼茨所指出的人类心灵真正无限小的时代。"[65] 微积分和描述性几何将是"新科学的出发点，神圣的马达，崇高的仪器，将人的智慧与时间和空间相联系"。[66] 蒙日的描述性几何已经提供了一个"人类和世界进步和谐的形象"；在宗教方面，它将成为"崇拜仪式的形式和宗教纪念碑建设的基础"。自然对数受到赞扬，因为它们向渐近线靠拢，提出了"独特的、完全活生生的、完全是人类的进步的概念，既不确定又连续不断"。在智力、行动和情感三位一体的基础上，昂方坦为几何学提出了一套新的定义，线相当于思想，面相当于行动；融合这二者并且实在地增加一个新维度的是教士，他呼吁情感，充当体量。在力学中，运动是组成部分的"活生生的表达"，是"旋转"和"平移"，是它们"和谐的、不可理知的组合"。[67]

舍瓦利耶在《地中海》中已经预见到了一门新的蒸汽科学：除了"蒸汽已经在人类的指尖下诞生的奇迹"，他还预测了"一种新的科学灵感"，它将统一有关"热力"的理论，照亮目前的"黑暗和混乱的核心"。后来，在花园里的一次谈话中，舍瓦利耶向"父亲"建议，他为一个真正有生命力的力学所寻求的统一术语将来自工程师，在驱动力的概念中，它结合了速度和质量。这是一个与功直接相关的概念，是工程科学对圣西门形而上学的直接和生成性输入。[68]

这本书还承认了"科学中的战争"，我们在前几章中已经追溯了这场战争的阵线。居维叶对阵若弗鲁瓦·圣伊莱尔，（拉普拉斯派）光的辐射论者对阵光的波动论者，以及巴黎的唯物主义生理学家对阵蒙彼利埃的生机论者。圣西门派声称，他们自己早先的著作"实际上"平息了这一时期的政治对立，现在需要的是科学上的实际和平，在所有构筑思想的对立面之间实现和解："精神与肉体，时间与空间，数量与广延，公式与形式，思想与行动，统一与多元，同一与差异，观察与实验，过去与未来，权威与自由，自我与非自我，男人与女人，人类与世界。"[69]这就需要"爱的人"（men of love）——那些对理论和实践、科学和实业、现实和外表有感知的人——向其他人类传达，这些对立实际上只是一个持续、渐进的和谐过程中的环节。每一对都是一个"双重假设"，将"同情地服从"于一个单一的概念，这个概念无视如"生命"或"进步"这样的定义，正如男女教士的"有生成力的夫妇"对整个人类构成了一个崇高、和谐的原则。目标是"普遍的二元论，其两个术语被一个重要术语联系起来。"[70]下一次降神会将这一逻辑应用于词语本身：名词是思想，形容词是行动，但关键的联系是由教士提供的赞颂文字，运动和统一的原则。[71]《新圣经》中这一分歧的辩证法，将个人在教士的慈爱指导下所应享有的交感从属地位写入了思想秩序。

另一场降神会讨论了一个新的"创世纪"，它综合了圣西门派喜欢的科学神话和实业预言，他们重新讲述了创世的故事。大地渴望着她的爱人；上帝不断地美化她，为人类的到来做准备：除了水、树木和"畸形的野兽和未成形的软体动物"，还增加了更多完美的生物；大气变得温和；新的金属、石头和山脉覆盖了大地。这些新消息给地球带来了欢乐，但她仍然遭受着她血管中熔融金属的"热病"。人类终于来了。在达到"人类与世界的结合"和新造物的诞生所需的智力和技术阶段之前，还必须经过几个世纪。人类将由全球的三对"和谐夫妇"产生：由欧洲和非洲、北美洲和南美洲、亚洲和大洋洲合并而成的新国家。"居住在北方的三位丈夫将去召唤居住在南方的三位新娘，并将她们引到婚床上，其中第一个是地中海，第二个是安的列斯群岛，第三个是中国和印度的大海湾。"[72] 在地中海唤起人类的生殖结合体成为一个全球事件，其后代将是工业世界的华彩。

迪韦里耶的"新城市"（Ville nouvelle），以及其象征性地与城市人结合的光荣的"神庙女子"，就是在这些异想天开的会议中起草的。神庙成为这些独身主义者强烈渴望的对象：她是东方的伟大母亲，是男性化的西方的新娘；用迪韦里耶所说的上帝的话，她是"我活生生的爱，我心中的喜悦，我美丽的脸庞，我爱抚和乐善好施的手"，不亚于"世界的希望"。[73] 在迪韦里耶的描述中，神庙女子的一只手放在一个水晶球上，里面有一个神圣的剧院，上面画着世界各地的全景图；另一只手握着一根蓝银色的权杖，在地平线上明显地与代表科学的大学尖塔融为一体。楼梯沿着她的两侧盘旋而上，经过商店和玻璃长廊，就像珠宝的腰带和花环；音乐从她前面的管风琴中倾泻而出；在她身后，她的裙裾垂落在一个圆形剧场上（见图7.5）。

舍瓦利耶欣喜若狂地将这座神庙当作整个宇宙的代表，作为圣西门的宇宙意符，他将其描述为：

> 一座伏打电池的寺庙；一座由巨大的磁铁建造的寺庙，一座旋律与和谐的寺庙，一座通过其机械论的巨大透镜投射热与光的寺庙；一座通过气体吐出光和火的寺庙。地球的生命通过磁力和电力表现出来，它的盛况通过金属和织物的鲜艳，通过奇妙的瀑布，通过寺庙窗户上出现的绚丽植被表现出来；太

图 7.5 圣西门的"神庙女子"。马切罗的簿册。承蒙法国国家图书馆阿森纳分馆供图。

阳的生命通过热和光表现出来；人的生命通过音乐，通过所有的艺术，通过大量的绘画和雕塑，通过将所有空间和时间统一在一点上的全景图和透视图表现出来。[74]

　　他对自己的创造感到震惊，得出结论："多么巨大的共融啊！整个民族多么巨大的道德化！对上帝、对他的弥赛亚和对人类是多么大的荣耀！"天地的所有部分——包括电、光、磁和音乐等生命流体，所有金属和织物、水、火和植物，更不用说来自世界各地的人类艺术、音乐、绘画、雕塑、透视画和全景画——都进入了这个人造女子。就像《出埃及记》中描述的会幕的建造一样，她既包含了上帝的创造，也包含了人类所有的技术，使人类历史的各个阶段都得到了延伸。"这座建筑再现了过去所有的宗教，犹太人的古庙、底比斯和巴尔米拉的遗址、帕特农神庙、阿尔汗布拉和圣彼得大教堂、克里姆林宫、阿拉伯人的清真寺、印度和日本的宝塔。"[75] 这座神庙是一个科学奇迹和技术壮举，包含了所有早期知识和社会统一体系的建筑遗迹。所有的浪漫艺术都出现了，特别是在巴黎的戏剧模式中，寺庙本身既是教堂又是奇观。对大自然的恩惠和美丽的崇拜，对把握存在的整体性的渴望，对过去和未来的狂喜之舞，以及对世界上所有民族的融合，都体现在这个世界性共融的活生生的圣礼中。在人类城市的中心，在地球的中心，女子—神庙—机器是充满生气的象征，把圣西门的宇宙联系起来。

* * *

这是由受过世界上最好的科学训练的工程师构思的教条和意象。他们的目标不是简单地建造桥梁，而是要重塑社会和人类。机械阐明了这一愿景，并使人们有可能想象一个真正有生命力的、相互联系的"有机机械"，其中所有的个人、阶级和民族都在各自适当的位置。这并不是一个天真的白日梦。这些因素的结合后来促使圣西门主义者进入埃及，他们在那里为苏伊士运河的开凿奠定了基础，并为帝国的扩张编织人道主义的理由；它促进了大型储蓄和信贷银行的形成；它推动建立了法国国家铁路网。此外，圣西门主义者的计划是建立一个逻辑上有序、审美上整齐划一的城市，拥有公共空间、开放的天空、大型展演场所、健康的卫生环境，以及供人们和货物（以及后来的军队）通行的宽阔道路，这直接启发了 19 世纪 50 年代和 60 年代重建巴黎的奥斯曼。[76]

圣西门主义者想象着人类建造的技术和大自然有生命力的秩序之间的连续性。虽然在现代人听来很刺耳，但对技术的这种解释与他们的学说是一致的，即物质和精神是单一神性物质的两种模式。圣西门派的泛神论还表现为一种"结合体"理论：每个单独的成分通过参与更广泛的整体，通过服从"上帝的意志"（由自封的教士设定）表达其自由。他们的论点为法国社会主义奠定了基础，而他们的行动则为法国工业化建立了基础设施。由于劳动、技术和爱——兄弟般的爱和生育的爱——他们的技术网络硕果累累，增殖迅速。

在圣西门主义者那里，政治和科学术语，如劳动和实业，以和解活动甚至社会团体的方式被结合在一起，否则可能会出现矛盾。他们坚持熟练工匠的劳动与非熟练工的无产者劳动之间的等价性——正如威廉·苏威尔（William Sewell）明确指出的那样，当时新生的工人运动的想象力来自熟练工匠的传统，而不是非熟练的工厂工人。圣西门派还将工人的劳动等同于管理者、企业家和投资者的劳动。他们进一步将其与萨迪·卡诺和埃米尔·克拉佩龙的理论和优化的蒸汽机的变革力量相融合，最终，这种力量与上帝的意志同义。

可以肯定的是，圣西门主义通过实业达到社会和谐的愿景从未按照宣扬它的诗人、艺术家和传教士的计划实现。在梅尼尔蒙特的花园里，为准备第一座神庙的支柱而挖的几个悲哀的洞，从未支撑起一座桥梁，以跨越此时开启的巨大分裂：在资产阶级的后代，与那些自出生起就注定要在车间或技术专家和投资者策划的新撒旦工厂中劳动的人之间的分裂。雅克·朗西埃（Jacques Rancière）写下了圣西门派和他们声称代表的工人之间交叉沟通的悲喜剧，显示了工人如何心怀与"崇高"的工作抱负相当不同的梦想。相反，朗西埃表明，许多工人的乌托邦是不再被工作定义，他们有时间写诗；他们不希望被纳入一个庞大的国际等级制度，而是希望组织自己的地方性生活方式，得以在较小的范围内运转。[77]

这些截然不同的节奏和野心为工人哲学家皮埃尔·勒鲁的事业提供了参考，他的机械和想法是下一章的核心。他是《环球》杂志的创始人，帮助接引浪漫主义运动转向工人的事业，后来他抨击了圣西门的等级制度，支持建立一个从根本上基于平等的社会。他的计划实践方面侧重于通信和续命技术，其运作规模可以支持一个小型的工人殖民地，就像他在布萨克领导的那个一样。勒鲁的另一种观点——不那么单一，也不那么具有指令色彩，但同样适应美学、宗教、科学、技术和大自然的生命力——产生于圣西门主义的土壤中。

第八章
勒鲁琴键式排字机：人道的器官发生

————————— ◆ —————————

一台服务于理想的仪器

1842年，一种可以用铁制字母排版印刷文字的新装置在科学院展出。这意味着不必再用手把字母排成一排，然后把它们放到合适的位置上；新的设备可以自动组合。它的操作者像按钢琴键一样，选择单个字母，然后这些字母在重力的作用下，先排成一行，随后滑到页面上（见图8.1）。这项技术由法国人戈贝尔（Gaubert）引进，它与发明家扬和德尔康布尔（Delcambre）的机械差不多，后者曾推动印刷业的发展。[1]就像强大行会控制的其他行业面对机械化的反应一样，排字机的引入引发工人焦虑、抱怨，甚至对机械进行毁坏攻击。

印刷商皮埃尔·勒鲁的反应则不同。1822年，在迪多印刷厂做学徒时，勒鲁发明了一个类似的设备。勒鲁的发明不是简单地将连晒机的工作机械化，而是改变了整个印刷流程：它包括一台排字机，与扬和德尔康布尔以及戈贝尔的排字机一样，利用一个倾斜的平面将字母分配并排列在一个排字架内。然而，勒鲁的发明并不是利用排字盘印刷，而是将几行字体铸成一个新的金属模子，并生成一个固定的、立体的页面，根据印刷者的需要储存和重复使用。他后来把这种对印刷术的"综合"改造，即"与思想关系最密切的行业"，称为他的琴键式排字机。[2]由于无

Fig. 1.

图 8.1　与排字机有关的细节是勒鲁的新型排版系统的一个关键因素，他对此讳莫如深；他建造的工作模型和设备图都没有保存下来。然而，他的描述清楚地表明，其遵循的基本原理与 19 世纪 40 年代出现的类似装置相同，包括扬和德尔康布尔的装置、高贝尔的装置，以及罗森贝格上尉在这里描述的装置：一个类似钢琴的键盘，字母在重力作用下落入字行。*Mechanics Magazine*，*Museum Register*，*Journal*，*and Gazette*，no. 1003，1842。

法获得资金支持，以实现他关于"通过机械化解放印刷业"所需的五百个此类机械装置的设想，这项发明中辍达二十年之久，直到他知道高贝尔的发明，并再次试图实现他的想法。[3] 他写信给科学院的常任秘书弗朗索瓦·阿拉戈——他在三年前刚刚为发明家达盖尔和尼埃普斯（Niépce）争取到了补助金，而且他和勒鲁在同一个文学和政治圈子里活动——请求对他的发明给予优先权。勒鲁在他与乔治·桑合办的《独立评论》（*La révue indépendante*）杂志上重新发表了他的信，幻想有一天作家们都会拥有自己的印刷机。"那么，新闻自由将真正存在。"真正的自由需要拥有独立的传播手段。他继续写道：

> 愿这些幻想成为预言！正是为了使这些幻想成为真正的预言，为了使这些预言成为现实，我们选择在一个通常并不专门讨论技术问题的报刊上，再次表露我们一贯的想法……这仍然是一个理想目标的完美性问题；这仍然是一个自

由、博爱、平等的问题。所有种类的进步汇聚在一起；所有的发现连在一起。我们将使人类的精神得到自由，我们将通过教义、实验科学、艺术、工业重组人类社会，而不是孤立地通过这些东西中的任何一个重组。机械是一种服务于理想的仪器。[4]

一台机械和艺术、哲学或科学一样，可以为最高等的信念工作，而所有这些必须共同努力实现革命的目标。虽然在不公平的雇主手中，"省力"机械可能会对它所取代的那些熟练工人构成威胁，但这样的设备，如果可以成为一个经过考虑周到的组织和民主管理的劳动和消费系统的一部分，归集体所有、为集体所用，这种设备就可能成为一种预言性的解放劳动力的工具。[5]

作为《环球》杂志的创始人、编辑和印刷商，在法国早期的浪漫主义运动中，勒鲁的角色很重要；1830年后，他加入了圣西门派并将杂志转让给他们，推动并主导其关切转向社会问题。退出该运动后，他继续宣扬自己关于社会进步的宗教哲学。勒鲁是社会主义一词的创造者之一，他打算将其作为个体主义的反面：他的哲学将同时克服两者的局限。尽管勒鲁的论点和兴趣多种多样——有些奇特，有些可怕——但他的事业核心是努力超越自由主义和圣西门派"绝对的社会主义"之间的两相对立，前者仅仅肯定了个体的现实存在，后者则将社会视为一个由其成员服务的有机体，一台由其齿轮服务的机械。

为了取代这种两相对立，他对民主社会主义做了最早和最有说服力的阐述。[6]勒鲁成为结合体的主要倡导者，在19世纪40年代改革派的宗教转向中处于领先地位。他的哲学受到德国浪漫主义、圣西门主义、18世纪哲学和宗教历史的启发，集中于社会的本质问题。"社会不是一种存在，就像我们是人一样。社会是一种环境，我们一代又一代地结成组织，在其中生活……生活是人与世界上与他共存的不同生命之间的多种关系。"[7]社会作为环境的这一定义表达了勒鲁试图避免还原论的个体主义和使人物化的集体主义的极端。社会必须被理解为一个中间点，一种介于这两个极端之间的"环境"（Milieu）。学者们将勒鲁对"环境"一词的使用与他带有浪漫主义色彩的符号理论联系起来，并同他参与的康德和马克思之间关于泛神论的争论联系起来。[8] 由于他提到与人类"共存的不同生命",另一组联系将勒鲁的环境理论与其历史背景关联起来。从《环球》杂志的创立到他最后的著作,勒鲁都致力于自然科学,以及交流和统一其研究结果。对他来说,"环境"一词具有我们在前几章中看到的生物和物理的综合共鸣:它既是生物体周围的营养包膜,其变化可以激发新器官的形成,也是光、热和其他看不见的流体所通过的以太或媒介。此外,勒鲁是转化主义(transformist)倡导者若弗鲁瓦·圣伊莱尔最有力的支持者和解释者之一。我认为勒鲁对"人性"(humanity)的概念化,将它看作一种在个体身上表现出来的永恒和进步的美德,是对若弗鲁瓦抽象的"万物"(animality)概念的转述。许多人已经注意到有机体隐喻对社会学形成的影响,然而勒鲁独特的有机主义——根植于若弗鲁瓦的先验解剖学和器官生成的民主社会主义——还没有得到应有的重视。[9]

与圣西门派一样,勒鲁将一个有影响力的乌托邦愿景与对科学、技术和艺术的情感效应的迷恋结合在一起。但他的论点强调平等、参与和自下而上的过程,与圣西门派"绝对社会主义"直接对立。勒鲁带有生态色彩的社会哲学和他的公共生活实验是机械浪漫主义主题一个引人注目的独特摘要。他的哲学实践特征和工匠色彩揭示出,机械与艺术和科学一样——如他的琴键排字机——与塑造人类环境的自然发展的持续进程是不可分割的。用他的话说,工业和艺术"不再是自生自灭的自然",而是"由人类延续的自然";人类"被安置在地球上,以实现上帝责成他完成的工作"。[10]

浪漫主义印刷商和百科全书作家

勒鲁是巴黎酒商的儿子,他获得了一所私立大学的奖学金,在那里学习的哲学导致他失去了基督教信仰。像拿破仑统治时期的其他雄心勃勃的年轻人一样,他计划进入巴黎综合理工学院,但父亲的去世迫使他成为一名排字工。在英国做完学徒后,他回到巴黎,加入了力主革命的烧炭党;他和两个同谋者,折中派的哲学家泰奥多尔·茹弗鲁瓦和历史学家保罗·杜波依斯(巴黎高等师范学院的历史学教授),

共同创办了《环球》杂志。勒鲁是一名排字员、编辑，也是一名活跃的撰稿人。在1830—1832 年与圣西门派联络后，他发展了自己的学说，在他持有编辑的刊物上加以阐述，并经常得到乔治·桑和他的圣西门派同道让·雷诺的帮助。在结束了他与伊波利特·卡诺一起编辑的《百科全书评论》（*Revue encyclopédique*）之后，他开始与雷诺一起编辑多卷本的《新百科全书》（*Encyclopédie nouvelle*），他们打算将该书作为当代文学、历史、比较宗教、科学和工业方面的知识汇编。19 世纪 40 年代末，由于勒鲁宣传他的新"人道宗教"，他与雷诺的关系越来越紧张；随后他与乔治·桑一起负责《独立评论》。在这段新闻界和哲学生中，勒鲁一直保持着对工人阶级和他的排字工人身份的认同：他经常穿着脏兮兮的上衣，留着不修边幅的长发，这为他赢得了双名外号 Philosophicus hirsutus（"毛发蓬乱的哲人"，见图 8.2），但也遭人讥刺。

勒鲁在《环球》杂志上的文章奠定了他在后来的哲学中追求的主题。对该杂志的大多数历史分析都集中在它对浪漫主义批评和复辟时期的自由主义政治的贡献上。例如，它是古典主义和浪漫主义的代表进行重要辩论的场所，也是关于政治经济学的辩论场所。不过，自然科学也是其使命的核心内容。据勒鲁说，《环球》杂志的目的是"让读者了解主要国家在科学和所有活动领域的所有发现"。[11] 我们在第二章和第五章说明了关于亚历山大·贝特朗的科学报道和

图 8.2　1854 年前后，皮埃尔·勒鲁。奥古斯特·瓦克里的达盖尔摄影机。Musée d'Orsay, Paris, France；Réunion des Musées Nationaux；纽约艺术资源（Art Resource）。

他对后拉普拉斯物理学进展的热情报道，他对曼恩·德·比朗生理唯灵论哲学的澄清，以及他关于动物磁性的流行著作。贝特朗的另一个爱好是比较解剖学：他关于圣伊莱尔和他的学生艾蒂安·塞尔的观点的文章部分激发了居维叶和若弗鲁瓦的辩论。[12] 贝特朗的理论认为，由磁力诱发的生物体的"狂喜"状态是宗教的起源，这也与《环球》杂志经常表现的对宗教的本质和功能的兴趣产生共鸣。这包括出版本杰明·康斯坦特的《宗教史》选集，该书认为宗教情感既是必要的，也在本质上是个体的；以及泰奥多尔·茹弗鲁瓦的《教条如何终结》，这是一篇备受讨论的关于天主教衰落和宗教热情复兴的必要性的分析文章。

在复辟时期，《环球》杂志是德国哲学和文艺评论进入法国的一个重要渠道。[13] 勒鲁为这种传播做出了贡献。他重新修改了歌德《少年维特的烦恼》的译本，并在出版时附上了对该作品的长篇评论。勒鲁认为维特的超越性渴望及其悲剧性后果是一种宗教冲动的转移，这种冲动在法国大革命开启的专注于自我和物质主义的世界中不再有地位。勒鲁认为，夏多布里昂的勒内、德·斯塔尔的科琳娜、维尼的查特顿以及拜伦勋爵的生活，都是"维特"这一式样的众多变种。[14]

勒鲁文学批评的核心是一种符号理论。[15] 符号调和了反常现象，既是有形的又是精神的，既是具体的又是模糊的，它在有限中实现了无限，同时也揭示了这两极之间的距离。

> 诗歌是神秘的翅膀，它随意地漂浮在整个灵魂世界中，在这无限的天空中，一部分是颜色，一部分是声音，一部分是动作，一部分是判断，等等，但它们都同时按照一定的规律振动，这样，一个区域的振动与另一个区域沟通，而艺术的特权就是感受和表达这些关系，它们深深地隐藏在生命的统一性中。因为从灵魂的不同区域发出的这些和谐振动产生了一个和弦，这个和弦就是生命。当这个和弦被表达出来时，它就是艺术。现在，这个被表达出来的和弦是符号，它的表达形式是节奏，它本身也参与了符号：这就是为什么艺术是生命的表达，是生命的反响，是生命本身。[16]

这不仅仅是一种智识的、理想主义的符号体系概念，甚至是情感主义的。如果符号是一个离散的生命和弦的表达——以及在他人身上敲击这个和弦的工具（"反响"）——艺术作品就会在一个同时是物理的、心理的和精神的媒介中参与由动作和反馈构成的振动模式里。勒鲁写道，拉马丁、梅里美和雨果的诗歌倾向于泛神论，是对自然的神化，预设了心灵和物质的统一。他把这些诗人对自然的崇拜和对诗歌的宗教感召力的倡导解读为对后革命时代的宗教真空的一系列试探性回应。[17]

勒鲁对浪漫主义符号体系的泛神论暗流的强调，以及他对同时代人面临的历史僵局的感受，为他在 1830 年革命后立即皈依圣西门主义奠定了基础。然而，他对 18 世纪的平等和个体自由理想的坚持也预示着他将迅速抛弃这一事业。昂方坦宣布自由恋爱、肆无忌惮地介入成员的个体事务后，勒鲁外列最重要的脱逃者之一，他与雷诺和伊波利特·卡诺一起退出了运动。这三人继续办《百科全书评论》杂志，传播共和主义和民主导向的信息，同时特别强调科学的统一性。

勒鲁在介绍《百科全书评论》这本新杂志的文章中，阐明了该杂志的口号"传统、进步和连续性"的含义。这个看似平淡无奇的口号表明了他与圣西门派的分歧，后者将 18 世纪的哲学视为破坏性的，只是"临界"时代（critical age）混乱的表征。[18]相反，勒鲁强调革命与当前处境的连续性，将百科全书派和革命者的哲学理想视为最晚从文艺复兴开始并持续发展的普遍传统的最新实例。这一传统的核心是进步学说，它似乎是统一所有当代科学的新基础：

> 以自然或社会为例，思考世界的形成或文明的形成，潜心于天体演化科学或者遁入历史的深处，成为物理学家或历史学家，细思动物类型在其发展的序列或任何动物在其特定的生命期从胎儿直到死亡的过程，在其前后相继的构成次序中深思地球，或者深思恒星的物质，只要我们能够克服自身的弱点，足以窥见天国的秘密——你总是会看到生命在不断地创造和持续的进展序列中……改编莱布尼茨的表达：现在，诞生于过去，孕育着未来。[19]

勒鲁看到，这一传统在当代地质学、天文学、人类历史和动物学中最引人注目的新方法中开花结果:"通过一种精妙的共时性,所有当代的发现都向我们揭示了宇宙的持续变化和不断创造。"关于人类历史的无限绵延、太阳系的历史(如星云假说)、地球和动物物种的发现,都揭示了这种进展。[20] "生命"及其不断地发展将胚胎学、解剖学、地质学、天文学和天体演化学联系在一起。

然而,与圣西门派对《创世纪》的重述一样,这些宇宙起源论(cosmogonic)的发现指向了更崇高的命运:"地质学家、解剖学家、历史学家的当前工作,我们称之为科学的工作,正走在通往宗教的道路上。"[21] 科学一旦认识到它的唯一目标是所有形式的生命过程,就离诞生一个新的信仰和崇拜机构不远了。因此,哲学的任务是提供科学努力的目标:"追求普世传统首先是为了生活,是为了生活在希望和渴慕之中。就是说首先要有一种信仰、一种信念、一种目标、一种理想。"勒鲁称自己为"理想主义者"——乔治·桑也是如此——但不是任何理想都是能做到的。[22] 勒鲁在《百科全书评论》的导言中认为,我们生来就有一种"历史的先天性"(historical innateness),由我们出生的特定时刻决定。对于生活在勒鲁时代的人来说,真宗教的核心信条必定是进步。因此,对人类的哲学和宗教传统的研究将遵循与科学的最新历史发现相同的推动力。两者都将为一个新的宗教提供要素,这个宗教也将纳入法国大革命的"历史上固有的"(historically innate)理想。[23]

勒鲁在整个19世纪30年代和40年代发展了他的哲学,部分是通过有选择地与来自德国的思想对话。在19世纪40年代初,勒鲁特别关注谢林的哲学——这让德国社会改革者感到惊愕,他们认为谢林晚期的哲学是关于基督教信仰、国家和个体虔信的反动逃离。[24] 在开始评论谢林的柏林就职讲演时,勒鲁反思了法国人对德国哲学的接受程度,认为这经不起推敲。他特别反驳维克多·库辛"受笛卡尔影响,未经任何中介就产生了康德"的说法,并指出库辛跳过了斯宾诺莎和莱布尼茨,隐藏了当代德国哲学最新进展的真正来源。勒鲁认为,谢林是"康德之后的斯宾诺莎";谢林的哲学重建了康德在《纯粹理性批判》中摧毁的东西,容许回归形而上学,肯定存在的统一性,并引发了以具体(concrete)为基础的神学复兴。在勒鲁看来,德国哲学的伟大指导主题是"上帝及其对造物的干预问题",他引用化学、物理学、语言学和自然史的资料阐述了这一主题。[25] 勒鲁从谢林关于心灵和物质之间"绝对同一"（absolute identity）的概念以及他的中心思想得到启发，即通过个体和社会，特别是艺术和科学中生命历程的展开，心灵—物质这个破碎的整体，这两个分裂的部分，可能再次统一起来。正如我们在第二章中看到的，象征的艺术创造和自然哲学对物理、化学和生理现象之间相互作用的实验，都是实现世界上看似多样化的元素之间潜在的统一和同一的途径。[26]

　　然而，对勒鲁和他圈子里的人来说，同样重要的是离自己更近的知识资源，一种深植于巴黎的科学研究方法、辩论和联盟的资源——若弗鲁瓦·圣伊莱尔的哲学解剖学，勒鲁把他作为一个本土的自然哲学家来介绍。"如果不是谢林的绝对同一，那么若弗鲁瓦先生的构成的统一会是什么……若弗鲁瓦先生从未提出任何形而上学；他没有关于有限和无限、理想和现实的论述，然而他所发明的自然哲学恰恰是最能使谢林的形而上学得到理解的类似物。只有若弗鲁瓦先生做出了最伟大的发现，并提出了关于绝对同一的更为确切的原则，正如德国人说的那样，这比跟随谢林的整个博物学派做的要好。"[27] 虽然他在 19 世纪生物学史上经常被当作一个落伍者——没有其他转化主义者，如拉马克或达尔文那么清晰，也没有居维叶那么多体系化、制度化的成就，但若弗鲁瓦的重要性已经开始得到研究演化论历史的学者和吉尔·德勒兹这样的解读者承认，后者将若弗鲁瓦关于器官构成的著作改造成一种生物游牧学（biological nomadology）。[28] 撇开后继者不谈，我们已经看到他的作品作为反拉普拉斯派大旗的重要意义。若弗鲁瓦·圣伊莱尔是法国浪漫主义时代的重要人物，也是本书就此追根溯源时的核心人物。1844 年，出席其葬礼的人物名录就像机械浪漫主义者的社会登记册：夏尔·迪潘护柩，塞尔、化学家杜马和赫尔德的翻译埃德加·奎内特发表了演说；出席葬礼的还有阿拉戈、布兰维尔、庞斯莱、地质学家埃利德·博蒙特、巴朗什、雷诺和维克多·雨果。[29] 勒鲁对其作品的使用进一步加深了我们对这种情况的理解。他的许多同时代文学、哲学探索者都被若弗鲁瓦的一元化形而上学，以及他对一系列虽然各异但最终一致的演进式生命形态概念的开放性所吸引。皮埃尔·勒鲁发现这种自然哲学已经成熟，可以改造为关于社会演进的哲学，其中技术发展和百科全书式科学改革将引导人类的发展。

狂喜式的唯物主义和演进序列

正如我们看到的，若弗鲁瓦·圣伊莱尔长期致力于向学院以外的听众发表演讲。他最初作为埃及长颈鹿的监护人而成名，在与居维叶的辩论中他的声望只增不减，这时他向儿子伊西多尔那一代的作者——世纪之子伸出了橄榄枝。19 世纪 30年代初，他每周日晚上都会在博物馆附近的家中举办沙龙，与年轻一代的各种作家和社会思想家打交道，其中许多人已经证明自己善于宣传和传播思想。勒鲁和其他前圣西门主义者伊波利特·卡诺、让·雷诺和古斯塔夫·艾希塔尔还有乔治·桑以及著名的浪漫主义艺术家，包括李斯特、雨果和巴尔扎克都参加了沙龙。[30]

巴尔扎克为格朗维尔插图版《动物的私人和公共生活场景》（*Scenes from the Private and Public Life of Animals*）所做的导言，题为"指南——动物获取荣耀之入门级指南（驴）"，将居维叶和若弗鲁瓦的辩论戏剧化。叙述者是一头驴，它的主人——教师亚当·马姆斯（Adam Marmus）想知道为什么驴子凭本能就学到它们需要的所有知识，而人类却需要多年的训练。这两位去巴黎寻求知识和研究资金，马姆斯梦想着教授职位，而驴子则梦想着植物园的舒适环境。他们遇到了一位记者，这位记者劝说马姆斯开创一个新的领域——"本能学"（instinctologie），这将是"一门反对塞尔索男爵居维叶的新科学，支持主张动物学统一性的伟大哲学博物家若弗鲁瓦"。他们用一种腐蚀性的化学物质处理了驴子的黑皮肤，使它身上布满了黄色的条纹，并通过新闻稿宣布马姆斯发现了一种新的斑马，这一物种不寻常的外观和行为对居维叶体系中物种的稳定性提出了挑战。[31]

一个以若弗鲁瓦为原型人物的弟子将这头倒霉的驴子视为环境修正力量的证明。"如果动物的本能根据气候、环境而变化，那么我们关于动物性的概念将发生革命性变化。敢于宣称生命力（life）原则能适应一切事物的伟人将必定被证明是正确的，而声称类别是独立隔绝组织的灵巧男爵就不是这样了。"然而，这种论点是有风险的，因为它们挑战了现有的社会和宗教秩序。"他们会像对待你们伟大的哲学家一样，对我们散布诽谤。看看耶稣基督发生了什么，他宣称灵魂的平等，就像你们想宣称动物的统一性一样。"然而，居维叶凭其地位掌握着奖金、教席和出版物的津梁，马姆斯因此同意让男爵的宣传员介绍他的理论——一只长尾小鹦鹉，它忠实地重复着在雅典娜礼堂听到的内容。新的斑马仅仅成为一种畸形的异常现象，反而证实了现有分类的稳定性，这位叛变的记者则谴责这位哲学家是"一个梦想家，是科学家的敌人，是一个危险的泛神论者"。马姆斯受到欢迎，他进入了荣誉军团，并被授予教授职位。他把驴子斑马卖给了一位英国博物学家，换来一小笔钱，驴子则成为著名收藏品中的出色标本，驴子叙述者就愉快地结束了他的使命，因为"博物馆是动物的万神殿"。[32]

巴尔扎克在《人间喜剧》的前言中对居维叶的骨骼重建的壮举大加赞赏，这使得许多人将巴尔扎克的自然哲学与居维叶的自然哲学联系在一起。然而，这个故事由赫策尔（《另一个世界》的文本作者）在格朗维尔绘制的文集中出版，表明他对若弗鲁瓦的敬重程度要高很多。事实上，巴尔扎克的前言清楚地表明，若弗鲁瓦是他多卷作品的指导思想来源。他写道："只有一种动物。造物者对所有有组织结构的生命只使用了一种模式。动物性是一种原则，在被准许发展自己的环境中，它具有其外部形式，或者更确切地说，它具有形式的差异。动物种类是由这些差异产生的……在这方面，社会类似于自然。难道社会不正是依据人在部署自己的行动时所处的各种环境，使得人类如动物一般呈现许多不同的类型吗？"[33]事实上，巴尔扎克反复叙述的初出茅庐者利用一系列社会、技术和基于媒介的手腕改变自己以便在巴黎获得财富和权力，其复制了若弗鲁瓦的变形历程。巴尔扎克以绝妙的方式叙述一心想要发迹者的故事，展示了许多技术——印刷机、量身定做的服装、音乐、艺术或科学仪器，当然还有宣传——作为工具或器官，使这些受造物能够适应他们的环境并在生命之链中攀升。[34]

这种影响是双向的。若弗鲁瓦在其《综合观念》（*Notions synthétiques*）中引用了巴尔扎克小说中关于一个年轻的幻想家路易·朗贝尔（Louis Lambert）的口号："科学是一体的。"他将这一启发性的学说与自己的学说结合起来：科学"被置于同一原则的权威之下，其多样性以组合统一的特征为标志"。[35]若弗鲁瓦还对持不同政见的圣西门派改革者比谢的一本书给予好评并为其撰写了序言，比谢是一名天主教医生，在行星、大陆、动物和人类历史的形成中看到了宇宙演进的规律。[36]

另一个对若弗鲁瓦哲学的热情评价来自乔治·桑，1830 年，她的小说《印第安娜》（*Indiana*）以对女性欲望的坦率描写震惊了读者，此后这位易装、抽着雪茄的男爵夫人成了巴黎浪漫主义沙龙的明星。与阿尔弗雷德·德·穆塞、弗雷德里克·肖邦和李斯特的热络使她走入绯闻中心。然而，她和勒鲁的智识之谊是创作哲学、社会小说的灵感来源，从 1832 年的神秘色彩小说《莱莉亚》（*Lélia*）到 1840

图 8.3　乔治·桑的《周游法国的木工行会会友》宣传海报。来自法国国家图书馆。

年的《周游法国的木工行会会友》（*Le compagnon du tour de France*），后者颂扬了工人行会传统（见图 8.3）。《莱莉亚》展示了勒鲁的泛神论思想，并在早期的草稿中加入了她对若弗鲁瓦作品的宗教诠释。[37] 乔治·桑认为若弗鲁瓦的思想是"对抗无神论和物质主义世纪的氛围"的辅助工具，在这种氛围中，科学似乎排除了宗教和希望：

在科学的威胁下，我们要么被迫否认我们心中的上帝，要么回到我们父辈的迷信，我们在科学家面前发抖，就像我们的父辈在炼金术士和巫师面前发抖。在一种不可战胜的吸引力的引领下，在我们这个世纪的命运的引领下，我们在每一个瞬间都会停下来，哀悼我们童年的天真信仰，并再次祈求我们神话般的天堂，我们最终的天国……但这位先知（若弗鲁瓦）来安慰我们，使我们与理智重生的痛苦劳动相协调，引导我们走向仍然蒙着面纱的圣所，但从那里，上帝的智慧开始在云层后面闪耀。造物使自己进入秩序，秩序使自己完善，创造原则的统一性得到有形的证明，基督教直觉观念的第一原则，即摩西的律法，不再留下任何质疑空间。[38]

乔治·桑把若弗鲁瓦的科学作为解决她那一代人信仰危机的方法，作为调和宗教热望与科学发现的手段，以及作为"新生"的工具。她把若弗鲁瓦关于动物类型的统一性学说扩展为一个神圣计划的概念，即通过一个潜在的创造性原则的运用指导一种新兴的秩序。若弗鲁瓦在后来的哲学中所表达的普遍动力概念和"相互的引力"（the attraction of soi pour soi）思想，与之类似的是黄金法则在宇宙中的普遍应用。

勒鲁同样赋予了若弗鲁瓦预言家的身份。他的思想有两个方面特别吸引勒鲁：形而上学和动物序列的概念（由塞尔发展）。若弗鲁瓦的唯物主义一元论——它有时偏向于泛神论——倾向于抹去生命物和无生命物之间的界限。[39]同时，它使"理念"或"原型"这种根本不同、不可比较的领域的概念变得没有必要。借用莱布尼兹的说法，若弗鲁瓦在19世纪30年代的著作中经常使用"潜在性"这样的词汇。对于莱布尼兹和受他启发的数学家来说，"虚拟"是一种分析给定点的方式，它是数学函数无限序列的交点，这些函数本身延伸到无限。它还被用于描述在表面稳定的情况下起作用的动态过程。例如，在达朗贝尔和拉格朗日的物理学中，"虚拟速度"是描述处于平衡状态的动态系统中力的平衡的一种方式；后来的作者将其视为19世纪势能概念的先驱。[40]若弗鲁瓦也许是受到了夏尔·博内的启发，他在《哲学的复兴》（*Palingénésie Philosophique*）中明确宣告了莱布尼茨式的自然史，在哲学解剖学中应用了这一概念，用它来指称影响生物层进化的潜在条件和组织模式。在写给乔治·桑的信中，他写道："上帝创造了倾向于成为有机体的物质，赋予它们所需的潜在条件，让它们根据周围不断变化的环境规定通过所有可能的遗传转化。"[41]我们可以从这句话中听到拉马克的自然神论，根据自然神论，上帝创造了一个物质世界，随着时间的推移，这个世界能够独立产生新的形式，同时强调自然的活力和多样性（"不断变化的大气"），例如我们在洪堡的《宇宙：对世界的简要物理描述》中看到的。然而，若弗鲁瓦对莱布尼兹"潜在性"（virtuality）这一语言的使用使他进而步入形而上学。他的潜在概念使他有可能把生物的发展设想为由一个基本的形式——一组准数学的潜能——引导，而不需要诉诸柏拉图式的另一个不变的、非实体的理型。它还让有机体的生成过程根据它所处环境中的分子、力量和其他实体的变化而保持开放，从而保留了新物种、畸胎和其他不可预见的演变也会出现的可能性——这些因素导致德勒兹将若弗鲁瓦视为盟友。[42] 在若弗鲁瓦的哲学解剖学中，每一种动物同时是它自己和作用于自我潜能的抽象场域；他的形而上学是一种狂喜的唯物主义。[43] 正如我们将看到的，这种形而上学为勒鲁讨论上帝和人类提供了根据。

若弗鲁瓦作品吸引人的另一个原因是它与演进序列的概念有关。"动物序列"是解剖学家、生理学家和自然史家感兴趣的巨链的一部分。[44] 这一概念是18世纪人们对分类学痴迷的基础，这包括维克·达泽尔的分类学。据称，这种观念被居维叶打破了，他用四个独立的分支取代了单一的、上升的序列。在居维叶的工作中，"微观序列"可以根据单一功能或器官在不同物种中出现的等级划分，尽管这些等级从未凝聚成一个单一的层级或阶梯。尽管居维叶拒绝考虑嬗变、进化或新物种的逐渐出现，但他仍被米歇尔·福柯赞誉为开创了基于功能系统和动物适应其生存条件的现代生命概念。[45] 但是，尽管福柯的叙述现在已为人熟知，动物序列的概念在法国七月王朝时期继续蓬勃发展，并与有关生命的新概念相结合；它在居维叶的反对者中尤其突出，它也是将自然史与社会理论联系起来的关键环节。一个静态的、天主教版本的动物序列为解剖学家亨利·德·布兰维尔的工作提供了支持，并通过他为奥古斯特·孔德的生物和社会思想提供了支持。此外，我们已经讨论过巴朗什的社会再生理论，它是莱布尼茨派博物学家夏尔·博内的时间化存在链在人类历史上的应用。[46] 巴朗什的《社会再生》（*Palingénésie sociale*）是勒鲁及其亲密伙伴让·雷诺社会预言的重要来源。

除了动物之链，序列一词在社会改革者中也有广泛的共鸣：根据《圣西门学说》的编者，"在19世纪上半叶，序列这一表述似乎注定会有很可观的哲学前景"。[47] 就分析发散的和收敛的数学序列而言，综合理工学院训练出许多未来的社会主义者。圣西门派的"序列法则"以及有机构成期和临界期的交替出现，是比谢所宣告的历史科学的模板。对于有远见的社会理论家夏尔·傅里叶以及他的继任者，综合理工人维克多·孔西德兰（Victor Considerant）来说，社会和谐的法则，以及整个宇宙的法则，都呈现为序列：他的理想社区，法郎吉①（Phalanstery），是根据"演进序列"组织的，其任务范围与所有社会成员变化多样的激情（diverse passions）相宜。个体在不同的活动和工作小组之间轮替，联系感情的同时也强化竞争，进而刺激生产："行政区（canton）诸序列（Series）之间的激情、斗争和联盟越能被激起，他们就越会在工作热情方面竞争，也就越会精通自己所偏好的工业部门。"[48] 劳动的序列化组织为"社会机制"提供了"齿轮"和"弹簧"，遵循它的指令就能实现奢侈和富足。它还将翻开地球和宇宙历史新的一页，迎来行星的接和与新太阳的诞生。在傅里叶最著名的一个预言中，极光将形成一个"北方之冠"，散发热量和光亮，提高极地的温度，使大海的味道像柠檬水一样，并产生"一大批两栖的仆人拉船、帮助渔业"。[49]

勒鲁在他针对法郎吉主义者的众多论战中，指责傅里叶从"圣西门的历史序列法则"中剽窃了"序列"这一核心概念。[50] 然而，无政府主义—工联主义哲学家皮埃尔·约瑟夫·蒲鲁东（Pierre Joseph Proudhon）在《论人类秩序的创造》（*On the Creation of Order in Humanity*）中经常使用"序列"，这正是从傅里叶而非从圣西门处得到的灵感；当他作为一名年轻的印刷工人为傅里叶的一部作品排版时，他的人生被改变了。对蒲鲁东来说，序列是知识和组织的普遍原则。"凡是能被头脑思考或被感官感知的东西都必然是一个序列。"[51] 序列对社会改革者有吸引力的另一个原因可能是他们中的大多数人都像蒲鲁东一样，深度参与了连续出版物的制作。勒鲁和蒲鲁东，以及巴朗什和预言家米歇尔都曾当过印刷工或排字工。蒲鲁东将制版的过程看作把所有造物组合到一起的可能性模型："印刷机上的活字分格盘不过是一种序列，其可移动的单元可以无差别地再现所有可以想象的单词。"[52] 改革者沉浸在每月、每周或每天连续完成一部分的印刷品逻辑之中，这很可能促使其形成关于序列的想象。因此，"序列"是历史顺序、认识论秩序、社会组织和大众传播在时间维度的一个基本原则。[53]

---

① 法郎吉：音译词汇，指具有共同目标的群体。——译者注

序列的概念也与若弗鲁瓦·圣伊莱尔的哲学解剖学有关。尽管若弗鲁瓦本人并不主张生命之链（而且根据托比·阿佩尔报道，实际上他在年轻时曾反对这一看法），[54] 但德国的先验解剖学家如奥肯，与他一样有"动物类型的统一性"的想法，假设了动物的这种等级结构，布兰维尔也是如此。动物序列被若弗鲁瓦的哲学吸收，这要归功于他的支持者——由医生转型为解剖学家的塞尔的工作。[55] 对塞尔来说，若弗鲁瓦的类型统一性和动物序列是足以相互促进的概念：等级序列是对不同物种的胚胎进行分类和比较的基础，也是对发育过程中的巨大偏差做畸形学（teratological）考察的基础。[56] 类型统一性的概念也支持了对不同物种的胚胎发育阶段的比较；在这种比较的基础上，塞尔声称动物序列中的"高等动物"胚胎经历了与每种"低等动物"的成年阶段相对应的阶段。这是社会再生理论——也称为梅克尔—塞尔定律——的最早表述之一，据此，"低等物种"的成体被理解为高等物种的"冻结胚胎"。[57] 塞尔在普及和修正若弗鲁瓦的生命哲学方面最成功的行为是他在勒鲁和雷诺的《新百科全书》中发表的关于"器官生成"的条目，其影响得到了乔治·桑和朱尔·米舍莱的肯定。因此，若弗鲁瓦的形而上学和他的动物类型统一性学说与序列的两重含义概念融合在一起：每一种动物在胚胎学上的发育阶段序列（在夏尔·博内首次使用"演化"的意义上），以及根据其复杂性——可能是根据历史次序（一种更类似于今天意义上的演化观点）排列的物种等级结构。

许多评论家已经注意到弥漫在 19 世纪社会科学中的"有机体论"。但在勒鲁对若弗鲁瓦哲学的挪用中，一个相当具体和动态的有机类比正在发挥作用。若弗鲁瓦关于理想的、普遍的"动物性"的概念，是每种实际存在的动物"潜在"可能性的集合，根据周围环境的物质构成而实现，直接类比于勒鲁的虚拟"人性"概念，在每一历史时刻按不同程度展开。此外，塞尔对若弗鲁瓦思想的重要补充之一——基本序列的概念，为勒鲁基于历史的预言提供了一个构架。[58]

通过联结实现潜在人性和自由

勒鲁最著名的作品《论人道》（*L' humanité*）出版于 1840 年，是对人道概念的思辨语文学式考察，书中调查了这一概念赖以发展的传统和历史背景。作品的前半部分阐述了一般概念，将其定义为"一个由众多真实存在者组成的理想存在，他们本身就是人道，是潜在状态下的人道"。[59] 我们的有限存在依赖于这一更大的实体，它永恒地存在，在个体和独特的历史安排和社会中表现出来。为了便于解释，他举了镜子的例子，该物体通过产生一个映像让我们了解自己的身体。但如果没有前面的身体，这个映像就不会存在，正如我们对自己的理解取决于外部映像一样。这两个实体是不同的，但毫无疑问，它们相互依赖。个体和社会这个集体实体也是如此。"人的生命是由人和社会共存而产生的知识、感情和感觉。压制了其中的一个，生命就会停止并消失，就像映像一样……即使如此，人和社会也是截然不同的，就像我们的身体和我们观察镜子里的自己一样，是独立的。但是，在人和社会之间，在社会和人之间，存在着相互渗透的关系，通过这种渗透关系他们融合在一起，而又不至于不再保有差异。"[60] 社会是一面镜子，它把个体反射到自己身上，创造出他存在于"相互渗透"状态的映像。在更高的层次上，人类也是一个历史的发展的集体实体，在个体之中实现，但又不同于个体；社会是这个庞大的集体实体在特定地点和时间所采取的形式。勒鲁的书指向坦诚的福音主义。勒鲁认为，一旦我们意识到自己是这股流经数个世纪的洪流的一部分，并学会聆听"我们内在的真实生命"，我们就会倾向于以它现在的具体形式为人道服务。

勒鲁从遥远的和较近的历史中都发现了他的关键思想——演进和人道——的迹象。他在儒教、佛教、印度教和伊斯兰教以及西方古典传统中都发现了对"人道"的预想；他特别赞扬毕达哥拉斯和柏拉图对轮回（reincarnation）和灵魂转生（metempsychosis）的暗示，而且像他的崇拜者米舍莱一样，他向文艺复兴致敬，因为它找回了人文主义传统。[61]《论人道》的后半部分着重于犹太教和基督教传统，揭示了隐藏在其象征和仪式背后的社会意涵。摩西是第一个"人类一人"（people-man；homme-peuple），他将全人类的个性结合在一起；禁欲主义的犹太教艾赛尼派（Essenes）预示着基督教中要出现的根本平等的物质和精神共同体。领圣餐仪式展现了这样的理念：物质财富的分享与人类共有的本质密不可分——领圣餐仪式的隐秘含义恰是"我们要分享这杯酒！"；"我们都将在同一场宴会上吃饭！"[62] 在他身处的时代，勒鲁看到人道的理想在浪漫主义诗歌中得到表达：继他在《环球》杂志刊发的批评，他认为现代诗人的忧伤是对当下不完美的证明，而他们在绝望和希望之间的游移不定则是为人道的未来做准备。在 19 世纪 40 年代，人道的理想采取了自由、兄弟情谊和平等的形式，这意味着介入工人解放运动。

勒鲁在自由派的个体主义和圣西门派的"绝对的社会主义"的双重危险之间寻求一条道路，表明个体性既是真实的又是相对的。个体只是不完整的存在，只有通过与他人（勒鲁称之为理智、情感和知识的"三元组"）的身体、情感和理智互动才能获得满足。没有认识到我们的相互依存关系是所有恶行的根源："邪恶原则上是利己主义；因为它是分离，是对统一性的破坏，它是存在的反面。存在不仅是自我，它是自我与非我的结合。存在不是个体化的生命，它是个体生命与普遍生命的结合。人类从分离自己开始，以绝对的方式将自己个体化：邪恶产生了。"[63] 同时，社会不应该被看作一个通过使个体成为普遍意志的被动工具而对其抹杀的实体。勒鲁认为，这一危害在圣西门主义和卡贝的共产主义这里，和在新天主教派（neo-Catholic）神权论图景中的"不可分割的整体"论述那里一样严重。和这两种主张相反，他坚持个体与社会之间既相互依赖又存在差异。正如他所论称的，"社会是一个环境，我们一代又一代地组织起来，生活在那里。"[64] 社会是一个流动的实体，介于离散的个体和独立的集体之间。

哲学家皮埃尔·马舍雷（Pierre Macherey）将这种介于两者之间的政治构想与勒鲁的形而上学联系起来，特别是与勒鲁在 19 世纪 30 年代和 40 年代参与的泛神论争论相关联。这个问题在菲利普·比谢的盟友、耶稣会士亨利·马雷（Henri Maret）的论战书《现代哲学中的泛神论》（*Du panthéisme dans la philosophie moderne*）中被提到了前端。马雷把圣西门派、维克多·库辛、黑格尔和勒鲁混为一谈，认为他们是异端观点的支持者，即认为上帝与世界是相同的，心灵和物质不过是单一物质的两种模式。[65] 虽然勒鲁有时确实承认自己是泛神论者，但他特意把自己的哲学与他认为属于黑格尔和斯宾诺莎的泛神论区分开。在这个意义上，泛神论意味着一种抽象的、宿命论的形式，其中特殊性消释于一种决定论意味的、包含一切的总体性理性概念。勒鲁喜欢的泛神论（有时他根本不承认这是一种泛神论）

既坚持宇宙中每个部分的特殊性也坚持与其他部分的联系。每一石头、动物或人类都属于上帝，来自上帝，在上帝之内，但不等同于上帝。上帝是一个整体，包括显现的和隐匿的，事实上的和潜在的，存在的、曾经存在的和将要存在的实体的总和；但没有哪一个人或客体或观念可以成为这个整体。[66] 这一立场表明了一个中间阶段，一个介于神学唯灵论和唯物主义之间的环境，前者将赋予上帝和灵魂以本体论地位，后者将否认两者的存在。

社会是一个环境的想法也与勒鲁的象征理论形成了类比。天主教和中世纪的象征主义反映了一种稳定的、可知的（也许也有点抽象的）神学秩序；在德国的浪漫主义批评中，象征成为一种感官和情感的姿态，指向一种比任何离散的符号都要复杂、神秘和难以捉摸的现实。[67] 沃伦·布雷克曼（Warren Breckman）将勒鲁对符号不完备的象征能力的浪漫派认知，与勒鲁对"化身"论（无论是神学的，还是政治的）的不满联系起来。虽然摩西可能是第一个"人类—人"，但他与他所象征的不同；勒鲁认为，基督是上帝的儿子，但与上帝不同。审美象征的不可靠和上帝化身的不完美也与勒鲁对政治领域代表不可靠的看法相一致。任何政府或行政机构都只能是它所代表的诸个体的部分和暂时的近似物。因此，政府结构不可能是完美的，法律永远也不可能是完善的；相反，代表总是要更新和重组的。

因此，环境的概念完成了一项关键的综合或者说是扬弃工作：对政治而言，因为在这个意义上社会是一个环境，它介于置身事外并对其成员发号施令的统一实体和自治个体的集合体之间；对审美而言，因为符号是分享却未捕捉无限现实的有限元素；对宗教而言，因为普遍的神性既独立于其所有部分又包含它所有的部分中。勒鲁对环境概念的使用是现在机械浪漫主义中一个熟悉的主题的一部分，即联结中的自由（freedom-in-connection）——未被湮没的参与——贯穿于他的著作之中。

勒鲁通过使用莱布尼兹式的关于潜在性的话语表达这种居间的形而上学。例如，他写道，每一个体都是"一个真实的存在，在潜在状态下，在他身上活出了被称为人道的理想存在。"[68] 若弗鲁瓦·圣伊莱尔也将动物规划描述为一种"拟真性"，根据外部环境或其"周遭的环境"（ambient milieu），以不同的速度、角度、程度和比例展开自己。勒鲁的"人道"是一种抽象的存在，直接类比于若弗鲁瓦的"动物性"：它是一个理想的实体，一个潜能的矩阵，在具体的社会安排和具体的个体中不同程度地实现自己。在这个类比中，"社会"介于普遍人性和个体之间，与物种相比，它同样介于普遍动物和离散的有机体之间。与若弗鲁瓦一样，勒鲁也认识到物理环境和地球是人类在任何特定时刻呈现的外形的决定性因素。同样，他认为历史上的制度、语言和思想决定了个体的"内在历史"（historical innateness），它们也塑造了人类。这两种环境——物理环境以及社会和历史秩序——为潜在性身体、情感和智力的展开设定了条件，使之成为实际的形式。

除了在生命科学中的应用，我们还注意到"环境"一词在物理学和化学中的重要性，它指的是不可度量的流体的传播媒介；奥斯特和安培都把能传光的以太的化合和分解与电联系起来。物理学和化学中的环境推动了勒鲁的进一步思考。在他把若弗鲁瓦比作谢林的那篇题为《论上帝》（On God）的文章中，勒鲁提出了一种环境神学。他的问题是，普遍存在或上帝与特殊存在之间的关系。在转向光学之前，他考察了自然史和语言学的例子。就像光是感知的背景或环境一样，我们也应该认为上帝是一切存有的环境；就像光与它所照到的物体不同一样，上帝包含客体并使它们成为可能，但仍然与它们不同。化学科学也说明了普遍存在与个体生命之间的"相互渗透"。谈到化学分解，勒鲁认为整个宇宙在维持任何离散存在的存有方面起作用。"因为你认为这个机体是永恒的化合物，直到你把火放在它身上的那一刻，因此，整个宇宙势必为这一永恒做出贡献。"[69] 事物通过整体的所有元素的勾连维持其状态；对一个元素的修改，比如把一个固体置于火中，会破坏维持其他实体的活动模式。

在这个笔记中，勒鲁特别重视科学仪器。化学合成物必须与它们的环境以及认识它们的具体手段联系起来加以理解："在化学家看来，每一种化合物都是在特定的条件下存在的，正如他们所说的，宇宙的一般环境，也就是说在这样的温度、气压、湿度和电磁强度下，等等。化学家的技艺在很大程度上表现为他们发明的大量仪器，这些仪器可以确定地描述所有一般环境对他们所考虑的那部分宇宙的影响。"[70] 正如洪堡有力地证明仪器揭示了特定生态位或环境的各个组成部分，并使追踪其和谐的相互作用成为可能；它们阐明了部分与整体的关系。因此，对勒鲁来说，科学仪器和实验设备足以象征宇宙，是真正的浪漫机器。"在目前的发展阶段，可以说是化学发现了自己在理论上可由伏打电池概括。这个神奇的仪器，对化学的意义就像蒸汽机对工业的意义一样，它不仅是一种仪器，也是一种象征……多么奇怪的现象，多么强大的力量，如此神奇！难道电在你眼里就不是主权者（sovereign）吗？"[71] 勒鲁否认化学仅仅是一门对原子进行分类和分析化合物的科学；事实上，勒鲁用巴尔扎克在《绝对之探求》中的主人公也会同意的说法，认为前述概念否认了甚至最低级的化学现象所特有的"生命"。相反，"在一个普通的电池中，你无法将电的产生与水和金属的分解这两者分割开"。体现在电中的普遍环境与它所化合和溶解的个体是不可分割的；化学接替了神学。对勒鲁来说，物质环境在所有现象中的参与意味着一种强类比关系——实际上也是持续的——上帝同时参与了所有生命同时又与之相区别。"生命只存有于两种存在的结合中，即普遍存在和特殊存在，上帝和它的微粒（atoms）。"[72] 对勒鲁来说，地球物理学和电化学的仪器于神学有助益。同样，若弗鲁瓦·圣伊莱尔关于普遍动物参与了每一种动物的解剖学论点，滋养了勒鲁关于人道的神圣进展的预言。

因此，勒鲁的声明"社会必定是有机的环境"，不仅仅表达了他修改过的泛神论，他的美学，或他对自由主义与社会主义的调和。环境孕育了一个有机体，立于环境和其他存在之间；它是传播光、声音和信息的媒介。要组织这个"在之间的空间"，需要器官的接合。例如，若弗鲁瓦将手描述为"个体与周围一切事物交流的最主要部分"。[73] 有了器官生成的概念，若弗鲁瓦和塞尔就关注胚胎中器官的逐步形成以及这种演进可能出现的中断或偏差。勒鲁的人类社会比较解剖学指出，随着时间的推移，财产和权力的扩散，以及新的概念、技艺和机械的发展，形态和功能方面会发生变化。这些都是在潜在条件下出现的外部器官，用于使得环境井然有序和扩展人类的进步。

使环境井然有序

我们现在对勒鲁的口号——"我们必须为个性的自由发展调整社会环境"的含

义有了更深刻的理解。[74]调整社会环境意味着，为个体实现自我的难以预期的动态过程创造外部条件。符号可以发挥作用：像圣西门派一样，勒鲁强调艺术在塑造理想和培养情感以引导我们实现理想方面的宗教般的使命。人类的进步重组也将通过技术的发明、使用和改革其所有权而实现。他认为，社会应该"根据每个个体的能力，将构成人类共同遗产的劳动工具和各种发展手段交给他们支配。因此，每个个体通过自己的劳动，自由地从这个源头汲取某种果实，然后成就自己的产业，在那里他是国王，就像社会在自己的领域起支配作用一样自由"。[75]因为印刷是"所有行业中与思想关系最密切的行业，也是思想最直接的传递者"，勒鲁认为他的琴键式排字机具有独特的社会际遇。他最初拒绝开发该设备并为其申请专利，因为他认为只有当它在数百名印刷商和编辑手中时才能实现其目的，而拥有对其使用的垄断权将违背这一目标。1820 年前后，他向拉法耶特（Lafayette）秘密介绍了这一发明，认为它是为烧炭党人印刷秘密文件的一种手段，也是一种"和平密谋"的工具，它将大幅增加出版商的数量而使审查员的工作无法进行。[76]在 19 世纪 40 年代，他还希望通过排字机能使自己摆脱长期的财务困难。19 世纪 40 年代末，他撤退到布萨克镇的一个公社扩展这项发明，靠乔治·桑的捐赠和自己与伙伴们经营的一家传统出版社的利润维持生计。在这个社会主义的"集群"（colony），在他的追随者和他的孩子们的包围下，勒鲁把自己的许多社会观念付诸行动。

为了解释对劳动分工和机械的进步作用的看法，勒鲁在 1848 年发表了一篇讨论"社会科学"（social science）的文章，将他的感觉、感受、知识"三元组"用于分析自己最熟悉的职业——印刷。他将知识与校对员的活动联系起来，将感受与排字工联系起来，将感觉与印刷机操作员联系起来。即使这些工作变得机械化，印刷的整体过程也将继续需要劳动分工，以适应该行业的新功能："机器因此可以将自己加诸感觉、感受、知识的综合，而在工业中，只有这种综合是真正的力量，无可取代，也没有什么能使这一综合失去作用。"[77]尽管生产方式发生了变化，但手工业行会的兄弟情谊传统和结合体原则仍将继续存在，并将机械纳入所有权和使用权的和谐三元组之中。[78]

虽然他并不反对私有财产，但他认为分配应该根据其社会功能而定。不受约束的金融资本允许一些人在没有实际劳动的情况下积累财富，作为替代，他建议把财富都直接用于生产。对这位终生从事印刷和排字工作的人来说，"劳动工具"的集体管理是至关重要的。他提出，政治构架也应被理解为集体资源。民主选举是必不可少的。"代议制政府是……进步的永久、必要的工具，也是未来社会虽可改进但不可破坏的形式。"[79] 同时，社会调适幅度也是需要修改的：民主程序将决定哪些结构应该保留，哪些应该放弃。[80] 他主张由国家资助的公共工程项目、普及公共教育和工人储蓄银行——这些看似温和的改革都旨在实现平等和个性之间的均衡。在勒鲁的社会主义思想的继承者们看来，他的哲学是后来无政府主义合作社和互助论思想的重要来源。

此外，他的哲学不仅涉及人类和生产资料之间的关系，而且涉及人类和自然之间的关系；勒鲁的许多想法预示着当代的深生态学（deep ecology）概念。人类的构成环境不仅是社会的，而且是自然的。他认为，人的生命"不完全属于他，也不只在他身上；它在他身上，也在他外面；它生活……不可分离，在他的伙伴和他周围的世界中"。[81] 他提出了一个回收人类废弃物的方案，以便充当永久更新地球肥力的一种手段。经常被嘲笑的"生产和消费之间的循环"（circulus）这一想法（将在下文中讨论），在勒鲁这里只是人类的发现可以借由技术加强人与自然之间联系的手段之一。[82] 新的发明包括农业计划，是在新的集体行动中实现自然和人类的"潜在"计划和活力的手段。然而，勒鲁——与孔德一样，他的"生物政制"概念将在第九章讨论——坚持认为人类的生活与周围的非人类密不可分，这一点有别于圣西门派。在圣西门派看来，地球是被动的物质（性别为女），等待着被（男性）活动孕育，而勒鲁和孔德则避免了这些培根式的支配论调；他们还坚持自然对人类改造活动的限制。勒鲁认为，只有当人类与他们的环境小心翼翼地保持平衡时，社会的改良才有可能。[83]

勒鲁视人类及其活动为"地球的器官"，这一看法在生态学方面得到了类似的阐述：他在 1846 年的文章《人类和资本》（L'humanité et le capital）中讨论了循环。勒鲁再一次借鉴了潜在的逻辑，但这次不仅仅是与动物或人类有关，而是与整个自然界有关。这篇文章是对马尔萨斯所谓的自然法则的反驳，后者预言由于人类人口以几何级数增长，地球上的人口数量必然会超过食物供应，可以想见食物供应的增长速度肯定不会超过算术的速度。勒鲁表现出与马克思在解读英国政治经济学时一样辛辣的讽刺，他称资本是新的"尘世的上帝",并将马尔萨斯的"自然法则"与"资本法则"相比较,后者同时是"不平等法则"。在一个统计表中,他将人口的几何级数增长与一百年内复利增长的总和并置,表明资本的增长速度甚至超过了人口。然而,在积累的同时,资本通过为那些并不需要它的人创造非生产性财富,同时剥夺其他人的生存资料,剧烈地"引发人类死亡"。因此,资本是"人类自相残杀的最可憎的形式之一"。政治经济学采用了一种错误的财产概念,即"从积累的财富这一单一事实中获取利润的权利,或者用神圣的术语,即利息,而丝毫不参与对该财富的有效利用"。然而,与马克思或卡贝不同,勒鲁并不主张废除财产权。他说,对财产的真正理解将承认它是一种社会功能,即在它被直接运用和经由个体创造和使用财富的时候。[84]

马尔萨斯的"自然法则"及其推论——以饥荒的形式抑制人口自然增长是不可避免的——与《圣经》中"生养众多"的训谕矛盾。此外,只是"由于资本统治着生产和消费,人类的繁殖才总是超过生存资料",换句话说,当前的财产制度造成了人为的稀缺。[85]因此,勒鲁将他对马尔萨斯的反驳建立在两个主张上,即自然界的无限潜力和人类不公所设定的不自然的限度。"这是一个像一切数学真理般确定的命题:'人类的生存资料在为上帝所创造之时就被预定为无限的;它如此被创造出来,它实际上就是这般。因此,正是由于事物的本质,由于所有物种的无限繁殖力,由于人类被赋予的天赋,它才能从自然界中受益。'这里还有一个命题,不过它是第一个命题的推论:'人类的生存资料在本质上是无限的,只是因为人类的过错才变得稀有。'"[86]他从一种潜在性(virtuality)的角度构造了自己对马尔萨斯的批评,与这种潜在性相伴的是道德和历史的义务:"一切真正的科学必定能够向人展示的是,如何返回大自然(Nature)潜在地隐含的伊甸园(Eden):由于不完善的知识和以自我为中心的爱,人类(Human Species)离开了伊甸园;这是为着有朝一日借由完善的知识和开明的爱重返伊甸园。"[①][87]围绕这一点,他展开阐明循环(circulus):实现"自然界的无限繁殖力"和返回潜在伊甸园的物质和实际手段。

---

① "以自我为中心的爱"(egotistical love)与"开明的爱"(enlightened love)相对举。18世纪的启蒙哲人曾提倡"开明自利"(enlightened egoism)学说,试图协调自我与周围世界的关系。——译者注

勒鲁接下来说出了经济学思想史上最有力的一句话："回答马尔萨斯需要的是人类的排泄物。"他提出的具体内容是，法国将通过节约人类排泄物并将其直接用于田地，同时节省鸟粪的进口以提高土地的肥力。他引用了生理学家和化学家特尔（Thaër）、沃格特（Wogth）、帕扬（Payen）和布森戈（Boussingault）的观点，他们证明了人类排泄物中的氮和氨含量与牛的排泄物一样多。他还引用了李比希（Justus Liebig）的说法，认为每处理一千克尿液就会损失一千克小麦。对勒鲁来说，消费和生产之间的等式是由上帝保证的："在神圣的综合中，一切都是完备的；在专家所谓的科学中，一切都是不完整的。"[88] 废物的回收利用将结束由人类需求、技术革新和大自然的无限繁殖力所形成的无休止扩大的怪圈（circulus）。

尽管在 1848 年革命后，勒鲁因在国民议会中提出这一建议而受到嘲笑（见图 8.4），但用他传记的话说，"尽管勒鲁是一个唯心主义者，但他并不忽略物质"。循环是一种具体的手段，它阐明并强化了个体与他们所处的更大整体之间的关系。同样地，他在交流领域的珍贵发明——琴键式排字机，被认为是对人类正在进行的器官发生的另一个贡献——一个拉近人与人之间距离的新工具，使他们更紧密地融入周围的环境，同时让他们越来越自由。[89]

图 8.4　第二共和国时期国民议会中的勒鲁，见奥诺雷·杜米埃（Honoré Daumier）《议会风貌》（Physionomie de l'Assemblée）中的漫画。"皮埃尔·勒鲁在讲坛上展示他的社会信条，这些信条的杂乱程度不亚于他的头发，他与朋友们握手，这样一来他们看起来就像理解了勒鲁。"藏于法国国家图书馆。

地球的器官生成

1848 年革命后，勒鲁当选为布萨克市长。他回到巴黎担任议员，在那里他被视为对工人事业最慷慨激昂的、有时令人困惑的倡导者之一。他认为，只有当劳动者掌握劳动工具并享受劳动成果时，才能实现所有工人——就像他自己团体里的兄弟，排字工人——的解放。在 1851 年 9 月的一次演讲中——就在政变之前——他在印刷公会的一次宴会上预言："不久，全欧洲都会知道，真正的人类社会是根据科学、艺术和工业的不同功能在劳动工具周围形成的结合体，它使所有的人团结起来，同时使他们获得自由……照这样理解，职业就是一种宗教……是的，你们完成了一项伟大的发明，在未来的几个世纪里，它将和古登堡的发明一样有价值……你们想宣告'印刷共和国'（雷鸣般的掌声）。"[90] 我们已经看到（在第五章），1830 年前后，印刷术在浪漫主义和奇幻文学中被赋予的宗教性、变革性角色。二十年后，勒鲁再度将这种浪漫主义机械表述为履行一种神圣的功能，但欲使这种功能生效，就要对财产权和劳动重组：它必须为那些实际运用它以履行"社会功能"的人所有。劳动或工作——在认识论、美学以及引擎和地球本身的生产力中被赞美——已经成为一种宗教。围绕着工业工具，它将成为一个热情的共和国的基础，其中成员的自由将与他们的团结成正比。

勒鲁将符号、政府机构、科学仪器和其他机械视为在人类社会中实现自然或上帝的潜在力量的方式。这种发展的不连续阶段可以追溯到宇宙的成长过程。[91] 这种演变在另一篇重述创世纪的文章中得到了明确的表达，文章是他的追随者安热·盖潘（Ange Guépin）写的，名为《地球及其器官》（*The Earth and Its Organs*），发表在勒鲁于布萨克印刷（以及排版）的杂志上。与比谢的《历史哲学》（*Philosophy of History*）很相似，它描述了地球逐步形成的过程，从星云假说开始，在书中太阳和所有行星都是由最初的火热气体云凝结而成的。随着地球的冷却，岩石成形，水面覆盖其上，大陆也出现了。盖潘同时引用拉马克和"动物序列"以描述逐步出现的器官日渐复杂的动物；山脉和海洋为恐龙和最终补替它们的哺乳动物预备了地形。

在这个长达数千年的过程中，"人类，在其之前的这段伟大历史中找到了自己使命的秘密，以提起穷尽其性命（destinies）所需的勇气"。[92] 人类和人类发明，即人类的外部器官，是地球上正在进行的器官生成的最新成果。

勒鲁的哲学片段——结合了政治介入、文学批评、论战、对科学状况的评论——形成了一种宇宙叙事，在这一叙事中，所有的人类创造物都有其位置。勒鲁的琴键式排字机，像其他劳动和工业工具一样，修正、完善了人类彼此间的关系。正如勒鲁所认为的，它是一个完美的器官，是一个致力于为理想服务的机械。就像诗歌和宗教中的符号一样，这些"有魔力的工具"协调了特殊与普遍、有限与永恒；它们使个体在与环境融为一体时仍能保持独立性。勒鲁被剥夺了接受工程师培训的机会，在经历了从浪漫主义时代的印刷术开启的旅程之后，他触及了人类及其所借助之物在技术上相互依存的概念；奥古斯特·孔德的思想轨道最初是在巴黎综合理工学院的大厅里确定的，但他也触及了一个类似的要点。虽然孔德拒绝满足勒鲁方案的自然哲学（naturphilosophisch）的形而上学，但他推动科学、工业和自然进步的计划也在人道教中达到了顶峰。

第九章
孔德的历书：从无限宇宙到封闭世界

———————— ◆ ————————

> 严格地说，在我们的认知范围内，在最真实的意义上没有一种现象不是人类的，这不仅因为是人在认知它，而且也是从纯粹客观的角度看，正如人类在自己身上总结了世界的所有法则。
>
> 孔德，《实证政治体系》

时间机械

前面几章研究了 19 世纪早期的装置，同时代人依靠这些装置了解、利用难以捉摸的、不常见的现象。安培的实验控制并量化了电磁吸引力和排斥力；洪堡的仪器将局部环境中的液体和气体编织成审美的统一体，其中联结是自由的基础；阿拉戈的光学设备和达盖尔摄影术将光线用于生成可见和不可见世界的图像。戏剧技术产生了令人惊叹的声音和视觉上的新效果；蒸汽机依赖于热量迅速爆发的力量；而勒鲁的琴键式排字机，就像其他交流方式的创新一样，旨在更迅捷地传播扩散思想。

本章审视的浪漫机器是纸面上的技术。奥古斯特·孔德的理论采用了连续时间线、图表的物质形态，尤其是实证主义历书。这种装置针对的是一种比电、光、热甚至思想更难以捉摸的现象：孔德的历书对时间之流做了处理、重组，使之协调成序。[1] 作为记忆装置和人道教的礼仪指南，他的历书源于其《实证哲学教程》，将每日祈祷、每周和每月集体仪式的节律嵌入年复一年的秩序，它自身也在摹写社会有机体逐渐成熟的历史步骤（见图 9.1），日复一日，月复一月。孔德用传统的天主教圣徒日观念，每天以"英雄"命名，每月以"神明"命名，这些被定名者促成了某一实际存在阶段的关键方面，从摩西（最初的神权统治）到古登堡（现代工业）和比沙（现代科学）。

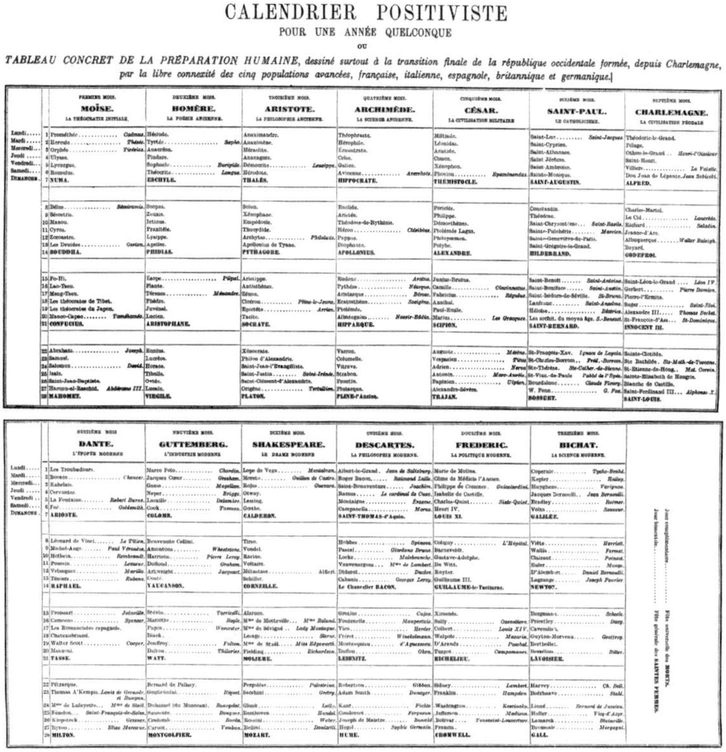

图 9.1　孔德的实证主义历书，出自其实证哲学体系。

孔德利用科学史及其与社会形态的关系，在自然哲学的统一"形而上学"体系被高度专业化的领域和子领域取代之后，使科学系统化。[2] 孔德描述科学及其对象的诸多反复出现的术语——包括规律、误差、组织、合意、协调、序列——都暗示了时间过程以及时间序列的识别和控制。他的哲学将几个这样的序列联结在一起，形成一个流动的、和谐的系统，即使在扩展和生长的过程中也能保持其内部关联。孔德认为这种智识组织是通往完善的社会组织的必要步骤，而社会组织又是人类用技术辅助改造和谐组织的条件——使得自身和周围实体处于人类控制之下。他拒绝使用"自然"一词，转而选择了"世界"，因为他相信，各种现象只有在它们有助于人类切近地球的过程时才有意义。

孔德的《实证哲学教程》和《实证政治体系》总结完善了我们在前几章追寻的主题，并且更加错综复杂。他直面了许多人感知到的机械学——尤其是拉普拉斯式化的论——与生命科学之间关于所有其他科学模范地位的竞争。尽管他不属于使用像以太、无重量的流体、生命力、精神、灵魂这样的概念，但这些概念在他后来的作品中又作为有意的拟构重现，使得"客观分析"充溢着人道价值和"利他主义"——这是孔德发明的术语，作为他看到的主导自己所处时代的"利己主义"的反义词。他比同时代的任何人都更强调所有科学体系的人为色彩，它与人类需求和能力的相关性，尤其是它的多重性和异质性。最后，孔德对理解作为技术动物的人类做出了决定性贡献——人类有意通过机械重塑自己的环境和自身。[3] 然而，与圣西门派相比，孔德并没有庆祝似乎是由工业时代承诺的对自然的绝对统治。相反，在他的作品中，他一再谈到人类改造自然的能力有限，承认人类对其环境的依赖，是他发展新宗教的道德基石。[4]

到 19 世纪末，索邦广场（Place de la Sorbonne）有一座纪念孔德的雕像，随后，他成了公认的法国社会学和认识论（épistémologie）传统的创始人。然而，今天他的作品却很少被哲学家或科学史家阅读，尤其是在法国以外的地方。在 20 世纪，维也纳的逻辑实证主义者从孔德对形而上学的拒斥中获得灵感，他们将科学化约为经验观察和逻辑关系。研究表明维也纳小组（Vienna Circle）探索单一科学语言的复杂路径，并揭示了他们的科学改革尝试与社会改造事业的紧密联系。[5] 然而，在第二次世界大战的灾难和冷战的压力之后，出现了一个新的宗旨：不涉及政治，并天真地致力于统一的、与具体现实无关、没有历史背景的科学语言事业的实证主义概念。[6] 这种稻草人版本的新实证主义很容易成为托马斯·库恩以降的科学史家和科学哲学家的诟病对象，他们对科学所采取的各种形式及其社会背景感兴趣。本章通过探索孔德关于知识和社会的丰富多样的观点，并将它们作为对两个拿破仑之间巴黎动荡的历史形势的回应展示出来，有助于重新审视归入实证主义一词之下的多股思想潮流。孔德以一种与维也纳实证主义者截然不同的方式，达成了科学的统一性和自然的统一性——或者更确切地说，"世界"统一性的新概念。当我们关注他在技术、环境的生物学概念和人道教之间建立的联系时，其观点惊人的连贯性和激进的立场最为显豁。[7]

孔德的宗教旨在灌输新的、以社会为导向的思想和行动习惯。[8]他实践了自己所宣扬的，旨在"生活在阳光下"，并公开谈论自己的常规习惯和"卫生"。在 19 世纪 40 年代，他每周三都会从家里步行到拉雪兹神父公墓；早上和晚上他都会跪在他在太子街（Rue Monsieur-le-Prince）房间里的一把绿色椅子前做祷告，想象他逝去的缪斯克洛蒂尔德·德·沃（Clotilde de Vaux），同时，爱和崇敬的感情溢满他的大脑。[9]这些习惯的根源源于一种观点：将哲学视为一种生活方式，一种培养特定美德的手段。但这不仅仅是个人的"自我关切"。[10]孔德的自我实践被规定为他社会科学的应用方面。他把每天的个人仪式和在几天、几周和几个月内展开的集体仪式，嵌入一个更广阔的时间秩序：人道的进展。这些集体禁欲主义实践以明确的方式融合了主观性和客观性，直接连贯于地球的技术开发程序。

本章对孔德的思想及其关键制度性和个人的背景概述必定是局部的。我想展示的中心对象是联系着的一个系列，这些联系是他整个作品的本质关键，却很少在它们紧密的相互依赖中表现出来。简而言之，动物等级或动物序列的概念是孔德介绍生物学时不可或缺的骨架；这一序列为他的体系的核心创见，即科学的等级提供了模型和组织逻辑。反过来，这个等级不仅是抽象知识的分类，而且是人类对其环境技术改造的准则，用以进入现实的每个层面的时间序列和过程。在社会这个最容易改变、最复杂的领域，技术改造意味着引入新的个人和集体实践，以造成思想、情感和行动的统一。

因此，这一章揭示了孔德实证主义的最终形态，即人道教，是让以前和未来的技术创新协调成序的一种技术创新，它是人类特定组织的产物。[11]为了给出这一连串想法的背景，并使其更为充实，我们将需要回到那个机械浪漫主义的温室——巴黎综合理工学院，那是孔德一生事业展开的地方。

作为精神力量的巴黎综合理工学院

巴黎综合理工学院是工程师科学家的故乡，对年轻的孔德影响甚著。1815 年入学后，他给家乡蒙彼利埃的一位朋友写信："如果你和我一起被录取，我会更高兴，因为我们两个人在这里会像在天堂一样。你无法想象理工学院的学生心灵多么美好；我们之间是最完美的联合……在许多房间，人们筑起了友谊的祭坛；其中一个祭坛上写着这样的话：为了友谊。而在墙面上则写着：联合和力量。这些仪式非常感人。"[12]孔德生于 1798 年，是又一个徘徊在乐观和绝望之间的"世纪之子"。[13]虽然在天主教氛围浓厚的家庭长大，但孔德在十二岁时丧失了信仰。他在理工学院的世俗仪式中发现的联合和平等，呈现了一种非神学的团结和信仰的形象，这种形象在他后来的著作中激起了回声。[14]

他后来在给约翰·斯图尔特·密尔的信中说，巴黎综合理工学院"几乎是精神权力（spiritual power）的原型"。[15]这是一个总体性的机构（total institution）。[16]从入学考试到日常数学训练和军事演习，学员们都是一个功能和等级有序的"军团"（corps）的一部分，该"军团"致力于为社会问题找到技术解决方案。每天的时间表控制着学生的时间，并通过严格的约束来执行。受管制的时间秩序感也被纳入课程，使学生能够"在面对任何情况时都能做出快速而明智的反应"。人们认为，理工人可以"比其他人更多、更快地学到东西"。在这里首次大规模使用黑板，以便于快速教导学生。[17]这种教学技术使学生和主考人看到，数学演示能够作为一系列步骤展开，教学速度有助于决定学生的排名。该机构的第一批教员遵循"革命法"，以压缩时间为目标。例如，拉普拉斯会在数学分析的基本原理发表之前，快速讲授大胆的新证明。[18]尽管有这种教学上的统一性，但该校教授的学科——描述性几何学、立体解剖学、力学、微积分——并没有被纳入一个单一的公理系统，而是作为不同的、不可简化的方法，根据情况的需要来部署。理工学院对异质科学的时间协调是孔德后来著作的一个模板。

尽管他在第二年就被学校开除了，因为他带头抗议一个不称职的、倾向保皇主义的教授，但巴黎综合理工学院一直是孔德生活中的一个参考点。随后，他作为圣西门的秘书和助手，为《工业》和《生产者》撰稿并参与编辑。因此，在19世纪20年代，孔德与许多圣西门运动的未来领导人，特别是奥林德·罗德里格斯（Olinde Rodrigues）有广泛的接触。古斯塔夫·艾希塔尔是孔德的学生，加布里埃尔·拉梅是他在巴黎综合理工学院的朋友和同僚。在这个时候，孔德在一系列的"小册子"中阐述了许多关键主题，而圣西门并不认可孔德的贡献，这是孔德离开的主要原因之一。

在他1822年"最初的小册子"，即《重新组织社会所必须的科学工作计划》（*Plan of Intellectual Works Necessary for the Re-organization of Society*）中，他写道："任何社会制度，无论它是为少数人还是为几百万人建立的，其最终目的都是将所有特殊的力量引向行动的普遍目标，因为只有在行使普遍和联合行动的地方才有社会。在任何其他假说中，只存在一定数量的个人在同一土壤上的聚集。这就是人类社会与其他群居动物的不同之处。"[19] 他对社会以及人类本身的定义是：为了一个共同的目的而进行的联合行动。与圣西门一样，孔德的首要目标是建立一种新的、独立的精神力量——拥有指导信仰和目标的权威机构或社会团体。在中世纪的欧洲，这种由教会掌握的权力与"世俗权力"，即人和物的物质统治者是分开的，但又是和谐的。[20] 由于这种和谐的破坏和天主教权威的衰落，社会面临着选择："是选择征服（即对人类其他部分采取暴力行动）还是选择工业或生产（即对自然界采取行动，改善它以使人类受益）。"为了确保人类选择后者，知识和道德的权威必须由科学家来承担，圣西门也这样认为。一门新的社会科学将提供方位基点。[21]

从这些关切点出发——使科学系统化并确定文明进步的方向——孔德在结束与圣西门的学习时，得出了他的哲学基本"法则"：三阶段规律和科学的等级。他在"连续冥想八十个小时之后"，得到了他的《实证哲学教程》的全部大纲。[22] 然后他向那些自己认为乐意听讲的人传播这个好消息。1826年，他在圣安托万大街的房间里为这门课程做了介绍性的讲演，可谓高朋满座。听众包括巴黎科学界的领军人物，其中许多人已经介绍过了：约瑟夫·傅里叶、弗朗索瓦·阿拉戈、亚历山大·冯·洪堡、克劳德·路易·纳维尔、伊波利特·卡诺，以及其他一些理工人和圣西门主义者（让孔德失望的是，安培没有出席）；在生命科学领域，生理学家布鲁赛和布兰维尔出席了会议。综合理工学院和科学院这两个机构是容纳新精神力量的最佳人选，而这些人则都是这两个机构中最杰出的、具有改革思想的科学家。

据阿道夫·艾希塔尔（Adolphe d'Eichtahl）说，这个晚会很成功。然而，在前三次演讲之后，孔德的精神疾病发作了，其特点是沉醉在自己宏大的妄想中，丧失了工作能力，并企图自杀。孔德随后接受了埃斯基罗尔的治疗。值得注意的是，他把自己的疯狂看作退回到最早的知识状态，"一种含糊的泛神论"；恢复健康后，他追溯人类发展的阶段，又上升到实证主义阶段的健全状态。[23] 他于 1830 年出版了《实证哲学教程》第一卷，1842 年出版了最后一卷，靠着帮助学生准备入学考试和在综合理工学院担任助教来谋生。

学科与时间的巨链

这个实证主义福音的第一个版本是什么？孔德就像优秀的军事制图师和战略家一样开始了这门课程：他用"一个领域的总体范围"划定了他的领地，"对人类思想演进过程的总体概述，设想了它的总体效果"。[24] 在这个全景中，最突出的是三阶段规律："我们知识的每一分支，都要经历前后相继的三个理论阶段——神学或想象的；形而上学或抽象的；科学的或实证的。"[25] 每一门科学，就像整个社会，也像每一个人，首先把世界的对象看作超自然的存在——无论是拜物教的直接"清醒的幻觉"，多神教的多重人格化原因，还是神学的唯一、全能的原因。摆脱了这些虚构的人格化产物，每一门科学接下来都得出了同样虚构的绝对原因或统一的"自然"概念，18 世纪包罗万象的自然哲学体系就是例证。最后，在实证主义时代，理性比想象力更胜一筹，知识的限度也得到了承认：

在实证主义阶段，人类的思想认识到不可能获得绝对的概念，放弃了寻找宇宙的起源和目标以及了解现象的固有原因（intimate causes），以便通过推理和观察的良好结合，专门致力于发现它们的有效规律，即它们不变的承续和相似的关系。对事实的解释，现在化约为对其实在的项的解释，不再是在各种特殊现象和少数一般事实之间建立联系，而且科学的进步倾向于减少这些事实的数量。[26]

我们在这里看到了最熟悉的"实证主义"原理。绝对的概念和隐秘的原因必须被放弃。相反，知识必须满足于研究现象的情况并建立它们之间的合法关系。

许多人认为这些段落主张一种单一的"科学方法"或科学发现的逻辑：根据相似性或时间上的连续性排布观察到的事实。[27]然而，事实上孔德拒斥单一方法的概念，而是提供了差异性和多元化的科学理论。[28]正如他的第二条"伟大法则"，即科学的等级制度所示，每门科学都有其独特的对象、概念和方法。这种异质性有其演进的逻辑。每一门科学的对象、方法和历史都与它在等级体系（有时被称为序列、链条或阶梯）中的位置相对应，从数学（自成一类）到天文学、物理学、化学和生物学，直至最后一门科学，即孔德所创造的社会学。[29]根据我将在下面讨论的梯级演进，相较前面的科学，每门科学都代表着复杂性的增加。此外，每门科学都以自己的速度演进，后起的科学仍在通往"实证"[30]之路。

孔德认为，每门科学都拥有独特的、自主的概念和方法，这是与早期自然哲学传统的决定性断裂，后者试图将自然界的所有领域都归入单一的规律或原因。[31]在引入这种有区别的序列时，他区分了这种秩序的"历史"表述和"教条"表述，前者承认历史的偶然性，后者则依据逻辑的发展。根据孔德假设它们终将达到的最终阶段，"教条"的历史以理想化的形式呈现了科学。然而，这两种表述方式在科学的关键转折点和突出特点上是一致的。天文学是第一门实证科学；其他科学是随着时间的推移而增生的，以应对具体的经验，建立规律性的东西，对抗由意外引发的恐惧。[32]在每一门科学中，形而上学解释的运用和对原因的寻找被相对规律的发现取代；然而在历史的顺序中，某些神学和形而上学的概念继续影响着当代科学——如物理学的"奇异流体和以太"，一些生理学家仍然使用的"生命力原则"，以及研究人科学中"灵魂"的概念。至关重要的是，尽管后来出现的领域不如之前的领域和它们所依赖的领域那样"普遍",但它们的现象并不只是它们所依赖的领域现象的放大或延伸。孔德的计划明确地反对化约论。在生物学中应用纯粹的机械或数学解释,不能说明生物现象的特殊性,就像人类生理学不能用来解释社会生活的具体属性一样。

孔德以"动物序列"作为他的科学系列的模型,"动物序列"是他介绍生物学的核心概念——对两个主要影响他的人而言,拉马克和布兰维尔也是如此。[33] 这一系列科学根据四个轴进行排名:普遍性、接近人类、复杂性和可修改性。在从天文学到社会学的演进过程中,每一门科学所处理的现象都不那么普遍,而是更接近人类,更复杂,更易改变。[34] 例如,天文学的现象是最普遍的,因为它们影响到地球上的所有实体;它们与人类极其遥远(尽管孔德认为我们应该把天文学限制在五个最近的行星上,因为只有这些行星可能对地球产生影响)。此外,天体运动依靠的是最不复杂的规律,涉及最少的干预项和复杂因素。最后,由于天文现象是人类无法企及的,它们最不容易受到人类的影响。在这个序列的另一端是社会物理学,最终孔德称之为社会学。这门科学处理的现象是最具体的,只涉及一个物种,其现象非常接近人类(事实上,其对象是人类本身);这些也是最复杂的现象。然而,这种复杂性意味着人类在改变这些现象方面有相当大的空间。这种演进式方案认识到了日益分裂的科学的专业化,同时保持了自然哲学所特有的统一性和完备性。

尽管孔德本人没有强调这一点,但还有一个重要的梯度界定了科学的等级。每门科学的地位也是由它在时间序列中排列特定现象的方式决定的。孔德根据静态和动态两个方面分析每一门科学——如生物学分为(静态)解剖学和(动态)生理学。然而,进一步说,每门科学的一系列现象都有自己的速率、节奏和周期。《实证哲学教程》显示了每套现象的方法、工具和概念之间的和谐,以及在每个领域发现实际规律的模式,这些现象的速率也是与各领域的排列位置相关的因素。

天文学再次成为典范。除了指示人类只关注宇宙中与人类相关的那些方面,他还指出,天文学展示了规律性这一基本的科学经验。孔德认为,科学是对一再发生的现象的研究。对现象规律性的证明总是打击神学,因为它摧毁了自然界可能受到超自然生物任性影响的想法。他讨论了测量时间的设备的出现对该领域的重要性:

尽管天空本身因其重复的周期成为"第一个天文钟"，但要非天体的时钟测量更为精细的运动。天文学还为我们提供了第一个明确旨在预测的科学实例。天文现象提供了测量、规律性和预测的模型，确定了昼夜交替、月相和季节性的交替。随着它的发展，它也为更精细的计时方法提供了动力，以俘获凌日并计算纬度和经度。拉普拉斯对天体力学的改进进一步推动了这些趋势，他们公开了天体过去和未来的状态："正是由于天体动力学，我们才有能力在几个世纪内向上和向下延伸学科，确定各种天体事件的精确时刻，如日食。"[35] 天文表格赋予了时间的力量，这是实证科学的标志。天文学表明了一门科学的特定概念、方法和对象与它所遇到的特定时间特征和事件种类之间的基本关系。

构建科学等级的另一个时间维度出现在孔德关于每种科学所研究的不同"分子运动模式"的论点中。他说，物理学、化学和生物学，"可以被认为是以物质的分子运动为对象，在它容易受到影响的所有不同模式中。从这个角度来看，每一种科学都对应于三种连续的运动阶段中的一种，它们彼此之间有着深刻而自然的区别。化学的运动显然比物理活动多一些，比生命活动少一些。"[36] 对应于物理学的分子运动改变了"物体中粒子的排列"，"这些改变通常是轻微和短暂的，而且从不改变物质"。在化学活动中，"结构和聚合状态的改变"是研究的对象，同时还有化学相互作用所带来的"粒子本身的组成"的变化。在生理学中，分子活动具有"更高的能量"，因为正如孔德在后面的章节中详细讨论的那样，"生命阶段的特点是，在它不断决定的所有物理和化学作用之外，还具有组成和分解的双重连续运动，或快或慢，但总是必然连续的"，这一过程试图"在一定的变化范围内，在或长或短的时间内，通过不断地更新物体的物质维持其组织"。[37] 物理学、化学和生命科学特有的"运动方式"的"等级"，就像普遍性、距离、简易性和可修改性的程度一样，是科学系列的界定标准。

虽然在最后一门科学——社会学——中出现问题的并不是分子运动本身，但在社会学中，时间尺度的复杂性是最重要的。时间上的复杂性定义了这个领域。三阶段规律和科学的等级结构是社会学最初和最基本的发现，因此，除了测算人类的历史和社会生活的节奏，这个领域的任务是重建其他各门科学的时间尺度。这个项目的递归（recursive）性质是惊人的。当孔德论述到最后一门科学时，他揭示了读者刚刚通过的先前旅程的历史依据。换句话说，只有当社会学被置于一个可靠的基础之上时，人类知识进步的历史——这些科学中的每一门科学所建立的时间秩序，以及它们出现的顺序——才能得到恰当地表述。因此，社会学使所有科学的进展协调有序。此外，它还确立了社会本身的规律和时间序列；在后来的表述中，社会学之后是另一门科学——伦理学（morals）。因此，人文科学为个人和集体生活的时间序列的重组设定了模式；它们为使得人道教成为实践的东西提供了理论。[38]

因此，至少在两种意义上，孔德从时间方面为科学排序：第一，根据它们抛开神学和形而上学的时间；第二，根据它们每个对象所接受的时间性模式。从天文学的渐进革命，到物理学、化学和生理学不断增加的分子运动，再到社会学和道德科学所研究的历史序列和复杂的社会代谢，每一门科学都有自己与时间的关联（见图 9.2）。

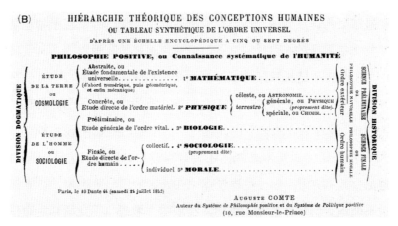

图 9.2　图解各门科学，来自孔德《实证主义教义问答》（*Catéchisme positiviste*）。

孔德对各门科学的分析不仅显示了各门科学之间的差异，而且显示了它们可以协调的关节点。例如，他提出了天文学的周期性和陆地生命之间的联系。[39]地球静态因素的影响对生物来说是重要的（它的形状、质量、尺寸、与太阳的距离），但正如孔德所指出的，动态因素是决定性的："比沙指出，动物自身生命的周期特征从属于我们星球的昼夜交替周期；我们可以把这种观察扩展到任何生物体的所有周期性现象，包括正常状态和疾病状态……此外，我们完全有理由相信，在每一个有机体中，生命的总持续时间及其主要的自然周期都取决于与我们星球自转有关的角速度。"[40] 这种将睡眠和苏醒的周期以及生命的周期和长度，与地球和太阳的运动联系起来的做法，是这两类事实之间的一种"协调"形式，既强调了它们之间的依赖性（陆地生命塑造天文现象的），也强调了它们在概念上的自主性（不同的概念分别被用来理解生物体和行星运动）。同样，他提出，"如果地球自转得更快"，"如果一年的时间长短被改变"，或"如果椭圆轨道变得像彗星一样偏"，地球上的生命将被改变。[41] 关于地球热量变化与地球表面事件之间相关性的类似推测，是19世纪30年代关于星云假说的讨论核心：这些推测旨在将太阳系、地质状况、自然史的时间尺度联系起来，在某些情形下（如上一章讨论的安热·盖潘《地球及其器官》），将人类的历史联系起来。[42]

对孔德来说，每一门科学都是一套用于标记时间的概念和工具，用于记录出现在现实各个层面的重复特征和规律。实证社会学及其科学序列显示了这些序列的交汇点。孔德的口号"秩序与演进"抓住了这一结构：他的哲学将多种速率和规模的演进编织成一个单一的、发展的秩序。如果每个学科都是一条以自己的速度行驶的列车线，那么《实证哲学教程》就是使这些科学同步到达的站长。此外，《实证哲学教程》中规定的秩序不是一个封闭的和静态的清单，而是一个指导进一步研究的框架，使每个领域的进展"有规律"，使之与其他领域更协调，并确保不同线路之间的"对应"。孔德把在巴黎综合理工学院奠定的模板——正如我们在第四章中所看到的，这是其他科学家工程师的基地，他们致力于优化道路、网络和蒸汽机的效率——扩展到整个宇宙。他把自己的哲学说成是对不同时间尺度的协调，在一个单一的扩展框架内，不同但相互交叉的发展序列的汇合，其中心是人类。[43]

假设崩溃了

到1830年，孔德已经出版了《实证哲学教程》的前两卷，其中包括他对数学和天文学的介绍。天文学是他在 19 世纪 30 年代初的工作重点：他在中学讲授通俗天文学课程，而且每周日上午在位于皇家宫殿和剧院之间的第二区政府大楼讲授天文学。[44] 尽管孔德是著名的教师，但他在 1832 年写信给路易－菲利普的首相基佐（Guizot），建议在法兰西学院设立一个"实证科学通史"的教席，结果却一无所获。正如他经常抱怨的那样，他那个时代的科学正变得越来越专业化和孤立化，像《实证哲学教程》那样的总体概述无法作为一种科学专业知识的主张而独立存在。雄心勃勃的理工人被鼓励专注于其老师的专业研究项目，而孔德事实上确实进行了少许关于气体压力的研究，并发表了讨论运河建设的文章。[45] 尽管做出了这些努力，而且得到了工程师科学家阿谢特（Hachette）、纳维耶（Navier）、泊松（Poisson）和拉梅以及解剖学家布兰维尔的友谊和赞助，但孔德拒绝在既定的科学专业中开辟出一片天地，这使他无法获得他的同学们在 19 世纪 30 年代初开始享有的威望和财政保障。

科学的专业进步现在需要发表专门的研究成果。[46] 为了满足这一要求，1835 年，孔德第一次也是仅有的一次在科学院露面——该机构足以使科学权威在法国和世界范围内得到承认。[47] 这项工作是拉普拉斯星云假说的数学证明，题为"实证宇宙起源说"（*Cosmogonie positive*）。[48] 星云假说认为，行星和太阳是由旋转且极热的气态云构成的；随着这些"星云"的凝结，它们留下的行星继续围绕最后的凝结核心——太阳——旋转。约瑟夫·傅里叶在他关于地球热量的作品中采用了这一理论，作为对深入地心后发现热量增加的可能解释。此外，地球逐渐冷却和冷凝的概念被广泛讨论，这是地质学和自然史中渐变理论的伴随物。[49] 在英国，宇宙演化的星云假说被改革者和反对派思想家所接受：如果行星的历史是由可观察到的物质力量造成的，并按阶段发展，那么生物体也会如此，同样，新的社会秩序也会逐步出现。

然而，耐人寻味的是，洪堡和阿拉戈都不赞同这一假设。考虑到他们对自然界的动力构想的拥护，对先验解剖学的支持（塞尔和若弗鲁瓦），以及他们在政治和科学论坛上对"进步"的倡导，这种犹豫的态度可能显得有些不合常理。同样令人费解的是，正是拉普拉斯——均衡和宇宙稳定的理论家——提出了这种宇宙演化的叙述。然而，拉普拉斯提出这一假设并不是将其作为持续变化的论据，而只是作为太阳系稳定、不变秩序的解释序言。此外，人们怀疑，如果星云假说是由拉普拉斯以外的任何人提出的，那么阿拉戈和他的盟友会很高兴地接受它，因为它正是那种统一性的叙述，有可能将多种不同的方法结合起来，这也正是他们在试图普及科学的过程中所寻求的。因此从这个角度来看，1835 年奥古斯特·孔德在科学院介绍他的"实证宇宙起源说"时，阿拉戈是常任秘书，这是有道理的，其后果也是如此。阿拉戈之前曾多次帮助孔德并参加讲座，支持他在综合理工学院的任命，并一度帮他联系潜在的英国赞助人；此外，在 19 世纪 20 年代和 30 年代初，孔德是综合理工学院和 CNAM 的科学家工程师环境的重要组成部分，并通过与布兰维尔的联盟成为反居维叶解剖学的倡导者。孔德为他在学院的首次露面选择的主题是基于他对天文学基础地位的认识，他作为数学指导教师的专长，以及作为基本原则的"演进"概念；对于制定学院议程的阿拉戈来说，这也可能是一个将星云假说的演进和统一性方面的意义从与拉普拉斯、帝国和复辟的联系中解脱出来的机会。

在"实证宇宙起源说"中，孔德计算了所谓的主星云团在其周长与每个行星的轨道长度相同的时刻的自转周期。例如，他发现当太阳表面位于现在地球轨道的位置时，太阳的自转周期约为 357 天，"这实际上与我们的恒星年只相差约 8 天"。[50] 在这个主星云团和每个行星在其凝结的每个阶段的自转之间出现了同样的关系。根据这一巧合，他得出结论："假设太阳大气层的数值极限相继延伸到不同的行星，那么在这些时代中的每一个时期，太阳的自转时间都明显等于相应行星目前根据恒星测定的自转时间。"[51] 他还得出结论，这种向内凝结（inward condensation）现在已经完成：在太阳系的最终阶段，太阳与它的卫星有明显的区别，它之前已经与之融合。在他的《实证哲学教程》中，限度和分离标志着有序的进展，这一论点也被视为孔德坚持静态和动态之间和谐的一个版本，因为行星的当前秩序，它们的静态序列与它们在时间上形成的序列直接相关。[52]

然而，在他的报告发表后不久，一位名叫佩尔松（Person）的法国数学家发表了一篇反驳文章，指出孔德的"发现"实际上不过是对其问题中的假设的重述。为了得出星云团在离开每颗行星的时刻连续旋转的数字，孔德使用了一些方程式，而这些方程式本身是由当前行星的旋转周期得出的。孔德的逻辑是陷入了恶性循环。在论文的第一稿中，孔德宣布了第二份报告；在科学院的档案中发现的这份报告的副本上有一个弗朗索瓦·阿拉戈的手记："报告并未举行。"[53] 很可能是佩尔松对其论点谬误的曝光使孔德的后续行动变得无足轻重。

虽然法国人对孔德论文的评论到此为止，但在英国，孔德的"实证宇宙起源说"却大受欢迎，因为英国人并不了解后续对孔德的回应。许多英国科学家，特别是那些同情雅各宾派的科学家，都羡慕地看着法国的科学和数学。[54] 人们还通过对星云的视觉观察来证实这一假设，用越来越强大的望远镜，如爱尔兰罗塞勋爵的望远镜，把它们分解成恒星场，或者证明它们不能被这样分解。[55] 孔德的文章被翻译成英文；大卫·布鲁斯特在《爱丁堡评论》（ Edinburgh Review ）上对《实证哲学教程》进行长篇讨论，约翰·斯图尔特·密尔也开始与作者通信，充满敬意。孔德的观点甚至出现在罗伯特·钱伯斯匿名出版的《自然史遗迹》（ Vestiges of Natural History ）中，这是一部非常成功的科普作品，且被证明对公众接受达尔文进化论起了关键作用。[56]19 世纪 30 年代，达尔文在爱丁堡不仅接触了若弗鲁瓦·圣伊莱尔的先验解剖学，还接触到了孔德的宇宙论，他最终提出的自然选择进化论与这两者有很大的共同点。

然而在 1844 年，约翰·赫歇尔在英国科学促进会的一次会议上，不管是公开还是私下都在激烈地攻击孔德，并揭露了他的计算错误。赫歇尔为密尔做了演示，之后密尔与孔德的关系就冷却了。[57] 孔德后来放弃了自己的论文，认为它是"对形而上无神论的终极习惯的恶性让步，这些习惯以他们的方式追求健全的哲学，最终必须放在一边的问题"。[58]

在这场"惨败"之后，孔德发现自己逐渐被排除在既定科学的空间之外，部分归咎于他习惯于在自己和强大对手之间造成"影响事件走向的紧张状态"，尤其是阿拉戈。最残酷的打击出现在 1840 年，当时他竞选由泊松空出的理工学院的职位，他得到了几位教授的支持，却被阿拉戈的亲信、几何学家施蒂尔姆（ Sturm ）拒绝。孔德开始把阿拉戈视为"教条主义"的首领，这些数学家和机械师具有不正当的影响力，他们把研究引向贫乏的专门课题。作为学院的常任秘书，阿拉戈在选举中拥有相当大的权力，因此在研究方向上也拥有相当大的影响；他为已故科学家撰写的颂词也使他成为法国最有影响力的科学史家，这正是孔德梦寐以求的地位。最后，阿拉戈将他在天文台大受欢迎的讲座收集在《大众天文学》一书中——名称同孔德从 1827 年到 1844 年以更质朴的方式在第二区政府大楼开设的课程——这也可能引发了孔德的愤怒。孔德有过河拆桥的嗜好，他在《实证哲学教程》第六卷的开头发表了一篇"个人序言"，文中有侮辱阿拉戈的语句，并指责阿拉戈是主谋，干扰他的出版活动并阻止其事业发展。在这篇文章的页边空白处，阿拉戈写道："难以置信的小丑行为！"[59]

环境、改造和技术动物

在这场职业生涯灾难之前，孔德对生物学和社会学的兴趣加深了；也正是在这场灾难之后，他在《实证哲学教程》中不厌其烦地讨论了这些主题。这种重点的转移也对应着他在交流方面的战略转移：从他为受过教育的精英重新阐述天体力学的失败开始，他越来越多地把精力用于通过向不谙世事的平民布道以改造社会的机体。介入这些活动的理由可以从他自己的理论在生物学、社会科学、宗教和他的技术取向之间建立的强大联系中找到。如果说科学的等级是对日益迅速和复杂的时间尺度的排序，那么孔德的生命理论则是在每个时间尺度上对外部环境进行改造的指南。

孔德认为，与非生命的科学相比，处理生命的科学在复杂性方面更显著。如上所述，这种复杂性可以部分地从时间的角度来理解。生物学包含了多种时间尺度：新陈代谢、休息和活动的"周期性"循环，以及从受孕到死亡的发展阶段的展开。生命领域的这种复杂性的增加也反映在其方法上，因为科学阶梯的另一个方面在于它逐渐吸纳新的调查方法。天文学依赖于观察，物理学扩展了实验的范围，在化学中，这两种方法都存在，尽管得到了扩展——因为化学利用了对嗅觉和味觉的观察以及更广泛的试验——同时还在一定限度内使用了比较方法，这是化合物和元素分类的基础。生物学扩展了比较的范围：同一生物体各部分之间、性别之间、每个物种的不同亚种或变种之间、"生物等级"的所有生物体之间，以及动物发展的不同阶段之间。[60] 社会学扩展了历史比较的范围。

在对动物分类的讨论中，孔德将居维叶的"存在条件"概念及其对生物体"生命"的关注——福柯将其称为"经验性超验"难以捉摸的深度——与他的盟友亨利·德·布兰维尔提出的动物序列相结合。[61] 尽管孔德赞美哈维尔·比沙的作品，认为生命现象需要自己的方法和概念（为此，孔德在实证主义历书中以他的名字命名了"现代科学"月），但他不同意比沙对生命的著名定义，即生命是"抵抗死亡的力量的集合"。[62] 相反，孔德从根本上将生命从动物体的局限中剥离出来：在他看来，生命存在于有机体与其周围的事物或环境的互动之中。孔德说，"生命"不仅需要"一个有机的、支持生命状态的存在，而且还需要外部影响的有序排布以使其成为可能。生命体与相应的环境之间的和谐显然是生命的基本条件；然而根据比沙的假设，生命体的整个环境倾向于破坏它们。"[63] 孔德没有将生命定义为有机体与其环境之间悲剧性的宿命之战，而是将生命置于这种关系之中，置于有机体与其周围环境的相互作用之中。

同样，虽然孔德赞同布兰维尔将生命定义为"一般的和连续的双重内部运动：合成和分解"，但他认为布兰维尔没有充分注意该平衡状态的外部内容："所有的生命现象都来自这两个要素（有机体和环境）的相互作用。"[64] 孔德并没有忽视内部功能；事实上，他阐述了一个准政治性的关于有机体的一致概念，以描述内部功能之间的和谐。然而，孔德为生物学制订的总体研究计划是将器官及其功能的研究，也就是居维叶的自然史核心，纳入这种内部和外部的双重运动之中："紧接着，实证生物学的重大问题在于以最普遍和最基本的方式，在生命冲突这两种不可分离的力量以及构成这种冲突的行为之间实现科学的和谐：总之，以普遍和特殊的方式，将器官和环境的双向观念与功能的观念联系起来。"生物体与其环境之间的这种动态互动——既连续又间断——是他构建动物序列的准则，这也是他社会学概念的关键。[65]

继布兰维尔之后，孔德根据动物器官的复杂性、多样性和专业化程度的提高，对动物进行了解剖学排序。这种梯度对应于生理学上"一种更复杂、更活跃的生命，由数量更多、种类更多、更显著的功能组成"。这种生物也更容易修改，就像科学是根据其对象可修改性的扩展而排列的。然而，这种可修改性对应于对环境的更强修改能力。一个简单的生物几乎没有能力改变它的环境，然而它的需求却能相对容易地得到满足，而且它面对外部变化时具有弹性。在等级的另一端，高等动物的复杂性（例如，温血动物有更复杂的循环系统）使它们依赖于环境中更广泛的因素，因此，更容易受到环境中微小变化的影响。然而，这种扩大的脆弱性得到补偿——更强的改变环境的能力，即建造巢穴、水坝或洞穴。随着动物的序列等级攀升，"作为必然的结果，生物变得越来越容易受影响，与此同时，它对外部世界的作用也越来越深远和广泛"。[66]无论是这种易受影响还是作用能力，在人类中都是最显著的。"人……只有在最复杂的一整套外部条件的帮助下才能生存，包括大气和陆地，受到各种物理和化学方面因素的制约；但是，通过一种不可缺少的补偿，他可以在所有这些条件下比低等生物经受更复杂的变化，因为他对周围系统有更强的反应能力。"与圣西门在《人类科学概论》中写的一样，孔德将人类置于动物等级制度的顶峰，因为人类具有改变环境的卓越能力。[67]

人类在动物序列中的最高地位对孔德的社会学概念产生了重大影响。早在他的《科学工作计划》中，他就认为真正的社会科学"设想这种社会状态的目标是由人在自然系统中所占据的等级决定的……实际上，它看到了由这种基本关系产生的、人类对自然界采取持续行动的趋势，以改变自然界，使环境对自己有利。随后，它认为社会秩序的最终目的是促成这种自然趋势的集体发展，使其规范集中化，从而使有利的行动成为最大的可能"。[68]社会科学协调人类对自然的行动，这需要个体之间更多的整合，产生一个新的集体有机体。在人类当中，孔德观察到一种趋势，即"越来越将物种人为地转化为单一的个体，浩渺无垠，永无休止，被赋予对外部自然界不断进步的行动"。[69]正如动物个体内部存在一种"一致"或"和谐"——将其不同系统协调为统一的活动，社会学则将人类视为一个集体有机体，分为多种功能，在共同的环境中协同行动。

在社会学科学中，除了观察、实验、分类和比较，还增加了一个新的、时间化的工具：历史方法。人类历史呈现连续的"政治联合体"景象，以及按照上述顺序逐步出现的每门科学。因此，历史追踪了人类对其环境的变量、特定速率和节奏的知识的增长，使他们有可能干预和改变环境。我们与环境的关系不仅在于它是人类有机生活的基础，还是知识的基础。"总之，假定每一个现象有一个观察者：因为现象这个词意味着客体和主体之间的明确关系。"然而，主体和客体之间的这种关系远远超出了单纯的旁观者身份。生命依赖于其在环境中的呼气和吸气、组成和分解；就人类而言，这种依赖性意味着改变。"真正的生命概念与世界的概念是没有区别的。因为生命无时无刻都需要在一切有机体和其适宜的环境之间保持和谐状态，或主动，或被动……所有生命中最杰出的是人类，它最依赖世界，但也最能改变世界。因此，顺从和权力的健全理念在它们的基本来源上是结合在一起的，因为人的活动总是随着依赖性的增加而扩展。"[70]《实证哲学教程》系统化了人类与环境互动和修改环境的不同尺度。因此，人类的历史不仅仅是对其社会形式和思想的合理化叙述，它还叙述了这个集体有机体如何认识其周围的环境（依次为天文、物理、化学和生理），逐渐趋于联合，从而学会对这个环境采取越来越有力和集中的措施。

与圣西门或勒鲁相比，孔德更明确、更连贯地提出了作为技术动物的人类——无论是个体还是集体——的理论。如前所述，"实证生物学的重大问题"是将有机体和环境之间的重要互动与不同器官和系统的功能联系起来。就人类这一集体有机体而言，这个问题变成了协调不同的社会器官——阶级和个人——与他们所涉及的外部世界的那些方面。技术是人类器官的延伸，改善环境，并使人类对其环境所设限制的认识更加精确。每一个体创新和每一项成功的技术部署都代表着"社会有机体"对外部世界的适应。[71]

这种社会有机体的技术构想——孔德关于生命是有机体和环境之间合成和分解理论的直接结果——为孔德在 19 世纪 40 年代末作品中的决定性转折做了准备。1848 年出版的《实证精神论》是《实证政治体系》的第一卷，明确论述了人类四大器官的功能：无产阶级、"贵族"（世俗权力拥有者、银行家和实业家）、妇女和教士，以及他们在社会有机体中维持"一致"的作用。为了指导这些机构，孔德引入了一套新的技术，他称这些技术为"人道教"。他的宗教是他以生物学为基础的科学和技术史的必然产物。

自我、社会、世界的技术

在《实证哲学教程》最后一卷出版后，孔德又一次精神崩溃了。由于克洛蒂尔德·德·沃的影响，他得以重新振作，"第二段生涯"开始了。德·沃是一位年轻的寡妇，早期的女权主义者，也是一位思想小说家，她将自己视为乔治·桑的竞争对手；在她去世前的一年，她和孔德有过一段感情强烈但不尽融洽的关系。[72] 孔德被他们的交流和她的逝去这一悲剧改变，后来将她神化为人道的象征。圣西门派曾公开抨击孔德缺乏感情，但由于克洛蒂尔德·德·沃，孔德终于接受了他以前老师关于新基督教的宗教和情感遗产。[73]

与克洛蒂尔德的交流使孔德意识到《实证哲学教程》的两个基本缺陷：过度强调理智而忽视情感和活动，以及没有适当考虑或直接向科学家和实业家以外的人提出建议——特别是妇女和工人，他们是社会的心脏和肌肉。他在 1848 年发表的《实证主义教理问答》是一位教士和一位女性（读者可以把她想象成克洛蒂尔德本人）之间的对话，介绍该体系的主要内容和信条。[74]

孔德重新定义了宗教：不是对超自然存在的崇拜，而是一种连接（lier）或"联系"。他写道："宗教表达了完美的统一状态，这种状态是我们的生活所特有的，无论是个人的还是社会的，当它的所有部分，无论是道德的还是物质的，都习惯性地汇合朝向一个共同的目的……那么，宗教就包括调节每个人的本性，以及团结所有独立的个体，这只是一个问题的两种不同情况。因为每个人在生命的各个时期，与自己的差异并不亚于他在某一时期与他人的差异。"[75] 新的人道教是个人之间持续的"联系"，以及将任何一个人的瞬时状态和原子化的能力整合成一个统一的自我，通过训练其部分"习惯性地汇合"。在他后来的著作中，孔德比以往任何时候都更激烈地指责科学界中的"学究气"和"故作深奥"的陈腐气息；他甚至哀叹自己的教育未能处理人类的情感。虽然我们可以把他的"第二段生涯"看作对理工学院严格的纪律和数学侧重点的否定，但我们也可以把这种训练看作为宗教继续系统化和协调不同的时间序列做准备。孔德只是将《实证哲学教程》的范围扩展至社会生活和个人思想在其中的适当位置。在自然界不同但相互交错的时间序列中，该体系提出整合人类时间的多重性：从周、月、年的流逝到日常的、刻意培养的习惯性节奏。

孔德的《实证政治体系》将实证主义的口号从"秩序和进步"扩展为"爱为基础，秩序为原则，进步为目标"。其目标是"人类存在的三种基本模式的完美协调，从集体或个人的角度"：思辨的生活、情感的生活和行动的生活。[76]教义（社会学）建立合理的秩序；崇拜（社会崇拜）使用艺术和仪式来培养爱；制度（全民政治）指导集体的伦理和正义的进步。其目的是使人类生活的基本方面趋于一致，形成习惯，将不同的要素纳入一个共同的焦点或统一体。

教义

实证主义不是一种启示宗教，而是一种"显现的宗教"。《实证哲学教程》从"客观的角度"，从现象之间的逻辑关系介绍科学，而在《实证政治体系》中，孔德根据他所谓的"主观的方法"进行综合。这意味着让理智为心灵和"社会同情心"服务。"主观的灵感必须坚持不懈地把理智带回它真正的使命……必须研究宇宙，不是为了它自己，而是为了人，或者说是为了人类。"[77]科学知识将根据人类的需要安排。《实证哲学教程》的"客观分析"提供的材料将通过"主观分析"的方式加工成一种新的、系统的表述，不再是从世界到人（从天文学到社会学），而是从人到世界。人道教的教士将从每门科学与地球上人类生活的关系这一对象出发，将学说理念化、系统化。他写道："法律必然是多元的"，[78]"在这种日益增长的多样性中，人道教的信条给我们整个真正的概念赋予它们所承认的唯一统一性，也是我们所需要的唯一纽带。"[79]该教义向崇拜者开示人在宇宙秩序中的位置。

"主观法"也意味着对三阶段规律的重新评价。孔德的思考使他认识到，拜物教作为人类最早的思想和宗教秩序，作为社会统合的基础，其实有许多优点。相信非人类自然界的智慧和爱的支持，具有强大的道德和社会效应。尽管仍然需要《实证哲学教程》的"客观方法"所隐含的与自然的疏离关系为孔德之后的综合提供材料，但拜物教现在被视为最适合向大众传播科学的思维模式，它可以向普通人展示世界不同现象之间的和谐关系并揭示人类在其中的位置。孔德回到原始有生命、有意识的自然概念，这是一种科学普及和道德提升的策略。

崇拜

如果说拜物教为以个性化、人性化的方式构想环境提供了一种模式，那么它也为培养面向社会的爱、崇拜和服从的情感提供了手段。因此，教义得到了崇拜（warship）或"崇拜仪式"（cult）的补充。早期人类崇拜自然，其次是多神，再然后是单一的神，而在实证主义宗教中，人类要崇拜——从而增益——一种新神，即人类本身，新的"至尊"。然而，"人道教"面临着一个所有社会都存在的问题：分裂和分离的趋势。教义——对科学的基本规律和原则的总结——通过教导所有人类因受制于相同的规律而共同领有的必然性（或"宿命"，孔德越来越多地使用这一术语），促进社会的团结。

实现统合的一个更直接的步骤是直接作用于个体思想，使社会美德优先于反社会的冲动，用"利他主义"取代利己主义，现在人们熟悉的术语"利他主义"就是孔德发明的。崇拜的目标是修改人类大脑不同部分之间的关系，从而将自我重新定位为人道主义的目的。孔德修改了加尔的脑能学（phrenology），确定了大脑中的十种情感原动力。七种个体原动力（七宗罪的新版本）和三种社会原动力。三种社会原动力对应于三种不同的爱：对上级的敬爱、对同级的喜爱和对下级的仁爱。目标是使更强大和更多的自私原动力服从于那些虽然更有价值但数量较少和更弱的原动力。强化利他主义原动力的唯一方法是通过练习，即实证主义的祈祷是心理技术学（psychotechnics），这种心理训练每天只需要两个小时，而通常这段时间被浪费在游手好闲或"不良阅读"上。早晨一小时用于召唤守护天使，在白天的短暂训练中，人们清空头脑中的所有想法；在睡前的最后一次训练中，崇拜者用感恩和爱的情感"浸润"头脑。

为了强化这些感觉，孔德还建议可视化练习，以呼应罗耀拉（Ignatius Loyola）的精神操演。想象已故亲人的面容、态度和身体的存在，美化这些"主观存在"，直到其形象在头脑中呈现鲜活的生命力，崇拜者则会刺激利他主义情感的"流露"或"倾泻"。根据所想象的爱人，崇敬或仁慈可能变得最强烈，对某个人的爱或对人类的伟大存在的爱，就像（他的构想）由一个拥有克洛蒂尔德·德·沃面容的三十岁女性抱着孩子所体现的那样。孔德认为，通过这些不在身边的中间人——他们的"主观"存在，仍然是非常真实和强大的——可以训练利他主义的冲动，借以支配利己主义的冲动。这种趋势是由实证主义者的秘密握手①或"普遍承认的标志"促成的：崇拜者将手从脑后移到前面，表示利他主义冲动（在大脑后部）对利己主义冲动（在前面）的支配。

孔德以幻觉般的细节描述了崇拜的外部内容。将会有绿色的旗帜——大地和希望的颜色——一边是女神的形象，另一边是实证主义的"崇高口号"，在季节性的节日里，旗帜将被放在"我们庄严的游行队伍"的前面。实证主义的圣殿也将被建造。他的图表详细说明了圣殿的构造，每张草案都在扩大。它们被放置在作为墓地的树林中。因此，那些在附属于圣殿的"实证主义学校"中做礼拜或学习的人，将一直被社会中最需要帮助的部分包围：死者。在他创造的标志着生命转渡（transition）的圣礼中，最重要的一项是"融入"（incorporation），为那些对社会帮助最大、被认为值得汇入人道的"虽死犹生者"举行特殊的葬礼。

实证主义历书也强化了生者对死者的依赖性，它将日、周和月分配给那些为人类的知识和社会进步做出贡献的伟大人物（见图 9.1）。孔德把一年分成 13 个月，每个月 28 天；第 365 天是"世界亡灵节"，闰年的这一天为"妇女节"。在这个"具体历书"中，他又增加了第二个"抽象历书"，其中各月以人类的基本关系、职能（祭司、工人、妇女和"贵族"等级）和阶段（拜物教、多神教和一神教）命名（见图 9.3）。在神庙中，这些要素在中央祭坛周围的标志上得到体现。每个神（那些为其命名的月份）都有自己的小神龛，在祭坛上立着人类自身的伟大存在的代表，由克洛蒂尔德抱着一个小孩来体现（见图 9.4）。实证主义神庙是《实证政治体系》的化身，它是一台在时间中旅行的机械。在通过纪念性的"融入区域"到达它的门口后，人们思考着人道的主要贡献者、分工和阶段，最后到达圣地，到达人道的最后阶段和它的崇拜对象：最高存在，即人道本身（见图 9.5）。

---

① 秘密握手（secret handshake）喻指隐秘的信息传递。——译者注

图9.3 具体和抽象的人道崇拜，来自孔德《实证主义历书》。"具体崇拜"（详见图9.1）以其
完整的形式重述了实证主义历书，并为"抽象崇拜"做准备。"抽象崇拜"庆祝社会性
（sociability）。每年逐月重演人类社会发展的基本阶段、其基本关系以及健康社会的四个主要
器官或功能：妇女、教士、工人和实业家。

图9.4 克洛蒂尔德·德·沃和孩子所代表的人道。里约热内卢的实证主义圣殿（Templo Positivo）
雕像。照片由玛格丽特·弗赫林格（Margarete Vöhringer）拍摄，感谢丹顿·伏尔泰·佩雷
拉·德·索萨（Danton Voltaire Pereira de Souza）。

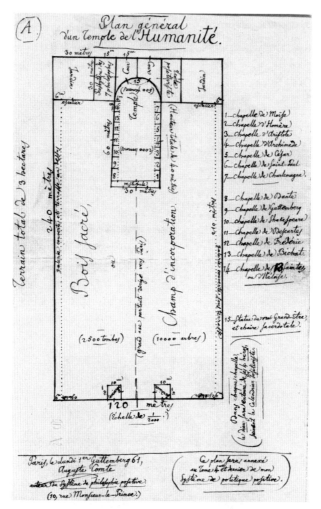

图 9.5 孔德实证主义圣殿的"A 计划"。右下方的垂直括号中写道:"在每个神龛中,神将被四位英雄围绕,遵照实证主义历书。"类似的"C 计划"也保存在奥古斯特·孔德之家,主要区别在于规模:它几乎是"A 计划"的两倍。里约热内卢的实证主义圣殿忠实地遵循了孔德的蓝图,包括雕像的顺序、祭坛的结构以及无处不在的绿色。奥古斯特·孔德之家档案;感谢奥雷利娅·朱斯蒂(Aurélia Giusti)。

政体

　　人道教是建立一个统一的机构或团体的工具,与在巴黎综合理工学院形成的共和政体并无二致。孔德的政治观点不如圣西门派那样集中。在实证主义阶段,民族国家的政府机构将不复存在;相反,社会生活将围绕独立管理的城市来组织,这些

256

城市将形成行政管理机构（intendancies）的核心——其中十七个城市将覆盖目前的法国领土。孔德还预见了精神权力和世俗权力之间更鲜明的划分：虽然圣西门教士密切参与有关工业、商业和大国日常运作的技术问题，但在孔德的计划中，加入他的中等规模行政管理机构的唯一集中权力是精神权力，由教士掌握。教士们将通过一个新的"贵族等级"发表建议，但不控制世俗权力，"贵族等级"将控制每个行政管理机构的"营养库"；"贵族等级"会负责银行、贸易、制造和农业。教士们还管理司法，"像古代神权法官一样"，仲裁争端并决定惩罚，从"道德谴责"到"放逐"，在极端情况下，还可以处决。他们还设立了一系列的节日，以纪念社会的必要功能和它在一段时间内最杰出的代表。

* * *

在协调这三个部分——教义、崇拜和政体——的过程中，《实证政治体系》阐述的人道教是对《实证哲学教程》发现的社会抽象规律在技术和实际层面的应用。在讲授了外部现实的各个层面的规律性和修改的限度——作为进一步研究和发展工业的指南——之后，孔德的注意力转向内部，考察人类已知的最亲密、最复杂、最特殊、最易修改的现象——人道，从个体和集体的角度。在《实证政治体系》中，社会学承担了指导人类历史的责任，调节这个有机体的未来进展。人道教通过使个体日常生活的时间展开和社会的集体仪式系统化做到这一点，就像《实证哲学教程》协调了科学之链的时间序列和各门科学自己研究中的各种时间序列一样。孔德的历书就像他的科学序列图表和他对大脑的情感原动力描述一样，不断地提醒人们注意这种秩序和它的进展步骤。

在1856年出版的最后一部作品《主观的综合》中，孔德将实证主义阶段的情感基础理论化了。[80]这本书从审美和利他主义角度重新定义了数学。[81]在这本书的导论部分，孔德重估了《实证政治体系》中展示的物神崇拜。作为加强人类情感依赖的一种手段，在崇拜仪式中引入了两个新的崇拜对象。人类的"伟大存在"现在汇入了"伟大物神"（Great Fetish），即地球——非人类实体的集合体，现在被认为拥有智慧和对人类的善意，以及"伟大环境"（Great Milieu），即空间、宇宙流体或以太，它是所有现象无意义但必要的基础："剧场，既被动又盲目，但总是善意的……它富有同情的柔韧性促成了对人们的心灵和思想的抽象欣赏。"按照"主观法"，这些虚构——人类、外部世界和现象与思想的终极基础象征性地结合在一起——将在人类思想和活动中创造真正的统合。通过对"伟大存在""伟大物神"和"伟大环境"的外部仪式和内在沉思，崇拜者产生了爱、感激，并认识到他们对超越单纯个体不可避免的依赖。他们的行动是向外的，面向他人和世界。[82]

走向生物政制

孔德排布并使科学协调有序的终身事业，构建了一种混合存在，它消除了自然和人为之间的"形而上学"式对立。他对自然界的统一政治的构想，就他自己和人类的一般能力而言，听起来可能是野心勃勃的。然而他一再警告说，"无机自然的巨大优势"就人类对于其他生物以及地球的控制施加了限制。"熟悉、了解这些不可战胜的限制，对于指导我们的努力方向和克制我们的骄傲，将具有巨大的智识甚至道德意义。在把我们从虚构的顾虑和压迫性的恐惧中解放出来的同时，最终的政体会使我们容易产生奢侈的计划和疯狂的傲慢。但是，这种必要的纪律不应妨碍明智且有希望的自然涌流。"[83]孔德从未主张让自然回到需要保护的原始荒野，但他也没有将自然视为人类按照自己的意愿塑造的被动材料。实证主义的一个经常性教训是认识到外部世界对人类计划设定的严格界限。

孔德对自然带有局限性的认识，以及他无限的创造力，通过《实证政治体系》中另一个奇怪的臆造来传达。他给人类和那些帮助"伟大存在"生存并改善其条件的其他生物之间形成的行星联盟起了一个名字叫"生物政制"：

> 在实证主义的体系下，合法的合作和公正的博爱将在所有的生物官能机构之间建立一种团结，这种团结与它们在真正的伟大存在的共同服务中的地位相适应。一句话，生物政制和社会政制（制度）将同样受到利他主义的统治；而

在长期的神权和军权政体阶段，利己主义占了上风。因此，现在以系统的形式提出的生物学，使我们最终处于可以考虑人类政治，或者说动物政治的最佳立场，因为它使我们这个物种的社会再生，从此注定要以尊严来管理所有其他物种，为所有其他物种考虑……在允许人类继承动物性的同时，就像动物性继承植物性一样，真正的生命等级制度就综合地建立起来了。[84]

通过生物政制的概念，孔德将一个经过修改的存在巨链的概念应用于照料人类花园的实际问题：人类（高于动物生命，就像动物生命支配植物生命一样）负责照料地球上的所有生命形式，正如这些生物被带到人类的身边服务。他的宗教建立在每个人对人类的依赖和人类对环境的依赖这双重基础上，这些信条形成了明确的生物政治学和生态政治学。[85]

1957 年，科学史家柯瓦雷（Alexandre Koyré）在一本名为《从封闭世界到无限宇宙》的书中定义了中世纪和现代宇宙论之间的断裂。正如孔德试图通过回归和改进中世纪的社会秩序以结束现代世界的分裂和混乱振荡，他对自然哲学的系统性取代也再次为宇宙划界。[86]他提出科学的秩序是协调和技术上调整世界"外部景象"不同时间特征的一种手段。这一点是通过将所有概念带回人类来实现的：用利他主义的情感溢满事实，并根据社会目的对它们排序。

孔德的实证主义——包括以历史为导向的认识论和社会学的表述，是浪漫主义机械时代两个最有影响力的产品——比人们认识到的更宏大，也更谦逊。它将"世界"呈现为一种艺术化的、必要的拟构，一种通过协调一系列现象及其特定的时间特征——首先是理智上的（或精神上的），然后是实践上的（或时间上的）——而不断产生的。这种哲学就像他同时代的巴黎人，年轻的卡尔·马克思的哲学一样，不仅仅是对世界的解释，而是要改变世界。但与马克思不同的是，孔德非常明确所需要的变革是什么。

孔德以他在巴黎综合理工学院获得的多元的、不可化约的科学为基础，为人类这个最复杂的有机体的改良工程提供指导。社会科学成为一门技术艺术（technical art）。新的神职人员将为直接从事工业、农业、银行业和日常生活的世俗权力提供建议，指导、规范其功能。这种新的精神力量是一种时间化的力量，是理解、协调时间的基础。此外，孔德明确指出了对技术发展施加限制的相互依存关系。只有服从自然秩序，理智、合理、健康的"进步"才能出现。只有在爱的基础上——对他人，和对伟大物神地球的利他主义之爱，才能充分认识和满足该秩序提出的要求。在它的最终形式中，也就是依其字面的褒扬，实证主义是一本改造人类居住环境的用户手册。孔德的封闭世界预示了最近的宇宙飞船地球 ①（Spaceship Earth）的生态学愿景。

* * *

孔德的世界是众多新的世界之一，这些新的世界是由早期工业时代的机械和浪漫主义的不同文化潮流之间的相遇而产生的。孔德与其他改革者和空想家一样，试图重新设定一个"除魅"的时代。[87]他们以令人不安却富有启发的方式，旨在使现代世界的生活形式符合历史和生物学的要求：他们试图成为他们自己宣称的历史和科学系列规律所预测的那些逻辑推论。[88]

前面的三章主要关注这三种有影响力的乌托邦哲学的共同点。圣西门派、勒鲁和孔德都拥护浪漫主义艺术，促进科学的重组，并提出了一种以器官、环境和动物物种发展理论为基础的技术构想。此外，他们都强调新宗教在心理、社会和智识方面的必要性。圣西门派主张泛神论，以及人类与地球的天道式结合。勒鲁用一种神圣的、历史性的潜在在具体事物中实现自身的概念，细化了他们的一元论。尽管孔德坚定不移地拒斥形而上学，但其哲学的完整形式引入了一个新的神化祖先和拜物教的人造万神殿。三人都认为，自然科学的发现需要被组织成一套统一的教义，以教谕宇宙的秩序和人类在其中的位置；他们还提出了新的崇拜仪式，将共同的目标和利他主义的习惯植入社会成员的头脑和身体。由于对法国天主教历史的重新认识以及与"原始"信仰和知识体系的相融，事实证明实证主义时代是一个宗教时代。

这种对宗教的拥抱也是对启蒙运动遗留下来的核心政治问题的回应：如何创

---

① 宇宙飞船地球：指比拟为宇宙飞船的地球，其居民就像宇宙飞船的乘员，依赖有限的资源生存。——译者注

造一个既能保持内聚力又能保护个人自由的社会。康德将此表述为将人类从"自我强加的束缚"中解脱出来的挑战；自由服从于他们自己所赋予的理性法则的国民将形成一个目的王国①，并且每个人"不仅仅是一台机器"。对席勒来说，"一个人单独宣称的自由以及尊重他人自由的完美象征"是一种有序而自发的英式舞蹈。[89] 外部形式可以协调福柯所说的"经验、超验双重性"的两极，物质和超验的内部极性使人的主体本身成为浪漫机器；社会规划可以在社会层面组织人类集体形成的浪漫机器。

我们讨论的社会改革者在这些启蒙运动后期的论点基础上，设想了一些结构，这些结构同样旨在实现一种处境自主，一种联结中的自由，但每一个结构都有不同的政治和伦理重点。正如娜奥米·安德鲁斯所言，浪漫社会主义者试图从七月王朝的主流意识形态——过度的个人主义中找到一条出路。[90] 圣西门派遵循其创始人对重建一种新的知识或"精神力量"的坚持，以此团结人心。然而，昂方坦将教士视为"活的律法"，拥有对严格的等级制度的绝对（如果是"爱"）权威，这不幸地支持了那些将该运动视为极权主义先驱的人。勒鲁本人也脱离了"家庭"，以抗议其使个人意志、主动性和自发性屈服于一个非个人的整体倾向。他的社会重建计划从根本上讲是平等和民主的，有一个灵活的、不断重新协调的地方生产基地，以及将这些小规模的公社协调成一个国家行政机构和一个"国民宗教"的规定（无论多么粗略）。[91] 尽管第二共和国的改革者之间有激烈的争论，但勒鲁的观点与蒲鲁东的工团主义和傅里叶派基于劳动的"结合体"有很多共同之处，这些运动有时也会屈服于本土的仇外心理。[92]

孔德可以视为是在圣西门派中央集权的技术神权政治和勒鲁分散的"共有主义"（communionism）之间划分了分界线。他更严格地划分了精神和世俗的权力：他的那些将接管民族国家职能的行政管理机构（每个行政管理机构大约马萨诸塞州那么大）将独立管理它们的世俗事务；国家间的集中管理是精神权力的范畴。神职人员负责人类的道德和智力发展——教义和崇拜仪式——而其物质福利的细节则由

---

① 康德伦理学术语，指从其伦理道德观点所推论出的人应存在于其中的理想社会。——译者注

当地的世俗权力掌握。然而，这个系统与圣西门派的系统并不一样，它处处依赖服从（被孔德定义为"自愿"）。如果这个社会的成员可以被认为是自由的，那也不是因为他们拥有自决权——孔德将此视为一种形而上学的幻觉。相反，孔德将个人纳入人类的"大有机体"（Great Organism），就像他在科学序列中排布各门科学一样：每门科学都保留了某种自主性和不可复制性，即使它们被固定在一个不可避免的、自然化的等级制度中。

浪漫主义哲学因其对碎片和总体之间的关系、在整体中融入或纯化部分的手段以及平衡主体和客体的努力而闻名；但是评论家们几乎只将这一系列问题——同时是形而上学、认识论、伦理学和政治学——与对生物体的反思联系起来。然而我们看到，在复辟时期和七月王朝的巴黎，在认真、持续地接触机械的背景下，这些相同的哲学冲动一次又一次地上演。"联结中的自由"的困境，或者说如何设想必然相互依赖的生命的自主性，渗透到了生活的每一个领域。[93] 这种紧张关系体现在我们所讨论的关于机械的确定秩序与精神、心灵或有机体相关的自由之间的融合（有些是无缝衔接的，有些是充满矛盾的）。这方面的例子包括洪堡的由训练有素但自发的仪器组成的秩序井然的共和国，阿拉戈和理工学院的公民士兵工程师的理想，生理唯灵论者在身体和灵魂之间的微妙互动，奇幻艺术的突然动画和升华，超验解剖学的畸态和常态的辩证关系，甚至浪漫主义的非正统主角恶魔罗勃在恶魔般的奴役和神圣的灵感之间展开的斗争。

这些主题也构成了乌托邦的愿景，成为 1848 年革命的哲学背景。随后的第二共和国将这些紧张关系推向了高潮。正如我们将看到的，它试图在日益分化的阶级之间以及在平等诉求和专制诱惑之间建立一种和谐，这体现在以日益动荡的机械形象为特色的集体表演中。

第十章
结论：浪漫主义机械身后的故事

——————— ◆ ———————

通往 1848 年之路

在本书的各处，我们都能看到这些绝妙的新设备——电气装置、地球物理学仪器、达盖尔摄影、乐器、舞台布景、印刷技术、日历，以及它们的母亲蒸汽机——是如何在 19 世纪上半叶重塑巴黎的。我们看到这些机械与人类融合并扩展了人的能力——人类现在被理解为这样的物种，他们以感觉、行动以及技术性的干预改变了环境和自身。我们看到，浪漫主义机械对新的知识图景的聚合做出了重要贡献，这个新的知识图景是主动并具体参与到世界中的产物；我们也看到了浪漫主义机械在自然概念的生成中的重要贡献，这一概念是不断发展且容易受到技术修正的。最后，我们研究了这些装置在重新定义并指导社会进步方面所发挥的作用——社会是一个整体，它被视为一个不断成长的有机体，需要协调其功能以便在构成社会的个人自主性得以扩展的同时，强化个体间的联结。

正如我们在第一部分中所看到的，物理学家在利用晚近才变得知名的新机械去识别无形且无重力的流体之间关系的努力，经常受到自然哲学相关的对转化和恒等关系的兴趣的激励。对统一或潜在的"绝对"的探求也导致科学家、哲学家及作家们追寻物质、生命和思想之间的联系；这种探求支撑着一种认识论，在这种认识论中，科学工具被视为积极且机动的，有时几乎是心灵和外部自然之间的媒介。科学家们的大众科学项目旨在为不断增长的受众提供美学教育，这种教育也是一种解放：启蒙与共和主义的意识形态为新机械的发展和传播提供了保障。

在第二部分，我们看到了冥想在心理能力、身体活动和感觉器官一同塑造经验时所起的作用——特别是在机械的帮助下——这种作用在看清事物本质的科学尝试与怪诞艺术对令人不安的集体幻觉的驱动之间，找到了一处共同地带。像达盖尔摄影和透视画这样的技术体现了现实主义和幻觉效应之间的双重性；生理唯灵论哲学探讨了身体和心灵之间的动态关系以及普通感知中的创造性活动。人类的创造力在国家博览会上展露得更加明显，这些博览会表彰了那些正改变景观、经济以及社会关系的技术发明。这些变形与生命科学对衍变和畸变的迷恋产生了共鸣，证明了无限的可变性以及动物形式和自然在总体上的潜在统一性。自动机和怪物——无论是自然的还是人工制造的——都体现了个人层面的这种改造能力。

第三部分展示了在社会层面上，新的改革计划结合了对工业改造力量的认识、对自然和历史进步趋势的发现以及对新的社会科学的呼吁。乌托邦社会主义者将对劳动和技术的强调融入计划之中以便重组知识，并在一个更正义、更合理的基础上重建社会秩序。这些集体主义计划本身以不同形式出现，包括圣西门派精心设计的大规模系统、勒鲁推动的平等主义基于手工业的社区以及孔德在宗教方面的复杂技术。这些"浪漫的社会主义者"对完美的、绝对人造的自然与人类秩序的憧憬并不仅仅是乐观的幻想，它们建立在对尖端科技的深刻了解和熟悉的基础上。反过来说，所有的章节都显示了那些被错误地与怀旧式反对机械联系起来的主题——美学和有机整体主义、变化的流体、创造性感知和积极的想象力——事实上渗透到了这个时期的科学和技术精神及实践中。在所有这些方面，浪漫主义机械都是认识和重塑社会及其周围环境的事业核心。

这一系列思想、实践和技术的组合为 1848 年的革命提供了火种。起义部分是由新兴工业体系带来的不公正和苦难推动的。然而，我们所研究的改革者们并没有像"无望的浪漫主义者"那样争辩说需要做的是终结机械，或者回归到一个纯粹的、未经改造的自然。相反，这些思想家和活动家——其中包括傅里叶主义者维

克多·孔西代朗、"劳工组织者"路易·勃朗、女性主义者弗洛拉·特里斯坦、克莱尔·德马尔和让娜·德鲁安、共产主义者卡贝、无政府主义者普鲁东，还有卡尔·马克思——主张在管理机械方面持续发挥创造力，重新思考对它们的使用和所有权，并细致预想它们对社会及其环境的影响。他们也并非"无心的机械主义者"，提倡以冷酷的理性和超然的算计作为指导自然和社会的手段。实际上，机械浪漫主义者试图通过艺术、科学和技术在人类意识和它所产生的自然之间建立一种统一性。他们的目标是通过机械手段来重建一个有机社会和宇宙，一个完全属于人类的生命形式。

剩下的事就是勾勒出这场革命如何展开，及随之而来的三年共和制阶段：在一系列的事件和发展过程中，我们的许多主角们，既包括人类也包括非人类，都扮演了重要角色。在那些动荡的岁月中，浪漫主义机械被大量公开展示；它们在公众中的呈现摇摆于解放的承诺和压迫的威胁之间。1851 年的政变在许多方面结束了浪漫主义机械的时代，尽管其提出的问题仍然存在，而且现在这一重负更多地压在了我们身上。

从偶然的革命到摇摇欲坠的共和国

1848 年的革命是一连串无计划的事件，尽管有官方的反对，甚至共和派的政治家试图阻挠，但这些事件还是在加速演变。同 1830 年一样，革命的火花是由政府试图压制思想交流而点燃的。在过去的二十年中，国民经济在增长和危机之间以令人不安的速度交替着。在里昂和巴黎，以罢工和暴动回应失业和工业机械化的事件时常发生。最严重的经济衰退始于 1846 年，当时金融危机伴随着粮食歉收。到了 1847 年，国家处于萧条状态，三分之一的巴黎人失业。针对明面上的经济问题的大众抗议使长期以来对选举改革的要求重新变得紧迫起来。首相弗朗索瓦·基佐在回答那些要求降低成为选举人的要求时，巧妙地回答说："致富去吧！"这句话在危机的岁月里再次困扰着他：抗议者试图迫使政府倾听那些深受苦难者的声音。然而，政府并没有倾听和妥协，而是以一种冷淡的方式做出了回应：1847 年，所有

的政治集会都被视为非法。为了躲避镇压，工人团体和共和党人发起了一场名为
"宴会"的运动，这场运动以食物、音乐和工人协会之间的政治演说为特点。[1]

这些运动的主要鼓动者是那些在19世纪40年代与工人运动密切相关的演讲
者。勒德吕 – 罗兰（Ledru–Rollin）是一名律师和法律书籍的作者，也是19世纪
30年代和40年代工人暴动中那些被捕者的法律辩护人。这位极具煽动性的演讲者
曾与弗朗索瓦·阿拉戈一起反对政府在巴黎周围修建防御工事的计划，他们认为这
些工事不是防御工具，而是镇压工具；当共和派杂志《国家报》（Le national）都认
为勒德吕 – 罗兰为劳工辩护的论点过于极端时，他在19世纪40年代初创办了自己
的杂志《改革》（La réforme）。至于改革者路易·勃朗，曾写过一本书叫《十年史：
1830—1840》（History of Ten Years，1830—1840），谴责"资产者"的利益及其对
七月君主制的控制；1839年，他在《进步杂志》（Revue du progrès）上发表了一篇
名为《劳工组织》的文章，表述了他在随后十年中发展的思想要点。他认为工人及
整个社会所面临的弊端来自过度竞争以及生产与消费之间缺乏协调（这点圣西门派
已于1831年在《环球》杂志上明确提出来了）。为了确保工作的持续性以及切合实
际需要，勃朗主张建立"社会工场"，将合作社与工会的特点结合，根据个人能力
和生产需要来分配工作和工资。勒德吕 – 罗兰和勃朗被演说家奥迪隆·巴罗拉进了
1847年的宴会运动。

1848年2月，基佐将宴会运动定为非法——特别针对计划于2月22日在工人
阶级的第十二区举行的大型集会，巴罗和勃朗预定将在会上发言。勃朗决定取消这
次活动，但人群还是聚集起来，开始向第七区的政府大楼行进。一大群人集中在外
交部门前，武装军队迎面而来。士兵们被命令上刺刀以避免枪战，但一声枪响，随
之就是更多的枪声：四十二名抗议者遭到杀害。人群挤满了街道，一些人掀翻公共
汽车形成路障。但是，国民警卫队的成员们并没有破坏这些路障，有些成员什么都
不做，更多的人则是加入暴动之中。此外，包括梯也尔在内的对立宪君主路易·菲
利普失去耐心的自由派议员，迅速与共和党人结成联盟以阻止议会进行干预。基佐
于2月23日提交了辞呈，但为时已晚。杜伊勒里宫被攻破，国王退位并逃离了国
家。2月26日，共和国宣布成立，随之成立由共和派和相对的自由派成员组成临

时政府，其成员包括勃朗、巴罗和勒德吕－罗兰，以及浪漫主义诗人拉马丁和物理学家兼天文学家弗朗索瓦·阿拉戈。

当然，政权的更迭并没有结束社会动荡，也没有终止社会实验。新的政治性的俱乐部成立了，四百多份新报纸发行。[2]革命后的几个月里，根据波德莱尔的说法，"乌托邦像西班牙城堡一样遍地开花"。[3]长期以来被官方机构排除在外的激进作家现在进入了政府：勒鲁、孔西代朗、勃朗和蒲鲁东都在议会中获得了席位。在正式的政治领域之外，一场知识分子的叛乱正在酝酿之中；朱尔·米什莱（Jules Michelet）为恢复政治与道德科学学院（Academy of Political and Moral Sciences）提出的成员名单是一个左倾知识分子的名人录，其中许多人都在新百科全书的圈子里，包括路易·勃朗、埃德加·奎内、让·雷诺和皮埃尔·勒鲁。[4]共和主义和社会主义改革者尽管有时也会发生冲突，但一起努力推动更完整的乌托邦承诺以便为大革命提供支持。正如福楼拜在《情感教育》（The Sentimental Education）中对这些事件的讽刺性描述以及1848年的漫画《思想集市》（The Ideas Fair）所展示的，乌托邦项目的市场拥挤得令人发笑（见图10.1）。这引起了财产所有者和那些在前政权下受益人的焦虑反应。随着乌托邦方案成倍地增加，越来越多的城市中产阶级、外省精英和乡村的保守主义者都在寻求回到一种更可控、更传统且稳定的秩序。

临时政府的短期目标是普选及救济失业者。第一个目标最终收获了苦涩的结果：1848年4月的国民议会选举由为"秩序"而竞选的保守派主导。至于第二个目标，政府成立了卢森堡委员会（Luxembourg Commission）来监督劳工组织——圣西门派的口号就这样转化成一个主流的政治平台。勃朗被派去负责国家工场，并在卢森堡宫进行协调，但他最多只得到了国家半心半意的支持。后勤和财政方面的困难破坏了工场（work shop）保障工作以及最低财政补助。为了应对临时政府臃肿的结构带来的困难，行政机构围绕一个五人的行政权力委员会进行了整合，该委员会由阿拉戈、拉马丁、加尼耶－帕热、皮埃尔·玛丽和勒德吕－罗兰组成。阿拉戈短暂地担任了首相，成为政府中最有权力的人。在维克多·舍勒的倡导和阿拉戈的支持下，奴隶制在殖民地被禁止了，这一事件在海外各地得到赞赏。

图 10.1 贝尔托创作的《思想集市》漫画。图中前景的小贩说："好好利用吧，这些闹剧不会持续太久……"这里显示的是（从右到左）孔西代朗、蒲鲁东、为牙科乌托邦①做广告的人、路易·勃朗、勒鲁（披着狂野的头发和印刷厂的上衣，乔治·桑拿着一把琴陪伴着他）和典型的骗子罗伯特·马凯尔；最左边是"伊加利亚"共产主义者卡贝和他的"卡贝特索玛"（Cabêtisorama）。来自法国国家图书馆，感谢宾夕法尼亚大学的图像收藏中心。

　　然而，国内政策的实施却不太成功。"国家工场"的混乱和财政的不稳定导致其在 6 月 24 日正式被关闭。数以千计涌向巴黎的失业者和饥饿的工人之前曾得到针对工作或财政补贴的承诺，却突然被抛向别无选择的境地，暴乱随即发生。行政权力委员会将紧急权力授予共和党将军卡芬雅克（Cavaignac），后者的勇气曾在阿尔及利亚的战场上得到过考验。与军队和国民警卫队在 2 月进行的微弱抵抗不同，卡芬雅克在 6 月领导的镇压行动是迅速且残酷的。数以千计的人当场丧生，还有更多的人在临近市政府的地方被囚禁在可怕的地下环境中。暴动在毫无荣誉可言的三天当中就被镇压下来，其中一些最激烈的冲突发生在先贤祠外（见图 10.2）。政府的资产自由派阶级和宣称代表工人的人之间脆弱的联系被打破了。

————————————————

　　①　原文为 dental utopia，喻指乌托邦思想的泛滥，形式各异。——译者注

　　在 1848 年，全国范围内的态度变得越来越保守，特别是在巴黎之外，在那里对产业工人的保护似乎是非常遥远的关切。秋天举行了另一次选举，这次是选举全国总统，卡芬雅克将军与前皇帝的侄子路易－拿破仑·波拿巴竞争。这位新波拿巴的出色宣传和犹如天赐的名字让他以压倒性优势获胜。共和国在余下的三年里争执不休，形势严峻。尽管各方都在呼唤和谐与秩序，但这些年绝不是和谐与有序的。

　　在从 1848 年持续到 1851 年 12 月波拿巴政变的第二共和国时期，我们在前几章中看到的冲突且常常相互矛盾的趋势被放大了。在整个复辟时期和七月王朝时期，我们看到机械和机械主义扮演着双重角色：在许多情况下，机械和机制代表（并制定）熟悉的限制和镇压计划，但在其他时候，正如我所强调的，机械和机制提供了对自由、对新社会形式，以及更充分地表达自然和人类能力的希望。在第二共和国，机械的意义甚至更加两极化了：它们可以为自由、平等和博爱等共和主义理想的必然进步提供证明，但它们也可以作为独裁控制的工具出现。

图 10.2 《6 月 24 日攻占先贤祠》（尼古拉·加布，1848）。这场战斗被描绘得相对平静，是从秩序力量（最终胜利）的角度来表现的；革命者没有得到展现。来自：巴黎卡那瓦雷博物馆；Bridgeman–Giraudon；纽约艺术资源（Art Resource）。

在下文，我们将简要考察第二共和国三种新的浪漫主义机械中的悖论：梅耶贝尔于 1849 年的歌剧中使用的照明设备，最后一届国家博览会中的机械收藏，以及大众科学的胜利，即傅科的钟摆。我的目标是展示在过去几十年中对自然和社会的重新想象做出贡献的浪漫主义机械如何在第二共和国中被继续赋予解放性的潜力；但与此同时，改变世界的机械这一图景引发了更黑暗的想象，预示了在后来的政权下技术可能被使用的方式：作为一种压迫工具。人们看待机械的方式经常出现波动是第二共和国的一个突出特征，第二共和国的政治秩序一直是断断续续的。在某些方面，它满足了前几十年改革者的希望，同时为第二帝国的建立做了准备。

电气化的太阳

第二帝国是一个充满戏剧特征的政权，正如马克思做过的著名描述，路易 – 拿破仑·波拿巴将他叔叔的悲剧性政变又闹剧式地重演了。[5] 这一时期发展起来的舞台艺术和幻觉技术无疑是这样一种东西的先驱，即后来被居伊·德波和其他人称为"景观社会"的东西——基于阿多诺和霍克海默式"文化工业"的一种视觉形象变体。对于情境主义者和法兰克福学派来说，大众娱乐，尤其是电影形式的娱乐，是一种操纵观众的手段，以无害的消遣当幌子，为剥削的现状提供着意识形态上的强化手段。然而，正如我所说的，浪漫主义时代出现的用于生成集体感觉和沉浸式环境的新设备，肇因在于完全不同的目的。巴尔扎克将梅耶贝尔的《恶魔罗勃》解读为一种集体超越性的机械——一种技术上的圣餐仪式。圣西门派将仪式中的"游戏"赞美为一种智力和情感教育的手段。洪堡和阿拉戈在其开创性的大众科学运动中倡导全景图和早期摄影术等创新，旨在利用审美体验作为教育公众和提高公民参政的方式。更重要的是孔德认为科学试图通过对现象的精心组合来创造世界的人造景观，破坏了许多景观评论者所依赖的真理和"幻象"之间的区别。浪漫主义时代的"技术美学"——如果回到安培创造的术语——蕴含的政治和认识论上的矛盾由于科学与艺术的创新者之间的密切联系而更加突出。

阿拉戈的门徒莱昂·傅科将科学家、大众普及者和表演者的角色结合在一起，他最初是作为《辩论杂志》上备受读者喜爱的"科学专栏"的作者而出名的。在傅科之前的作者是医生和科学作家阿尔弗雷德·多内，傅科曾在早期的合作中协助过后者，即第一本显微的达盖尔摄影相片集，该图集对隐藏的有机体结构和体液的组成进行了编目。[6]傅科的贡献之一是创造出比太阳更可靠的光源。为此，他设计了一个弧光灯，将带电的碳丝短暂地碰在一起产生火花，然后拉开，产生发光的电弧。这种结构的问题是，随着碳棒的燃烧，它们之间的空间越来越大，从而降低了灯的亮度。为了保持这个距离以及灯的亮度，傅科设计了自我调节机制：当碳棒变短时，一个触发器和弹簧系统将它们拉得更近（见图 10.3）。

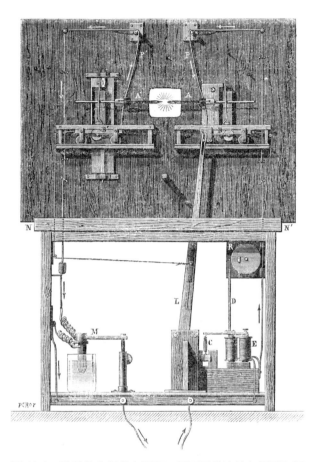

图 10.3 傅科的自调节电弧灯，用于显微达盖尔摄影和舞台照明。见 Léon Foucault, *Recueil des travaux scientifiques publié par Mme. veuve Foucault sa mère, mis en ordre pas C.M. Gabriel, et précédé d'une notice sur les oeuvres de L. Foucault, par J. Bertrand*（Paris: Gauthier, 1878）。感谢宾夕法尼亚大学珍本和手稿图书馆供图。

　　傅科的弧光灯稳定而明亮的光线产生的图像，因其清晰度和细节而受到关注。这本图集引起了阿拉戈的注意，他的视力下降使他很想找一个助手。他鼓励傅科和他在医学院的同学伊波利特·斐索（Hippolyte Fizeau）一起在 1845 年拍摄了第一张日光下的达盖尔摄影照片。然后，阿拉戈让他们参与他测量光速的计划，这个实验装置依赖于当代仪器设计空前的精确性。该装置利用一面每秒旋转八百次的镜子，由一台小型蒸汽机提供动力；一束光穿过小齿轮的齿，并在一个狭小的空间内多次从镜子反射。[7]通过这种方式，傅科和菲佐就得出了迄今为止最可靠的光速测量方法。他们还能够证明，光在空气中的传播速度比在水中的传播速度快，这一发现为光的波动论提供了支持。他们异常精细的装置，连同规则的机械作用方式，引起了追求精确的作曲家柏辽兹的注意，柏辽兹写信给傅科请他在自己的表演中提供技术援助。[8]

1849 年，期待已久的梅耶贝尔的歌剧《先知》（*Le prophète*）首次亮相时（见图 10.4），傅科又参与了另一场音乐冒险——这次是在大革命浪潮之后。这部歌剧由 1534 年再洗礼派的扬·范莱登（Jan van Leyden）接管明斯特市的故事改编而成，他建立了神权政治，强制推行财富的集体所有制；18 个月后，范莱登被处决。在巴黎歌剧不断升级的景观效果的军备竞赛中，梅耶贝尔再次超越了所有对手。《先知》的管弦乐编排与他之前的作品一样丰富紧凑，充满了不稳定的对比和重新设计的典故。同样引人注目的是该剧在视觉上的吸引力。地狱的火焰是"一种崇高的恐怖"："观众们不寒而栗，都看着他们身后的门是否打开，是否能及时逃脱。"根据

图 10.4　梅耶贝尔的《先知》第四幕第二场的装饰草图，选自《先知》。图片来自法国国家图书馆。

出色的作家和评论家泰奥菲勒·戈蒂埃（Théophile Gautier）的说法："也许装饰艺术从未走得这么远，它不再是绘画，它成了现实本身。"[9]评论家还对第四幕的滑冰芭蕾赞不绝口，这是通过旱冰鞋实现的。

然而，最精彩的效果出现在第三幕的结尾。场景包括了由莱昂·傅科发明的自动调节电灯所模拟的日出，在演出的前几周，这是由他亲自操作的。评论家们称赞说，这是"一个光彩照人的黎明，有太阳，一个真正的太阳，任何人都无法直视"，它"用如此明亮的光线淹没了剧院，以至于演员被化为阴影"。[10]在用达盖尔摄影创作了第一幅借用太阳自己的光绘制的太阳肖像并测量了光速之后，傅科又通过电力创造了太阳的人工替代品：一台可以改变电力和光线的用途，产生令人着迷的效应的机械。

许多评论家将梅耶贝尔搬上银幕的 1534 年的事件视为对 1848 年宗教意味反叛的讽喻。事实上，这部歌剧其中的一个来源可能是有预言倾向的历史学家儒勒·米什莱关于明斯特起义的一篇文章。[11]然而，演出和剧本都有相当多的含糊不清。这个有远见的主人公最初是作为三个阴谋家的欺骗对象而上台的，他们利用他的魅力和先知式的梦境将其变成了一个蛊惑人心的傀儡。然而，随着范莱登开始相信他们的宣传，他就开始独裁统治。只有在与他虔诚的母亲和他的女高音女友发生紧张冲突后，他才忏悔。故事的最后，他与再洗礼派信徒一起在一场大火中丧生。[12]

用海涅的话说，梅耶贝尔早期的音乐被认为是"群众的声音"。[13]相比之下，在 1849 年，一些评论家认为《预言家》是对 1848 年革命者独裁倾向的控诉。梅耶贝尔的作品是对社会变革愿景的一种反动式的嘲弄，还是为捍卫理想不受操纵而做出的真诚尝试？这种不确定性与傅科——跟随阿拉戈和洪堡的步伐——在娱乐公众方面投入的科学和技术的矛盾地位是相似的。傅科的电气化太阳，是今天电气化大众景观的先驱，是对理性掌握自然界隐藏力量的一种启蒙式的肯定，还是仅仅是一种幻觉的工具，既具备欺骗性又令人眼花缭乱？

被尊崇的与被替代的劳动

我们已经看到，从 1794 年起定期在巴黎举行的工业博览会，是如何成为让广大公众了解并欣赏技术进步的景象的场合。对于统计学家和工程师夏尔·迪潘来说，这些博览会显示了工业进步和社会变革之间的密切联系。博览会同样也是爱国主义的庆典以及国家间竞争的入场券，并在 1851 年的伦敦水晶宫对此做出了回答。[14] 矛盾的是，紧随革命之后的 1849 年博览会，即最后一次工业博览会，也许是象征普遍人性的法国革命理想的一次绝唱。在随后的"国际"和"环球"展览会中，法国只能列在众多国家之一。[15]

在 1849 年的博览会上，国家的生产力再次得到了展示。在颁奖典礼上，巴黎大主教、评委会主席夏尔·迪潘和法国总统路易 – 拿破仑·波拿巴分别代表了教会、科学和国家。他们的讲话无不与大厅两端的巨大横幅相呼应，横幅上面写着"荣誉归于劳动"。大主教的开场布道努力将教会与复活的共和国联系起来，提醒听众早在圣西门教之前，基督教最初的慈善就是面向"最贫穷和人数最多的阶级"。正如博览会评委中另一位成员阿拉戈强调伟大创造者的工匠出身一样，大主教指出，耶稣和使徒们都是劳动者。[16]

迪潘的演讲赞叹了自 1844 年以来的五年里他在艺术和科学领域里看到的前所未有的进步，从而掩盖了 1848 年革命可能造成的任何断裂。作为他坚称的连续性的一部分，他把宗教的起源和动物的驯化与工业化的积极力量联系起来。"在世界的最初时代，心怀感激的凡人通过驯服动物，而为那些增添生命力到人类劳动方式的发明者建立了祭坛。今天，我们乐于纪念那些教我们如何驯服动物的人，而且我几乎可以说，我们也纪念那些将智慧和生命赋予电、热、蒸汽和煤气的人"。[17] 将畜力与驱动现代工业的准生命和智能流体的力量联系起来，这与本次博览会的创新性是一致的。艺术和工业的产品第一次伴随着农业产品陈列，这暗示了巴黎和这个仍然以农业为主的国家的其他地区之间的共同利益。[18] 将动物和植物与机械和机械工业产品放在同一屋檐下，突出了所有活动背后生产力的共同点，这很可能是在试图弥合巴黎和法国农村之间日益扩大的鸿沟——这一鸿沟最初使波拿巴受益。虽然1848 年的国家工场已经失败了，但迪潘将博览会呈现为国家作为工场的一个缩影，无机和有机的力量促成了团结和成长的永恒传奇。[19]

与迪潘有关国家支持下永久增长的乌托邦式愿景相比，波拿巴总统提出了一种严苛的现实考察："也许现代最大的危险来自这种错误的观点……认为一切政府的本质是要对所有的要求做出回应，并纠正所有的罪恶。改进不可能是即兴的，它们是从之前的那些改进中诞生的，就像人类一样，它们有一个统系，使我们能够衡量可能的进步程度，并将其与乌托邦区分开来。因此，不要让我们生出虚假的希望，而要坚持完成那些可以接受的希望。"[20]总统为第二共和国的民粹主义希望设定了限制：他认为，乌托邦主义导致了关于政府可以做什么的危险和错误的观点。在前一年的理想主义之后，波拿巴的统治将体现出合理的妥协。

然而，博览会却仍然在希望和奇迹上做文章。1849 年的巨大成功之一是算术机（ Arithmaurel ），这是一个由两个来自外省的年轻发明家制造的计算引擎，他们声称对夏尔·巴贝奇的作品一无所知。这个带手柄和齿轮的小盒子可以"以惊人的速度和神奇的精确度"进行加减乘除（见图10.5 ）。[21]一本关于该设备的小册子引用了阿拉戈对该发明的赞扬，并报道了一段无意中听到的对话：

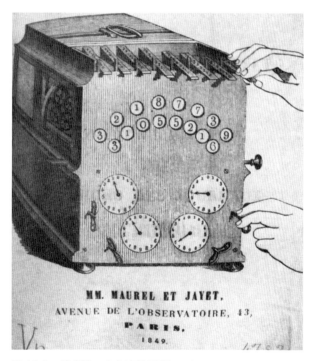

图 10.5　算术机，来自宣传手册 *Arithmaurel inventé par MM. Maurel et Jayet, rapport à l'Académie et opinions des journaux sur l'arithmaurel*（ Lille: L. Lefort, 1849 ）。

一位贵妇感叹道："那些以平淡无奇的钟表名称代表的人类智慧，所显示出的精神力量是美丽的东西。但在手表和时钟中，人类的智慧仿佛被永远判处了强制劳动；它总是做相同的运动，总是以相同的方式执行。相反，在算术机中，人的思想仍然保留着其本质：一个崇高的普洛透斯①，它摆脱了所有的限制，并以新的和强大的功绩无休止地给我们带来惊喜。"

"那么，我亲爱的，"她机智的邻居回答说，"手表是本能，算术机是精神，或者说是天才。"[22]

就像巴贝奇的计算引擎被大卫·布儒斯特（David Brewster）和其他人认为是一种新秩序的机械，其作为思想的化身使其他机械成为过去之物，这些伟大的女士们认为"算术机"不仅仅是一种普通或经典的机械。算术机模仿的不是重复性劳动中本能的无意识，而是模仿并以某种方式保留了人类或精神的本质，保留了一种藐视规则的天资。[23]

一个能够思考的装置可以被解读为将生命力的特性归于物质的巅峰之作。这个浪漫主义的机械，就像安培的"治理论"（La cybernétique）科学一样，是未来事物的预兆。然而，这个装置是否与其前身（包括提花织机）一样，实现并增强了定义人类的能力，还是会使人类自动化、训练人类并取而代之？博览会颂扬了才智和劳动，坚持教会和政府、科学和工人、城市中心和农村之间的和谐。然而，现任总统（即未来的皇帝）限制了这些变革性机械从前所鼓励的那种乌托邦式的愿景。尽管对工作和工人给予了礼仪上的荣誉，但这些工业发明的炫目展示是否提高了工人的力量和地位，还是说仅仅提供了一种令人安心也使人分散注意力的展示？过去几十年改革者对团结和机械辅助下的解放的呼吁，正在强化为一套关于"劳动的荣誉"和"通过机械的进步"的主张，这些主张将有效地掩盖新出现的不平等现象。

---

① 普洛透斯（Proteus）是希腊海神，善预言，能随心所欲地改变自己的面貌。——译者注

钟摆的摆动

波拿巴总统并没有忘记从政治上对机械和大众科学的展示进行利用。在第二共和国的最后一年，他再次为莱昂·傅科的计划提供了帮助，组织了一场精彩的表演，借由精密技术控制宇宙力量来教育大众。在研究以太对地球运动的影响问题时，傅科观察到，如果敲击车床中的一根棒子，无论固定棒子的"卡盘"是否旋转，它都会在同一平面内振动——这是音乐家和物理学家恩斯特·奇洛德尼先前注意到的效应。[24] 振动棒的惯性不受任何力量的阻碍，这让傅科想到，同样的效果可以通过悬挂在旋转表面（如地球）上固定平面内的摆锤来证明。1851 年 1 月，在母亲家的地下室里，他把一个两米长的钟摆悬挂在一个支架上，这个支架允许金属线向各个方向转动。看着钟摆的摆动平面似乎以顺时针方向慢慢移动，傅科认为，事实上平面是保持固定的，而他看到的是地球本身在钟摆下面慢慢旋转。为了进行规模化的演示，阿拉戈让他进入天文台拱形的子午线大厅。傅科邀请记者和科学家"来观看地球的旋转"，用的是一个 11 米长的钟摆。这一引人注目的展示传到了波拿巴总统那里，他对科学实验有个人兴趣，因此决定给予支持。[25] 傅科报告说，"总统的高度影响力以闪电般的速度传到了政府的最高层"，到 3 月中旬，实验被移到了一个更宏伟的地方——先贤祠，用的是一条 67 米长的电线（见图 10.6）。

这个"实验"——也许是 19 世纪最著名的公共科学实例——的一个有趣的方面是它并没有真正证明什么。到了 1851 年，很少有公众，更不用说科学家，对地球自转有任何怀疑。[26] 虽然这一事件确实引发了一场针对傅科的"效应"进行数学证明和解释的风潮，但实验的成功反而是由于它对受众的强大影响。这里展现的是对科学信仰的核心内容第一次充分且直接的体验。实验的效果因其舞台而更加突出。把实验放在先贤祠是一个多因素决定的选择。该建筑位于巴黎的最高点之一，离天文台、索邦大学和巴黎综合理工学院都只有一箭之遥。而先贤祠本身的意义也是摇摆不定的。18 世纪时，先贤祠是作为一个小教堂被建造的，在大革命期间，它被改造成一个国家神殿。拿破仑把它变成了大教堂。它在七月王朝期间被关闭，但在 1848 年革命期间，六月起义最血腥的战斗就发生在外面的苏夫洛街，一些革命者占据了这座建筑。在这些对峙中，弗朗索瓦·阿拉戈作为行政权力委员会的成员，曾亲自向武装工人恳求和平解决，尽管工人承认他为长期的盟友，但却拒绝了他的提议，并大喊道："但你从来没有挨过饿，阿拉戈先生。你从来都不理解苦难。"[27]

把演示活动放在先贤祠，也被看作针对迫使伽利略否认地球运动的天主教当局迟来的反击，当然也可以被看作阿拉戈的共和主义科学普及的延续，覆盖了所有阶层的观众：图 10.6 中的图画显示工人的帽子和资产阶级礼帽相邻。按照这种思路，这个实验是一种国家实施的仪式，在大革命的暴力之后，旨在肯定新共和国在理性、科学和技术力量下的团结。

对于波拿巴这个同时受君主主义者和共和主义者批评的总统来说，在国家荣耀的殿堂里进行的这次科学展示被视为在宣传上最高级别的一击。波拿巴本人在《拿破仑的思想》（*The Napoleonic Idea*）中写道："一个伟大的人类天才的影响，类似于神性的影响，是一种像电流一样传播的流体，使想象力振奋，让人心悸，因为它在说服之前先触动了灵魂。"[28] 傅科的论证并没有排除艾蒂安·阿拉戈（弗朗索瓦的剧作家兄弟，1848 年后任巴黎市长）曾谨慎地称为"帝国拜物

图 10.6　傅科的钟摆，见 *L'Illustration*，April 5，1851。感谢宾夕法尼亚大学珍本和手稿图书馆供图。

教"的东西，它是将"拿破仑思想"的准电力流体付诸实施的一种手段。[29] 傅科解释说："钟摆的摆动平面不是一个物质对象。它不属于支撑物，也不属于桌子，更不属于圆。它属于空间——绝对的空间。"[30] 这种非物质的绝对空间只有通过总统的干预才能在如此大的范围内显现出来，这一事实本身得到了广泛报道。路易–拿破仑·波拿巴饶富意味地将傅科的名字与他的示范联系起来，因为这展示了国家支持的科学和技术产生绝对的力量——控制并体验宇宙的秩序和宏伟。

与梅耶贝尔的景观不同，傅科的钟摆实验并不是由响亮的萨克斯、重击的大鼓或萦绕的大量声音组成的交响乐。观众也没有用雷鸣般的掌声来迎接它。相反，傅科将钟摆的效果描述为既平和又强大。"这一现象平静地展开，它是命中注定的，不可抗拒的……在看到它的诞生和成长时，人们感觉到，实验者的力量既不能加速也不能阻碍它的显现。任何置身于这一事实面前的人都会陷入沉思和沉默的片刻，一般来说，他会离开，带着对我们在空间中不断流动的紧迫和生动的情感。"[31] 巴黎的"歌剧机械"产生了和谐与欢呼，而傅科的机械创造了一种惊人的无声：有共鸣的沉默。它是一首无字的诗，向人类证明了宇宙的工作。在先贤祠的穹顶下，傅科创造了如此完美的控制条件，甚至他也缺乏"加速或阻碍"其结果的力量。人类的聪明才智为超越人类的崇高打开了大门——用沉默来迎接，是适当的。[32]

仿佛命中注定一般，在1851年政变后的九个月内，波拿巴总统宣布自己为拿破仑三世皇帝。对波德莱尔来说，这一行为首先是一种剧情的突变（coup de théâtre），证明了"第一个到达的人，通过接管电报和国家新闻界，可以统治一个大国"。[33] 事实上，在整个第二帝国时期，拿破仑三世在很大程度上依靠技术精明的戏码来投射并确保他的权威。在19世纪30年代被阿拉戈和其他机械浪漫主义者用来挑战君主制的科学和技术，在第二帝国被作为欺骗和统治的工具来使用（并受到谴责）。因此，傅科钟摆的展示可以被解读为这种倒退运动中的一个关键时刻。在上升的过程中，它表现出理性凌驾于传统和专断统治的力量，对宗教迷信和君主制之间的传统联盟提出了挑战。但是，当灯光转向并开始倒退时，这个演示可以被解读为对绝对国家权力的肯定，以及臣民对更高权力的必要服从。

当然，机械本身既不解放也不奴役。然而，在不同的时间和不同的情况下，它们显现的力量可以与许多种类的计划挂钩。在 19 世纪上半叶法国一系列的政权更迭之下，机械在两种行动模式之间摇摆不定。即使当新工业秩序的不公正和残酷被改革者认识到，并在罢工和暴动中受到工人的挑战时，生产、观察、运输和通信的机械技术仍然被置于解放愿景的中心。这些成倍增长的机械本身就是工人的被动反映，他们在劳动的基础上要求在政府中获得更大的利益，但同时也欢迎从劳动中获得解放的承诺。这些自相矛盾的要求激发了 1848 年乌托邦式希望的爆发，即使它们只是缓解了向第二帝国改进独裁统治的过渡。[34]

后续发展

受到共和派和保守派的阻挠，路易－拿破仑总统决定让事情变得对自己更简单。1851 年 12 月 2 日，他用自己的军队占领了巴黎，扣押了反对派，关闭了国民议会，并迅速控制了政府，宣布自己为皇帝。根据对后来事件的一种历史阐释——马克思的《路易·波拿巴的雾月十八日》——政变证明了 19 世纪 30 年代和 40 年代改革和转型计划的徒劳和幼稚。无须波德莱尔来指出，第二帝国巩固了资产阶级的统治地位：想一想其虚伪的道德，感性的品味和商业价值。但这并不是说机械浪漫主义者的计划停止了，我们也不应该认为他们从前的努力是愚蠢的。这些项目在第二帝国时期仍旧进行着，尽管发生了重大变化。这些项目起码引发了一些观念的广泛传播，包括：工业化带来了新的社会秩序，需要相应的新的下层组织；工程师的网络、流动和能源的最大分布率的模型对创造这种秩序至关重要；某些圣西门式的国家和私人混合支持大规模工业的愿景是至关重要的。然而与此同时，浪漫主义机械也可能成为压迫和分散注意力的工具。最引人注目的是，拿破仑三世的顾问奥斯曼男爵将巴黎变成了一个分裂的景观空间，其中的不公正和苦难在很大程度上被隐藏了起来。[35]

我们在前几章中讲到的一些行动者，就像巴尔扎克的驴子斑马一样，能够改变他们的条纹并在新的分类秩序中找到一席之地。其他人则不然。出狱后，昂方坦剃了胡须，继续为铁路的发展发声，他成功成为整个地中海地区，特别是阿尔及利亚工业化计划的顾问。早在 19 世纪 40 年代，米歇尔·舍瓦利耶就将自己变成了受人尊敬的自由贸易和法国制造业发展的倡导者；在 19 世纪 50 年代，他成为皇帝的首席顾问之一。夏尔·迪潘以其特有的灵巧手腕，得以从共和制的积极支持者转变成帝国的杰出捍卫者。阿拉戈于 1852 年去世，虽然他双目失明，但尊严完好无损。拿破仑三世免除了这位伟大的共和主义者向皇帝宣誓效忠的义务，他的葬礼是一场盛大的、全市范围的集会，共和与革命的价值在其中得到了纪念甚至复活。[36]

米什莱在 1848 年被提名进入道德科学学院，被提名的大部分人都锒铛入狱或流亡，但米什莱本人没有。维克多·雨果在比利时和英吉利海峡对拿破仑进行了著名的谴责，他对皇帝的尖刻评论恰好概括了他的统治。最终，雨果在泽西岛找到了自己，他的邻居是被流放的皮埃尔·勒鲁。两人有共同的哲学和诗学观点。勒鲁阐述了他的"循环"概念，认为这是利用人体自然代谢改善社会的最佳手段，而雨果在创作他的巨型蒸汽奇幻超长篇小说《小拿破仑》（Napoleon le petit）时，也越来越多地被吸引到唯灵论者的圈子里。

奥古斯特·孔德竭力争取皇帝的支持；毕竟在他看来，独裁政府是加速向实证主义阶段过渡的最有效政府。孔德曾经的弟子、词典编纂者埃米尔·利特雷（Emile Littré）从孔德的《实证主义教程》中摘录的实证主义版本成为第二帝国和第三共和国的主要哲学之一，指导了教育系统的重组，为社会科学进入大学做准备。卡尔·马克思注意到实验科学和精确科学的声望提高了，而且它们声称要接管所有的研究领域，因此将注意力从他对"类存在"和"感性外化"的浪漫主义和哲学思考中转移开来，开始进行科学主义的分析，最终形成了《资本论》。保守的天文学家勒韦里耶被誉为预测海王星位置的新牛顿（在跟进阿拉戈的建议之后），他在天文台取代了阿拉戈，清除了共和主义者，建立了一个压迫性的纪律制度。与此同时，绘画和文学在朗西埃所说的"感性的流通"中越来越多地占据了一个新的、受限制的位置：艺术经常被理解为单纯的娱乐，或者在先锋的表达中，被理解为主体性的铭刻，在其中，形式和内容都可以从其政治或道德后果中抽出。[37] 在第二帝国时期，国家开始大规模投资于技术研究，特别是为军事目的服务的技术研究，以达到帝国征服和扩张的目的——这种趋势一直持续到 20 世纪和 21 世纪，并有不同的调整。

19 世纪 50 年代反动政府开启的时期被认为具有"高度现代性"，它被定义为主体与客体、价值与事实、艺术与科学之间的两极化。据说这些时代的重要方面仍然与我们同在。当然，我们目前并不居住在机械浪漫主义者所梦想的统一性世界里。然而，正如本书所显示的，高度现代性的许多核心特征——实证主义、工业和商业的全球使命、孤立的先锋概念，以及对技术上产生幻觉般的大众奇观的迷恋，其根源可以追溯到旨在克服这些分歧的事业。而且，高度现代性的时代很可能就要结束了。[38]

重新审视现代性

在 21 世纪初，有迹象表明，高度现代性的构造可能正在经历根本性的转变，这既是由于其内部的不稳定性，也是由于迫切地想认识人类活动对地球的影响。机械浪漫主义者的核心信条——自然和人类社会密不可分，技术改变了我们和我们的环境，无论好坏——正在找到新的回声，因为面对无节制地追求经济增长和技术掌控的风险，危机变得越来越紧迫。[39] 来自不同角度的学者和预言家认为，除非我们将自然视为社会结构的一部分，而不是与人类对立的遥远荒野、失乐园、敌对的外来力量或消极的"常备军"，否则我们很可能破坏我们的生存条件。[40]

本书表明，在浪漫主义中——一场通常被视为对技术和工具理性盛行的最早反应的文化运动，一场敦促回归前现代自然的运动——倡导和发展机械并不一定意味着异化、专业化、非人化或失落。相反，从广义上讲，技术被看作克服人与人之间、形而上学领域和知识领域之间分歧的一种手段。如果管理得当，机械可以赋予个人和群体权力，也可以实现自然和超自然的潜在力量。浪漫主义的机械在物质上和象征上都成为乌托邦事业的焦点，为技术和科学留出了位置。科学和技术被视为情感、审美和个人需求的承载者，能够对多种不断变化的环境做出反应。这一时期爱好技术的左翼神秘主义者提出了四个主题，而人们出于现在面临的问题对此似乎特别有共鸣：将人类视为技术动物；将人类的思想和行动纳入世界图景的必要性；强调中等规模的项目；将自然视为可改造的，但只能在有限范围内。[41]

机械浪漫主义提供了人类作为依赖于生态环境的生物这一愿景的轮廓，其定义是通过技术手段改变周围环境的能力。"技术动物"的概念至少可以追溯到本杰明·富兰克林对"作为工具使用者的人"的定义，这一概念被马克思重新拾起，并通过圣西门和孔德对人类在动物序列中的卓越地位的思考得以延续，归因于人类的复杂性和人类改变环境的能力。在这种观点中，物种的进化过程是外部化和社会化的，作为集体，借助我们的工具调适。后来，在亨利·柏格森和汉娜·阿伦特的"技艺人"（homo faber）概念中，在皮埃尔·泰尔哈德·夏尔丹、安德烈·莱罗伊·古尔汉、吉尔伯特·西蒙多、马歇尔·麦克卢汉和后来的人类后控制论者（postcybernetic）的作品中，阐述了这一思想脉络。通过强调技术的相互依赖性和层创进化，并不强调人类或机械的任何永久性本质，这种关于科学和技术的思考方式为主体、情感与不断变化的自然矛盾和需求提供了空间。在勒鲁的概念中，人类成为一个更广泛的成长过程中的器官，为地球的"器官发生"做出贡献，并继续"有创造力的自然"的过程。

此外，正如孔德将"生命"的概念去中心化，以包括有机体与其环境的相互作用，当时的许多哲学都将关系置于实质或本质之上。孔德的实证主义就是这样的认识论去中心化，而若弗鲁瓦·圣伊莱尔的狂喜的唯物主义，以及勒鲁对它的重新解释，则提供了一个本体论的版本。基于关系的哲学的一个关键组成部分是，把实体引到一起的行为——特别是包含人类的感知、排序和组织行为——必须被视为原理实现的一部分。换句话说，任何描绘世界的尝试，尤其是把宇宙作为一个整体来构想（例如，在创造像这里所研究的那些宇宙图时），必须包括对参与塑造世界图景的人类活动的承认。正如孔德在《主观的综合》（*Subjective Synthesis*）中所论述的，我们如何知道和为什么知道是我们所知的不可分割的一部分，而一个有效的自然图景必须包括所有这三者。这种反思性的循环已经被认为是历史、文化和生态学思维的内在因素，它在量子物理学中是不可避免的，它在神经科学、进化论和科学哲学中都有作用。[42]

机械浪漫主义者的另一个贡献是他们设想了他们的作用可以达到的规模：处于地方和宇宙之间的中间规模。在傅里叶的法郎吉、勒鲁的公社或孔德的行政管理区域中，我们看到日常生活被组织在一个相对自给自足的中等规模的地方。这些计划并没有忽视全球的联系，也没有拒绝更大规模的协调项目。[43]19 世纪 30 年代和 40 年代提出的关于多样化的、自给自足的、基本上是面对面社区的全球结合体的想法，与今天许多商业、政治和媒体的巨大规模背道而驰。但与此同时，他们也拒绝反现代地退缩到零散的孤立主义。这种松散的联邦制计划对于一个正在经历加速联结和权力下放过程的世界来说，可能是一个可信的理想。

最后，也许最重要的是机械浪漫主义者的核心原则值得重申。尽管还存在着那些捍卫僵化的自然和社会秩序概念的人，但技术和科学的无情创新已经使人们难以否认，自然既可以修改，又与人类的智识和物理重组行为密不可分。同时，自然界的可修改性也不是无限的。真正的改革需要承认限度，承认无法实现的可能空间。从这个已经过去 150 多年的历史事件中得出的信息是，"自由"只能被设想为将我们与他人和非人类世界联系在一起的依赖、责任和限度的伴随物。

＊　＊　＊

在"上帝的诗人"夏尔·迪韦里耶寄给《巴黎百年》(*Le Paris des cent et–un*) 编辑拉沃卡（Lavocat）的信的结尾，他介绍了"圣西门主义者的新城市"的狂喜愿景：

> 在这封已经很长的信的结尾，我恳请你利用你对读者的所有影响，重新唤起勇气和希望的美德，这些美德在今天是如此稀缺——哪怕只是一瞬间，也就是阅读这些纸页的时间。因为，即使这些纸页是明白易懂的，它们也可能像一个梦，像一个梦幻般的幻觉——特别是如果你优雅的读者顽固地坚持那种轻信的倾向，坚持那种经常被推到迷信地步的信念，即把旨在改善人民状况的每一种伟大的、慷慨的、卓越的思想视为白日梦。[44]

从更广泛的角度看，对于将浪漫主义——就其情感、能力和弱点而言，将人类设想为发展中的、有无限资源但难以捉摸的自然界的一部分——归入历史垃圾堆中的迷信，也可以像上面这样答复。当浪漫主义被认为是对"现实"的天真和怀旧的逃避，被认为是自恋的沉思，或被认为是极权主义的前兆时，一种重要的传统和想象未来的核心资源就失去了。19世纪初流传的各种浪漫主义流派促使读者将自己视为地球的一部分，并从外部和内部的自然中获得灵感，它们促使人们采取民主行动，并对社会平等有了新的看法。在具有象征意义的城市巴黎，在工业现代性的早期阶段，浪漫主义的不同分支与对科学和技术的拥抱——一种矛盾的、谨慎的拥抱——相容。浪漫主义和技术的这种联系推动了社会与自然和谐的新愿景，并为形而上学的争论提出了具体的解决方案。

这本书在很大程度上是关于那些从未实现的预言，这些预言甚至现在看来也不太可能实现。即便如此，这些对革命期巴黎所孕育的奇特主题的回溯，背后有着比怀旧、悲叹、修正或历史奇事收集更广泛的意图，这包括机械的魅力、面对意识形态停滞时社会和宗教想象的力量、艺术的技术化，及科学的审美化。它试图倾听那些思想家和建设者，他们将艺术实验、科学研究、反思、技术创新和社会正义视为从一个共同的茎上生长出来的卷须，而将其嫁接或结合在一起，作为可以构成更好世界的质料和方法。他们的未来并不只属于过去。

注　释

————　◆　————

前　言

1. Balzac，*La recherche*，717。

2. 克拉斯的实验包括对多种物质的电分解，以及尝试人为制造植物生长所需的条件。指导他进行化学实验的概念来自拉瓦锡、Davy、Berzelius、Dalton 和 Stahl 的化学，Paracelsus 和 Agrippa 的炼金术，毕达哥拉斯的数字研究，以及类似于自然哲学中的许多设想的"物质、手段和结果"的三联词。见 Fargeaud，Balzac；Mertens，"Du côté d'un chimiste"。

3. Balzac，*La recherche*，719–720。

4. Ibid.，719。

5. Balzac，*Louis Lambert*；*Gambara*。

6. Fargeaud，*Balzac*，98。

7. Balzac，*Le père Goriot*，80。

8. Balzac，*La recherche*，698，736，742，771。

9. Ibid.，780。

10. Balzac，*La chef d'oeuvre inconnu*。

11. Balzac，*Les illusions perdues*；Bruce Tolley，"Balzac et les Saint-Simoniens，" *Année Balzacienne*（1966）：49–66；Macherey，"Leroux"。

12. Sand，*Autour*，200。

第一章　引言：机械浪漫主义

1. 论浪漫主义的存续，见 Abrams，*Natural Supernaturalism*；Liu，*Local Transcendence*；Lacoue-Labarthe and Nancy，*Literary Absolute*；Chandler，*England in 1819*；Cavell，*In Quest of the Ordinary*；McGann，*Romantic Ideology.* 论浪漫主义的自我，见 Taylor，*Sources*；Siegel，*Idea of the Self*；论浪漫主义的自然观，见 Gusdorf，*Le savoir* 等。论浪漫主义和政治，见 Berlin 和 Hardy，*Roots of Romanticism*；更为赞同的是 Butler，*Romantics*，*Rebels*，*and Reactionaries*。论法国这一时期的其他文本，见下文，但尤其可参见 Pinkney，*Decisive Years in France*。

2. 也参见 Collingwood，*Idea of Nature*。

3. 论浪漫主义的多元遗产——对比将其视为极权主义先驱的文本，如 Isaiah Berlin（e.g., *Roots of Romanticism*）。也参见 Taylor，"Importance of Herder"。

4. 在 *The Romantic Conception of Life* 的第一页，Robert Richards 明确表达了这一反对意见："浪漫主义者攻击了早期思想的一个重要堡垒——把机制（mechanism）作为科学进步的动力……他们用有机体的概念取代了机制的概念，将其提升为解释自然的主要原则"（xvii）。Richards 继续指出，19 世纪的生物学，尤其是达尔文的生物学，深深地受到浪漫主义生命科学的影响。他这么说是在故意引起争议，因为生物学史学家长期以来一直认为，达尔文能成功是因为他避开了那些来自神学、浪漫主义或自然哲学的可疑概念，特别是他拒绝用神的计划、目的论或意向性来解释适应性，他确定出机制（即自然选择）来解释物种的多样性（论达尔文是典型的机械论思想家，见 Barzun，*Darwin*，*Marx*，*Wagner*）。Richards 的想法相反，他认为，达尔文的自然概念是"有机的、审美的"，并指出，机械一词只在《物种起源》中出现过一次，而且是在生机论的背景下。Richards，*Romantic Conception of Life*，534。Richards 建议我们把达尔文重新归类为浪漫主义者。但是，达尔文与浪漫主义生物学的紧密联系，同样可以被解读为挑战了"浪漫主义"和"机械主义"观点绝对对立的假设。

5. Wellek，"Romanticism Re-examined," 221。这是 Welleck 对于 A.O.Lovejoy 的回应，Lovejoy 通过对存在链和浪漫主义的范例研究，参与构建了 20 世纪的观念史领域；Lovejoy 对浪漫主义的一般本质是否存在持怀疑态度。见 Lovejoy，"Meaning of Romanticism"。

6. 科学进步可以通过机械论解释的传播来衡量的观点，是科学史和 17 世纪以来"机械主义哲学"的一个长期主题（见 Hall，"Establishment"；Westfall，*Construction*；Butterfield，*Origins*；Dijksterhuis，*Mechanization*）；康德在《判断力批判》中论及生物科学时挑战了这一观点，在法国它则先后受到比沙和孔德的挑战（见第九章）。弗朗西斯·培根在 *Novum Organum* 和 *The New Atlantis* 中提出了一个相关但不同的概念，即科学进步可以用机械协助知识生产的程度来衡量；Daston 和 Galison 的 *Objectivity* 中考察了 19 世纪的一些实例。Shapin、Schaffer、Hobbes 合著的 *Leviathan and the Air-Pump*、Dear 的 *Revolutionizing the Sciences*、Shapin 的 *Scientific Revolution*，以及 Meli *Thinking with Objects* 都探讨了实验性机械和"机械主义哲学"之间的关系。

7. 见 Mumford，*Technics and Civilization*；Mayr，*Authority*，*Liberty*；Adas，*Machines*；Schaffer，"Enlightened Automata"；Riskin，"Defecating Duck"；Foucault，*Discipline*；Hughes，*Human-Built World*。

8. "感性的分离"（"Dissociation of sensibility"）是艾略特的表达（*Points of View*, 71），指的是约翰·多恩以后的诗人无法把理性和感觉结合起来；见 Snow，*Two Cultures*；关于科学战争，见 Gross and Levitt，*Higher Superstition*。

9. 天文学家弗郎索瓦·阿拉戈的弟弟艾蒂安·阿拉戈和巴尔扎克合著了歌舞杂耍剧《彗星下的巴黎》（*Paris dans la comète*）来讽刺这些趋势。1834 年，他们声称该剧完全由蒸汽写成，以回应大众对巴黎上空出现彗星的狂热。这一时期见证了大众娱乐的技术基础设施的形成。关于美国的相关主题，见 Marx，*The Machine in the Garden*；Nye，*American Technological Sublime*。

10. 见 Canguilhem，*La connaissance de la vie* 中的"Le vivant et son milieu"。根据 Canguilhem 的说法，拉马克、若弗鲁瓦·圣伊莱尔、亚历山大·冯·洪堡和奥古斯特·孔德阐述了"环境"（milieu）概念发展的关键点，接下来的章节会介绍这些人。

11. Oken，*Elements of Physiophilosophy*，178-197；关于奥肯在法国的影响，见 Braunstein，"Comte, de la nature"。

12. 地球在人类的帮助下得到发展的观点，将在下文得到讨论，将涉及勒鲁和他的追随者 Ange Guépin 的著作，以及孔德将地球视作"伟大的物神"的观点。关于拉马克的自然的"生产"观点，见 Jordanova，"Nature's Powers"。

13. 这是与 Daston 和 Galison 的 *Objectivity* 有关的一点，该书追溯了客观性的认识论和伦理理想所经历的变化，从大约林奈所在的时期和歌德的时代追溯到现在，并将观察和题词的实践和技术与自我的构想联系起来。他们表明，客观性既有实践的一面，也有伦理的一面，规范了知识的实践和认识主体的概念。他们称，本卷集中讨论的时期，即 1815 年至 1851 年，是两个阶段之间的没有重要人物的过渡阶段。第一个阶段关于 18 世纪末的"忠于自然"的理想，它指导自然史学家刻画标本的理想化图像，以描述植物或动物的本质；第二个阶段关于"机械客观性"的理想，它在 19 世纪 50 年代和 60 年代形成，当时的科学家试图通过机械的使用来避免个人偏见、不规则性或阐释所带来的污染；"忠于自然"的敏感的、依据直观的观察者，让位于"机械客观性"的自我监控的、压抑的禁欲主体。由于本书的主要论题源于这两种体系之间的时期，所以本书所提出的认识论和对自我的构想结合了这两种体系的多种特点，这并不令人惊讶。

14. 这一传统涉及的重要观点包括 Collingwood，*Idea of Nature*；Lovejoy，*Great Chain of Being*；Foucault，*Order of Things*；Daston and Park，*Wonders*。这些书的一个显著的共同点是它们在试图概括 1800 年后的时期时都表现出困扰。自然作为受制于历史的有机体的主题经常被视作现代自然观的基本内容（也见 Greene，*Death of Adam*）；然而，这种概括与用以固定的、还原的并终究是静态的"机械世界观"（海德格尔在《问题》中称之为"enframing"）来描绘现代性的做法相冲突。下面讨论的项目明确地想将这两种观点融为一体，形成一个融合了有机和机械的统一宇宙观。

15. 这种伦理是在外部实现的，而且经常借助于机械，这是对康德观点的延伸和改造，他认为人的本性既包含自由的理性，也包含机械式决定的身体——福柯在 the *Order of Things* 中称之为"经验—先验的双重性"。

16. 见 Tresch，"Cosmograms"；"Technological World–Pictures"。

17. 关于在英国出现的激动人心的全景图，见 Richard Holmes，*Age of Wonder*。也许是因为该书所写的时代比本书早了大约一个世代，Holmes 的作品很少触及技术和政治问题——它们在法国全景图的论述中至关重要。

18. 见 Johnson，*Birth of the Modern*。

19. "Notice communale"。

20. 见 Jardin and Tudesq，*La France des notables*；Harvey，*Paris*。

21. Guillerme 的 *La naissance de l'industrie* 详细介绍了 1800 年前后五十年间巴黎新工业的社会和环境影响，这一视角丰富了 Sewell 的 *Work and Revolution*，Scott 的 *Glassworkers of Carmaux* 和 Rancière 的 *Nights of Labor* 中所描述的工人生活和结社模式的历史。涉及早期技术和社会层面的视角，见 Hafter，*Women at Work in Preindustrial France* 和 Hafter，"Cost of Inventiveness"。

22. Michelet，*People*；也见 Orr，*Headless History*。

23. Bezanson，"The Term Industrial Revolution"。

24. 见 Spitzer，*Generation of 1820*。关于从大革命到七月王朝期间法国科学的赞助制度的结构，以及居维叶适应的技巧，见 Outram，*Georges Cuvier*。

25. 关于"水平分裂"，后革命时期自我理论的核心问题，见 Goldstein，*Post-Revolutionary Self*。另见 Bénichou，*Le sacré de l'écrivain*；Rosanvallon，*Moment Guizot*。Bénichou 和 Rosanvallon 认为，重建一种"精神力量"以团结社会是这一时期的决定性政治议题；Bénichou 关注的是艺术的角色，Rosanvallon 则分析了 Guizot 的概念（部分源于早期与奥古斯特·孔德的交流），即要维护社会团结，最好让配备更多流动工具（包括教育和宣传）的精英领导阶层来影响公众舆论，而不是使用国家机器产生单向的命令和服从。

26. 见下文对圣西门、孔德、勒鲁和 Pecquer 的讨论；也见 Charlton，*Secular Religions*；Berenson，*Populist Religion*。更长远的历史视角，见 Noble，*Religion of Technology*；关于被忽视的 19 世纪"机械崇拜"（machinolatry）的重要性，见 Clark，"Should Benjamin?"。

27. Riskin 的 *Science* 尤其讨论到法国启蒙运动的动态唯物主义、生机论和对感性的强调；也见 Reill，*Vitalizing Nature*。本书旨在表明，Riskin 和 Reill 对感性和情感的强调对启蒙运动至关重要（与机械抗衡，偶尔是机械的伙伴），这种强调一直延续到工业化时代；由此诞生了机械浪漫主义。

28. 相反观点见 Chandler and Gilmartin，*Romantic Metropolis*。

29. 见 Wise 在 "Mediations" 中对天平和相关技术的分析。

30. 见 Kuhn，"Simultaneous Discovery"；Serres，"Turner Translates Carnot"；Rabinbach，*Human Motor*；Wise and Smith，"Work and Waste"；Vatin，*Le travail*。

31. 这一概念呼应了 Henning Schmidgen 对"非现代机械"的讨论。他从德勒兹和加塔利的"机器装配"讨论和拉图尔的"非现代"概念出发，将 Donders 的实验安排视为"基于时间的各种不同的局部物体的综合，打开了从物质性到符号学的路径或通道。从这个角度来看，生理学实验之所以是机械，并不只是因为当时的关注点是仪器和技术系统；更是因为它们将技术部件与人类和非人类有机体的部分结合起来，形成本质上危险的但能发挥作用的流动和中断的安排，导向符号学事件的产生"。Schmidgen，"Donders Machine," 214。重要的是，Donders 的实验装置与我的两位主角——安培和洪堡的实验装置来自一个谱系。

32. Engels, "Socialism：Utopian and Scientific"; "fantastic" in Marx and Engels, *Manifesto of the Communist Party*, 498–499;《资本论》中的商品崇拜／拜物, 319–329, 全部见 Marx and Engels, *Marx-Engels Reader*。

33. 即使是 William Pietz 在 "Problem of the Fetish" 中对该术语做出的出色的三步考察, 也强调了对该词应批判性地使用, 忽视了它获得的积极评价; 他表明该词表示的主要是否定意味, 而不是说这是一个值得模仿的原始生活的特征, 像孔德推崇的那样。

34. Enfantin in Régnier, *Le livre nouveau*, 184–185; Gere, *Knossos*。

35. 对马克斯·韦伯来说, "克里斯玛型权威" 是一种直接与传统或官僚权威相对立的政治权力模式, 这种模式最终会消退为 "魅惑的常规化"。克里斯玛型权威在现代社会中可能偶尔会重现, 但韦伯认为它是对更早的前官僚时代的重现——它是 "世界祛魅" 之前的思想和经验模式的重现。尽管在机械经常被视为非个人的, 与理性化相关, 是祛魅的工具, 甚至是其执行者, 但机械又经常被视作魅惑重现的容器。韦伯的 "世界的祛魅" 源自席勒的 *Aesthetic Education*, 其中谈到了 "世界的去神化", 见第三章。关于 18 世纪末 "克里斯玛" 的流传, 及其与哥特文化和奇异技术的关系, 见 Castle, *Female Thermometer*。Shapin, *Scientific Life* 淡化了有克里斯玛式的个人主义与现代研究的官僚式要求之间的对立。

36. 关于机械的神话力量, 见 Marx, *Machine in the Garden*; Mumford, *Myth of the Machine*; Noble, *Religion of Technology*; Latour, *Aramis*。西方自我概念史中尤其强调浪漫主义的部分提供有益见解, 这包括 Taylor, *Sources*; Seigel, *Idea of the Self*; 也 见 Schaffer, "Genius in Romantic Natural Philosophy," Cunningham 和 Jardine, *Romanticism and the Sciences*; Richards 的 *Romantic Conception of Life* 整本书, 特别是关于费希特的部分。关于浪漫主义的表现性的、敏感的、自我的政治后果, 有益见解可见 Sennett, *Fall of Public Man*。关于内省和自我认识技术的多变含义, 见 Foucault, Gros, Ewald, amd Fontana, *Hermeneutics of the Subject*。

37. 尽管如此, 我们还是应该牢记阿多诺在这个问题上的发言: "有一种陈词滥调说, 现代技术实现了童话故事中的幻想, 但只有我们再补充一句, 愿望的实现很少使许愿者受益, 这句话才不再是陈词滥调。正确的许愿方式是最难的艺术, 我们从童年开始就被教导要忘记它……乌托邦的实现只是为了打消人类任何的乌托邦欲望, 使他们更彻底地投身于现状, 投身于命运。" Adorno, *Eingriffe*, translated in Hansen, "Benjamin and Cinema," 223。

38. Benjamin, "Work of Art," 147–148; "Motifs in Baudelaire"。

39. Novalis, *Henry of Ofterdingen*, 24。

40. Benjamin, "Work of Art"; Hansen, "Benjamin and Cinema"; Buck-Morss, "Benjamin's Passagen-Werk"。

41. 这些作品将本雅明的见解与对 19 世纪巴黎的更为综合、线性的概述相结合: Buck-Morss, *Dialectics of Seeing*; Harvey, *Paris*; Marrinan, *Romantic Paris*; Clark, *Image of the People*; Clark, *Absolute Bourgeois*; Ferguson, *Paris as Revolution*; Prendergast, *Paris and the Nineteenth Century*。

42. Gérard de Nerval, *Vers dorés*（1845）, in *Oeuvres*, 1:739。

43. Peter Sloterdijk 将本雅明的 *Arcades Project* 与环境的概念联系起来, 指出他发现了通过技术手段可将外部自然转化为内部的、驯化的空间: "19 世纪的公民试图将他的起居室扩展为一个宇宙, 同时将房间的教条形式印在宇宙上。" "Spheres Theory," 2。

44. 因此, 这本书阐释了最近由 Jane Bennett 的 *Vibrant Matter*：*A Political Ecology of Things* 唤起的生机论传统的政治和技术背景。

45. 比如见 Chandler and Gilmartin, *Romantic Metropolis*; Ziolkowski, *German Romanticism*; Abrams, *Natural Supernaturalism*; Chandler, *Wordsworth's Second Nature*; Butler, *Romantics, Rebels, and Reactionaries*; Recht, *La lettre de Humboldt*; Levy-Bertherat, *L'artifice romantique*; Bénichou, *L'école*。

46. 尤其见 Cunningham and Jardine, *Romanticism and the Sciences*; Canguilhem, "Machine et organisme" and "Aspects du vitalisme," in *La connaissance de la vie*; Lenoir, *Strategy of Life*, "Gottingen School," and "Eye as Mathematician"; Dettelbach, "Humboldtian Science" and "Face of Nature"; Galison, "Objectivity Is Romantic"; Wise, "Architectures for Steam"; Otis, *Networking*; Vatin, "Des polypes"; Limoges, "Milne-Edwards"。

47. 浪漫主义在生命科学领域的复兴在 Richards 的 *Romantic Conception of Life* 及其续作 Richards 的 *Tragic Sense*

of Life 中最为引人注目（如果我将海克尔归为"浪漫主义"）。关于浪漫主义对德国和英格兰物理学的影响，见 Kuhn（"Simultaneous Discovery"）和 Rabinbach（他在 *Human Motor* 中提出了"先验唯物主义"的概念）的建议；Wise，"Architectures for Steam"；Morus 在 *When Physics Became King* 中对 Grove 的讨论；Winter，*Mesmerized*；Brain，Cohen，and Knudsen，*Ørsted*；Friedman and Nordmann，*Kantian Legacy*（见 sp. Beiser，"Kant and Naturphilosophie"；and Friedman，"Electromagnetism"）；Stauffer，Gower，Williams，Caneva，Dettelbach，Strickland 和 Friedman 关于自然哲学的影响的辩论，将在下文讨论。

48. 当研究浪漫主义的学者直面技术时，技术往往还是沦为了讽刺对象，虽然程度减轻了些。媒体研究中经常出现这样的事，在分析技术对浪漫主义表达的本质影响时，通常将其作为一个丑恶的秘密进行揭露——揭露处于创造力、自发性和灵感的幻觉的核心的险恶机制。Kittler，*Discourse Networks*；Crary，*Techniques of the Observer*；Siegert，*Relays* 一个明显的例外，见 Bowie，"Romantic Technology"；Fiorentini，*Observing Nature*；Brain，"Romantic Experiment"。

49. 见 Ben-David and Freudenthal，*Scientific Growth*；Fox 里程碑式的论文 "Rise and Fall of Laplacean Physics"；Herivel，"Aspects of French Theoretical Physics"；见 Dörries，"Future of Science" 中从编史角度出发的讨论；和 Belhoste，"Arago，les journalistes" 中提出怀疑的注释。

50. Dörries，"Future of Science"。

51. 见 Bradley and Perrin，"Dupin's Visits"。

52. Babbage，*Ninth Bridgewater Treatise*；见 Schaffer，"Babbage's Intelligence"；Ashworth，"Calculating Eye"；Morus，*When Physics Became King*。

53. 见 Crosland and Smith，"Transmission of Physics"；Miller，"Revival of Physical Sciences"。

54. 见 Desmond，*Politics of Evolution*；Lawrence，"Heaven and Earth"；Schweber，"Comte and the Nebular Hypothesis"；Wise and Smith，"Work and Waste"；Pancaldi，"Republic of Letters"；Wise，"Mediating Machines"。

55. Hahn，*Pierre Simon Laplace*；Crosland，*Society of Arcueil*；Dhombres and Dhombres，*La naissance d'un pouvoir*；Fox 和 Weisz，*Organization of Science*；Belhoste，*La formation d'une technocratie*；Outram，*Georges Cuvier*。

56. 德勒兹和加塔利探讨了皇家科学与游牧科学（《千高原》），这是在无望的浪漫主义／无心的机械主义之区分之外的一个令人振奋的替代方案，有助于阐明为何拉普拉斯派与卡内瓦所说的"以太人"、几何学家与蒙日派工程师、居维叶与若弗鲁瓦·圣伊莱尔是对立的。

57. 见 Outram，*Georges Cuvier*；Corsi，*Age of Lamarck*；Foucault，*Order of Things*；Fox，"Rise and Fall of Laplacian Physics"；Hahn，*Pierre Simon Laplace*；Herivel，"Aspects of French Theoretical Physics"；Friedman，"Creation of a New Science"；Vermeren，*Victor Cousin*；Goldstein，*Post-Revolutionary Self*；不过，还是请看一下 Goldstein 论颅相学的最后几章（包含了孔德的颅相学文章），这段论自我的边缘文本，与库辛的自我观对立。

58. Crosland，"Popular Science"；Bensaute-Vincent，"Historical Perspective"；以及 2009 年夏季 Isis 的其他作者（重点："大众科学"的历史化）；Belhoste，"Arago"；Levitt，*Shadow of Enlightenment*；Staum，"Physiognomy and Phrenology"。关于 1850 年之后的时期和英国的大众科学，已经有了许多研究，可见 Cantor and Shuttleworth，*Science Serialized* 中的文章；Secord，*Victorian Sensation*；Winter，*Mesmerized*；Morus，*When Physics Became King*；Fyfe，*Science and Salvation*。仅举几例。

59. Oehler，*Le spleen contre l'oubli*；Clark，*Absolute Bourgeois*。

60. 见 Parent-Lardeur，*Paris au temps de Balzac*；Bourdieu，*Rules of Art*；Guillerme，*La naissance de l'industrie*；Moretti，*Atlas of the European Novel*。

61. Jardin and Tudesq，*Restoration and Reaction*；*La France des notables*；Price，*Revolution and Reaction*；Parent-Lardeur，*Paris au temps de Balzac*；Moretti，*Atlas of the European Novel*；Ferguson，*Paris as Revolution*；*Osiris* 18（2003），a volume titled "Science in the City"。

62. 见 Marx，*18th Brumaire of Louis Bonaparte*。一个批判回应是 Price，*French Second Republic*。关于拉马丁在革命中的角色，也见 Sennett，*Fall of Public Man*。

63. 对此类运动的生动概述，见 Erik Davis，*TechGnosis*；关于绿色建筑和城市主义，见 Wheeler and Bentley，

Sustainable Urban Development Reader。

第二章 安培的实验：一种宇宙实体的轮廓

1. 杜隆致贝采利乌斯，1820 年 10 月 2 日，见 Caneva，"Ampère"。

2. 关于安培和电动力学，见 Blondel，*A.-M. Ampère*；Harman，*Energy，Force，and Matter*；Hesse，*Forces and Fields*；Hofmann，*André-Marie Ampère*；Whittaker，*History of the Theories*；Williams，"Ampère，André-Marie"；Darrigol，*Electrodynamics*。

3. Douglas，*Natural Symbols*；Caneva，"What Should We Do with the Monster?"

4. 在化学和电学史的一个案例研究中，巴什拉讲述了研究人员注意到氧气暴露在电火花中会产生一种不寻常的气味。1839 年，与弗朗索瓦·阿拉戈通信的人尚班声称已经确定了这种气味的来源：臭氧。根据巴什拉的说法，臭氧很快就遭遇"令人发笑的高估"。尚班依据电的双流体理论，提出负电会产生一种类似物质"反臭氧"（antozone）[①]，之后它被定为引发流行病的一个因素。臭氧和它的幽灵姐妹成为一场规模庞大但持续时间短的卫生运动的针对目标，它们的出现和缺失成为健康指标，这与早年的普利斯特里（Priestley）的气体测定法十分相似（见 Schaffer，"Measuring Virtue"）。巴什拉写道："在这种条件下，将这种'宇宙实体'引入实验室是漫长而艰巨的任务。"（*Bachelard，Le rationalisme appliqué*，223）臭氧与过多的无序现象和文化期望纠缠在一起，人们甚至没有按照真实的比例或比率来计算。不过，我在介绍安培的电磁学时，希望表明，这些外在的关联对于理解关于此类事物的科学研究最初带有何种意图是至关重要的。

5. Kuhn，"Mathematical Traditions"；Williams，"Kant，Naturphilosophie，and Scientific Method"；Caneva，"Ampère，the Etherians，and the Oersted Connexion"；Blondel，"Vision physique"。卡内瓦在近期考察自然哲学与物理学的联系时（尽管没有明确涉及安培），区分了自然哲学所追求的"自然的统一性"——强调辩证过程和三联组合——和以太理论给物理学带来的统一性。他基于一些根据认为"统一"有不同的模式，"力的统一性"的想法是落伍的；此外，以太物理学仍然对唯物主义和原子主义持欢迎态度。Caneva，"Physics and Naturphilosophie，" 41。然而，在 19 世纪 20 年代和 19 世纪 30 年代的法国，以太物理学和自然哲学之间的界限很容易模糊，因为安培和阿拉戈等物理学家经常愿意参与进自然哲学和动物磁流学中去，而且可以从唯物和唯灵两个角度来理解。

6. 法尔若认为安培是巴尔扎克《绝对之探求》中走火入魔的主人公克拉斯的原型；在讨论臭氧和反臭氧时，巴什拉讽刺地说这部小说体现了尚班的非理性。

7. Schelling，*Ideas*，42。见 Oersted，*Soul in Nature*。

8. 讨论和图表见 Richards，*Romantic Conception*，132。

9. Schelling，*Ideas*，book 1，论燃烧到光、空气、电和磁的进展的章节。

10. 讨论见 Friedman，"Kant—Naturphilosophie—Electromagnetism"。

11. 关于自然哲学，Schelling and Oersted，见 Brain，Cohen，and Knudsen，*Hans Christian Ørsted*；Stauffer，"Speculations"；Kuhn，"Simultaneous Discovery"；Caneva，"Ampère"；"Physics and Naturphilosophie"；Gower，"Speculation in Physics"；Levere，*Poetry Realized*。

12. 如我们仔细研究拉普拉斯自己的科学和政治立场，比如他支持傅里叶担任学院的常任秘书，会发现"拉普拉斯物理学"的同质性，以及忠实的拉普拉斯派与阿拉戈、菲涅耳、安培和傅里叶等叛变者之间的激烈对立可能被夸张了；不过，阿拉戈在其盟友的大力协助下，在复辟时期努力打造了一种存在统一的拉普拉斯项目的错误印象。拉普拉斯和拉格朗日模式的科学，与同浪漫主义哲学结盟的科学家工程师之间的对立，与德勒兹和加塔利的"皇家科学"和"游牧科学"之间的对立非常吻合，*Thousand Plateaus*，351—423。

13. 见 Crosland，*Society of Arcueil*；Fox，"Rise and Fall of Laplacian Physics"；Hahn，*Pierre Simon Laplace*。

14. Heilbron，"Some Connections"；Heilbron，*Electricity*。

---

① 也译作单原子氧。——译者注

15. Biot，*Précis*。

16. Fox，"Background to the Discovery"。

17. Williams，"Faraday and Ampère"。

18. 见 Buchwald，*Rise of the Wave Theory*；Levitt，*Shadow of Enlightenment*。

19. 关于实验物理学的出现，见 Kuhn，"Mathematical Traditions," Frängsmyr, Heilbron, and Rider，*Quantifying Spirit*；and Frankel，"J. B. Biot"。

20. 见 Fox，"Rise and Fall of Laplacian Physics"；Hofmann，*André-Marie Ampère*。

21. Fargeaud，*Balzac*，179。例如，卡内瓦（"What Should We Do with the Monster?"），将安培对电磁学的欣然接受与他相信类别的"自然性"（用 Mary Douglas 的话说是"高等网格"），以及他把自己的直觉和行为准则稍稍凌驾于群体之上（"低等群体"）联系起来。总之，安培在理论方面是刻板的、实在论的，在社会群体中是不循规蹈矩的；因此他能够相信像电磁学这样的"未驯化的"或"原始的"现象，并为其理论中留一席之地，而这种现象在主导集团中是被断然拒绝的。卡内瓦认为对社会和自然类别的态度与社会定位之间有相关性，这很有趣，但他以安培的孤立和独特来解释他与旁人不同，接受了电磁学，这与之后安培与"奥斯特有联系"、是"以太派"群体的一部分并不吻合。那么这整个团体都是不守成规的吗？

22. Sainte-Beuve and Antoine，"Ampère," in *Portraits littéraires*。

23. Hofmann，*André-Marie Ampère*，14–16。关于他与主要自然哲学家的联系，见 Williams，"Ampère, André-Marie"。

24. 安培的个人生活常常是 19 世纪人最感兴趣的。亨利·詹姆斯写了这对父子的感性生活，并在《一位女士的肖像》中描绘伊莎贝尔·亚彻时，写到她的腿上放着"一卷安培的书"。其他人更关注他的宗教信仰挣扎。布舍专注于他与里昂神秘学派的联系，将他与该市 18 世纪著名的催眠师们、"无名的哲学家"——神秘主义者圣马丁，以及皮埃尔–西蒙·巴朗什联系在一起。瓦尔松的精神传记《生活与工作》（瓦尔松还研究过天主教数学家柯西），将安培作为信仰与理性之间恰当关系的案例研究，作为"科学中的宗教和神圣情感"的典范。瓦尔松认为，安培的基督教信仰帮助他成了一个幸运的例外，他不是像一般人那样在青年时期就做出了成就。

25. 对卡内瓦来说，这促成了他在巴黎科学界的边缘地位，让他可以自由地接受奥斯特那些令人意外的主张。

26. Buche，*L'école mystique de Lyon*。他在里昂的朋友们相信"世界设计的统一性，精神存在于物质的最小微粒中，人（微观世界）和宇宙（宏观世界）的规律可类比。一种向往综合和普遍和谐的强大欲望指导着整体的存在。"Blondel 和 Descamps，"Avec Ampère,"24。

27. Viatte，*Sources occultes*。

28. 见 Segala，"Electricité animale"；Gauld，*History of Hypnotism*，111–140，163–178。

29. Robertson，in Pancaldi，*Volta*，230–231。

30. Lamarck，*Histoire Naturelle*，42–47。关于生机论、唯物主义和生命机制的辩论的政治价值体现在 Jacyna，"Medical Science and Moral Science"；Williams，*Physical and the Moral*；当代英国的讨论，见 Secord，*Victorian Sensation*。

31. Deleuze，*Histoire critique*，81。

32. "Lettre à M. Ampère sur une classe particulière de mouvements musculaires," *Revue des Deux Mondes*，2nd series（1833）：258–266。见 Bensaude-Vincent 和 Blondel 的讨论，*Savants face à l'occulte*，201。

33. Viatte，*Sources occultes*。

34. 见安培致布雷丁的信，1811 年 8 月 18 日，第 377 页；安培致鲁的信，1806 年 2 月末，第 298 页，都出自 Ampère，*Correspondance*，vol. 1。

35. Appel，*Cuvier-Geoffroy Debate*；Arago，"Eloge d'Ampère"；Sainte-Beuve and Antoine，*Portraits littéraires*，247；cf. Picavet，*Les idéologues*。

36. 反居维叶派的解剖学家布兰维尔（本书第八章和第九章提及他）对奥斯特的早期访问的描写（他在访问期间会见了安培、阿拉戈、克莱蒙和谢弗勒尔），见 Caneva，"Ampère"，137，72，74；进一步注释见 Sainte-Beuve and Antoine，*Portraits littéraires*，248。

37. Ampère, "Lettre de M. Ampère àM. le Comte Berthollet"；对安培化学的探讨，见 Williams, "Ampère"。

38. Williams, "Kant, Naturphilosophie, and Scientific Method," 16–17。

39. Goethe, "Experiment as Mediator," 15；见 Wetzels, "Art and Science"。

40. Ampère, notes to lessons 25，26，27，carton 16，chemise 261，Archive de l'Académie des Sciences，in Hoffman, "Ampère's Invention of Equilibrium Apparatus," 313。

41. Ampère, *Essai*，1：ix。

42. Brown, "Electric Current"。关于安培对这些概念的应用，见 Blondel, *Ampère et la création de l'électrodynamique*，82–84。关于他的方法，见 Blondel and Williams, "Ampère and the Programming of Research"；以及威廉斯在 *Isis* 75，no. 3（September 1984）的答复。

43. 见 Pickering, *Mangle of Practice*，其中有 "动原的舞蹈" 的概念。

44. Tricker, *Early Electrodynamics*，145。

45. Gooding, *Experiment*；Steinle, "Experiments"；*Explorative Experimente*。

46. 在物理教学中，这一概念已被更为方便的 "右手定则" 所取代：用右手握住载流导线，伸出的拇指指向电流的方向，弯曲的手指向磁场的方向。

47. 见 Hofmann, "Ampère, Electrodynamics"；Williams, "Faraday and Ampère"；Steinle, "Experiments"。

48. 见 Blondel, *Ampère et la création de l'électrodynamique*。然而，他的对手毕奥和萨瓦特将磁铁和电流之间的吸引力定律建立在经验测量的基础上，这与毕奥在他的教科书中提出的精确物理学方案是一致的。他们的工作保持了拉普拉斯式的假设，即电和磁是两种不同的力量，尽管他们被迫承认它们的相互作用。后来，安培的学生菲利克斯·萨百里（也是巴尔扎克的老师）证明他们的定律是可以从安培的更广泛的定律推导出来的，就同库仑的静电定律一样。同上。

49. 见 Ampère, *Théorie*，186–199 中的描述。

50. 这个方程式的后续形式，将每根导线的电流强度和它们之间的距离联系起来，见 Blondel, *Ampère et la creation*；Hofmann, *André-Marie Ampère*；或者，更简要的版本见 Williams, "Ampère"，146。

51. Ampère, *Théorie*，186。

52. 见麦克斯韦在《论电与磁》(*Treatise on Electricity and Magnetism*) 中对安培研究的评论，132–164。麦克斯韦论证作为传播媒介的以太的必要性，见 448–449。

53. Ampère, *Théorie*，177。在 180 页上，他提出了一个牛顿式的 "我不做假设"（hypothesis non fingo）论点。"无论人们想把这一行为产生的现象与什么物理原因联系起来，我得到的公式仍将是事实的表达。" 见 Blondel 的讨论，"Ampère"，62。

54. 麦克斯韦接下来就停止了赞美。"我们不太能相信安培真的通过他所描述的实验发现了作用规律。我们不得不怀疑，其实他自己也告诉我们了，他是通过一些他没有展示给我们的过程发现了这个定律的，而且他建立起一个完美的证明后，他把提出这个定律的框架痕迹都擦去了。" Maxwell, *Treatise on Electricity and Magnetism*，175–176。

55. Ampère, "Notes sur cet exposé," 213。

56. Ampère, "Idées"。

57. 安培致鲁的信，1821 年 2 月 21 日，见 Ampère, *Correspondance*，2：567。

58. Caneva, "Ampère," 128。

59. Blondel, "Vision physique," 126。

60. 见 Goldstein, *Console and Classify*。

61. 见 Dupotet, *Cours du magnétisme*；Georget, *Physiologie du système nerveux*；Rostan, "Magnétisme"；Deleuze and Rostan, *Instruction pratique*。尽管从 19 世纪 60 年代到 20 世纪初，人们对唯灵论、神秘主义和神学十分感兴趣，但至少在法国，从 1784 年（第一个磁学委员会建立）到 19 世纪中期，磁学与精确科学之间的关系还未得到充分的研究。不过还是可以参见 Méheust, *Un voyant prodigieux*；Viatte, *Sources occultes*；关于这一时期的英格兰，见 Winter, *Mesmerized*。关于 19 世纪下半叶，见 Bensaute-Vincent and Blondel, *Des savants*；Owen, *Place of Enchantment*；Noakes, "Spiritualism, Science, and the Supernatural"。

62. 见 Méheust，*Somnambulisme*；Bertrand，*Du magnétisme animal*。

63. Cuvillers，*Archives du magnétisme animal*，6：60，见 Fargeaud，*Balzac*，150。

64. 引自 Bertrand，*Du magnétisme animal*，518。

65. 但最终，巴伊拒绝承认磁流体的存在，理由是害怕使学院遭受"所有关注动物磁流学的人都会受到的嘲笑"，且不想与已经在利用这项研究的"杂耍演员"有关联。出自 Bertrand，*Du magnétisme animal*，518。

66. Bertrand，*Le globe*，2（1825）：1000；见下面第 7 章和第 8 章。

67. Bertrand，*Du magnétisme animal*。

68. Ampère，*Essai*，1：147。

69. Ampère，"Fragment sur l'origine de l'idée de causalité，" in Barthelémy–Saint–Hilaire，*Philosophie*，322。

70. Geoffroy Saint–Hilaire，*Notions synthétiques*，92。见 Appel，*Cuvier-Geoffroy Debate*。类似地，J.–B. 杜马把动物呼吸中的"燃烧"过程比作蒸汽机工作的过程。米尔恩–爱德华兹则写到"有机劳动的分工"。见 Simmons，"Waste Not，Want Not"。

71. 见 Valson，*La vie et les travaux*，341；Ampère，*Correspondance*，3：636。

72. 1825 年 3 月 7 日："爱德华兹先生读了一篇笔记，谈到强壮身体的神经接触产生肌肉收缩，没有电弧"；马让迪和安培是撰写该报告的专员。1825 年 1 月 3 日："佩尔唐先生的儿子读了一份笔记，谈到针灸伴随着的电流现象"。本文请参考迪梅里、安培和马让迪先生的文章。*Procès-verbaux des séances de l'Académie des Sciences*（1825），8：170，196。

73. Ampère，*Correspondance*，2：616。

74. Dettelbach，"Humboldtian Science"；Cawood，"Magnetic Crusade"。

75. Ampère，*Correspondance*，2：567；关于阳光，见 Sainte–Beuve and Antoine，*Portraits littéraires*，565。

76. Ampère，*Correspondance*，1：229；Valson，*La vie et les travaux*，273。

77. Ampère in 1802 in Valson，*La vie et les travaux*，167，161。

78. Ampère in 1801，printed in Valson，*La vie et les travaux*，373–393；reprinted in Blondel，*Ampère et la creation*，appendix。

79. 巴朗什致安培的信，1805 年，见 Valson，*La vie et les travaux*，210。

80. 布雷丁的日记，1805 年 12 月 8 日和 15 日，出自 *Correspondance*，1：294。

81. 安培致布雷丁的信，1818 年 3 月 29 日，同上，1：243。

82. 在 Valson，*La vie et les travaux*，194–195。祈祷（oraison）指默观的人不断重复的短语或祷告。

83. 同上，400；Ampère，March 1，1817，出自 *Correspondance*，2：525。

84. 安培，1824 年 10 月 28 日，出自 *Correspondance*，1：275。

85. 见 Goldstein，*Post-Revolutionary Self*。

86. 对这一对立的陈述中较有影响的一份出自福柯对康吉扬的 *Normal and Pathological*（1991）的介绍，他指出了"将经验、感觉和主体的哲学与知识、理性和概念的哲学分开的界线。一方面，一个架构是萨特和梅洛 – 庞蒂的架构；另外一种是卡瓦耶斯、巴什拉和康吉扬的架构。也就是说，我们面对的是两种模式，现象学在法国是基于这两种模式得到接受的"（8）。见 Janicaud，*Unegénéalogie*；Braunstein，"Bachelard，Foucault，Canguilhem"。

87. Maine de Biran，*L'influence*，113–178。

88. 同上，143。

89. 同样，Jonathan Crary 和 Elizabeth Green Musselman 认为在视觉领域，各种形式的知觉在这一时期往往是作为一种幻觉形式出现的。Crary，*Techniques of the Observer*；Musselman，*Nervous Conditions*。见后文第五章。

90. Maine de Biran，*L'influence*，114，63–64。

91. 对福柯来说，德斯蒂·德·特拉西是一个重要的过渡人物，他连接作为观念分析的哲学（将它们排列在差异和同一的"表格"中），与研究作为生产、说话、生活（和死亡）的历史有机体的"人"的哲学，这是因为特拉西分析了观念的生理学形成过程。

92. 见 Azouvi，*Maine de Biran*，尤其是第五章，"La science subjective，" 207–283。

93. Maine de Biran, *Mémoire sur la décomposition*，89。在另一处，他写道："我发现自己（通过一个真正的解释性假设）慢慢愿意承认存在一种超有机的力量，一种永久的实质，当它的行为中没有自己的情感时，我们称之为灵魂（âme），而当它在清醒状态下的持续发力中有这种情感时，我们则称之为自我（moi）或个人。灵魂与运动（motilité）的有机中心的关系，就是有机中心与神经和肌肉系统的中心……为了能够发力，灵魂必须作用于与之结合的中心，而且正如神经系统和肌肉系统之间必须有异质性，人才能感觉到运动一样，运动和灵魂这两种实体必须有异质性，才能有发力的感觉。"曼恩·德·比朗致安培的信，1805 年 10 月 21 日，见 Ampère, *Correspondance*, 1：287-290, Goldstein, *Post-Revolutionary Self*, 138。注意这里的灵魂和身体的本质的异质性，同笛卡尔所说的一样，这里与神经和肌肉的本质的异质性做了类比（为感知意志知觉中的因果关系，这是必需的）。关于超有机体，见 Azouvi, *Maine de Biran*, 81-83。

94. Maine de Biran, *Correspondance philosophique*, 37-58。122-161。安培自鸣得意："在康德的问题上，我极大地改变了曼恩·德·比朗的想法，以至于他今天早上告诉我，康德是有史以来最伟大的形而上学家。"安培致鲁的信，1806 年 2 月底，见 Ampère, *Correspondance*, 1:298。

95. 见 Naville, *Maine de Biran*, 414。关于他的神秘主义，见 Huxley, *Themes and Variations*。

96. 后来承认受他影响的哲学家不仅有柏格森，还有梅洛－庞蒂，他的现象学源自具体化的经验。也见 Derrida, *On Touching*, 143-158。

97. 见 Ampère "Fragment sur l'origine de l'idée de la causalité,"出自 Barthelémy-Saint-Hilaire, *Philosophie*, 322-323。

98. 见 *Le temps* 的文章，出自 Ampère, *Essai*, 1:lxv，其中对拉普拉斯和感知歌剧中唱词的方式、奈克方块和视觉陷阱画做了精彩的讨论。同上，1:lxvij。

99. 安培致布雷丁的信，1805 年 10 月 10 日，见 Ampère, *Correspondance*, 1：285。

100. 安培致曼恩·德·比朗的信，1810 年 9 月 18 日，出自 Barthelémy-Saint-Hilaire, *Philosophie*, 353。

101. 物质来自这些阻力的观念；见 Jean-Jacques Ampère in Barthelémy-Saint-Hilaire, *Philosophie*, 80。

102. Ampère, *Essai*, 1:lxxiij；　见 Marcovich, "Théorie philosophique des rapports"；Merleau-Ponty, "Essai sur la Philosophie des sciences d'Ampère"。

103. 安培致鲁的信，1806 年 2 月底，出自 Ampère, *Correspondance*, 1：298。也见让－雅克·安培在 Barthelémy-Saint-Hilaire, *Philosophie*, 155 中的话。

104. Ampère, *Essai*。

105. 初露头角的实证主义者 E.Littré 在为安培的遗作第二卷 *Essai* 2：xcvj 作的序言中指出："未来的科学书籍里将永远为安培先生的名字和他美丽简洁的电磁学定律留一个位置。"这反过来也意味着《论科学哲学》不太可能再版。关于自然分类与人工分类的对比，见 Corsi, *Age of Lamarck*；关于 Guyton de Morveau，也见 Riskin, *Science*。

106. Ampère, *Essai*（1843），2：vii。

107. 见 Robert Darnton 的 "Philosophers Trim the Tree of Knowledge" 中对达朗贝尔的"地图"和培根的分类法的讨论。

108. Ampère, "Technologie," in *Essai*, 1：97；"Cybernétique," in *Essai*, 1：127。安培的技术概念是在对人类知识做分类时出现的，这体现了这一时期自然史、活动认识论和机械之间的密切联系。另一个例子是现代"技术"概念形成过程中的一个关键文本，即国立工艺学院主任、安培的朋友热拉尔－约瑟夫·克里斯蒂安的 *Technonomie*（Alexander, *Mantra of Efficiency*；Guillerme and Sebestik, "Commencements"），它对生产过程及其经济价值做了分类。

109. Ampère, *Essai*, 2：80。

110. 同上，2：140。Norbert Wiener 在 *Human Use of Human Beings* 中引用了安培的"控制论"。虽然安培会拒绝 20 世纪控制论的存在一元论，但其志向却是安培会赞同的，即创造一门新的科学来联系所有其他科学，指导技术干预，改造人类社会的秩序。Clarke and Henderson, *From Energy to Information*。

111. 见 Frankel, "J. B. Biot"。

112. 见 Morrell 和 Thackray, *Gentlemen of Science*；Cahan, *From Natural Philosophy*；Schaffer, "Scientific Discoveries"；Frankel, "J. B. Biot"。

113. 见 Bénichou, "Le grand oeuvre de Ballanche"；McCalla, *Romantic Historiosophy*；Schwab, *Oriental Renaissance*；Busst, "Ballanche"；Sharp, "Metempsychosis"；Charlton, *Secular Religions*；Berenson, *Populist Religion*。

114. Bonnet 是洛夫乔伊的《存在巨链》中的一个关键人物。

115. Ballanche, *Oeuvres complètes*, 29；McCalla, "Palingénésie Philosophique"。

116. Ballanche, *Palingénésie sociale*, 208, in Ballanche, *Oeuvres complètes*。

第三章 洪堡的仪器：甚至工具也将自由

1. 参见 Botting, *Humboldt*；on French hostility, see Daumas, *Arago*；Dettelbach, "Romanticism and Resistance," 247–258。

2. Schelling, quoted in Humboldt, *Cosmos*, vol. 1, 55。

3. Humboldt, *Cosmos*, vol. 1, 23。

4. 关于"审美"概念对批判哲学的重要性，参见 Eagleton, *Ideology of the Aesthetic*；Bürger, *Theory of the Avant-Garde*；Marcuse, *Aesthetic Dimension*；Rancière, *The Politics of Aesthetics*。

5. Eggli, *Schiller et le romantisme français*。

6. Humboldt, Heath, and Losonsky, *On Language*；引自 Heidegger, "The Way to Language," 405。

7. 我对洪堡科学的看法受益于 Michael Dettelbach 的博士论文和几篇文章，以及他对新版 *Cosmos* 第二卷的介绍；亦参看 Cannon, *Science in Culture*；Botting, *Humboldt*；Bourguet, "La république des instruments,"Kehlmann, *Measuring the World*。晚近，研究洪堡的美国著作（Sachs 写的 *Humboldt Current* 和 Walls 写的 *Passage to Cosmos*）则将洪堡展现为环境运动的鼻祖，以此扩展洪堡的科学图景。

8. 参见 Aubin, Bigg, and Sibum, *Heavens on Earth*。

9. Schlegel, *Kritische Fragmente*, quoted in Brain, "Romantic Experiment," 224。

10. 关于席勒对法国文学和文学批评方面的影响，参见 Eggli, *Schiller*。

11. Bourguet, "La république des instruments"。

12. 参见 Daston and Galison, *Objectivity*。

13. 参见 Lenoir, "Gottingen School"；Rehbock, *Philosophical Naturalists*；Schlanger, *Les métaphores*；Richards, *Romantic Conception of Life*。

14. 参见 Beiser, *Fate of Reason*。

15. 更准确地说，必须研究有机体，就"好像"它们是自由的表现一样；参见 Richards, *Romantic Conception*. On Kant's diverse impact on science, see L. P. Williams, "Kant, Naturphilosophie, and Scientific Method"。

16. Kant and Ellington, *Grounding*, 53。参看福柯在 *Order of Things* 中的讨论：康德将人描述为"经验—先验的双关者"（empirico-transcendental doublet）。

17. 参见 Kant, *Critique of Pure Reason*, on the categories；Cassirer, *Kant's Life and Thought*, 170；Kant, *Critique of Judgment*, section 36；Deleuze, *Kant's Critical Philosophy*, 3–10。

18. "因为我们被迫认为纯粹意志是受规律约束的东西，因此是'客观的'，但这种客观性属于一个与时空现象表达的客体完全不同的领域。这不是我们在这里确信的一个事物的世界，而是一个自由个性的世界；不是一组因果相关的客体，而是一个有目的地联合的自足的主体共和国。" Cassirer, *Kant's Life and Thought*, 247, 154。

19. 参见 Clavier, *Kant*。

20. Kant, *Grounding*, 49。自治（"自我立法"）的概念可以追溯到卢梭的普遍意志（"服从为自己规定的法律就是自由", *Social Contract*, 78）。它源于斯多葛派、圣保罗（他称外邦人"自己就是自己的律法", Romans, 2：14）和路德的"基督徒的自由"，其中信仰的内在法则凌驾于国家的律法之上。参见 Schneewind, *Invention of Autonomy*。

21. 谢林的"自然哲学"试图弥合的，正是机械因果关系与自然作为一个有目的的有机整体的观点之间的鸿沟："如果我们最终将自然聚集成一个单一的整体（Whole），机制，即一系列逆向的原因和结果，这与目的性，即独立于机制的、同时存在的原因和结果，是相互对立的。如果把这两极结合起来，我们心中就会产生一个关于整体的目的性的想法：自然变成了一个回复自身的循环，一个自我闭合的系统。"Schelling, *Ideas*, 40。

22. 康德讨论了机器和有机体之间的区别，参见 Kant, *Critique of Judgment*（Pluhar, trans, 1987），sections 64，65。

23. 同上，253（section 65）。

24. 同上，316–317（section 82）。"适于调和这两种呈现自然（何以）可能的方式的事物，很可能在于自然的超感性原则（在我们之外和在我们之内的自然）。因为用终极因来表征只是使用我们的理性的一个主观条件，（这适用于）当理性要求我们不只是将某些对象判断为表象，而且坚持将这些表象本身连同其原则指向超感性底层（substrate）。理性坚持这样参照，以便它能够顾及有可能存在统一这些表象的某些规律，而理性只能设想这些规律源于目的。"这部作品的所有引文中的斜体和括号中的部分，均出自英译本。

25. 同上，324（section 82）。

26. 同上，319（section 83）。

27. 同上，319（section 83）。

28. 两处引用，ibid.，320（section 83）。

29. 同上，321（section 83）。参见 Cassirer, *Kant's Life and Thought*, 333. See also Kant, "Perpetual Peace"。

30. Kant, "What is Enlightenment," in Schmidt, *What is Enlightenment*, 63；亦参看 Foucault, "What Is Enlightenment?" 32–50。

31. 这种印象延续到了后来人的描述中，请参看 De Quincey, "The Life of Immanuel Kant"。

32. Schiller, *Aesthetic Education*, 3。

33. Willoughby 和 Wilkinson 把 Selbständigkeit 译为 "autonomy"。论者在批评席勒时经常将这一概念与康德对自治（autonomy）一词的使用相提并论，这造成了一定程度上的混乱。参见 Bürger, *Theory of the Avant-Garde*, 41–46, on Kant and Schiller；6–14 on Adorno, Lukacs, and Marcuse。Bürger 的论证立基于，他将艺术作为独立运转领域（"自治"不仅受到"资产阶级意识形态"的支持，而且还得到阿多诺等批判理论家的倡导）的理论渊源追溯到席勒。然而，正如我将论证的那样，席勒的自治理想也许是自相矛盾的，其间包含了对相互依赖的明确承认。

34. Schiller, *Aesthetic Education*, 34，17。

35. 同上，55，109，189。

36. 同上，21，213。关于康德的批评者莱因霍尔德对席勒的自治构想的影响参见 Roehr, "Freedom and Autonomy in Schiller"。

37. Schiller, *Aesthetic Education*, 215。

38. 同上，19，21。

39. 同上，33。

40. 我们在这里离开席勒著作的中心悖论。审美被呈现为引导我们上升到形式世界的手段，但同时它又作为对过度的形式的纠正出现；同样，他视真理既是"纯粹的对象"又是感觉世界的一部分，很可能出现矛盾。洛夫乔伊将这些困难归因于席勒试图将"柏拉图的两个上帝——永恒不变且自我饮食的完善性和致力于所有可能之物在时间中的没有限制的现实化的创造性冲动"整合为一个单一的系统："因为它们是根本对立的，所以在任何经验的实际结合中，其中一个必须在某种程度上为另一个做出牺牲。"对于洛夫乔伊来说，席勒希望两头兼顾导致了前后矛盾，尽管在他看来，对于席勒和后来的浪漫主义者而言，"充实性（plentitude）才是定论"：完满形式的原则必须在感觉世界里永无休止地、创造性地实现。（引文参见洛夫乔伊《存在巨链》，张传有、高秉江译，邓晓芒、张传有校，商务印书馆 2015 年，407–408 页。——译者注）

41. Schiller, *Aesthetic Education*, 217，219。

42. 同上，21。提起"政治艺术家"，我们必须注意席勒对戈培尔的影响；尽管我希望自己已经讲得很清楚，席勒的乌托邦与法西斯主义无关，而是专门反对专制主义的。在第三帝国时期，席勒的《唐·卡洛斯》（*Don Carlos*）遭禁，因为它的演出往往成为抗议纳粹政权的场合。

43. 关于洪堡的美学，请参看 Finkelstein, "Conquerors"; and Dettelbach, introduction to Cosmos。洪堡向我们

展示了科学如何参与朗西埃所说的"感觉世界的分布形式"（the distribution of the sensible），即美学的政治维度。Rancière, *Politics of Aesthetics*。

44. Humboldt, *Cosmos*, 1：36, 26, 25。

45. 同上, 1：76, 77. 关于科研劳动的可见性, 参见 Cawood, "François Arago"; Blondel, "Electrical Instruments"; Holmes and Olesko, "Images of Precision"; 对这一漫长历史的讨论, 参见 Roberts, Schaffer, Dear, eds. *The Mindful Hand*。

46. Dettelbach, "Humboldtian Science"。他描述了洪堡对于"作为灵敏仪器研究者"的理解, 这一理解与启蒙运动后期重视感受力和生机论的文化氛围相协调, 说详氏著 "Stimulations of Travel"（特别是第 53–55 页）。

47. 参见 Kant, *Critique of Pure Reason*, 直觉（时间、空间）的纯粹形式见于 "Transcendental Aesthetic" 部分（153–192 页）, 知性（量、质、关系、模态）的纯粹形式见于 "Transcendental Deduction" 部分（219–266 页）。

48. 参见 Daston and Galison, "Image of Objectivity"; *Objectivity*, chapter 3。

49. 参见 Humboldt, *Expériences sur le galvanisme*; Dettelbach, "Stimulations of Travel," 55, "Face of Nature"; Schaffer, "Self-Evidence"; Richards, *Romantic Conception of Life*; 关于 Ritter 的自我实验, 请参考 Strickland, "Ideology of Self-Knowledge"。

50. 图画见于 Jardine 和 Cunningham 所著 *Romanticism and the Sciences* 的封面。

51. Humboldt to Pictet, June 22, 1798, 5; to Pictet, November 7, 1798, 7; to Forell, àOrtava（sur Ténériffe）, June 24, 1799, 23, 39, all in Humboldt, Delamétherie, and Hamy, *Lettres américaines*。

52. Daston and Galison, "Image of Objectivity," 83。

53. Daston, "Moral Economy of Science," 23。

54. 关于仪器在社会和认识论协调中的作用, 相关讨论包括 Sibum, "Reworking the Mechanical Value of Heat"; Latour, *Pandora's Hope*, esp. chapters 2, 3 and 6; Galison, *Einstein's Clocks*; 亦参见 *Culture Technique* 7（1992）的导言, 以及 *Osiris* 9（1993）题为 "Instruments" 的专号; O'Connell, "Metrology"。

55. Dettelbach, *Romanticism and Administration*, 133; Schaffer, "Astronomers Mark Time"。

56. Humboldt, *Cosmos*, vol. 2, 355–356. 这句话紧跟在一段坚持低等动物和高等动物器官之间差别的段落之后, 暗示着人造器官是界定人类为一个物种的标准的一部分。就这个段落的启示性讨论, 参见 Kapp and Chamayou, *Principes*, 130; Kapp 的作品在 "Machine et Organisme" 的一个脚注中得到了讨论, 启人深思, 见于 Canguilhem, *La connaissance de la vie*。在《宇宙：对世界的简要物理描述》一书（108、112、179、200、332、353 页）, 洪堡凭借望远镜, 一直在判别器官和仪器："它们产生了与某些重大而突然的事件相似的影响。"

57. 参见: "Treatise on Nomadology," in Deleuze and Guattari, *Thousand Plateaus*, 387–467。

58. Jackson, Harmonious Triads, 45–74; Morell and Thackray, *Gentlemen of Science*, 509–517; Cannon, *Science in Culture*, 181–196。

59. Humboldt, *Des Lignes Isothermes*。

60. 参见 Cawood, "Terrestrial Magnetism"。Pratt 在 *Imperial Eyes* 把洪堡的自然史研究置于帝国主义扩展和剥削这一语境, Dettelbach 的处理方式相同, 见于 *Romanticism and Administration*。毫无疑问, 测量、测绘和那些极度唤起美洲兴趣的项目是殖民和帝国冒险的诱惑物, 其中许多对这些土地上的居民造成了可怕的后果。然而, 可以一窥像《安第斯山脉风景》（*Views of the Andes*）这样的景象, 其中代表西方古典文化的神话人物将堕落的阿兹特克神抬到他的脚下, 这不是家长式的恶意, 而是对启蒙运动晚期互惠和相互依存的自由理想的描绘。洪堡及其追随者在建立这一理想方面是否成功则是另一回事。

61. Schiller, *An de Freude*（1785）, 译文来自 Raptus Association for Music Appreciation 的网站 http：//raptusassociation. org/ode1785.html, 访问日期为 2011 年 6 月 12 日。

62. Schiller to Körner, February 23, 1793, in Schiller, *Aesthetic Education*, 300（italics mine）。

63. 在关于标准体系和新仪器校准的叙述中, 洪堡经常发挥着作用; 在他的书信中, 他在多个科学从业者网络的交叉点上充当了人力中继器。这里探讨的方法论问题, 参见 Wise 的过渡性章节, 见 *Values of Precision*; Olesko, "Meaning of Precision"; Schaffer, "Astronomers Mark Time"; O'Connell, "Metrology"; Alder, *Measure of All Things*。

64. 洪堡很少将"客观性"的语言放在"主观性"的前面；当他这样做时，也并不是为了贬低后者而支持前者，而是认为它们不可避免地纠缠在一起。例如，他写道："客观世界，由我们的思想构造、反映，受制于我们理智存在（intellectual being）的永恒和必要条件。"（Humboldt, *Cosmos*, 1: 76）洪堡和席勒（以及黑格尔）一样，把科学的目标看作这两个方面的最终融合。在同一段中，洪堡写道："科学只有在精神占有物质时，在试图使大量经验服从于理性知识时才开始；科学是精神转向自然。外部世界只有在我们将其带入我们自身时才会为我们存在，而且它本身会形成对自然的看法。"对我们来说，"外部"或"客观"世界的存在取决于人类"掌握"或"压倒"（bemächtigt）外部物质（Stoffe），以便将其"形塑"（form）为一种自然观（Naturanschauung gestaltet），这也就是席勒称为审美状态的"Stoffe"和"Gestalt"之间的动态互动。因此，洪堡的"客观性"概念应该被理解为"客观性"和"主观性"的混合体，这种张力类似于席勒的自律悖论（见本章注释40），其中"道德国家"本身是"道德"（形式）和它的对立面"感官"（实体）的混合体。在这两者中，至关重要的是，这两个相互矛盾的术语通过具体的中介——艺术和仪器变得和谐。

65. Du Bois-Reymond 于 1849 年，引自 Finkelstein, "Conquerors", 179；关于洪堡作为 19 世纪实验室科学的过渡人物，请参阅 Finkelstein 的文章，另外他的其他许多客串角色，参见 Cahan, *Helmholtz*；Lenoir（"Eye as Mathematician"）认为，我们将 Helmholtz 的发现视为对各种相互作用装置在实验中复杂排布的解释，这是洪堡在全球范围内筹划的那种综合系统。

66. 洪堡与环保主义的诞生，参见 Sachs, *Humboldt Current* 和 Walls, *Passage to Cosmos*。洪堡将仪器部署为范畴的自主外化是后康德哲学更为普遍的运动的一部分。在保留知识既是主体的功能又是物体的功能这一观点的同时，许多人将范畴从其在先验自我中的位置上移开了；席勒认为艺术、政治和科学的形式普遍性必须体现在集体物质实践的观点是对此症结的一种回应；叔本华将构成性自我重新定位在意志和物理驱动力中，使世界的表象成为生理的功能；威廉·冯·洪堡将思想结构定位在文化和历史上可变的、外在的和共享的语言中。对支撑洪堡兄弟作品的有力概念的比较，参见 Reill, "Science and the Construction"；在同一世纪晚些时候，洪堡兄弟的历史位置和他们对弗朗茨·博亚斯（Franz Boas）标志性的"文化"概念的影响，参见 Stocking, *Shaping of American Anthropology*；Bunzl, "Franz Boas"。

67. Humboldt in Botting, *Humboldt*, 268, 273。

第四章　阿拉戈的达盖尔摄影：劳动知识论

1. Laplace, *Mécanique céleste*；*Philosophical Essay*, 4；见 Hacking, "Cracks in Nineteenth Century Determinism"。关于星云假说，见后文第 9 章，以及 Merleau-Ponty, *Science de l'univers*。巴什拉指出，即便在拉普拉斯对拿破仑说他不需要上帝的"假说"时，巴什拉也有着神学的意图："一位能用方程式将所有运动的过去和未来重新结合起来的数学家，他提出的假说便恰恰像是拉普拉斯的写作风格，即'上帝假说'。" *L'activité rationaliste*, 212。

2. Porter, "Objectivity and Authority"；Weiss, *Making of Technological Man*；Shinn, *L'Ecole Polytechnique*。

3. 雨果，1864 年 1 月的信，in Gosling, *Nadar*, 16。更多关于阿拉戈的背景，见 Daumas, *Arago*；Audiganne, *Arago*；Sarda, *Les Arago*；Cawood, "Arago"；Grison, "François Arago"；以及 Levitt, *Shadow of Enlightenment*。关于天文台是一个有象征意味的交汇点，见 Aubin, "Fading Star"。关于气球和工程之间的联系，见 Gillispie, *Montgolfier brothers*；关于雨果对技术的看法，见 Charles, *La pensée technique*。

4. 雨果经常想象无限的空间和多个世界，这些灵感来自他在天文台的见闻，他在 *Le promontoire du songe* 中描述了其中一次访问；另见 Seghers, *Victor Hugo visionnaire*。

5. Daston and Galison, *Objectivity*；"The Image of Objectivity"。也可以关注机械客观性被解读为痴迷于精度，以降低机械零件的容差，减少工程设计中的"创意参与"，探讨见 Alder, *Engineering the Revolution* 和 Otto Sibum, "Exploring the Margins of Precision"；也见 Wise 的论文集 *Values of Precision* 中的多篇文章。

6. 见 Dhombres, "L'image 'scientiste'," Shinn, *L'Ecole Polytechnique*, Weiss, *Making of Technological Man*。皮埃尔·布尔迪厄在 *La noblesse d'état* 中提出，学校是形成和复制技术精英的习惯的关键场所。Isambert 在 *De la charbonnerie* 中称，弗朗索瓦·阿拉戈的兄弟艾蒂安·阿拉戈，在学校举行了烧炭党的会议。

7. Foucault，*Discipline*。

8. Carnot，"Discours," 2：100–101。Carnot，*Révolution et mathématique*，1：155 讨论了卡诺的"战争的艺术"。

9. 请注意共和主义话语中，士兵和公民之间的转换性——卡诺宣称："所有公民都是军人。"——以及公民和代表之间的转换性，因为他们都是公共事务中平等的成员。见 Pilbeam，*Republicanism in France*。

10. 见第九章。

11. Gillispie，*Pierre-Simon Laplace*，177。

12. 当拉普拉斯在 19 世纪 20 年代担任主任时，孔德等批评家注意到"抽象数学"的趋势越来越明显。另见 Belhoste，*Augustin-Louis Cauchy*。阿拉戈在 *Oeuvres* 中的 "Sur l'ancienne Ecole Polytechnique" 中对复辟时期学校性质的变化表示了惋惜，并肯定了其实用主义和共和主义理想。

13. 见 Kranakis，*Constructing a Bridge*；Graber，"Obvious Decisions"；Alder，*Engineering the Revolution*。

14. Grattan-Guinness，"Work for the Workers"；"'Ingénieur Savant'"；Daston，"Physicalist Tradition"。

15. Bradley，"Facilities for Practical Instruction"；Hoskin，"Education"；Smeaton，"Early History"。

16. 见 Grattan-Guinness，"Work for the Workers," 16。

17. 见 Grattan-Guinness，"Ingénieur Savant"。

18. Charles Dupin，*Développement de géométrie*，72；引自 Guillerme，"Network," 155。

19. Guillerme，"Network"；Mattelart，*La communication*。

20. Hachette，*Traité Elémentaire*。

21. 见 Hankins，*D'Alembert*。

22. Petit，"Sur l'emploi du principe"。关于 Leibniz 和 Forces Vives，见 Mary Terrall，*Man Who Flattened the Earth*；及 Wise，"Mediating Machines"。

23. Montgolfier，引自 Vatin，*Le travail*，63；Coulomb，*Théorie des machines simples*，255，在 Vatin，*Le travail*，36–56 中有所讨论；关于疲劳，见 Rabinbach，*Human Motor*。

24. Navier, ed.，*Architecture hydraulique*，356；引自 Grattan-Guinness，"Work for the Workers," 13；见 M. N. Wise and Smith 在 "Work and Waste" 中的讨论；Brain，*Graphic Method*。

25. Coriolis，*Du calcul*，91–95，40–44，33；Grattan-Guinness，"Work for the Workers"，16；Poncelet，*Introduction à la mécanique industrielle*，95–96；Navier, ed.，*Architecture Hydraulique*。

26. Poncelet，*Introduction à la mécanique*，95–96；也见 Poncelet，*Cours de Mécanique Industrielle*。

27. Guillerme and Sebestik，"Les commencements"；Alexander，*Mantra of Efficiency*，36。

28. 歌德，出自《环球》，1828 年 9 月 6 日，第六册，673。

29. 关于雅典娜礼堂，见 Staum，"Physiognomy and Phrenology"。

30. 迪潘的《力》将纳维耶的观点（**功是通**用货币或兑子）付诸应用，将不同的生产力储备进行叠加和比较由此变得可能；圣西门提出过类似的概念，**即由**一个中央银行协调生产和消费。

31. Fox，"Charles Dupin," 473。

32. 回顾一下亚当·斯密在《国富论》中的主张：加强劳动分工会鼓励创新，也会引起相应矛盾。他认为许多机械工作都存在的重复性会让任何一个个体变得极其愚蠢。

33. Grattan-Guinness，"Work for the Workers"。

34. Say，*Traité d'économie politique*。

35. 罗伯特·福克斯揭露了克莱蒙 – 德索尔姆和卡诺之间的联系，包括卡诺曾提及克莱蒙 – 德索尔姆的讲座；见 Carnot，*The Motive Power of Heat* 中的评论。

36. 工人和那些声称为他们说话的人之间的沟通破裂，见 Rancière，*Nights of Labor*。

37. 值得关注的是 Schaffer，"Babbage's Intelligence"；Wise 和 Smith，"Work and Waste"；Ashworth，"The Calculating Eye"；Musselman，*Nervous Conditions*；Erna Fiorentini，"Practices of Refined Observation"；Jackson，"Joseph von Fraunhofer"。

38. 见 Schaffer，"Babbage's Intelligence"；*Cultural Babbage*。

39. 见 *Science Incarnate* 中 的 讨 论, ed. Lawrence and Shapin, 特别是关于 Ada Lovelace 的这两篇: Schaffer, "Regeneration" 和 Winter, "A Calculus of Suffering"。

40. 见 Roberts, Schaffer, Dear, *The Mindful Hand*。

41. Smith, *The Body of the Artisan: Art and Experience in the Scientific Revolution*。

42. Gillispie, "Jacobin Philosophy of Science," in Clagget; Pinault, "Les mains de l'Encyclopédie"。这个故事的其他重要内容包括: 爱留根纳激进地提升劳动和机械艺术; 逐步重估外显活动/行动的生活(vita activa)与心智生命/沉思的生活(vita contemplativa); 制造者知识中的观点,维科和霍布斯也有提及; 洛克关于财富起源于劳动与物质混合的理论,与他的思想源于经验的理论之间存在相似之处,这经常被引作马克思的劳动理论和"类存在"理论的先驱。Noble, *Religion of Technology*。劳动知识论在具体认识论的层面,见 Meli, *Thinking with Objects*, 该书揭示了 16 世纪和 17 世纪力学的"小众"传统,从牛顿的普遍定律向前写的历史中经常忽视这点。19 世纪初的工业机械保留了这一传统的大部分设备: 滑轮、弹簧和钟摆(波达,阿谢特),以及对流体力学、摩擦和弹性的关注。这些都是加斯东·巴什拉的观点的先驱,他认为"劳动"是现代科学知识的基础,与此相关的是他认为科学涉及现象技术(phénoménotechniques); 它通过作为"具体化的定理"的工具产生非自然的"效果"。*L'activité rationaliste*, 84。在康吉扬对巴什拉的解读引人联想,并充满生物学视角,他说: "科学证明即是劳动,因为它重组给定的事物,因为它引发的效果在自然界没有可对应的,因为它构建了自己的器官。""L'histoire des sciences", 192。

43. 见 Carnot, *Machines in General* 中 的 理 论; Poncelet, Textbook; Navier, *Mécanique industrielle*; Hachette, *Traité élémentaire des machines*; 阿谢特在复辟前一直为巴黎综合理工学院的所有学员教授机械课程; 该课程后来由阿拉戈接手了。

44. Dumas, *Traité de chimie*, vol. 1。

45. Arago, "Discourse on Electoral Reform"; 见下文。相似的,关于中央理工学院将基于劳动的认识论进行制度化的尝试,见 Weiss, *Making of Technological Man*。

46. 关于工人自己承认的等级制度——包括高技能者和流动的"崇高者"——见 Rifkin and Thomas, *Voices of the People*, 104–111; Harvey, *Paris*, 230–231。

47. 后来 Adolphe Blanqui 和 Saint-Simonian Michel Chevalier 在 CNAM 教授政治经济学课程。

48. Poncelet, *Cours de Mécanique Industrielle*, 95–96。

49. 见 Alder, "Tolerance"。

50. 换句话说,由共和主义和革命传统塑造的法国工程学,在 19 世纪 20 年代和 30 年代试图弱化阶级等级,然而,19 世纪 40 年代的阶级斗争使得劳动者和资产阶级之间的划分急剧重现。见 Sarah Maza, *The Myth of the Bourgeoisie*。

51. 见 Wise, "Mediating Machines"; Wise and Smith, "Work and Waste"; Wise, "Mediations," 197; *Values of Precision*, introduction。

52. Wise, "Mediations," 256。在 *L'activité rationaliste* 中,巴什拉将拉普拉斯的科学描述为本质上是唯心的(212); 另见阿拉戈对拉普拉斯生平的记述(*Oeuvres*, 3, 456–515),这些表明他脱离了实验和观察的工作。

53. 见 Wise and Smith, "Work and Waste"; Serres, "Turner Discovers Carnot"; Prigogine and Stengers, *Order out of Chaos*; Schaffer, "Nebular Hypothesis"; Hayles, *Chaos Bound*。

54. "Voulez-vous me confier la clef du sucre?" Arago, "Histoire de ma jeunesse," 58。

55. Arago, "Biographies des principaux astronomes," 485。

56. Arago in J. A. Barra, ed., *Oeuvres*, 3: 33–44, 引自 Crosland, *Society of Arcueil*, 427。

57. 阿拉戈的长篇大论迫使他的英语版译者提出警告: "细心的读者在兴趣满满地阅读本书偏论论证的部分时,有时可能会觉得这位讲述者为了证明其立场的正确性,所述细节多于所需了; 但是读者们又终会发现,这些离题的片段总会产出有用的结果。"译者将这种唠嗦解释为他需要向不知情的听众诠释科学,但这种"偏离主题的片段"也出现在阿拉戈给学院的报告中,这表明他所认为的恰当的科学文体比英国同行所提倡的"实用"标准更为详尽。Arago, *Popular Astronomy*, v。

58. 见 Arago, "Histoire de ma jeunesse"。

59. Arago，"Eloge d'Ampère，" 11，102。

60. Arago，"Discours de M. François Arago，" xi–xvi。

61. Arago，"Rapport，" 27；"Eloge de Condorcet，" 119。

62. 关于表现性的自我，见 Taylor，*Sources*。一位观察家在《爱丁堡评论》中这样描述阿拉戈的表现："他一旦进入主题，所有人的目光和注意力就汇聚到他身上。他将科学原本的样貌呈现：他剥去粗糙的细节，及技术的形式，他把科学解释得如此清楚，以至于最无知的人都感到惊讶，因为他们竟如此轻易地理解了其中的奥秘，这让他们入迷了。他的演示深入浅出。他的言谈举止富有表现力，以至于他的眼睛、嘴唇和手指似乎在发光。"（1856 年 10 月，314，引自 Miller，*Discovering Water*，124）

63. Dettelbach，"Humboldtian Science"。

64. 阿拉戈对洪堡的影响，见洪堡在《宇宙：对世界的简要物理描述》中大量提及阿拉戈。

65. Aubin，"The Fading Star"；阿拉戈助手们的共和主义美梦，见 Levitt，"I Thought"。

66. Arago，"De la scintillation，" 36。

67. 阿拉戈和毕奥（拉普拉斯派的主要代表）之间的尖锐决裂和随后的论战，见 Theresa Levitt 的精辟且深入的作品 *Shadow of Enlightenment*。

68. Arago，in Daguerre et al.，*Historique*，43。将眼睛和光学仪器做类比这种传统由来已久。见 Hankins and Silverman，*Instruments*，第 7 章，尤其是第 177 页。

69. 见 Grattan-Guinness，"Work for the Workers"。

70. Levitt，"Biot's Paper"。关于回应，特别是 Guillermo Libri 的回应，见 Fox，"Rise and Fall of Laplacian Physics"；Tobin，*Léon Foucault*。

71. 可以对比阿拉戈和居维叶在科学体制内的手腕，居维叶支持圣伊莱尔、反对阿拉戈，见 Outram，*Georges Cuvier*。

72. 见 Condorcet，*The Nature and Purpose of Public Instruction*，出自 Condorcet，ed. Baker ed.，*Condorcet*，105–142。

73. Arago，*Eloge de Condorcet*。

74. Arago，"Carnot"。阿拉戈的类比预示了涂尔干和莫斯在《原始分类》中所做的，他们将分类学和社会结构做了同态研究。

75. Arago，"James Watt，" 438。

76. 于大革命期间首次提出的强调第三等级重要性的主张，在复辟时期和七月王朝时期由工人再次提出，以维护他们的集体权利。见 Sewell，*Work and Revolution*。

77. Arago，"James Watt，" 431。

78. 见 Miller，*Discovering Water*，第六章，这部分详细讨论了此文本的创作和接受，包括阿拉戈在英格兰收集资料的旅程，他与瓦特的儿子艰难的通信，以及他在英国逐步被接受的过程。据洪堡说，他死后，由于"党派精神"，他在英格兰的声誉以一种"下作的方式"被玷污（125）。

79. Arago，"James Watt，" 491。

80. 同上，435，在这里，他谈到了英格兰的运河和铁路系统将整个国家连接起来，实现了货物的快速流动，他感叹道："所以在这里新经济的乌托邦得以实现。"

81. Arago，"Réforme électorale，" 603，614。见 Heurtin，*L'espace public parlementaire*，"人民总是不快乐"是这一时期众议院辩论中反复出现的一个主题。

82. 法国浪漫主义中个人与集体的辩证关系，见 Sharp，"Metempsychosis"；Breckman，"Politics"。

83. Barger and White，*Daguerreotype*，27；对于阿拉戈演讲的评论，见 Benjamin，*Oeuvres* II，17。尤其应参见 McCauley 在"弗朗索瓦·阿拉戈"中对演讲的政治性的深刻分析。

84. 达盖尔摄影作品的纸质和数字复制品无法呈现其实际效果，人们必须亲眼观看这些作品。最近在奥赛博物馆和大都会艺术博物馆举办的展览，凭借一套史无前例的早期银版收藏，让人们有机会亲眼欣赏到这些达盖尔摄影作品那神秘的晶莹感。见 Bajac，*Le daguerreotype français*。

85. 达盖尔的艺术精神和企业家精神，见 Pinson, *Speculating Daguerre*。

86. Arago, "Rapport," 20。

87. Arago, "Rapport," 10–11。

88. Arago, "Rapport," 19。关于埃及狂热，见 Assmann, *Moses*，这其中谈到洪堡为 Isis 写的头版文章；关于金属、木乃伊和自动机，见 Nelson, *Secret Life*。

89. 阿拉戈在他的"报告"中，预期到人们可将达盖尔摄影术用于描述性几何："将巨大建筑那些最高和最难接近的部分放大至原精准尺寸。"（20）

90. 同上。

91. 见 Bann, *Delaroche*。关于浪漫主义美学和早期浪漫主义之间的密切联系，见 Nochlin, *Realism*；Galassi, *Before Photography*；Rosen and Zerner, *Romanticism and Realism*；Recht, *La lettre de Humboldt*；Armstrong, *Scenes*；McCauley, "Talbot's Rouen Window"。

92. 见第五章，巴什拉的"现象技术"理论，即效果的产生，这一概念主要来自他对拉普拉斯之后的电学和化学的研究；他认为当时的化学创造了一个"人造自然"，孔德的实证主义支持这一观点。

93. 莱维特在《毕奥的论文》中引用了毕奥的一句话，与此非常相似，毕奥以纸面曝光来探索"看不见的辐射"的作用。但是，无论阿拉戈是在借鉴他的对手毕奥，还是在延续洪堡田野科学对大气（或环境）的耐心分析和绘制，这句话都表明阿拉戈赞赏达盖尔摄影术的一个原因是它可以记录下不可见事物，没有它，这一现实是人类无法触及的。见 Joel Snyder, "Visualization"。

94. 关于科学劳动的不可见性，见 Shapin, "Invisible Technician"；关于其在阿拉戈的公共发表中的可见性，见 Blondel, "Electrical Instruments"。

95. Levitt, "Biot's Paper," 457；另见 Levitt, *Shadow of Enlightenment*。

96. 在 Hankins and Silverman, *Instruments and the Imagination* 的第七章中，他们对照布鲁斯特的体视显微镜，精彩地探讨了摄影相似性意义的可变性，包括仪器在多大程度上必须能模仿人类生理的功能。

97. Arago, "Rapport," 7, 17。达盖尔立即将阿拉戈的论述印了出来，同时还附上了工艺说明、盖伊·卢萨克的推荐语以及他的营业地址，见 Daguerre et al., *Historique*。

98. Arago, "Rapport," 16–17。

99. Arago, "Rapport," 27。莱维特说明，在傅科和菲佐的实验中，一个特定光源的强度不是通过产生的图像的亮度来确定的，而是通过它显影至标准程度的时间来确定的，"通过效果来比较光"（Arago, "Rapport," 24）；见 Levitt, "Biot's Paper," 470。

100. Schaffer, "Glass Works," 70, 参考 Pinch, *Confronting Nature*, 212–214；关于暗盒，见 Latour, *Science in Action*。

101. Arago, "Rapport," 18–19。

102. Rothermel, "Images of the Sun"；Schaffer, "Where Experiments End"；Pang, "Stars"。

103. 见 Bajac, "Le daguerrotype"（sic），86, Alfred Donné 在 1839 年写的一篇文章："阿拉戈先生的这番话肯定让很多人放心了；但我们还是很好奇，想自己动手，按照学院秘书给的信息，一步步地操作，亲自感受达盖尔摄影的难度……第一次实验几乎没有产生任何结果。"Donné 是一位医生和科普作家，他与数学家和偷书贼 Gugliermo Libri 经常在媒体上攻击阿拉戈；他也是莱昂·傅科的早期赞助人之一，阿拉戈并没有因此不待见傅科。

104. Arago, "Rapport," 22。

105. 例如，见 Yeo, *Defining Science*；Gieryn, *Cultural Boundaries*。在 "Moral Economy of Science" 中，Daston 提出，这种分离是现代科学的普遍趋势。科学的边界是可以被社会价值渗透的，但我们应给予主要期待的是"单向"的交流："尽管科学中的道德经济经常自由地借鉴环境文化的价值和影响，但由此产生的变化通常成为科学的特殊属性。"（7）

106. Kohler, *Lords of the Fly*；Daston, "Moral Economy of Science"；Thompson, "Moral Economy"。

107. Mauss, *Gift*。对早期现代科学的研究已经引入了莫斯关于天赋交换的分析，但很少有人提到 19 世纪"理性化的"科学、国家和公共文化中的类似过程。见 Biagioli, *Galileo*；Smith, "Alchemy as a Language of Mediation"。

108. Arago, "Rapport," 24。

109. Krauss, "Tracing Nadar"; 另见 Gunning, "Phantom Images"。

110. 达盖尔早年曾用他的透视画（见第五章）让风景运动起来。涅普斯对运动和转化技术也有过兴趣：1811年，拉扎尔·卡诺向科学院报告了一种发动机，它从自身和冷空气之间的热差中收集能量；它的发明者正是尼塞福尔·涅普斯和他的兄弟，见 Gillispie, *Lazare Carnot*。

111. 见 Eamon, "Technology as Magic"。

112. Hugo, *Le promontoire du songe*。

113. "Bailly: Biography Read at the Public Sitting of the Academy of Sciences, 26 February 1844," in Arago, *Biographies*, 154。见 Levitt, *Shadow of Enlightenment*, 106–116, 这部分涉及"阿拉戈和磁化器"，将阿拉戈早期对神秘力量（包括雨果的"磁视"理论）的兴趣和最终的祛魅，与他对透明度的追求联系起来。

114. 见 Buchwald, *Rise of the Wave Theory*; Cantor, *Theories of Ether*。

115. 洪堡对拉普拉斯的星云假说的不温不火的反应，见 Merleau-Ponty, *La science de l'univers*, 183–209；阿拉戈隐晦地写道："我们杰出的同胞从不提出任何模糊的、不确定的东西……有一次，只有一次，拉普拉斯像开普勒、笛卡尔、莱布尼茨、布冯一样，把自己推向了猜想的领域。他的这一概念不亚于一种宇宙论。"Arago, "Laplace," 505。

第五章　恶魔的歌剧：奇幻的生理唯灵论

1. Bachelard, *Le matérialisme rationnel*; 也见 Williams, "Kant, Naturphilosophie, and Scientific Method"。

2. Comte, *Discours sur l'ensemble*, 138。

3. 孔德写道，我们的科学规律"代表了我们需要了解的普遍秩序"；"每一个现象都预设了一个观察者"。Système, 4: 175, 1: 439。另见 Pickering, *Auguste Comte: An Intellectual Biography*, 175–181。关于巴什拉对孔德的看法，见 *Etude sur l'évolution*。

4. Ampère in Castex, *Le conte fantastique*, 45。

5. 托多洛夫将奇幻定义为"一个只知晓自然法则的人在面对一个明显超自然事件时所经历的犹豫"；弗洛伊德认为霍夫曼的《睡魔》是 Das Unheimlich（即"阴森事物"）的一个关键实例，即当一个陌生的新物体被认作熟悉的、充满原始的蕴含时所产生的怪异的感觉。Freud, "Uncanny"; Todorov, *Fantastic*, 25；另见 Castex, *Le conte fantastique*; Kessler, *Demons of the Night*; Siebers, *Romantic Fantastic*。

6. "Académie Royale de Musique. Première représentation. *La sylphide*, ballet-pantomime en deux actes," *Courrier des théâtres*, 1832 年 3 月 13 日, 引自 Meglin, 122。

7. Ampère, *Essai*, 2: 75。技术美学有以下子领域（遵循第二章中所述的四分结构）——Terpnographie：什么是令人愉悦的，以及第一眼就能打动我们的美；Terpnognosie：根本的思想或情感，作者或创作者的目的；比较技术美学（comparative technaesthetics）：根据创作规律（音乐的、视觉的、修辞的）进行欣赏；美术的哲学（philosophie des beaux-art）。什么是"美"？它的起源是什么？它是任意的吗？它是否存在于人类的心中，存在于永恒的原型中？是什么原因让它在特定的时间或对特定的人出现？

8. 安培的朋友、在国立工艺学院工作的热拉尔-约瑟夫·克里斯蒂安，于 1819 年起草了《技术经济计划》（*Plan de Technonomie*），技术经济是一门"工业运作的科学"。Guillerme and Sebestik, *Les commencements*, 60。有趣的是，安培还将他提出的艺术的工具性概念与更广泛的社会联系起来，说到了"根据他人的意愿"采取行动，就如克里斯蒂安的"技术经济"不仅考虑具体的机械，而且考虑生产机械的手段及其对社会组织的影响一样。

9. De Stael, *De l'Allemagne*, 463–464。

10. 库辛所阐释的康德和谢林的德意志唯心主义强烈地影响了美国浪漫主义哲学中的主要流派，即先验派。见 Joyaux, "Cousin and American Transcendentalism"。

11. De Staël, *De l'Allemagne*; Cousin, *Du vrai, du beau*, 188–191; Jouffroy, *Cours d'esthétique*, 238。

12. Abrams, *Mirror and the Lamp*。

13. 见 Robertson, *Fantasmagoria*；Pancaldi, *Volta*。罗伯逊的表演很细致，同时"幻景"一词暗示出幻觉和祛魅具有复杂的辩证，见 Gunning, "Long and Short of It," 23–35。

14. 论夏尔是 18 世纪物理圈子中的转型性人物，科学是 19 世纪的大众娱乐，见 Hankins and Silverman, *Instruments and the Imagination*, 61–63。另见 Oersted, *Luftskibet*。

15. 见 Pancaldi, *Volta*；罗伯逊的表现详见 "Long and Short of It"。

16. 见 Marina Warner 在 *Phantasmagoria* 中对罗伯逊的讨论，以及刻写技术、想象力和探索精神现实之间的关系。

17. 见 Goulet, "Tomber dans le phénomène" and *Optiques*。

18. Vigny, "La maison du berger," 28，见 Grant, *French Poetry*。

19. Victor–Louis–Amédée Pommier, "Aurolatrie," 同上，30。

20. Hugo, *Les contemplations*, 同上，40。

21. Hugo, *Les contemplations*, 同上，26。

22. De Laprade, "Le nouvel âge," 同上，11。

23. Sand, *Les sept cordes de la lyre*, 同上，33。

24. Hugo, *Les contemplations*, 1：43；见 Larthomas, "Théories linguistiques," 67–72 的讨论。

25. 这里有个重点的转移，从主要关注语言的表征 / 摹仿，或其说教能力，变为强调其效果。福柯暗示了这一转变，但他关注的是语言的历史性，这（而非语言的造物特点）在当时成为重点，他还断言语言的文学性和说教 / 描述性使用之间存在认识差距。见 Foucault, *The Order of Things*, 286, 290–291, 382–384。这一分野在这一时期的科学家所写的文学性强的作品中、诗人和小说家的技术 / 科学论述中很不明显。

26. Schwab, *The Oriental Renaissance*。

27. 见 Bellanger et al., *Histoire générale*；de la Motte and Przyblyski, *Making the News*；Allen, *Popular French Romanticism*；Parent–Lardeur, *Paris au temps de Balzac*。

28. Méry and Nerval, *L'imager de Harlem*。

29. Michelet, *People*, 191, 11。

30. Legouvé, "De l'invention," 297–307。

31. 拉马丁写道："言说通过古登堡的完善程序，将借由物质成为非物质，就同它还只是思想时那样；只是这种思想将是普世的，因为它从人的智识或意志中迸发出来。" Lamartine, *Gutenberg*, 237。

32. Bénichou, *Les mages romantiques*。

33. Sainte–Beuve in Castex, *Le conte fantastique*, 53。

34. Hoffmann, *Golden Pot*, 102。

35. 关于木偶与神灵的对照，见 Kleist, "On the Marionette Theater"。

36. 见 Baudelaire, "Litanies of Satan," in *Les fleurs du mal*，这首诗以一句祈祷结束："撒旦啊，我赞美你，光荣归于你，/ 你在地狱的深处，虽败志不移，/ 你暗中梦想着你为王的天外！/ 让我的灵魂有朝一日憩息在 / 智慧树下和你的身边，那时候 / 枝叶如新庙般荫蔽你的额头！"圣马丁、巴朗什等人的作品中提到的"科学"主要指神秘科学（occult sciences），见 Viatte, *Les sources occultes*。关于英格兰浪漫主义中艺术创作的神学含义，见 Cantor, *Creature and Creator*。关于法国浪漫主义中的幻觉和梦游症，见 James, *Dream, Creativity, and Madness*。

37. Balzac, *Père Goriot*。

38. Griffiths, *Shivers down Your Spine*；Siegel, "Wagner and Hoffmann"。

39. "Rapport"（1800），see Thompson, "Essai," 51；see Bigg, "Panorama"。

40. Humboldt, *Cosmos*, 90–91。

41. Marrinan, *Romantic Paris*, 173–77。

42. Serres, "Turner Translates Carnot"。

43. Crary, "Géricault, the Panorama"。见 Bigg, "Staging the Heavens"；Mannoni, *Great Art*；Oettermann, *Panorama*；Comment, *Painted Panorama*。

44. 见 Pinson, *Speculating Daguerre*。

45. Gernsheim and Gernsheim, *Daguerre*, 34。

46. 同上，31。

47. 同上，32。

48. Daguerre, *Historique*, 75。

49. Gernsheim and Gernsheim, *Daguerre*。

50. 同上，32。

51. 同上，35。

52. 关于柏辽兹和奇幻文化，见 Brittan, "Berlioz"。

53. 见 Savart, *Mémoire des instruments à chordes*。

54. Berlioz, *Berlioz's Orchestration Treatise*（*Grand traité d'instrumentation*）。

55. H. Berlioz, *The Art of Music*, 182。根据 Jean-Michel Hasler 的说法，柏辽兹"首先属于第一批认真关注一个直到当时仍被音乐家认为是次要的问题的人：他的音乐得到诠释的场所"；见 Wasselin and Serna, *Hector Berlioz*, 52。另见 Locke, *Music and the Saint-Simonians*。

56. Baroli, *Le train*, 98–99。另见 Holoman, *Berlioz*。

57. Winter, *Mesmerized*, 317。

58. Heinrich Heine, *Lutèce*, 1844 年 4 月 25 日，reprinted in Wasselin and Serned, eds., *Hector Berlioz*, 358。

59. Tobin, *Léon Foucault*; Daumas, *Arago*。

60. 见 Jackson, *Harmonious Triads*; Savart, *Mémoire des instruments*; "On the Acoustic Figures"; "Recherches"。

61. Chevreul, *De la loi*, 172. 见 Vienot, "Michel-Eugène Chevreul," 4–14。

62. 关于亨利的影响，见 Brain, "Representation on the Line"。

63. Musselman, *Nervous Conditions*, 158。尤其见第五章，该章认为幻觉的普遍性和幻觉服从于对科学家的意志是 19 世纪初英国道德认识论的关键。

64. Crary, *Techniques of the Observer*, 16。

65. Valtat, "La littérature hallucinée," 74–115。

66. Maine de Biran, *De l'influence de l'habitude*, 146。

67. 见 Boas, *French Philosophies*; Foucault, *Order of Things*, 240–243。

68. 见 Goldstein, *Console*："因此，指导 19 世纪早期法国精神医师的治疗方法的，不是哲学中的一元论或二元论倾向，而是心身互相影响的观念。"（267）

69. 见贝特朗在 1829 年 1 月 17 日在《环球》上发表的对圣伊莱尔的"哺乳动物自然史课程（在国王花园授课）"的评论，他对"有组织生物的构成的统一性"进行了长篇分析。贝特朗认为，"这一学说几乎是在作者职业生涯一开始就提出了"，尽管它最终得到承认，但荣誉却被德国人拿走了。（37）

70. 见 Goblot, "Extase"中的讨论。

71. Bertrand, *Dů magnétisme*, 309 及后文。从字面上看，"extase"指从一个"根基"或"基础"中"出来"的输送；在催眠术中，指离开自我却依然留在身体内的一种方式，因此是一种狂喜的唯物论。利特雷对高乃依的引用，是使用这一术语的早期案例之一。"在这些恍惚的出神中／只有你将为我制定法律，／所有在我之外的／都在你之中，／我向你唱着无尽的歌。"见 Corneille, *Oeuvres*, 3：612。关于贝特朗的 extase 概念，见 Bertrand, *Du magnétisme*; Goldstein, *Hysteria*; Goblot, "Extase"; Leroux, "Alexandre Bertrand"; Hibberd, "Dormez donc"。

72. 见 Goldstein, *Hysteria*; Azouvi, *Maine de Biran*。

73. 见 de Tours, *Du hachich*; Gautier, "Le Club"。大仲马的《基督山伯爵》中有一个服用大麻的场景，德·内瓦尔的许多作品，包括 Aurélia（1855 年），都是对一系列幻觉的描写，其中的怪异既有药理学意味，也暗示着精神失常。

74. De Tours, *Du hachich*, 25n1。

75. 论莫罗·德·图尔是一个在自己身上做实验的人，见 Karin Soldhju, *Selbstexperimente*。

76. 这一对曼恩·德·比朗和他的诠释者的解读，也提出了法国"唯灵论"哲学传统之外的另一种谱系。哲学史家已经表明，梅洛–庞蒂现象学中对具体化的强调源于曼恩·德·比朗的影响，柏格森的生命哲学也是如此（由费利克斯·拉维松而来），然而这里的解读涉及另一条发展路线，一条既重要又被忽视的路线：人性及其进化与工具使用密切相关的观点。柏格森的工人／工作人／技艺人（homo faber）概念（见柏格森，*L'évolution créatrice*；以及 Canguilhem，"Machine and Organism"）是这个主题的一个重要拐点；随后，安德烈·勒罗伊·古汉、德日进、吉尔伯特·西蒙登、马歇尔·麦克卢汉、吉尔·德勒兹、布鲁诺·拉图尔，以及最近的贝尔纳·斯蒂格勒（《技术与时间》，从现象学的角度）用各种方式对此进行了探讨。曼恩·德·比朗的学生们的"生理唯灵论"是 19 世纪初技术拉马克主义的一个变体——认为人类通过新的技术器官改造自己和环境。关于不强调技术的法国唯灵论，见 Janicaud，*Une généalogie*。

77. 我们可以把这看作康德之后的"经验—先验双重性"的另一个变体，福柯称其为现代人文科学的基础（*The Order of Things*，318–322）。

78. 歌剧为观众——贵族和资产阶级——提供了一种"共同的情感纽带"和"共同的梦想"。Lacombe，"'Machine' and the State，" 41。

79. 见 Cormac Newark，"Meyerbeer"。

80. "Opéra," *Le figaro*，1831 年 11 月 28 日（Paris），见 Wilberg，"Mise en scène," 299。见 Coudroy，*La critique parisienne*。关于梅耶贝尔和巴尔扎克论生理唯灵论的机械，见 Dolan and Tresch，"Sublime Invasion"。

81. Gunning，"The Cinema of Attractions，" 58。

82. 梅耶贝尔在当时的日记中详细描述了他担忧自己开创的音乐和视觉效果会被对手学走；评论家们对新的和声、声音效果和舞台的关注程度不亚于对情节和音乐的关注。见 Letellier，*Diaries of Meyerbeer*；Coudroy，*La critique parisienne*。即使在今天，歌剧这方面的吸引力仍然在很大程度上被音乐理论家忽视：虽然它是可见的、存在的，但往往被当作无足轻重的，甚至与唯心主义的音乐批评所设为典范的"作品"背道而驰。管弦乐作品批评也同样忽视音色、色彩、效果，甚至配器等"仅仅是感观"的元素；相比之下，Emily Dolan 出版的 *Orchestral Revolution* 则表明海顿、贝多芬及其同时代音乐家的作品接受效果中，这些"增补部分"发挥着重要作用。

83. Balzac，"Avant-Propos，" 9。

84. Balzac，"Gambara，" 105。

85. Balzac，"Gambara，" 125。

86. 在这一时期，这样的技术转型场景比比皆是；不仅是歌剧，劳动、工具和一系列"浪漫机器"都被看作赋予物质生命的手段。此外，巴尔扎克这场经过重塑的半世俗圣餐可以与那个时代拜物的再次兴起（孔德的《实证政治体系》）和印刷品崇拜联系起来。见 Bénichou，*Le sacré de l'écrivain*。

第六章　畸形动物、机械人、魔术师：花园里的自动机

1. 关于法国这一时期的大众科学见 Bensaude-Vincent，"Un public pour la science；"Sciences pour tous"。另见 Crosland，"Popular Science"；Belhoste，"Arago，les journalistes et l'Académie"；Staum，"Physiognomy and Phrenology"；Levitt，*Shadow of Enlightenment*；Parent-Lardeur，*Lire à Paris au temps de Balzac*。

2. Haines，"Athénée de Paris"；Staum，"Physiognomy and Phrenology"。

3. 关于大众科学的表演（其中突出的魔术和幻觉令人着迷），以及罗贝尔–乌丹，见 Sophie Lachapelle，"Science on Stage：Amusing Physics and Scientific Wonder at the Nineteenth-Century French Theatre，" *History of Science* 47（2009）：297–315。Morus，"Seeing and Believing Science"；Schaffer，"Natural Philosophy and Public Spectacle"。

4. Spary，*Utopia's Garden*。

5. 关于从拉马克到 F. 居维叶的动物园，见 Burkhardt，"La ménagerie"；另见 Frédéric Cuvier，"Examen de quelques observations de M. Dugald-Stewart"。

6. 见 Kaenel，"Le buffon de l'humanité：J. J. Grandville"。

7. Lagueux，"Geoffroy's Giraffe"；Burkhardt，"Ethology"。

8. Burkhardt，*Spirit of System*；Richards，*Darwin*；Jordanova，"Nature's Powers"。

9. Elizabeth Williams，*Moral and Physical*；Chappey，*La société des observateurs de l'homme*。

10. 见 Jacyna 极有价值的 "Medical Science and Moral Science" 和 "Immanence or Transcendence"。另见 Temkin，*Double Face of Janus*，尤其是 "Background to Magendie"；"Romanticism"；和 "German and French"；Lesch，*Science and Medicine*。

11. Maret，*Essai sur le panthéisme*。

12. Williams，*Physical and the Moral*。

13. Damiron，*Essai sur l'histoire*。库辛和达米龙声称是他们的先驱，尽管贝特朗否认他们的精神主义解释。见 Goblot，"Extase"；Vermeren，"Les têtes rondes du Globe"。

14. Cousin，*Cours de l'histoire*，18。近期的研究将库辛作为构建 19 世纪资产阶级主体性的一个关键人物，见 Goldstein，*Post-Revolutionary*；以及 Vermeren，*Victor Cousin*；反对 "折中主义" 一词当代用法的论战，见 Scott，"Against Eclecticism"。

15. Jacyna，"Medical Science and Moral Science"。

16. 见 Richards，*Romantic Conception of Life*；Coleman，*Cuvier*；Foucault，*Order of Things*。

17. 见 Lamarck，*Philosophie zoologique*；Jordanova，"Nature's Powers"；Canguilhem，"Le concept de milieu"。

18. Geoffroy Saint-Hilaire，in Appel，*Cuvier-Geoffroy Debate*，78–79。

19. Geoffroy Saint-Hilaire，in Le Guyader，*Geoffroy Saint-Hilaire*，31。

20. Geoffroy Saint-Hilaire，*Preliminary Discourse*（1818），31。

21. Geoffroy Saint-Hilaire，in Le Guyader，*Geoffroy Saint-Hilaire*，118。

22. Appel，*Cuvier-Geoffroy Debate*；另见 Bourdier，"Le prophète"。

23. Geoffroy Saint-Hilaire，in Le Guyader，*Geoffroy Saint-Hilaire*，34。见 Daston and Galison，*Objectivity* 中对典型 "类型" 的讨论。

24. Serres，*Recherches*，85。（"Ritta-Christina" 有时写作 "Rita-Cristina"）"organogénie" 一词是从洛伦兹·奥肯和他的《生理哲学基础》中借用的，该书于 1821 年被翻译成法语。奥肯的著作也可能促使塞尔将圣伊莱尔的 "构成的统一性" 建立在动物序列之上——Appel 指出，圣伊莱尔最初对动物序列这个概念是有敌意的。关于规划的统一性和动物学序列之间的关系，见 Le Guyader，"Le concept de plan d'organization"。布兰维尔引发了塞尔对奥肯和动物序列的兴趣，他是居维叶的另一个主要反对者。我们将在第九章中看到的，布兰维尔的动物序列赞同了孔德对生物学和科学等级制度的看法。关于布兰维尔和奥肯，见 Braunstein，"Comte，de la nature"。

25. Serres，*Recherches*（1832），10。

26. 见 Russell，*Form and Function*，79–83。关于塞尔的医学研究，见 Williams，*Physical and Moral*，233–241。关于他的民族志和种族研究，见 Staum，*Labeling People*。关于 "器官生成" 对乔治·桑、米舍莱和勒鲁的广泛影响，见 Bourdier，"Le prophète"。

27. *Annales des sciences naturelles*，xii；*Recherches d'anatomie transcendante，sur les lois de l'organogénie*（1827），85。支持这一概念的意见，见奥肯；类似概念的多种形式，及它们在这一时期的德国生命科学中引发的争议，见 Richards，*Romantic Conception*。

28. Geoffroy Saint-Hilaire，in Le Guyader，*Geoffroy Saint-Hilaire*，5。

29. 他在讨论完龙（一种形似现代鳄鱼的生物化石）时写到环境可在生物体内产生即时变化。Le Guyader，*Geoffroy Saint-Hilaire*，94–95。

30. Rostand，"E. Géoffroy Saint-Hilaire et la tératogénèse"；Oppenheimer，"Some Historical Relationships." 见 Secord 论当代试图创造生命的电学实验，见 Gooding et al，*The Uses of Experiment*。

31. Serres，in Le Guyader，*Geoffroy*，239；Serres，"Eloge de Geoffroy Saint-Hilaire," 同上。见 Serres，"Organogénie，" 24；Isidore Geoffroy Saint-Hilaire，"Teratologie，" in *L'Encyclopédie nouvelle*，8：24。

32. 见 Jordanova，"Nature's Powers"。

33. 见 Le Guyader，*Geoffroy Saint-Hilaire*；Appel，*Cuvier-Geoffroy Debate* 中追溯的历史。

34. Cuvier，"Nature，" *Dictionnaire des sciences naturelles*。

35. 这是居维叶正式否定类似于布卢门巴赫和居维叶的老师基尔迈耶的形构冲动（Bildungstrieb）的概念。见 Richards，*Romantic Conception*，第五、六章。

36. Cuvier，"Nature，" 263–264。

37. 同上，267。

38. Geoffroy，*Encyclopédie Moderne*，28。

39. 同上，32–33。

40. 同上，31。

41. 同上，36。

42. 同上，59，44。这些观点在他的《综合概念》中得到扩展。关于燃烧和电气化，尤其见第 92 页。

43. Geoffroy，*Encyclopédie Moderne*，45。

44. 见 Geoffroy，"On the necessity for printed writings，" 他于 1830 年 4 月 5 日向学院成员分发的介绍说明文件，转载于 *Le Guyader*，122–125。

45. 见第五章；de la Motte and Przyblyski，*Making the News*；Avenal，*Histoire de la presse*。

46. Goethe，"Les naturalistes français"；见 Tort，*La querelle des analogies* 中收入的相关文本。

47. 在很长一段时间里，居维叶都被认为是这场辩论的胜利者；一些研究表明，结果其实是喜忧参半的，尤其是如果考虑到圣伊莱尔在英格兰和苏格兰的影响——在那里，达尔文学医期间，接触到了圣伊莱尔的思想（见 Desmond，*Politics of Evolution*）。近期，数学家 René Thom 复兴了"动物规划"的概念，他将其作为数学生物学的先驱，也是回归关注发育的生物学的一步。在 Thom 之后，德勒兹和加塔利在《千高原》中对圣伊莱尔做了长篇的讨论，"动物规划"被作为他们的（可能有点晦涩的）核心概念的一个范例，这些核心概念包括"无器官的身体""抽象机器""构成平面"，及德勒兹在研究柏格森时发展出的"潜在"概念（Deleuze，*Difference and Repetition*；*Bergsonism*；另见 DeLanda，*Intensive Science*，该书从复杂系统数学的角度阐释了德勒兹）。

48. 关于奇观和习惯的对立辩证，其中一点关注了国际博览会，见 Gunning，"Re–Newing Old Technologies"；Blondel，"Electrical Instruments"；Ory，*Les expositions*。

49. Dupin，*Tableau comparé*，7。关于国际博览会之前的国家博览会，见 Bouin and Chanut，*Histoire des Foires et des Expositions*；De Plinval de Guillebon，*Bibliographie Analytique des Expositions Industrielles*。

50. 见 Bezanson，"The Term Industrial Revolution"。

51. 引自 Flachat，*L'industrie*，17。

52. Neufchâteau，引自 Chandler 在论博览会的系列网络文章，http://charon.sfsu.edu/publications/PARISEXPOSITIONS/1798EXPO.html，2011 年 6 月 25 日；另见 Chandler，"First Industrial Exposition"；*Catalogue détaillé*，1798。

53. Chandler，"First Industrial Exposition"；另见 Sewell，*Work and Revolution*。

54. Héricart–Ferrand de Thury and Migneron，*Rapport*（1828），3。

55. Chandler，"First Industrial Exposition，" 5。

56. Flachat，*L'Industrie：Exposition de 1834*；Dupin，*Rapport du Jury*。

57. *Rapport du jury central，1839*。

58. *Rapport du jury central，1839*，1：lix。

59. Arthur Chandl 在论博览会的系列网络文章中指出。http://charon.sfsu.edu/publications/ParisExpositions/JulyMonarchyExpos.html，accessed June 25, 2011。

60. 见 Rubichon，*Du mécanisme*，第四章；Buret，*De la misère*。

61. 迪潘和经常与他站在一起的弗朗索瓦·阿拉戈，竭力表明工业机械化从长远来看对劳动者有利。见法国国家图书馆收藏的迪潘的小册子，包括 *The Effects of Popular Instruction in Reading，Writing and Mathematics，Geometry and Mechanics Applied to the Arts，on the Prosperity of France*（1826）；*The Future of the Working Class*（1834）；*The Influence of the Working Class on the Progress of Industry*（1835）。关于工人对机械化的卢德主义式回应，见 Jarrige，"Le mauvais genre，" 和 Bordeau，Jarrige，*Les Luddites*。

62. Cantorowicz，*The King's Two Bodies*。

63. Robert-Houdin, *Memoirs*, 151。

64. 乙醚（一氧化二氮或硫醚）在 19 世纪 40 年代被引入外科手术；其改变知觉的性质促使人们将其与动物磁流学和后拉普拉斯物理学中以多种构想出现的以太联系起来。Seldow, *Vie et secrets*；Metzner, *Crescendo of the Virtuoso*，尤其见论罗贝尔–乌丹和《自动机制造商的风尚》的第 1 章和第 5 章。另见 Lachapelle, "Magic"。

65. Robert-Houdin, *Memoirs*, 8。

66. 见 "La cafetière"（1831），53-63；"Omphale"（1834），65-76，both in Gautier, *Contes et récits*。另见 Siebers, *Romantic Fantastic*。

67. Erdan, *La France mistique*［sic］；Viatte, *Les sources occultés du romantisme*；Wilkinson, *Dream*。

68. Victor Frankenstein 的原型之一——Henry Cornelius Agrippa 写道："古代的祭司们制造雕像和图像，借此预言未来，并将星辰的精神注入其中……他们总是情愿居于其中，通过它们说话，做奇妙的事情。"Agrippa, Freake, and Tyson, *Occult Philosophy*, 114。关于文艺复兴时期的自动机，见 Nelson, *Secret Life*；Eamon, "Technology as Magic"。另见 Kang, *Sublime Dreams*。

69. "Au risque d'être athée/J'aime Pygmalion et j'aime Prométhée." *Ce siècle est en travail*, from *Libres paroles*（1847），in Grant, *French Poetry*, 47。

70. Esquiros, *Le magicien*, 55, 60；在《鸦片烟管》中，一个名叫埃斯基罗斯的人物将叙述者的奇妙经历解释为磁性，见 Gautier, *Contes et récits*。Andrews 在 *Socialism's Muse* 中对埃斯基罗斯的职业生涯进行了分析，139-148。他因写了一部神化工人阶级的 *Evangile du peuple* 入狱，之后他在第二共和国时期崭露头角，并在 1851 年后流亡；他的妻子阿黛尔·埃斯基罗斯，即他 1851 年前时常合作的伙伴，被他抛弃，在贫困中死去，他却在 1859 年重获荣华富贵。Andrews 认为这一轨迹映射了 19 世纪中叶的早期社会主义和女权主义之间的关系：早期他们有着共同的命运，这似乎在 1848 年十分完满，而在 1851 年之后裂痕出现，女权主义事业被社会主义抛弃。

71. Nerval, *Les filles du feu*, 224-238, 247, 268, 249。类似地，关于英国浪漫主义中的创作道德，见 Cantor, *Creature and Creator*。

72. 见 During, *Modern Enchantments*；Riskin, *Modern Magic*。Metzner 在 *Crescendo of the Virtuoso* 也这样解释了罗贝尔–乌丹在超自然现象领域的尝试。

73. 这样一张海报（图 6.5）表明了他的观众的经济状况区间，楼座的门票价格为 1 法郎 50 生丁，包厢的价格为 4 法郎，在某些时间可以半价入场。虽然他在 1848 年后搬到了英格兰，但在革命刚结束时，罗贝尔–乌丹在二月革命期间为《奇幻之夜》散发了免费门票，起义就在他位于皇家宫殿的剧院外进行；这种姿态或许出于声援，或许出于自卫。

74. 见 Méheust, "Enquête," 63-83。

75. 18 世纪自动机模拟自然现象的说法，与自动机表明机械不可能模拟自然现象的说法之间的辩证关系，见 Riskin, "Defecating Duck"。

76. 与此形成对照的，见 During, *Modern Enchantments*；Riskin, *Modern Magic*；Metzner, *Crescendo of the Virtuoso*；梅策纳按照类似的思路对罗贝尔–乌丹做了阐释。

77. 罗贝尔–乌丹的立场是故意模棱两可的。图 6.5 的海报翻印图强调了他作为机械师和物理学家的地位，但他同时又宣称他儿子拥有"第二视觉"。尽管他的《回忆录》揭示了远视能力背后的诡计，但表演中的每一部分都让那些想眼见为实的人相信了。虽然他揭穿了许多江湖骗子，但在 1847 年，他作证说他亲眼看见灵媒 Alexis Didier 蒙着眼睛读书，他"毫不怀疑 Alexis 能看得见"。见 Méheust, "Enquête," 63-83。

78. Grandville, *Un autre monde*, 1, 10, 11。

79. 见 Schlanger, *Les métaphores*；Blanckaert, *Les politiques*。

80. Grandville, *Un autre monde*, 121。

81. 同上，91。

82. 同上，44。

83. 同上，47。

84. 同上，42。

85. 同上，242。

86. 见 Rousseau，*Robert Macaire*。

87. Grandville，*Un autre monde*，61。

88. 同上，91。

89. 同上，139，141。

90. 同上，144，149。

91. 傅里叶的写作也有类似的特点，在严肃和近乎自我嘲弄的不认真的歇斯底里之间摇摆不定；富有启发性的讨论，见 Barthes，*Sade*，*Fourier*，*Loyola*。

92. 本雅明从格朗维尔的图像中明白了人类应当心人类劳动的具体化，以及商品形式渗透到生活的各个方面。见 Benjamin，"Fourier or the Arcades"。

93. 批评理论近期关注康德和马克思间社会哲学中的宗教主题（在美国，这在 Derrida，*Specters of Marx* 中最为明显）。这一思路下更有趣的作品来自 20 世纪 60 年代在路易·阿尔都塞巴黎高师圈子内的哲学家们，他们重新思考了革命性的政治哲学事业，研究了一些作者，这些作者的思想多有神学倾向，暗中又赞同马克思。在 1968 年未竟革命（以及阿尔都塞影响力下降）之后，后结构主义的一个关键方面（有点被忽视）质疑了《资本论》所代表的所谓（巴什拉式的）"认识论的断裂"，并随之呼吁客观的社会科学，他们认为这将是知识分子的领域。雅克·朗西埃（Jacques Rancière）仔细研究了发表在 *La ruche populaire* 和 *L'atelier* 上的工人的写作和对写作的看法（这两者都是由圣西门派发起的），重构了工人常常对资产阶级宣传者和哲学家许诺给他们的"解放"所持有的矛盾态度；他在 *On the Shore of Politics* 中讨论了勒鲁。Pierre Macherey 探讨了 1848 年之前几十年的社会哲学家（和哲学小说家）的作品（包括勒鲁、孔德、圣西门派和乔治·桑，以及黑格尔和斯宾诺莎）；Etienne Balibar 重新审视了早期的政治神学，包括斯宾诺莎和洛克的作品，阿兰·巴迪欧回归圣保罗的著作，以考察在马克思重新想象社会身体和革命事件之前的神学前驱。在很大程度上，他们的论点涉及政治，特别是激进的平等主义政治，与哲学和宗教的关系；他们还揭示了斯宾诺莎启发的"激进启蒙"的工业阶段的宗教层面（斯宾诺莎的 18 世纪阶段已由 Margret Jobs 和 Jonathan Iserael 讨论）。因此，本书第三部分的一个目的是扩展这些讨论，表明 1848 年之前变革性的社会主义的到来不仅是哲学、政治和宗教中的一个事件，也是一个借鉴和塑造科技发展的事件；一个扩展的政治（和哲学）概念必须在美学和宗教考量之外，也关涉人类改变周围世界的（技术、制度、概念）手段。

第七章 圣西门式引擎：爱与转化

1. Carlyle，"Signs of the Times"。

2. Shine，*Carlyle and the Saint-Simonians*。

3. Chevalier，*Politique industrielle*；*Système de la Méditerranée*，36。

4. 此处和接下来五段引用的内容来自 Duveyrier，"La ville nouvelle，"252–274。

5. Romans 8：22，New American Standard Bible。

6. Saint-Simon，"Mémoire，"172。This seminal text was written as a sketch for a longer work；he sent it personally to various philosophers，physicians，and savants。

7. 参见 Williams，*Moral and Physical*；Chappey，*La Société des Observateurs*；Staum，*Cabanis*。

8. Stéphane Schmitt 认为，通过使比较解剖学成为统一生理学、医学和自然历史的科学，维克·达泽尔堪称居维叶和若弗鲁瓦·圣伊莱尔的重要先驱。参见 "From Physiology to Classification"。

9. Pierre Musso 将这一观点与康吉扬所谓的"巴洛克生理学"相结合，即对成分和密度的流体感兴趣，这些流体通过不同宽度和长度的血管和管道，产生生命现象。Pierre Musso，*Télécommunications et philosophie des réseaux*；Taton，*Histoire générale*。

10. Saint-Simon，"Mémoire，"108，斜体系引者所加。

11. 同上，177，斜体系引者所加。

12. 尽管他参考了苏格兰的史学专家作品，他的序列实则接近于孔多塞的《人类精神进步史表纲要》。参见

Meek，*Social Science and the Ignoble Savage*，172–78；Manuel，*New World*。

13. Saint–Simon，"Mémoire,"108，50。孔德发展了类似的人类演化学说。比谢指出，科学理论被视为"人类获得的新能力"，文明的进步改变了个人心理和生理"组织"，参阅 Buchez，*Introduction*，151。

14. 尽管提倡宗教自由，但邦雅曼·贡斯当认识到了宗教（主要定义为"情感"）对于社会的基础性意义。Helena Rosenblatt 认为，贡斯当的论点是对圣西门主义的回应，参见 Rosenblatt，"Re–evaluating"。

15. 注意对比"Fraternité"这一概念的演变（见 Sewell，*Work and Revolution*）。也可以将其视为对培根（圣西门经常引用）观点的更新，其人认为科学的发展是一种崇拜形式，而在农业和商品生产方面的技术掌握就是行善的手段。

16. 参见 Manuel，*New World*；Szajkowski，"Jewish Saint–Simonians"。

17. 参见 Belhoste and Chatzis，"From Technical Corps"；Picon，"Générosité sociale"。Charléty 列举了主要的综合理工人，包括采矿工程师 Charles Lambert，Paulin 兄弟、工程师 Léon and Edmond Talabot 兄弟、拉梅、克拉佩龙、卡佩拉（Capella）、工程首领比戈（Bigot）、勒弗朗（Lefrant）、勒普莱（Le Play），以及与昂方坦保持通信的一百多位——他们也是圣西门派。Charléty，*Essai*，101。

18. *Doctrines*，143；see Hacking，*Taming of Chance*，111。

19. 参见 Busst，"Ballanche"，这是一篇有启发性的文章。

20. 参见 Diderot 和 D'Alembert 的 *Encyclopédie*，其中"Evolution"这一条目完全是军事的。

21. Charléty，*Essai*。

22. Abel Transon，*Le globe*，February 12，1831，in Charléty，*Essai*，113。

23. *Le globe*，June 2，September 8，1831；Charléty，*Essai*，127。

24. 圣西门派接管《环球》杂志之后，这个由三部分组成的短语印在刊头上，参见 *Le globe*，1830–1832。

25. Isambert，*De la charbonnerie*；Buchez 的奠基性作品 *Science de l'histoire* 将在第八章处理；亦参见 Tolley，"Balzac et les Saint–Simoniens"。

26. 他们社会科学的这一方面源自《新基督教》，其中圣西门将历史的运动比作泵，有上升也有下降。另一个来源是巴朗什有关社会周期和天命兴衰的观点，以及茹弗鲁瓦的讨论（最初发表在《环球》），"Comment les dogmes finissent"。

27. Charléty，*Essai sur l'histoire du Saint–Simonianisme*，111。

28. 这一区分借鉴自比沙，参见 Manuel，"Equality to Organicism"。

29. 关于"感性经验主义"，参见 Riskin，*Science*。

30. 他们将圣西门置于更长的宗教历史中——正如 Raymond Schwab 和 Philippe Régnier 所展示的那样，这段历史始于 19 世纪早期对"东方"语言的兴趣激增、来自世界各地的圣典的翻译，也包括新生的对不同宗教传统的比较研究。勒鲁和雷诺的《新百科全书》是这场"东方文艺复兴"的中心。参见 Régnier，"Le mythe oriental"。

31. Breckman 讨论了这一综合的黑格尔渊源和谢林渊源，见 *The Left Hegelians*。

32. "Credo," in D'Allemagne，*Les Saint–Simoniens*，105。

33. 参见 Macherey，*Hegel ou Spinoza*。

34. D'Allemagne，*Les Saint–Simoniens*，"Tableau synoptique de la religion Saint–Simonienne,"95。

35. *Doctrine*，343。着重符号为引者所加。参见第八章对 Meckel–Serres 定律（有时称为重演定律）的讨论。

36. Carnot，"Sommaire du rapport fait par les directeurs de l'enseignement," in Enfantin and Saint–Simon，*Oeuvres*，4：75。

37. Enfantin and Saint–Simon，*Oeuvres*，4：81。

38. Charléty，*Essai*，114。

39. Saint–Simon. "Literary，Philosophical，and Industrial Opinions," in *Art in Theory，1815-1900：An Anthology of Changing Ideas*，ed. Charles Harrison and Paul Wood（Oxford：Blackwell，1998），40。

40. Baudelaire in Kelly，ed. *Salon de 1848*，105。

41. Locke，*Music*，33。

42. 参见 Musso，*Télécommunications et réseaux*。

43. Lamé，*Vues Politiques*。参见 Bradley，"Franco-Russian Engineering Links"，关于他们的改进工作，参见 Grattan-Guinness，*Convolutions*，1204-1219。参见圣西门《人类科学概论》，其语言描述了不同精密度的流体和不同尺寸的管道和运河的网状结构。皮埃尔·穆索（Pierre Musso）注意到这种"巴洛克式生理学"与综合理工人基于水力学的流量、压力和不同脉管"性能"的分析之间的共鸣，这些都被纳入了路径理论。

44. Guillerme "Réseau"。

45. Chevalier，*Politique industrielle*，22，着重符号为引者所加。

46. 同上，31。

47. 同上，36。

48. 同上，41，56。

49. 同上，32，56。

50. 例如，我们可以参看 CNAM 藏品中的模型 "Machine à vapeur type compound"，Inventory no. 02566-0003；"Machine de Woolf avec détente dans deux cylindres successifs"，Inventory no. 04061-0001；以及 14350 千克的 "Deux mouvements simultanés du tiroir et du piston des machines à vapeur de Woolf et de Watt"，Inventory no. 03512-0000。

51. 卡诺的效率方程为 T1-T2/T1 =效率（%）。因此，例如，制造热源 100 和冷源 99，将得出 1% 的效率；若增加两者之间的差异，使热源为 100、冷源为 1，效率将达到 99%。

52. 卡诺自己对其理论含义的认识一直存在争议。无论使用何种材料，他处理发动机效率的抽象而简单的方法是威廉·汤姆森（William Thomson）"通过转换保存的潜在能量"概念的主要来源。同时，他认识到能量的状态发生了变化，这导致损失和耗散——克劳修斯（Clausius）称之为熵。这一点超越了卡诺《热力的反思》，后者使用拉普拉斯的热概念作为一种独特的、无法估量的流体"热量"。然而，未发表的笔记表明卡诺怀疑卡路里（caloric）的存在。人们还揭示了他已经达到了绝对零的概念，这成为后来以汤姆森（开尔文勋爵）命名的尺度的基础。参见 Thomson，"Absolute Thermometric Scale"；Fox, ed.，*Réflexions*；Redondi，*L'accueil des idées*。对蒸汽机的充满活力的解释成为圣西门主义者斯特凡·弗拉查特（Stéphane Flachat）拒绝巴贝奇《机械和制造商经济》中传递力的机器和产生力的机器之间区别的基础。相反，弗拉查特认为机器（包括蒸汽机）永远不会产生力量，它们只是转化它的形式。Flachat and Bury，*Traité élémentaire*；Redondi，*L'accueil des idées*，126-128。

53. Clapeyron，"Mémoire sur la puissance motrice de la chaleur"。Clapeyron 已于 1832 年向科学院提交了一份同名报告。该文章之后是拉梅的一篇文章，关注的是另一以估量的议题："Lois de l'équilibre du fluide éthéré"（同前，191-288 页），它在数学上模拟了光通过连续的以太层的路径。

54. 法国最早对瓦特示功器的描述出现在 1828 年，登载于圣西门派的刊物 *Le producteur*，参见 Redondi，*L'accueil des idées*，104。

55. Clapeyron，"Mémoire"。

56. Hankins and Silverman，*Instruments*；Chadarevian，"The Graphical Method"；Brain，"Representation on the Line"。

57. Clot，*Emile Pereire*。

58. Chevalier and Enfantin in Régnier，*Le livre nouveau*，184-185。

59. Enfantin，"Lettre du Père Enfantin，" 70。

60. Enfantin in Carlisle，*Proffered Crown*，116。

61. Moses，*French Feminism*；Andrews，*Socialism's Muse*. Andrews 认为，在早期社会主义运动中经常出现的雌雄同体神的形象——尤其圣西门派——是一种试图克服以男性为中心的个人主义意识形态的尝试；它也是统一中的差异或联系中的自由。

62. D'Allemagne，"Les Saint-Simoniens，" 284。

63. Picon，"L'Utopie-spectacle d'Enfantin"。

64. 这些会议被记下来了，现存放于 Bibliothèque de l'Arsenal；Philippe Régnier 编辑了这些记录，增加了富有洞察力的导言、注释和传记附录，见 *Le livre nouveau*。

65. Régnier, *Le livre nouveau*, 79。

66. 这段话继续讲述神圣的数学："上帝，革命的数学家们徒劳地试图把他赶出他们的圣殿，而他却总是留在那里，有待发现或者是隐匿的，以无限者的神圣之名，或者在有限者的欺骗性面纱之下，上帝将重新出现在科学中，比以往庄严夺目，使所有的概念充满活力。"同上，75。

67. 同上，79，70，157。

68. Chevalier, *Politique industrielle*, 39；Régnier, *Le livre nouveau*, 174。

69. Régnier, *Le livre nouveau*, 156。

70. "Conversations avec le Père," 同上，174。

71. 圣西门的语法还包括关注骑士故事的修辞方法、神圣的预言、情人和军事将领的语言，这些都是教士启发和引导听众的资源；这个有说服力的演讲工具包反映了"东方文艺复兴"对语言学的痴迷和对改变世界的"Verbe"的浪漫主义强调。

72. Régnier, *Le livre nouveau*, 164。

73. 同上，271。

74. Duveyrier in Régnier, *Les Saint-Simoniens en Egypte*, 38–40。

75. Duveyrier in Régnier, *Le livre nouveau*, 232。

76. "Les Colonies," in ibid., 251. Morsy, *Les Saint-Simoniens et l'Orient*；Jouve, *L'épopée des Saint-Simoniens*, Abi-Mershed, *Apostles of Modernity*；Lorcin, *Imperial Identities*, ch.5。

77. Rancière, *Nights of Labor*。

第八章　勒鲁琴键式排字机：人道的器官发生

1. Gaubert, *Rénovation de l'imprimerie*。

2. 在此期间出现了许多排字机的变体，尽管勒鲁特别强调这一事实，即他的设备可以通过边排字边阅读以减轻印刷时的无聊。在许多情况下，男性工人对此类设备的敌意在于，它们预示着要将等同于成年男性才能从事的职业转变为儿童和妇女能够涉及的职业；钢琴这种与女性相关的联想也强化了这一暗示。参见 Jarrige, "Le mauvais genre," 209。讨论这个时代的印刷机（包括排字机）的技术细节和经济意义，参见 Secord, *Victorian Sensation*, 116–123。

3. Leroux, "D'une nouvelle typographie," 267。

4. 同上，259。

5. 请注意这种通过劳动组织和集体所有制获得机械化好处的观点与阿拉戈支持机械化的论点〔遵循萨伊（J. B. Say）的主张〕之间的差异。阿拉戈说，机械化带来的产量提升将增加需求，从而最终抵充因此减少的工作，遵循市场的"自然规律"。

6. 就此问题，最好且最全面的英文论述，见 Bakunin, *Pierre Leroux*。参看 Berenson, *Populist Religion*；Charlton, *Secular Religions*；Griffiths, *Jean Reynaud*, 280–285。在后一作品第 279 页脚注 8，作者讲述了阿拉戈提名雷偌进入科学院，以及雷偌与雅南、马拉斯特和出版商贾尔丁一起参加沙龙会议。

7. Leroux, *D'une religion nationale*, 160。

8. Breckman, "Politics"；Macherey, *Comte*；Maret, *Essai sur le panthéisme*；Behrent, "Mystical Body of Society"；参见 Goldstein, *Post-Revolutionary Self*。

9. Vatin, "Des polypes"；Blanckaert, "La nature de la société"。

10. Leroux, "Aux artistes," 138。

11. Leroux, "D'une nouvelle typographie," 274。

12. 参见第六章；Goblot, "Extase"；Trahard, *Le romantisme*；Goblot, *La jeune France*。

13. Breckman, "Politics"。

14. 参见 Leroux, "De la poésie de style"；"Apropos du Werther"；"Aux artistes"，都收在"Aux Philosophes"。

15. 勒鲁预演了波德莱尔和象征主义诗歌，参见 Evans, *Le socialisme romantique*。

16. Leroux, "Aux Artistes," 142。

17. 参见 Bénichou, *Le temps des prophètes*。

18. 他的另一个目标是维克多·库辛的折中主义哲学，后者的个体主义使得圣西门派"绝对的社会主义"陷入卡律布狄斯旋涡般的两难境地。参见 Goldstein's *Post-Revolutionary Self*。

19. Leroux, "De la doctrine," xvii。

20. 若弗鲁瓦引用了勒鲁这一段话。转引自 Le Guyader, *Geoffroy Saint-Hilaire*, 282 注 14。

21. Leroux, "De la doctrine," lxviii。这种所有科学领域都围绕流体、分子、有机体、物种、地球和恒星层面的进展概念而汇聚的观点与英国相应的发展历程类似，史学家对此给予了更多的关注。德斯蒙德考察了若弗鲁瓦的哲学解剖学在爱丁堡和伦敦的影响（载于氏著 *Politics of Evolution*，尤其 41–56 页）；斯科德考察了不断变化的印刷和阅读条件，这些条件影响了匿名出版的《造物的自然史遗迹》（*Vestiges of the Natural History of Creation*）的多种含义（见 Victorian Sensation）；谢弗的"星云假说"一文研究了该运动的天文学方面。1850 年代流亡泽西岛时，勒鲁熟悉这些事态发展。他承诺将《造物的自然史遗迹》翻译成法语，但在 1859 年达尔文的《物种起源》出版后，放弃了该项目。他在 1858 年写过关于《造物的自然史遗迹》的文章："逐渐受人关注的这些想法都来自法国。源头是拉马克，是若弗鲁瓦；这些是真正拟定这本书的作者中的一部分，亦即，是他们想到了这本书。"勒鲁的话转引自 Bourdier, "Le prophète," 53。

22. 参见 Schor, *George Sand*。

23. Leroux, "De la doctrine," xxxv。

24. 参见 Breckman, "Politics"；Courtine 对勒鲁的介绍，载于氏著 *Discours de Schelling*。

25. Leroux, "De Dieu," 19。

26. 参见 Robert Richards, *Romantic Conception of Life*；Gusdorf, *Science romantique*。

27. Leroux, "De Dieu," 20–21。

28. Desmond, *The Politics of Evolution*；Deleuze, *Sacher-Masoch*；Deleuze and Guattari, *A Thousand Plateaus*。

29. Le Guyader, *Geoffroy Saint-Hilaire*, 231；Viard, "Leroux et les romantiques"。

30. 若弗鲁瓦的沙龙接待了浪漫主义知名人士。常客包括阿尔弗雷德·德·缪塞、社会主义派记者阿方斯·埃斯基罗斯（Alphonse Esquiros，著有 *Le magicien*）、雕塑家大卫·德安热（David d'Angers）、弗朗索瓦·阿拉戈的兄弟艾蒂安和安培的儿子让 – 雅克有时也会出席，还有维克多·雨果、弗朗茨·李斯特和乔治·桑。关于若弗鲁瓦对医学生的吸引力，参见 Le Guyader, *Geoffroy Saint-Hilaire*, 35, 62。1999 年，迪亚娜·库里（Diane Kurys）导演了《世纪之爱》（*Les enfants du siècle*），对缪塞的作品和他与桑的生活做了动人的诠释，富有助益；仅仅出于服装效果，即使租录像也是值的。

31. *Scènes de la vie privée*, 269, 272。

32. 同上，273, 277, 286。

33. Balzac, "Avant-Propos," *La comédie humaine*, 8。尽管巴尔扎克提到，居维叶声称在单块骨头的基础上重构了猛犸象，但他服膺若弗鲁瓦的观点。参见 Somerset, "The Naturalist in Balzac"。

34. Somerset, "The Naturalist in Balzac"。

35. Geoffroy Saint-Hilaire, *Notions synthétiques*, 103–104。

36. Buchez, *Introduction*。毫不意外，比谢对动物序列、胚胎序列、地质史、人类史的融贯理解，遭到了居维叶（若弗鲁瓦的对手）的怒斥。参见 Isambert, *De la charbonnerie*, 32。

37. 参见 Bourdier, "Le prophète"；Macherey, "Un roman panthéiste"；Schor, *George Sand*。

38. Sand, *Lélia*, 见迪迪埃（Didier）辑录未刊本，2：232。

39. Geoffroy Saint-Hilaire, *Notions synthétiques*, 92。

40. 参见 Truesdell, *Essays*；Vatin, *Economie politique*。莱布尼茨的活力（vis viva）概念转化为"功"（work），结果显示这是一种更便于应用的分析势态的方法。从邓斯·司各脱到莱布尼茨和达朗贝尔的潜在（virtualis）概念，以及活力和潜在速度（virtual velocities）之间的区别，相关讨论参见 Hankins, *D'Alembert*。

41. Geoffroy to Sand，July 13，1838，quoted in Bourdier，"Le Prophète，" 62。

42. 德勒兹在《柏格森主义》和《差异与重复》中处理了潜在概念；在《千高原》中，他和加塔利通过对若弗鲁瓦的"计划的一致性"和"构成的一致性"的引人入胜的解读，解释了他们对内在性平面的同源概念，并大量引用若弗鲁瓦《综合的观念》(*Notions synthétiques*)。勒·居亚代(Le Guyader)赞扬了若弗鲁瓦·圣伊莱尔的这种解读[以及勒内·汤姆(René Thom)这位将灾变说应用于动物进化的先驱]。

43. 这个术语指涉了若弗鲁瓦的拉马克根源，他对传统宗教的怀疑，以及若弗鲁瓦和勒鲁的亲密盟友亚历山大·贝特朗(Alexandre Bertrand)的作品，贝特朗认为磁力(magnetism)是一种伴随着生理变化的"狂喜"状态。

44. 参见 Daudin，*Cuvier et Lamarck*。

45. 福柯认为，居维叶的"生命"概念——建立在有机体功能的等级制度和有机体对其生存条件的适应上——实际上比拉马克这样的思想家更现代，尽管拉马克提出了生物演变论(transmutationism)，但仍然按照动物序列给生命列等。洛夫乔伊对存在巨链的历史的持续讨论到席勒和谢林，他看到了这一概念在浪漫派非理性主义中的消亡。因此，这两位有影响力的思想史家合起来带给人的（也是错误的）印象是，到 19 世纪初，存在之链已成为过去时。对存在巨链的持续性的考察，参见 Bynum，"Great Chain"；以及 2010 年 *History of Science* 刊出的专号 "Seriality"。

46. 参见 Bénichou，*Les mages*；McCalla，*Romantic Historiosophy*；Schwab，*Oriental Renaissance*；Brusst，"Ballanche and the Saint-Simonians"。

47. C. Bougle and Elie Halevy，eds.，*Doctrine de Saint-Simon：Exposition* (Paris，1924)，4n。圣西门派对社会学的影响，see Giddens，ed.，*Durkheim on Politics*，17。

48. Fourier，*Theory of Four Movements*，292。

49. 同上，50。

50. Leroux，"Lettres sur le Fourierisme，" 187。

51. Proudhon，*De la creation*，1：244。

52. 同上，1：300。

53. See Tresch，"The Order of the Prophets"。

54. Appel，"Henri de Blainville"。

55. 塞尔在讨论双人头怪丽塔－克里斯蒂娜(Ritta-Christina)时详细引用了布兰维尔 1822 年的教科书，赞同他对先验解剖学的定义。对布兰维尔（奥肯在法国的主要支持者，对奥古斯特·孔德生物学观点的形成有着重大影响）的这种赞扬揭示了布兰维尔激烈的天主教传统主义者和塞尔之间有着共同事业，后者对若弗鲁瓦·圣伊莱尔的大力支持以及对米什莱和勒鲁的影响，将自己置于共和党和社会主义的左翼，至少在 19 世纪 30 年代如此；它表明在 19 世纪 20 年代和 30 年代初期，居维叶的各方敌人之间存在联盟。塞尔和布兰维尔都仰赖动物序列或生命层级(the scale of beings)的概念，并得到了奥肯的支持。

56. 塞尔赞许地引用了伊西多尔·若弗鲁瓦·圣伊莱尔关于"平行序列"的论点，该论点将单一物种的变种置于巨链中与该物种相对应的层级，而不是将它们排列在单一层级上："自然，因为它在创造同一存在的不同部分时重演自身，亦在创造不同部分的序列时重演自身，实际上，动物序列就是由前述序列构成的。"摘自 *Considérations sur les caractèresemployés en orinthologie* (1832)，引自 Serres，"Organogénie"，50n。计划的一致性也为理解异常提供了一个框架，在这些异常中，特定部分的"形成力"[类似于布鲁门巴赫(Blumenbach)讲的"形成的冲力"(Bildungstrieb)]会导致畸变。

57. 19 世纪晚期，梅克尔－塞尔定律在恩斯特·黑克尔的达尔文诠释当中居于中心地位。参见 Gould，*Ontogeny and Phylogeny*。

58. 他还接受了轮回(reincarnation)和灵魂转生(metempsychosis)的学说，勒鲁从前的圣西门派同道和《新百科全书》的合编者巴朗什和让·雷诺也是如此。参见 Sharp，"Metempsychosis"；Griffiths，*Jean Reynaud*。

59. Leroux，*De l'humanité* (1840)，203。

60. Leroux，*De l'humanité* (Paris，1845)，205。勒鲁在《论平等》第二部分第四章引用了自己这部分内容。

61. 在勒鲁和他的同道在《新百科全书》的作品中，很容易看到现代比较宗教学科的根源，并注意到它正在从自然历史博物馆发生的比较解剖学的论辩中获得灵感。这样的论点当然可以在比照文献时提出，这个术语最早的一处使用也许是第一次使用，是在让－雅克·安培（若弗鲁瓦的朋友安德烈·马里·安培之子）的一系列法兰西学院讲演中，而马里·安培是《新百科全书》网络的核心成员。小安培和德国的两位语言学创始人弗里德里希·施莱格尔、奥古斯特·施莱格尔通信往来。1827 年，新百科全书圈子成员、米舍莱的密友埃德加·基内（Edgar Quinet）翻译了赫尔德的《人类史哲学纲要》（*Outlines of Philosophy of the History of Mankind*）；欧仁·比尔努夫（Eugène Burnouf）是《新百科全书》的主要撰稿人之一，翻译了许多最近发现的佛教和印度教文本。参见 Burnouf, "La science des religions"；Leroux, "Importance of Oriental Studies"；Schwab, *Oriental Renaissance*。

62. 这个口号可能是对马尔萨斯的回应，勒鲁在 1846 年引用了马尔萨斯的话："一个出生在土地被占领的世界的人，如果富人不需要他的劳动，那么他就没有半点权利要求任何一份食物，并且他在地球上也是多余的（réellement de trop sur la terre）；大自然的盛宴上没有为他安排位置。" "L'humanité et le capital", 84。通过他的声明，勒鲁强调了这一仪式对他的重要性，他不是 "共产主义者" 而是 "共有主义者"（communionist）。参见 Alexandrian, *Le socialisme romantique*。

63. Leroux, "L'humanité et le capital," 63。

64. Leroux, *D'une religion nationale*, 160。

65. 参见 Maret, *Essai sur le panthéisme*。根据马雷的说法，现代泛神论者都会犯的最严重的错误就是将人类置于上帝的位置。马雷是前圣西门派信徒比谢的追随者（参见 Brusst, "Ballanche and the Saint-Simonians"）；因此，法国对早期泛神论辩论的复兴可以被视为圣西门主义者内部的一场争吵。见 Macherey, "Leroux"；和 "Le Saint-Simonianisme et le panthéisme"。正如我们在第六章中看到的，居维叶谴责若弗鲁瓦是泛神论者。若弗鲁瓦对此公开否认，但私下肯定了他对泛神论的同情，尽管如上所述，"狂喜的唯物主义" 更接近他的观点。参见 Bourdier, "Le prophète"。Jan Goldstein 讨论了孔德和库辛之间的对立（*Post-Revolutionary Self*, 248）；然而，勒鲁对库辛的温和折中主义敌意更加强烈。他写了一本厚书《拒绝折中》（*Refutation of Eclecticism*），谴责库辛的哲学中缺乏综合和生命力。库辛的学生朱尔·西蒙（Jules Simon）后来写道："每当一位哲学家宣称他不是泛神论者时，——'你撒谎，'（勒鲁）说；'你是个泛神论者，因为你是个哲学家；而且，你是库辛的奴隶，穿着你的长袍和你的方帽，无疑是一个泛神论者。'" Simon, *Victor Cousin*, 149。

66. 勒鲁的立场呼应了第七章引述的圣西门派 "信条"。然而，关键的区别在于圣西门强调等级制度，这意味着服从教士的意志。勒鲁的泛神论坚持将平等作为秩序的基础，将圣西门派给集体（以及他们作为开明领袖设立的精英）赋予的权重放在个体一边。

67. Breckman, "Politics"。

68. Leroux, *De l'humanité*, 203。

69. Leroux, "De Dieu," 76。

70. 同上，76。

71. 同上，87。

72. 同上，89。

73. Geoffroy, "Preliminary Discourse"（1818），reprinted in Le Guyader, *Geoffroy Saint-Hilaire*, 30。

74. Leroux, *D'une religion nationale*（1846），109–111, in Evans, *Le socialisme romantique*, 83。

75. 同上。

76. Leroux, "D'une nouvelle typographie," 265, 275–278。

77. Leroux, "Science sociale," 52。

78. 关于手工业行会（compagnonnage），参见 Sand, *Compagnon*；Sewell, *Work and Revolution*；Rancière, *Nights of Labor*。

79. Leroux, "De la Philosophie et du Christianisme," cited in Evans, *Le socialisme romantique*, 79。

80. Leroux, *D'une religion nationale*。

81. Leroux, *De l'humanité*, 129; discussed in Andrews, *Socialism's Muse*, 85。

82. 关于循环，参见 Laporte, *Histoire de la merde*, 296–302；Le Bras-Chopard, *L'égalité dans la différence*, 97–117；Lacassagne, "Victor Hugo"；Reid, *Paris Sewers*；Ceri, "Leroux and the circulus"。勒鲁的循环已得到草根派、提

倡自己动手的生态主义者确证。参见 Jenkins，*Humanure Handbook*。

83. 参看对欧仁·于扎（Eugène Huzar）的 1855 年技术 / 生态末日书籍 *La fin du monde par la science*（Paris：Dentu）的相关讨论，载于 Fressoz，"Beck"。

84. Leroux，"De la recherche，" 84–85。

85. 同上，90。

86. 同上，82。

87. 同上，87–88。

88. 同上，89。关于循环，参见 Reid，*Paris Sewers*；Simmons，*Waste Not，Want Not*；Griffiths，*Jean Reynaud*，280. 现在，这个概念似乎不仅仅是合情合理的，而且是环保主义者"零浪费"理想的先驱。关于排泄循环（poop cycle），参见 Paul Glover 的网站 www.paulglover.org。

89. Alexandrian，*Le socialisme romantique*，88。

90. 未经解释，勒鲁在同一系列的另一篇文章中给出了图斯内尔（Toussenel）的"犹太，时代之王"（*Les juifs，rois de l'époque*）的标题，并继续追踪当代金融资本的主导地位，以追查犹太人在基督教君主的统治下专有计息借贷的权利。他强调将"犹太精神"与一切犹太人或犹太民族区分开来，并像他在他的作品中写的那样，称赞犹太教在人类演进中的世界历史性意义。他不是以基督教的名义批评资本主义，而是以一种新的、民主为基础且可修正的宗教的名义。据 1849 年《社会评论》（*La revue sociale*）刊出的一篇文章，该宗教坚持"教派自由"。然而，一连串对资本主义和"犹太精神"的谴责使他的整个社会新宗教计划受到质疑，并使我们回到世俗主义话语中的一个悖论：在宽容与社会分裂之间的权衡，而早期的社会主义者经常将后者视为比前者更大的危险。涂尔干在第三共和国倡导世俗宗教是这个故事的另一篇章。关于早期社会主义运动中的反犹主题，参见 Bakunin，"National Socialists and Socialist Anti-Semites"。

91. 引自 Sewell，*Work and Revolution*，274。

92. 对于柏格森（以及他的创造性进化和制造人的概念）和考古学家勒罗伊 – 古尔汉的作品，有人讨论其与"作为外部演化的技术和象征的运用"理论的关系，参见 Schlanger，"Suivre les gestes"。

93. Guépin，"La terre et ses organes，" 12。

第九章　孔德的历书：从无限宇宙到封闭世界

1. 有关医学论文技术及其在时间结构中的功能的比较方法，请参见 Hess and Mendelsohn，"Case and Series"。现代科学史的创始人之一乔治·萨顿（George Sarton）在《科学史学家奥古斯特·孔德》中详细介绍了孔德历书的内容和缺失；他的高论开始于"奥古斯特孔德是一个伟大的人，是他那个时代最伟大的人之一，即使他很疯狂"，第 357 页。

2. 参见 Heilbron，"Comte and Epistemology"；以及 *Rise of Social Theory*。在《实证哲学教程》的序文（Avertissement）中，孔德将他的事业比作"英国人所说的自然哲学"。Ecrits，Braunstein 对此有所讨论，见"Comte，de la nature"。Simon Schaffer 追溯了从自然哲学到现代学科的转变，包括具有超凡魅力的新领域创始人所扮演的角色，其中许多人都在本书涵盖的时期，他们开拓了后来者日常研究的领域。如可参见 "Natural Philosophy" in Ferment；"Discoveries and the End of Natural Philosophy"。Cahan 编辑的论文集 *From Natural Philosophy to the Sciences* 的标题和导言提出了类似的问题。参见 Comte，*Catéchisme Positiviste*，75。

3. 关于这类传统，参见 Guchet，*Un humanisme technologique*；Schlanger，"Suivre les gestes"。

4. 谴责圣西门主义者是原始极权主义者，如 Iggers，*Cult of Authority*；Simondon 同样谈到了圣西门对工程学的看法，即将人类意志强加于被动的、温顺的自然，见 *Du mode d'existence*。

5. 有关孔德的背景和相关分析，请参阅 Canguilhem，*Etudes*；Petit，*Auguste Comte*；Juliette Grange，*Auguste Comte*；Gouhier，*Jeunesse*；Krémer-Marietti，*Le positivisme*；Braunstein，"Comte，de la nature"；Karsenti，*Politiques de l'esprit*；Scharff，*Comte after Positivism*。

6. 参见 Reisch，*How the Cold War Changed*；Galison，"Aufbau/Bauhaus"；Friedman，"History and Philosophy of Science"；

Cat，Cartwright，and Chang，"Neurath"；Zammito，*Nice Derangement of Epistemes*。Scharff 借鉴逻辑实证主义专门考察了孔德，见 *Comte after Positivism*。

7. 许多关于孔德的作品并不假定他的"第一段生涯"（他的著作专注于科学方法）和"第二段生涯"（专注于宗教和情感）之间是截然不同的。我认为，这些阶段之间的基本联系在于孔德对技术和环境的看法。我受益于 Pickering 的三册思想传记 *Auguste Comte*，Petit 的 *Heurs et malheurs*，*Trajectoires positivistes*；Juliette Grange 对孔德的生态学阅读（参见其 *Auguste Comte*）；Bernadette Bensaude-Vincent 撰写的几篇关于孔德的文章（尤其是讨论他的通俗著作）；Michel Serres 的文章（"Auguste Comte auto-traduit"；"Paris 1800"）。

8. 孔德的实证主义总是带有宣传意味。参见 Petit，"La diffusion"；Bensaude-Vincent，"L'astronomie populaire"。

9. 孔德很关注视觉图像技术的细节，参见 Mary Pickering，"Comte et la culture visuelle," unpublished MS。

10. 参见 Hadot and Davidson，*Philosophy as a Way of Life*；Foucault，*The Use of Pleasure*。

11. 参见 Fedi，"Auguste Comte et la technique"。

12. 参见 Comte，*Correspondence*，1：6，"在我们所有的同胞都在急于追求奴隶制和专制主义的时刻"。

13. 参见 Musset 在其专著第一章的讨论。

14. Shinn，*L'Ecole Polytechnique*；Belhoste，*La formation d'une technocratie*。

15. Comte to Mill，July 22，1842，in Pickering，*Auguste Comte*，1：469。

16. Goffman，*Asylums*。一个完整的机构是"一个居住和工作的地方，在这里，大量处境相似的个人，在相当长的时间与更广泛的社会隔绝，过着封闭的、正式管理的生活"。

17. Dhombres，"L'image 'Scientiste,'" 55。黑板很快被西点军校和其他仿效巴黎综合理工学院的工科学校采用。

18. Dhombres，"L'enseignement des mathématiques"。

19. Comte，"Plan des travaux," 255。

20. 亦参见孔德 "Considerations sur le pouvoir spirituel"（1826），载于《实证政治体系》第四卷。

21. Comte，"Plan des travaux," 255；see Serres，"Paris 1800"。

22. Pickering，*Auguste Comte*，1：368；Système，1：2。

23. 孔德精神失常和后续康复，请参看 Pickering，*Auguste Comte*，1：380–403；关于泛神论，参见 403 页。

24. Comte，*Cours*，（Leçon 1），21。关于"瞥一眼"（coup d'oeil）的军事艺术及其与全景再现技术的关系，参见 Bigg，"Panorama"。

25. Comte，*Cours*，（Leçon 1），21。

26. Comte，*Cours*，（Leçon 1），21–22。

27. 讨论参见 Laudan，"Towards a Reassessment"；and Armstrong，*Scenes in a Library*。在阅读了密尔的《逻辑学》之后，孔德认为归纳的基础是对自然统一性的假设——归纳推导的。在主观综合中发展起来的"伟大物神"的概念是对这一不可避免的飞跃的认可。与孔德是一个天真的经验主义者的观点相反，学者们已经认识到他的观点，即现象是由期望和预先存在的思想（Michael Hawkins），"虚构"假设（Laudan）和对"无法观测的事物"的考虑（Bensaude-Vincent，"Atomism"）塑造的。

28. Heilbron，"Comte and Epistemology"。因此，孔德的科学多元化思想可与 Ian Hacking 的"推理风格"（正如 Hacking 承认的）和 John Pickstone 的"认知方式"相媲美。

29. 孔德直到 1839 年才使用社会物理学这个术语，后来他用社会学取代了它。前一个术语被凯特尔（Quetelet）采用，他将定量和统计方法应用于社会现象研究，孔德拒绝了这一动议。

30. 孔德使用"实证主义"一词的主要含义只是"可观测的"——尽管 Bensaude-Vincent 和 Laudan 表示，孔德对实证事实的定义并不严格限于可观测性。1848 年出版的《实证政治体系》第一卷中，他解释说，"实证"是指现实、有用、确定性、精确性以及有机（即具有"社会目的"）和相对的品质；在"否定所有绝对原则"的意义上；它只是"正确的哲学态度，归根结底，它只是对解决问题的实际智慧的概括和系统化"，见《实证政治体系》第一卷第 57 页。

31. 参见 Heilbron，"Comte and Epistemology"；Schaffer，"Natural Philosophy"。

32. 孔德认为，科学表现为对惊讶和恐惧的反应——而不是对正常事件进程的证明——来自亚当·斯密关于天文学史的讲座。相关讨论见 Canguilhem, "Histoire des religions"。

33. 对孔德在生物学和科学分类中使用 "échelle" 和 "série" 的有益讨论，参见 Tort, "L'échelle encyclopédique"。

34. Comte, *Cours*,（Leçon 2）, 54–55。

35. Comte, *Cours*,（Leçon 26）, 425–26。

36. Comte, *Cours*,（Leçon 35）, 569。

37. 同上。

38. 孔德这一构想的传播情况，参见 Bensaude-Vincent, "La science populaire"。关于孔德的社会学方法论，参见 Gane, *Auguste Comte*, 如第 71 页："它是一部科学史，一部理性、通常的历史，是通过对人类活动范围内的同质系列或序列的详细阐述而构建的。"孔德将社会学理解为对舆论的分析和干预，对此持同情态度的，参见 Karsenti, *Politique de l'esprit*。

39. 天文学对生命科学的影响，参见 Schweber, "Comte and Nebular Hypothesis"。

40. Comte, *Course*（Leçon 40）, 716。

41. Ibid. 很有趣，这一点接近于圣伊莱尔在与居维叶辩论后的论点。尽管有人认为这场辩论只是间接地与进化有关，但事实上，圣伊莱尔对在诺曼底发现化石的类鳄鱼生物的讨论正是为了证明新物种会随着时间的推移逐渐出现。这些新物种是由其环境的变化产生的，主要是因为温度的变化。参见 Serres, "Organogénie"；Le Guyader, *Geoffroy Saint-Hilaire*, 88–95。

42. 参见 Schweber, "Comte and Nebular Hypothesis"；Schaffer, "The Science of Progress"；关于天文学对当代生命科学的影响，请参考 Secord, *Victorian Sensation*。

43. 将历史事件视为多重和发展各异的时间性的交集，参见 Protevi, *Political Affect*。

44. Bensaude-Vincent, "Auguste Comte, la science populaire"。

45. 孔德 1819 年对英国和法国的一篇关于 "内河引航" 的文章的评论。*Ecrits de jeunesse*, 168。

46. 参见 Hahn, *Anatomy of a Scientific Institution*；Crosland, *Society of Arcueil*；此期专家学者的职业发展情况，请参见 Fox, Morell, Cardwell, *Patronage in 19th Century Science*；Outram, *Georges Cuvier*。

47. 参见 Crosland, *Science under Control*；关于科学院的国际地位和在确定优先事项方面的重要性，请参考 Miller, *Discovering Water*。

48. 收于 *Ecrits de jeunesse*。关于该作品的详细讨论及其接受情况，参见 Schweber, "Auguste Comte and the Nebular Hypothesis"。

49. 傅里叶应用他的热扩散公式认为，矿工观察到的热梯度——进入地球越深，它变得越热——与地球从炽热的星云凝结后逐渐冷却的观点是一致的。博蒙（Elie de Beaumont）将这一理论扩展到地质学，将地层和包括山脉和山谷在内的特征的形成归因于地球表面冷却时的连续裂缝。孔德还在他的《实证哲学教程》热学部分热情洋溢地介绍了傅里叶的地热理论。

50. Comte, "Cosmogonie positive," in *Ecrits de jeunesse*, 597。

51. 同上。

52. Schweber（1980）。

53. Pickering, *Auguste Comte*, 1：556。

54. 参见 Babbage, *Reflections on the Decline*；请注意，领先的数学物理学家如何看待法国模型。汤普森关注傅里叶和雷诺，麦克斯韦关注安培。请参考 Wise, "Flow Analogy"。

55. 参见 Laplace, *Exposition*, 542（book 5, chap. 6）；Schaffer, "On Astronomical Drawing"；Merleau-Ponty, "Laplace as Cosmologist"；Arago, "Laplace"；Secord, *Victorian Sensation*。

56. 详细讨论参见 Schweber, "Comte and Nebular Hypothesis"；Schaffer, "Science of Progress"；Secord, *Victorian Sensation*。

57. 人们认为，密尔在《论自由》里反驳了孔德对于 "支持集体而牺牲个体" 的否认。

58. Comte, *Ecrits de jeunesse*, 584。

59. Pickering, 1：547–560。

60. Comte, *Cours*（Leçon 40），704。孔德接受了梅克尔－赛尔理论，在该理论中，对单个动物发育阶段的比较提供了"在小范围内，并且，在一个方面，整个序列最显著的有机体的生物等级"。他说："最高有机体的原始状态必须呈现最低级完整状态的本质特征；并因此相继。"（同书，704–705 页）胚胎的发育序列和动物序列要素之间的这种关系，与孔德的观点形成了鲜明的类比，即每一个体和每门科学都必须重演人类从神学状态到实证主义状态的总体进展。参见 Canguilhem, *Comte et l'embryologie*；Clark, "Contributions of Meckel"；Lessertisseur and Jouffroy, "L'idée de série"。

61. 参见 Cuvier, *Le règne animal*；Daudin, *Cuvier et Lamarck*；Foucault, *Order of Things*。

62. Bichat, *Recherches physiologiques*。孔德还反对将全部自然界视为有生命的：如果是这样，"生命"的概念将毫无意义。然而，在《实证哲学教程》的几个节点，他指出了原始物质和有机物质之间基本的相似之处，这通常是在共同服从更普遍的规律方面：物质已经并且可以获得习惯；摆钟在共享基座上的同步是在无机世界中展现的模仿形式；有机和无机物质的分子活性在一定程度上有很大的不同。

63. Comte, *Cours*（Leçon 40），680。Martineau 对《实证哲学教程》进行了极其有效的意译和浓缩（*The Positive Philosophy of Auguste Comte*，1855），将关键术语环境（milieu）转译为"媒介"（medium）。

64. Comte, *Cours*（Leçon 40），680。

65. Comte, *Cours*（Leçon 40），682。

66. Comte, *Cours*（Leçon 40），773–774。

67. Comte, *Cours*（Leçon 40），678。

68. Comte, "Plan des travaux," 275。

69. Comte, *Cours*（Leçon 40），681。

70. *Système*，1：439。参见 Pickering, *Auguste Comte*，3：175–181。

71. Canguilhem, *Normal and Pathological*："社会组织首先是器官的发明——寻找和接收信息的器官，计算甚至决策的器官……至于通过统计吸收社会信息，它类似于通过感觉感受器吸收重要信息，据我们所知，这是更古老的。是加布里埃尔·塔尔德（Gabriel Tarde）在 1890 年的《模仿的法则》中第一个尝试提到了它。"（253–254）康吉扬（Canguilhem）提出了一个类似的观点，将技术视为至少可以追溯到笛卡尔系谱中的器官的延伸，详见 "Machine et organisme"，载于 *La connaissance de la vie*。

72. 参见 Rouvre, *L'amoureuse histoire*；克洛蒂尔德的文学野心和她与孔德关系的细节，包括孔德对她傲慢的迷恋和可怕的临终场景，请参见 Pickering, vol. 2。

73. 孔德的宗教转变发生在圣西门运动衰落的十多年后；在运动兴盛时，他和从前的同道经常发生冲突：他在《圣西门学说》（284–292）中被抨击，因为他未能理解宗教、艺术和情感在社会组织中的重要性。孔德后来对自己提出了所有这些批评。

74. 克洛蒂尔德是人类的三大"守护天使"之一，与孔德的母亲和他的仆人一道，"一个属于工人阶级的杰出女性，她屈尊为我的世俗生活服务，却没有忧虑，她向我展示了一种令人钦佩的道德完美"。这三者代表了"三种出于同情心的道德：对上级的敬爱、对同级的喜爱和对下级的仁爱"。

75. Comte, *Catechism*，2。参见 Michel Chevalier 的 *Politique industrielle*，他使用和"宗教"（religion）相同的词源将铁路（railroad）建立的联系呈现为宗教。

76. Comte, *Système*，1：402。尽管他厌恶库辛，但这些模式重申了库辛的真、美和善原则。

77. Comte, *Système*，1：36。

78. Comte, *Catéchisme Positiviste*，36。

79. Comte, *Catéchisme Positiviste*，38。

80. Comte, *Synthèse subjective*。

81. 具体讨论请参看 Pickering, vol. 3。

82. *Synthèse Subjective*，22–26。

83. *Système*，1：617。Grange 勾画了孔德著作中的生态主题，见 *Auguste Comte*。

84. Comte, *Système*，1：618。

85. 我对孔德生态观的了解得益于格兰奇（Juliette Grange）所著的 *Auguste Comte*；孔德和生物政治学的关系，请参见 Cohen, *A Body Worth Defending*。

86. 这个想法（以及本章的副标题）取自甘恩（Mike Gane）所著的 *Auguste Comte*, 14，它富有启示，尚有值得发掘之处；费迪（Laurent Fedi）在 "Monde clos contre l'univers infini" 中将其作为研究孔德天文学的组织性原则；拉图尔（Bruno Latour）在 *Cogitamus* 中也回到了柯瓦雷的说法，认为笛卡尔和牛顿宣布的连续、无限的宇宙现在已经被人类必定会构造的有限宇宙或多元宇宙取代——这一命题与机械浪漫主义的计划几乎一脉相承。

87. 哈姆雷特担忧的 "时间脱序"（The time is out of joint）也是德里达探索马克思、恩格斯《共产党宣言》中弥赛亚形而上的主旋律；像孔德一样，马克思看到自己面临着时间错位，一个当下之物在某种程度上不适应自身需求的例子。

88. 曼纽尔（Frank Manuel）认为，18 世纪的大多数乌托邦是 "稳定的、非历史的、过时的理想"，而在法国复辟时期，它们 "变得充满活力，并与一个长期的历史序列联系在一起。从今以后，它们应该被称为 euchronias——天时地利相称"。参见 "Toward a Psychological History," 104。

89. Schiller to Körner, February 23, 1793, in Schiller, *Aesthetic Education*, 300。

90. 安德鲁斯（Andrews）的 "Utopian Androgyny" 很有说服力，他认为在浪漫社会主义者当中反复出现的结合男性和女性特征的形象，是对基本以男性为中心的个人主义至高无上的挑战。参见 Kofman, *Aberrations：Le devenir-femme d'Auguste Comte*。

91. Leroux, *D'une religion nationale*。具体讨论参见 Evans, *Romantic Socialism*；Bakunin, *Leroux*；Bénichou, *Le Temps*；Rancière, *Aux bords de la politique*。

92. 参见 Sessions, By Sword and Plow。凯克（Frédéric Keck）在 Lévy-Bruhl 中考察了莱维 - 布吕尔把原始思想视为 "神秘参与" 的概念，将其追溯至孔德关于拜物教的著作，并将两者置于法国殖民扩张的背景下；然而，尽管孔德强调社会的生物学基础并认可法国的文明使命，但他对未来世界社会的看法与他那个时代的种族等级制度背道而驰。施陶姆（Martin Staum）在 Labeling People 中展示了几位从前的圣西门主义者，尤其是孔德曾经的学生古斯塔夫·艾希塔尔参与的从人类学到脑能学的新社会科学项目，该项目认为种族差异和文明程度之间的相关性是理所当然的。安德鲁斯（Naomi Andrews）在 "Universal Alliance" 中展示了对于许多浪漫派社会主义事业来说，人类的普遍性和 "结合体" 的理想如何导向对帝国的支持。

93. 联结中的自由问题——不仅仅是一个政治问题，而是更广泛地涉及因果关系和主体问题——与瓦雷拉（Francisco Varela）在研究微生物、免疫系统、意识和各种 "自我" 时使用的 "自主" 概念产生了共鸣。虽然内部和外部之间的差异通过膜的形成而出现，但这种区别必然是脆弱的。这是真实和传统的区别。虽然内部和外部之间的差异是以膜的形成而出现的，但这种区别必然是脆弱的；它既是一个真实的区别，也是一个约定的区别。参见 Varela, *Principles of Biological Autonomy*；Varela, Thompson, Rosch, *Embodied Mind*；Thompson, *Mind in Life*。瓦雷拉对于将生物学概念扩展到政治构造的顾虑，请参见 Protevi, *Political Affect*, 43–45。

第十章 结论：浪漫主义机械身后的故事

1. 参见 2007 年 *Romantisme* 杂志题为 "Les banquets" 的特刊；Fortescue, *France and 1848*；Price, *French Second Republic*；Agulhon, *Les quarante-huitards*。

2. 参见美国和法国法语研究（ARTFL）项目 1848 年的在线馆藏，包括 1848 年至 1851 年的一百多本小册子和期刊。

3. Baudelaire, *Mon coeur mis à nu*, in Oeuvres, 1。

4. 参见 Petitier, *Michelet*。

5. 马克思认为，波拿巴的政变是以闹剧形式展现的一场悲剧，参看马克思《路易·波拿巴的雾月十八日》第一段。

6. 关于傅科的科学专栏报章，参见 Tobin, *Léon Foucault*, 80–94。

7. 参见 Tobin, *Léon Foucault*, 117–32。

8. 柏辽兹的邀请，参见 Tobin, *Léon Foucault*, 130。

9. Gautier, in Coudroy, *La critique parisienne*, 151。

10. 尽管演出大获成功（售票处人满为患，整个欧洲都在重复演出，它是五十年间世界上演出次数最多的歌剧），但评论并不全是正面的。卡斯蒂－布拉兹（Castil-Blaze）说："注定会过度激发想象力，这种场景（mise en scène）的装备是破坏和毁灭的工具。"对于戈蒂埃来说，《先知》进一步表明了"艺术的颓废"："我们发现自己的眼睛不知所措，而戏剧和音乐本该让头脑、心灵和耳朵处于平静的状态。"均载于 Coudroy, *La critique parisienne*, 157–158。

11. 扬·范莱登是闵采尔的追随者，恩格斯称其为共产主义先驱。参见 Negri and Fadini, "*Materialism and Theology*"; Hibberd, "Le Prophète," 153–179。

12. 梅耶贝尔的宗教主题以及他所支持的读物，不只是一个尾注：从《罗贝尔》（*Robert*）到《胡格诺派》（*The Huguenots*）和《先知》，他一再上演宗教冲突和激情的剧烈后果。年轻的瓦格纳非常钦佩梅耶贝尔，并模仿他，借用了诸如限定主题、近乎淫秽的和声、神话框架等技巧；他在那篇臭名昭著的文章《论音乐中的犹太人》（On Jewishness in Music）中则否认了自己受到的这种影响，该文章驳斥了梅耶贝尔对舞台效果的强调，认为其不体面、不纯洁。今天，尽管音乐理论已经直面并谴责了瓦格纳的反犹太主义，但它仍然延续了瓦格纳的立场，即梅耶贝尔不值得认真对待，这是对其主要研究对象之一、公认的法国大歌剧创始人的反常立场。直到 20 世纪初，作曲家雷纳尔多·阿恩（Reynaldo Hahn）才会这样写："我父亲那一代人宁愿怀疑太阳系，也不愿怀疑《先知》面对所有其他歌剧时的至高无上。"Letellier, *Operas of Giacomo Meyerbeer*, 197。

13. Fulcher, "Meyerbeer and the Music of Society"。

14. 参看国家图书馆和国家艺术与工艺中心展览的小册子藏品。

15. 参见 Chandler, "First Industrial Exposition"。

16. *Rapport du jury central*, 66。

17. 同上。

18. Archives Nationales, Dossier F 12 5005, Exposition des produits de l'industrie, 1849。

19. 迪潘的演讲强调对生产力的研究，强调知识是人类的实在产物，以及对藏在化合物中不可度量的事物的转化和驱动力量的认识——这些都证明了作为仓库的宇宙这一新概念，可谓具有无限的潜力，而人类技术才刚刚开始释放和应用。勒鲁对马尔萨斯的攻击显然是朝这个方向发展的：他认为经济学必须从大自然的无限繁殖这一思想开始，而不是设定无法避免的稀缺性。舍瓦利耶——和勒鲁一样，浸淫于圣西门关于丰富的自然和人间天堂的愿景——因此将这种新的、终点渺茫的经济增长视野引入了他在 19 世纪 30 年代至 40 年代拟定的政治经济著作。参见 Staum, "French Lecturers in Political Economy"。

20. *Rapport du jury central*, 70。

21. *Le siecle* of July 6, 1849, quoted in *Arithmaurel inventé par MM. Maurel et Jayet*, 43。

22. 转引，同上书，29 页。

23. 参见 Brewster, *Letters on Natural Magic*。相对于机械模仿，人类有其自主特性，相关讨论参看 Riskin, "Defecating Duck"。

24. 奇洛德尼综合音乐和体育的研究，参看 Jackson, *Harmonious Triads*。

25. 波拿巴自 1840 年政变失败之后，蹲过几年监狱，他在此期间阅读圣西门主义和科学作品，甚至在自己的牢房里做电学实验。

26. 拉普拉斯曾写道，通过一种比改变天体间关系的变化更为直接、更为"内在"的方式证明这种旋转，是更易为人接受的。Aczel, *Pendulum*, 40；参见 Laplace, *Exposition*。亦参见 Eco, *Foucault's Pendulum*，其高潮发生在国立艺术与工艺学院博物馆，而钟摆悬挂在 19 世纪物理学和工程学的其他遗迹中。就像 19 世纪 30 年代的奇幻作家一样，虽然带有强烈的讽刺意味，但艾柯在现代工具理性的奇迹之上叠加了在神秘科学"常在的"传统中神秘真理的探索。

27. Daumas, *Arago*, 271。

28. Louis-Napoléon Bonaparte, *Les idées Napoléoniennes*, 10；波拿巴对"拿破仑思想"的构想，直接参与了我们在奇幻文学、物理学、动物磁流学和此时的生命科学中看到的与生命（有时是先验流体）有关的主题设置——许多改革者所追求的相当于"精神力量"的实在形式。引文部分的开头说道:"拿破仑的思想以不同的方式具体表现在人类智慧的各个领域:它将使农业蓬勃发展;它将发明新产品;它将与其他国家交流新思想。"感谢 John Purciarello 提供此资料。

29. 市长艾蒂安·阿拉戈告诉波拿巴:"你将被迫走向君主制。推动你前进的是群众的无知和帝国的迷信!"转引自弗朗索瓦·阿拉戈另一位有名的兄弟,盲人旅行者、评论家和历史学家雅克·阿拉戈,参见 Jacques Arago, *Histoire de Paris*,2:372。

30. Foucault, in *Journal des débats*, March 12, 1851, quoted in Aczel, *Pendulum*, 157。

31. Foucault, "Démonstration expérimentale," 520。

32. 帕斯卡在《思想录》中的这句名言是为了回应音乐领域遭受的摧残:"无限空间中的永恒沉寂令我恐惧。"

33. Baudelaire, *Oeuvres complètes*, 692。

34. 参见 Rancière, *Nights of Labor*。

35. Clark, *Absolute Bourgeois*;Buck-Morss, *Dialectics of Seeing*。

36. 参见 Hugo, *Napoleon le petit*。

37. 参见 Rancière, *Le partage du sensible*;亦参看 Clark, *Painting of Modern Life*;Barthes, *Writing Degree Zero*;Wilson, *Axel's Castle*;Huyssens, *Beyond the Great Divide*。

38. 这一讨论建立在对现代学科体系出现的分析之上,具体包括:Wolf Lepenies, *Between Literature and Science*;Peter Burger, *Theory of the Avant-Garde*;Bruno Latour, *We Have Never Been Modern*。关于后者的论点,我的主张是,像"现代宪制"之类的东西确实有它的支持者(正如在引言中由无望和无心的划分所勾勒出来的那样),而且这种宪制真正开始以现代的方式形成是 1800 年以后的事情,其面临着政治和工业革命带来的综合变化(康德的物自体/现象划分,既是注意到也是促进了这种确实性)。然而,与这一初露端倪的共识相反,本书展示了在 19 世纪上半叶的早期工业化阶段,何以充满着撤销、重绘或重新调整这一宪制的尝试。然而,它对自然/文化"混合体"的生产并不是秘密或不知不觉地完成的(正如拉图尔一书所宣称的那样):"浪漫主义机械"受到人们有意识的赞美,以其跨越物质和精神、客体和主体之间的鸿沟——它们被认为是混合体,是用以反驳浮现在地平线上的分隔科学与人文学科、研究对象与学科的仪器。在我看来,这种"宪制"恰当地刻画了可以称之为"高度现代性"〔借用詹姆斯·斯科特(James Scott)《国家的视角》(*Seeing like a State*)中的说法〕的知识活动和学科框架的大部分(但不是全部),其巩固性则有赖于成功镇压了 1848 年的乌托邦起义。

39. Fressoz, "Beck"。

40. 参见 Cronon, "Trouble with Wilderness"。

41. 后殖民研究领域的现代化替代路径主张,参见 Timothy Mitchell, ed., *Questions of Modernity*。往昔的替代物,参看 Renouvier, *Uchronie*;Carrère, *Le détroit de Behring*。

42. 把意识放回世界图景之中,参见 Varela, "A Science of Consciousness as if Experience Mattered";Thompson, *Mind in Life*;Malabou, *What Should We Do with Our Brain?*

43. 对乌托邦事业的一种批评,往前可追溯至 Hawthorne 的 *Blithesdale Romance*(讨论一项傅里叶实验),指出乌托邦主义者无法克服个体之间的差异,也缺乏基本的技术手段,正如 20 世纪 60 年代和 70 年代在曼森实验之后开始的修正版公社运动一样。另外,Boyle 的 *Drop City* 一书和 Moodyson 的电影 *Together* 也反映了这一趋向。其他的批评从相反的角度着手,即按计划建造的社区成功地将个体特征连根拔除,这种观点见于《1984》和《美丽新世界》两本书。相形之下,我们发现人们对下述内容感兴趣:*Whole Earth Catalog* 中小规模、高科技导向的方案(参见 Markoff, *What the Dormouse Said*;Turner, *From Counterculture to Cyberculture*);Pollan 描绘的多面农场(Polyface Farm)中经过科学校准的"自然农业"技术(见 *Omnivore's Dilemma*);McKnight 和 Block 倡导的类似于勒鲁的产业下沉方案(见 *The Abundant Community*)。

44. Duveyrier, "La ville nouvelle," 257。

致 谢

————————— ◆ —————————

　　一位朋友曾经如此解释另一位朋友的特质："她是极致力量的产物。"这句话也适用于本书。很幸运，本书中的另一种力量是极致的慷慨，它来自许多人。Simon Schaffer 为我提了数不清的建议、做了数不清的修订，还时常举出绝佳的例子。布鲁诺·拉图尔的思想引领我走到此地，助我穿越层层荆棘。George Stocking 将一位困惑的本科生拉上他的肩膀，助他看见他所见的历史语境。三位朋友阅读并评点了整本书稿：Cathy Gere，独具洞察，耐心之至，从最初就陪伴着这本书稿；Ken Alder 做了许多修改，提高了文字的准确性，他许多年来都在多方面给予我支持；Karen Russell 问出了正确的问题，做出了正确的描述。在完善参考书目和图片方面，Alexander Jacob 的韧性和洞察力助益良多。Deanna Day、Crystal Biruk、Amy Paeth 和 Will Kearney 的辛苦付出和锐利的双眼，Bernadette Bensaude-Vincent 对后期成稿的评价，在最后阶段提供了宝贵的建议。Karen Darling 和芝加哥大学出版社，以及 Lois Crum、Michael Koplow、Kaille Kremer、Abby Collier、Issac Tobin 和 Holly Knowles 满怀善意地引领我走过了出版流程。

　　宾夕法尼亚大学科学社会学和科学史系为我提供了环境支持。我过去和现在的每一位同事，都用各自的方式帮助了我，我感谢他们所有人；Mark Adams、Nathan Ensmenger、Riki Kuklick、Rob Kohler 和 Beth Linker 慷慨地为本书提了建议。探讨音乐和美学的部分，及书的整体论点，有赖于与 Emily Dolan 的谈话和合作，及我们一起教授的"音乐和科学器械"研讨会的参与者。也感谢 Warren Breckman、Martha Farah、Lynn Farrington、Pat Johnson、Sharrona Pearl、John Pollack、Wendy Steiner 和 Peter Struck。

在芝加哥大学和弗兰克人文学院，James Chandler 教我读布莱克（Blake），不止两次为我留培根。同样感谢无与伦比的 Laura Desmond and Rosa Desmond、Mai Vukich、Margot Browning、Jessica Burstein、Raymond Fogelson、Jan Goldstein、John Kelly、Robert Richards、Jay Williams 和 William Wimsatt。我感激西北大学的人类文化中的科学项目，由此我有幸与 Francesca Bordogna、David Joravsky、Jessica Keating、Lyle Massey、Sarah Maza、Guy Ortolano、Shobita Parthasarathy 和 Claudia Swan 合作。也谢谢哥伦比亚大学人文学院荣誉学会和其中有爱的同僚们。柏林马克斯·普朗克科学史研究所提供了绝佳的研究和讨论场所；非常感谢 Lorraine Daston、Otto Sibum 和 Fernando Vidal。

我在剑桥大学科学史和科学哲学系以及巴黎高等师范学院的学习时光，对本书有着决定性的影响。我要感谢彭布罗克学院、Barbara Bodenhorn、John Forrester、Nick Hopwood、Marina Frasca-Spada、Peter Lipton、Jim Secord 和 Mark Wormald。对于巴黎高等师范学院，我特别感谢 Christian Baudelot 和社会科学系。我还要感谢社会科学高等学院、矿工学院的 CSI、亚历山大·柯瓦雷中心和维莱特市的科技史研究中心。感谢 Jean Bazin、Alban Bensa、Christine Blondel、Luc Boltanski、Eric Brian、Christophe Bonneuil、Pierre Bourdieu、Benoît de l'Estoile、Claude Imbert、Dominique Lestel、Deborah Levy-Bertherat、Max Marcuzzi、Dominique Pestre、Jacques Rancière 和 Sophie Roux 的洞见和支持。在纽约公共图书馆的库尔曼学者和作家中心，在令人尊敬的 Jean Strouse 的关心下，本书达成了结论。

我写作这本书的这些年里，得到了许多老朋友和同事的帮助：神圣的潜水者 Aaron Davis，将德语翻译和文献生存经验传授给我；Keith Hart 提供了绝妙的企业家精神的视角；Catherine Leblanc 让本书直通法国；Clare Carlisle 做了规整；Annie Siddons 和 Peter Gates 事无巨细地提供了帮助；Anne Stevens 提供了清醒的评述；

Tamara Barnett-Herrin 和 Jay Basu 给予我非常大的帮助。以下这些友善的人以多种多样的方式帮助了我，我感谢他们：Esther Allen、Nalini Anatharaman、Naomi Andrews、Karl Appuhn、Carol Armstrong、Babak Ashrafi、David Aubin、Hylda Berman、Josh Berson、Charlotte Bigg、Julien Bonhomme、Véronique Bontemps、Bob Brain、Sam Breen、Terrance Brown、Brujo de la Mancha、Beatrice Collier、Peter Collopy、Isabelle Combes、Rachel Cooper、Deb Coy、Annelle Curulla、David Charles、Debbie Davis、James Delbourgo、Ulrike Decoene、Marie d'Origny、Susan Einbinder、Matthew Engelke、François Furstenberg、Rivka Galchen、Peter Galison、S. N. Goenka、Michael Golston、Matthieu Gounelle、David Graeber、Richard Gray、Hildegard Haberl、Jacob Hellman、Linda Henderson、Jessica Hines、James Hofmann、Myles Jackson、Andi Johnson、Minsoo Kang、Christopher Kelty、Eion Kenny、Françoise de Kermadec、the Kings of Madison（Julie、Justin、Tobias、and Ronan）、Aden Kumler、Julia Kursell、Andrew Lakoff、Ginger Lightheart、Fabien Locher、Kathy Lubey、Lori Reese、Kevin Lambert、Hannah Landecker、Pearl Latteier、Nhu Le、Rebecca Lemov、Theresa Levitt、Dominique Linhardt、James Livingston、Deirdre Loughridge、Stéphane Madelrieux、Andreas Mayer、Richard McGuire、Matthieu Merygniac、Mara Mills、Kevin Moser、Cecile Nail、Fred Nocella、Jason Oakes、Claire O'Brien、Noara Omouri、Thomas Patteson、Annie Petit、Danton Voltaire Pereira de Souza、Sylvain Perdigon、Mary Pickering、Christelle Rabier、Joanna Radin、Lori Reese、Justine de Reyniès、Jessica Riskin、Agathe Robilliard、Henning Schmidgen、Dana Simmons、Dimitri Topitzes、Joerg Tuske、Jean-Christophe Valtat、Margarete Vöhringer、Adelheid Voskuhl、Jen Walshe、Simon Werrett、Lord Whimsy、Kristoffer Whitney、Norton Wise、Albena Yaneva 和 Jason Zuzga。谢谢我的母亲和姊妹所做的一切，也谢谢他们没有时常询问书何时定稿。

　　本书中的部分材料此前在以下出版物中曾经使用过：*The Machine Awakens: The Science and Politics of the Fantastic Automaton*，*French Historical Studies*，34（2011）：88–123；*The Prophet and the Pendulum: Popular Science and Audiovisual*

Phantasmagoria around 1848，*Grey Room Quarterly*，43（2011）：16–41；with Emily Dolan，'*A Sublime Invasion*'：*Meyerbeer*，*Balzac*，*and the Paris Opera Machine*，*Opera Quarterly*，March 29，2011，doi：10.1093/oq/kbr001；*La Technaesthétique：Répétition*，*habitude*，*et dispositif technique dans les arts romantiques*，*Romantisme*，150（2010）：63–73；*The Order of the Prophets*：'*Series' in Early French Socialism and Social Science*，*History of Science*，48（2010）：315–342；*Even the Tools Will Be Free*：*Humboldt's Romantic Technologies*，in *The Heavens on Earth*：*Observatories and Astronomy in Nineteenth Century Science and Culture*，ed. David Aubin，Charlotte Bigg，and Otto Sibum（Durham：Duke University Press，2010），253–285；*Electromagnetic Alchemy in Balzac's Quest for the Absolute*，in *The Shape of Experiment*，ed. Henning Schmidgen and Julia Kursell（Berlin：Max–Planck preprint，2007），57–78；*The Daguerreotype's First Frame*：*François Arago's Moral Economy of Instruments*，*Studies in History and Philosophy of Science*，38（2007）：445–476。

如果我忘记感谢谁了，非常抱歉。非常感谢所有人。